I. V. Rachlin

Wissenschaftlich-technischer Fortschritt und die Effektivität neuer Werkstoffe

I. V. Rachlin

Wissenschaftlich-technischer Fortschritt und die Effektivität neuer Werkstoffe

AKADEMIE-VERLAG · BERLIN
1975

Der deutschen Ausgabe liegt folgende russische Ausgabe zugrunde:
И. В. Рахлин
Научно–Технический прогресс и эффективность новых материалов
Verlag Nauka, Moskau 1973.

Ins Deutsche übertragen von Dipl.-Ing. Werner Kolbe, Berlin
Kontrollübersetzung und wissenschaftliche Bearbeitung der deutschen Ausgabe:
Dr. Dieter Graf, Berlin

Erschienen im Akademie-Verlag, 108 Berlin, Leipziger Str. 3–4

Lizenznummer: 202 · 100/36/75
Umschlaggestaltung: Nina Striewski
Gesamtherstellung: IV/2/14 VEB Druckerei »Gottfried Wilhelm Leibniz«,
445 Gräfenhainichen · 4491
Bestellnummer: 752 670 4 (6233) LSV 0305
Printed in GDR
EVP 19,50

Inhaltsverzeichnis

Fünftes Kapitel

Sechstes Kapitel

Einleitung

Der XXIV. Parteitag der KPdSU hat die Perspektiven für die Entwicklung der Volkswirtschaft der UdSSR in den Jahren 1971 bis 1975 festgelegt. Die Grundlinie der ökonomischen Entwicklung unseres Landes in den nächsten Jahren und in der langfristigen Perspektive stellt die allseitige Intensivierung der gesellschaftlichen Produktion und die Erhöhung ihrer Effektivität dar.

Das wichtigste Mittel zur Effektivitätssteigerung der gesellschaftlichen Produktion und zur weiteren Erhöhung der Arbeitsproduktivität ist der wissenschaftlich-technische Fortschritt. Die Hauptaufgabe besteht gegenwärtig darin, „... *die Errungenschaften der wissenschaftlich-technischen Revolution organisch mit den Vorzügen des sozialistischen Wirtschaftssystems zu verbinden*“.[1]

Der wissenschaftlich-technische Fortschritt führte im Jahre 1961 zu einem Zuwachs an Nationaleinkommen im Lande von 60 Prozent, im Jahre 1967 von 81 und im Jahre 1968 von 88 Prozent. Im laufenden Planjahrfünft ist der Nutzen durch die Anwendung von Errungenschaften der Wissenschaft und Technik in der Volkswirtschaft mit einer Höhe von 40 bis 42 Milliarden Rubel geplant. Dabei werden ungefähr 80 Prozent durch die Anwendung progressiver Ausrüstungen, technologischer Prozesse und Werkstoffe erzielt.

In den Direktiven des XXIV. Parteitages der KPdSU sind die Beschleunigung des wissenschaftlich-technischen Fortschrittes und die Gewährleistung einer einheitlichen technischen Politik, die Entwicklung und Einführung prinzipiell neuer Arbeitsinstrumente, Werkstoffe und technologischer Prozesse sowie die Qualitätssteigerung der Erzeugnisse vorgesehen. Es ist die Realisierung eines umfangreichen Programms zur Elektrifizierung, Mechanisierung und Automatisierung, zur Chemisierung sowie zur Einführung der elektronischen Rechentechnik in die Sphäre der Produktion und der Verwaltung ins Auge gefaßt.

[1] XXIV. Parteitag der KPdSU. Rechenschaftsbericht des Zentralkomitees der KPdSU an den XXIV. Parteitag der Kommunistischen Partei der Sowjetunion. Referat von L. I. Breshnew, Moskau-Berlin 1971, S. 79.

Die gegenwärtige wissenschaftlich-technische Revolution führt nicht nur in der Technologie der Produktion, in der Energetik, bei den Arbeitsinstrumenten, in der Leitungsorganisation und im Charakter der Arbeitstätigkeit der Menschen zu qualitativen Veränderungen, sondern auch bei den Arbeitsgegenständen. Wie im Programm der KPdSU hervorgehoben wird, bilden die Chemisierung der Volkswirtschaft, die größtmögliche Entwicklung neuer effektiver Produktionszweige und Werkstoffe sowie die allseitige und rationelle Ausnutzung der materiellen Ressourcen unabdingbare Bestandteile der Schaffung der materiell-technischen Basis des Kommunismus.

Die breite Anwendung progressiver Werkstoffe in der Volkswirtschaft bedeutet eine qualitativ neue Etappe in der Entwicklung der Produktivkräfte, bei der Schaffung der Technik für die materielle Produktion sowie für Haushaltswaren und in der Effektivitätssteigerung der gesellschaftlichen Produktion.

In den Direktiven des XXIV. Parteitages der KPdSU ist die Senkung der Materialintensität und die größtmögliche Einsparung an Roh- und Werkstoffen als eine der Hauptrichtungen zur Effektivitätssteigerung der gesellschaftlichen Produktion vorgesehen, und es ist ein umfangreiches Programm zur Beschleunigung des wissenschaftlich-technischen Fortschrittes im Bereich der Arbeitsgegenstände aufgestellt worden. Es ist geplant, den spezifischen Verbrauch an Walzgut aus Schwarzmetallen, an chemischen Werkstoffen, an Holz- und anderen Materialien wesentlich zu senken.

Das Problem der Ökonomie neuer Werkstoffe ist Teil einer neuen Richtung in der Wirtschaftswissenschaft – der Ökonomie des wissenschaftlich-technischen Fortschrittes. Die auf diesem Gebiet durchgeführten Forschungen sind dazu angetan, die Rolle der Arbeitsgegenstände bei der weiteren Entwicklung und Vervollkommnung der Produktivkräfte der Gesellschaft aufzudecken, ihren Einfluß auf die Beschleunigung des wissenschaftlich-technischen Fortschrittes und auf den Nutzeffekt der gesellschaftlichen Produktion zu zeigen sowie die Entwicklungsperspektiven der Rohstoffzweige zu begründen. Eine erfolgreiche Lösung der genannten Probleme ist undenkbar ohne die Schaffung einer speziellen Methodologie, die die Spezifik der Arbeitsgegenstände und insbesondere der neuen Werkstoffe im Vergleich zu anderen Bestandteilen der neuen Technik und des wissenschaftlich-technischen Fortschrittes zum Ausdruck bringt.

In letzter Zeit wurde in der Wirtschaftsliteratur[2] das Hauptaugenmerk

[2] Die sozialen und technisch-ökonomischen Probleme der Chemisierung werden aufgedeckt in den Arbeiten: N. N. Nekrasov, Moskau 1966; N. P. Fedorenko, Ėkonomika promyšlennosti sintetičeskich materialov, Moskau 1967 u. a.

auf Fragen der Ökonomie der Rohstoffzweige (Chemie, Metallurgie, Holzgewinnung u. a.) gelegt, auf Fragen der Produktion und der Anwendung ganzer Klassen von Werkstoffen (Schwarzmetalle, Plaste, Chemiefasern, synthetischer Kautschuk, Holz u. a.) und einzelner Werkstoffarten (Polyäthylen, Polyvinylchlorid, Polystyrol, Schichtpreßstoff u. a.) sowie von Erzeugnissen aus denselben, aber auch auf einzelne Probleme aus dem Bereich der Chemisierung der Volkswirtschaft. Die wachsenden Anforderungen an die Wirtschaftswissenschaft verlangen objektiv weitere theoretische Verallgemeinerungen und praktische Empfehlungen, die bei der Planung des wissenschaftlich-technischen Fortschrittes und der Entwicklung einer technischen Politik im Bereich der Arbeitsgegenstände nutzbar sind.

Das Erkennen der ökonomischen Gesetzmäßigkeiten des wissenschaftlich-technischen Fortschritts auf dem Gebiet der neuen Werkstoffe ist ein wichtiges zwischenzweigliches und volkswirtschaftliches Problem. Vor allem neue Werkstoffe finden in allen Zweigen der Volkswirtschaft Anwendung und beeinflussen die zwischenzweiglichen Verbindungen und den Nutzeffekt der Produktion. Ferner setzt die Vervollkommnung ganzer Komplexe von Zweigen, die miteinander in Wechselbeziehung stehen (Brennstoff – Energie, Metallurgie – Maschinenbau, chemische Industrie – Chemisierung der Volkswirtschaft, Zweige der holzverwertenden Industrie u. a.) und die sich nach einem festgelegten Programm entwickeln, die Erforschung von Entwicklungsgesetzmäßigkeiten der Rohstoffzweige vom volkswirtschaftlichen Standpunkt aus voraus.

Im weitesten Sinne sind die Produktionsmaßstäbe und der Einsatz der Roh- und Werkstoffe durch einen Komplex von sozialen, technischen und ökonomischen Faktoren begründet, die das Wirken der objektiven ökonomischen Gesetze des Sozialismus widerspiegeln.

Die Aktualität ökonomischer Forschungen auf dem Gebiet der neuen Werkstoffe wird durch eine Reihe von Umständen bekräftigt. Infolge des relativ kurzen Entwicklungszeitraumes ihrer Produktion und der unzureichenden Erfahrung in der Auslastung sind die neuen Werkstoffe in ökonomischer Hinsicht bedeutend weniger untersucht worden als die Arbeitsinstrumente und die technologischen Prozesse. Ferner setzen die ungleichen Aufwendungen eine Auswahl dieser oder jener Herstellungs- und Bearbeitungsvariante für einen bestimmten Werkstoff voraus. Bei dem erreichten Produktionsvolumen und dem technischen Ausstattungsgrad der Prozesse bleiben die laufenden und einmaligen Produktions- und Bearbeitungskosten und folglich auch die Großhandelspreise für neue Werkstoffe relativ hoch, was ihre Konkurrenzfähigkeit im Vergleich zu den traditionellen Werkstoffen herabsetzt. Außerdem schwankt selbst bei

Anwendung derselben neuen Werkstoffarten der vergleichbare Nutzeffekt in weiten Grenzen. Der Bedarf der Volkswirtschaft an neuen Werkstoffen wird letzten Endes nicht in vollem Umfange befriedigt. Dies macht eine rationelle Verteilung der derzeit noch begrenzten Ressourcen erforderlich. Es ist offensichtlich, daß die angeführten Probleme nur auf der Grundlage allseitiger ökonomischer Fundierungen gelöst werden können.

In der vorliegenden Monographie stellte sich der Autor eine Aufgabe, die sich von den früher von ihm und anderen Autoren geleisteten Arbeiten auf diesem Gebiet wesentlich unterscheidet: Die komplexe Erforschung der zwischenzweiglichen ökonomischen Probleme im Bereich der Arbeitsgegenstände, insbesondere der neuen Werkstoffe. Diese Probleme umfassen einen breiten Bereich von Fragen, die mit der Klärung der wachsenden Rolle der neuen Werkstoffe in der Wirtschaft der entwickelten Länder, mit der Darlegung methodischer Fragen zur Bestimmung der Effektivität der neuen Werkstoffe, mit dem Studium der progressiven Verschiebungen in der Struktur und der Effektivität des Verbrauches neuer Werkstoffe und dergleichen zusammenhängen.

Bei der Diskussion des Manuskriptes vorliegender Monographie haben die Doktoren der ökonomischen Wissenschaften M. A. Vilenskij, D. S. L'v ov,D. M. Palterovič, A. M. Omarov, G. S. Salibekov, N. A. Šokin und die Kandidaten der ökonomischen Wissenschaften N. K. Kul'bovskaja, V. P. Loginov, K. I. Taksir wertvolle Hinweise gegeben. Große Hilfe bei der Vorbereitung des Manuskriptes leistete E. I. Belikova. Ihnen allen bezeugt der Autor seine Dankbarkeit.

Erstes Kapitel

Die Arbeitsgegenstände im System der gesellschaftlichen Produktion

1. Arbeitsgegenstände und Technik

Als Grundlage für das Verständnis des ökonomisch-sozialen Wesens der Kategorie „Arbeitsgegenstände" dient die Analyse des Arbeitsprozesses. Die Schaffung und Nutzung von Arbeitsgegenständen ist kein Selbstzweck, sondern der Arbeitstätigkeit des Menschen untergeordnet. Den Nutzungsprozeß der Arbeitsgegenstände kann man nur dann als zweckmäßig ansehen, wenn er die Macht des Menschen über die Naturkräfte, die Intensivierung der Arbeitsprozesse, die Einsparung des Aufwandes an lebendiger und vergegenständlichter Arbeit und die Lösung der sozialen Probleme fördert.

Als Ausgangsbasis der Thesen von Marx über die Arbeitsgegenstände kann man seine Charakterisierung des Arbeitsprozesses ansehen: „Die Arbeit ist zunächst ein Prozeß zwischen Mensch und Natur, ein Prozeß, worin der Mensch seinen Stoffwechsel mit der Natur durch seine eigne Tat vermittelt, regelt und kontrolliert."[1]

Marx zählt zu den Momenten des einfachen Arbeitsprozesses bekanntlich die zweckmäßige Tätigkeit oder die Arbeit selbst, den Arbeitsgegenstand und die Arbeitsmittel.[2] Vom Standpunkt des Ergebnisses des Arbeitsprozesses, des Produktes, treten das Arbeitsmittel und der Arbeitsgegenstand als Produktionsmittel auf und die Arbeit selbst als produktive Arbeit. Die Arbeitsgegenstände spielen als materiell-stoffliche Basis der Arbeitsmittel bei der Schaffung und Vervollkommnung der Technik eine wichtige Rolle. Jede beliebige, halbwegs bedeutende Errungenschaft auf dem Gebiet des wissenschaftlich-technischen Fortschritts steht mit der Verbesserung der Eigenschaften existierender Werkstoffe oder mit der Schaffung neuer Werkstoffe im Zusammenhang, die den gestellten neuen Anforderungen entsprechen. Daher ist die Geschichte der Arbeitsgegenstände

[1] K. Marx, Das Kapital, Erster Band, in: K. Marx/F. Engels, Werke (im folgenden MEW), Bd. 23, Berlin 1971, S. 192.
[2] Ebenda, S. 193.

in bedeutendem Maße auch die Geschichte der Technik selbst, ihrer materiellen Basis.

Die Schaffung und der Fortschritt der Technik sind untrennbar verbunden mit der Entdeckung und Nutzung der Metalle. Anfangs waren es Kupfer und Bronze, später Eisen. Auf diesen Sachverhalt wiesen die Klassiker des Marxismus-Leninismus mehrfach hin.

So bemerkte Engels bei der Analyse des Übergangsprozesses von der Gentilordnung zur Sklavenhalterordnung: „Von den industriellen Errungenschaften dieser Stufe sind zwei besonders wichtig. Die erste ist der Webstuhl, die zweite die Schmelzung von Metallerzen und die Verarbeitung der Metalle. Kupfer und Zinn und die aus beiden zusammengesetzte Bronze waren weitaus die wichtigsten ..."[3]

Die weitere Entwicklung der Schwarzmetallurgie führte die Menschheit in die Epoche des „eisernen Schwerts, aber auch der eisernen Pflugschar und der Axt"[4]. „Das Eisen war dem Menschen dienstbar geworden, der letzte und wichtigste aller Rohstoffe, die eine geschichtlich umwälzende Rolle spielten ..."[5]

Die schnelle Verbreitung des Stahles, des Hauptwerkstoffes für Konstruktionen und Bauten, förderten in nicht unbedeutendem Maße solch große technische Errungenschaften wie der Konverter von Bessemer (1856), der Flammofen von Siemens (1867) sowie die Ausfütterung der Öfen zur Aufnahme schädlicher Phosphorbeimengungen von Thomas (1879).

Wie Marx[6] hervorhob, wurde die Form der Maschinen mittels Ersatz von Holz durch Eisen sowie mittels Sammeln praktischer Erfahrung und Entwicklung der Mechanik von der altertümlichen Form des Werkzeuges befreit, das sich zur Maschine entwickelt.

Auf der Grundlage der Analyse des Arbeitsprozesses unterschied Marx die natürlichen Arbeitsgegenstände, „... welche die Arbeit nur von ihrem unmittelbaren Zusammenhang mit dem Erdganzen loslöst ..."[7], sowie den Rohstoff und die Halbfabrikate.[8]

[3] F. Engels, Der Ursprung der Familie, des Privateigentums und des Staats, in: MEW, Bd. 21, Berlin 1969, S. 156.

[4] Ebenda, S. 158.

[5] Ebenda, S. 158.

[6] K. Marx, Das Kapital, Erster Band, in: MEW, Bd. 23, Berlin 1971, S. 404, Anm. 108.

[7] Ebenda, S. 193.

[8] „Ist der Arbeitsgegenstand dagegen selbst schon sozusagen durch frühere Arbeit filtriert, so nennen wir ihn Rohmaterial ... Alles Rohmaterial ist Arbeitsgegenstand, aber nicht jeder Arbeitsgegenstand ist Rohmaterial. Rohmaterial ist der Arbeitsgegenstand nur, sobald er bereits eine durch Arbeit ver-

Im Arbeitsprozeß spielt der Arbeitsgegenstand eine passive Rolle, er wird mit Hilfe eines Arbeitsmittels der Bearbeitung unterworfen. Auf diesem Wege sucht der Mensch die im voraus entworfene Veränderung des Arbeitsgegenstandes zu erreichen. Jedes vom Menschen hergestellte Produkt ist „. . . ein durch Formveränderung menschlichen Bedürfnissen angeeigneter Naturstoff“.[9]

Die passive Rolle des Arbeitsgegenstandes im Arbeitsprozeß darf man jedoch nicht mit dem aktiven Einfluß des Rohstoffes und der Werkstoffe auf das Arbeitsprodukt, auf dessen Wert und Gebrauchswert, vermengen.

Marx brachte die Rohstoffgewinnung aus Naturstoffen mit dem Arbeitsprozeß, mit der gesellschaftlichen Arbeitsteilung und der Entwicklung der verarbeitenden Industriezweige in Zusammenhang.

Für das Aufdecken des Wesens des Arbeitsgegenstandes spielt die von Marx vorgeschlagene Einteilung der Materialien in Haupt- und Hilfsstoffe eine große Rolle.

„Das Rohmaterial kann die Hauptsubstanz eines Produkts bilden oder nur als Hilfsstoff in seine Bildung eingehn. Der Hilfsstoff wird vom Arbeitsmittel konsumiert . . . oder dem Rohmaterial zugesetzt, um darin eine stoffliche Veränderung zu bewirken . . . oder er unterstützt die Verrichtung der Arbeit selbst . . . Der Unterschied zwischen Hauptstoff und Hilfsstoff verschwimmt . . ., weil keines der angewandten Rohmaterialien als die Substanz des Produktes wieder erscheint.“ [10]

Die von Marx erarbeitete Einteilung der Materialien in Roh- und Naturstoffe sowie in Haupt- und Hilfsstoffe hat direkte Beziehung zu den Methoden der Bestimmung des direkten und des gesamten Arbeitsaufwandes für ihre Erzeugung und folglich zu dem volkswirtschaftlichen Nutzeffekt ihrer Produktion und Anwendung.

Zur Aufdeckung des Platzes und der Rolle der Arbeitsgegenstände im System der gesellschaftlichen Produktion muß vor allen Dingen ihre Wechselbeziehung zur Kategorie Technik aufgeklärt werden.

Als Element der Produktivkräfte geht die Technik in die Produktionsweise ein, die auch die Produktionsverhältnisse einschließt. Sie ist die materielle Form (der Träger) für das Funktionieren bestimmter ökonomischer Beziehungen. Man kann daher die Gesetzmäßigkeiten der Ent-

mittelte Veränderung erfahren hat . . . Mit Ausnahme der extraktiven Industrie, die ihren Arbeitsgegenstand von Natur vorfindet, . . . behandeln alle Industriezweige einen Gegenstand, der Rohmaterial, d. h. bereits durch die Arbeit filtrierter Arbeitsgegenstand, selbst schon Arbeitsprodukt ist.“ (Ebenda, S. 193, 196.)

[9] Ebenda, S. 195.

[10] Ebenda, S. 196.

wicklung der Technik nicht verstehen, wenn man von den Gesetzen abstrahiert, die die Entwicklung einer gegebenen Produktionsweise bestimmen und wenn man von den Produktionsverhältnissen einer konkreten Gesellschaftsformation absieht.

Marx zeigte, daß die „gegenwärtige *Anwendung* der Maschinen ... zu den Verhältnissen unseres gegenwärtigen Wirtschaftssystems" gehört.[11] „Die Arbeitsmittel sind nicht nur Gradmesser der Entwicklung der menschlichen Arbeitskraft, sondern auch Anzeiger der gesellschaftlichen Verhältnisse, worin gearbeitet wird."[12]

Die Gesetzmäßigkeiten der Entwicklung der Technik sind daher mit dem Wirken der objektiven ökonomischen Gesetze einer gegebenen sozialökonomischen Formation untrennbar verbunden. Die ökonomischen Probleme der Entwicklung der Technik und des wissenschaftlich-technischen Fortschrittes stellen ein unabdingbares Objekt der politisch-ökonomischen Forschungen dar. Engels hob in einem Brief an Kautsky hervor: „Du darfst den *Ackerbau* nicht so von der politischen Ökonomie trennen, und ebensowenig die *Technik* ... Wechselwirtschaft, Kunstdünger, Dampfmaschine, mechanischer Webstuhl sind nicht von der kapitalistischen Prod[uktion] zu trennen, ebensowenig wie die Werkzeuge des Wilden und Barbaren von *seiner* Produktion."[13]

Gleichzeitig besteht kein Anlaß, die Entwicklungsgesetzmäßigkeiten von Ökonomie und Technik gleichzusetzen. Dies bedeutet jedoch keine Absage an die ökonomisch-soziale Determiniertheit der Technik. Ungeachtet der relativen Selbständigkeit in der Entwicklung und der Eigenart der sozialen Funktionen ist die Technik als spezifische Erscheinung in die einheitliche Kette der Beziehungen und Verhältnisse der gesellschaftlichen Produktion eingegliedert. Von prinzipieller Bedeutung für das Studium der gesetzmäßigen Entwicklung der Technik und deren Verflechtung mit den Arbeitsgegenständen ist der an die Naturwissenschaften gebundene Charakter der Technik, der auf der Ausnutzung von Naturgesetzen beruht. Marx wies auf diesen Sachverhalt wiederholt hin.

In den *Grundrissen der Kritik der Politischen Ökonomie* lesen wir: „Die Natur baut keine Maschinen, keine Lokomotiven, Eisenbahnen, electric telegraphs, selfacting mules etc. Sie sind Produkte der menschlichen Industrie; natürliches Material, verwandelt in Organe des menschlichen Willens über die Natur oder seiner Betätigung in der Natur. Sie sind *von der*

[11] K. Marx, Brief an P. W. Annenkow, v. 28. Dezember 1846, in: MEW, Bd. 27, Berlin 1963, S. 456.

[12] K. Marx, Das Kapital, Erster Band, in: MEW, Bd. 23, Berlin 1971, S. 195.

[13] F. Engels, Brief an K. Kautsky v. 26. Juni 1884, in: MEW, Berlin 1967, Bd. 36, S. 167.

menschlichen Hand geschaffne Organe des menschlichen Hirns; vergegenständlichte Wissenskraft."[14]

Im Ersten Band des *Kapitals* wird gesagt: „Als Maschinerie erhält das Arbeitsmittel eine materielle Existenzweise, welche Ersetzung der Menschenkraft durch Naturkräfte und erfahrungsgemäßer Routine durch bewußte Anwendung der Naturwissenschaft bedingt."[15]

„Das Prinzip des Maschinenbetriebs, den Produktionsprozeß in seine konstituierenden Phase zu analysieren und die so gegebnen Probleme durch Anwendung der Mechanik, Chemie usw., kurz der Naturwissenschaften zu lösen, wird überall bestimmend."[16]

Den gleichen Gedanken unterstrich auch Lenin in den „Philosophischen Heften": „Die Gesetze der Außenwelt, der Natur, unterteilt in *mechanische* und *chemische* (das ist sehr wichtig), sind die Grundlagen der *zweckmäßigen* Tätigkeit des Menschen. Der Mensch hat in seiner praktischen Tätigkeit die objektive Welt vor sich, ist von ihr abhängig, läßt durch sie seine Tätigkeit bestimmen ...

Die mechanische und chemische Technik dient eben darum den Zwecken des Menschen, weil ihr Charakter (Wesen) in ihrer Bestimmung durch die äußeren Bedingungen (die Naturgesetze) besteht."[17]

Die Technik ist somit ein materielles Mittel, das von den Menschen im Prozeß ihrer zielgerichteten Arbeitstätigkeit ausgenutzt wird. Sie stellt ein von den Menschen ständig zu entwickelndes und zu vervollständigendes Produkt der gesellschaftlichen Arbeit dar, vergegenständlichte Kenntnisse, die Verkörperung der vergegenständlichten Arbeit aller vorangehenden Generationen. Die Technik basiert auf der zielgerichteten Ausnutzung von Materialien und Naturprozessen und ihrer Gesetzmäßigkeiten. Das Entwicklungsniveau der Technik bringt den Beherrschungsgrad des Menschen über die Natur zum Ausdruck.

Unter den Ökonomen, Philosophen, Soziologen, Historikern der Technik und anderen Spezialisten bleibt weiterhin die Frage des Inhaltes der Kategorie „Technik" zu diskutieren. Die meisten von ihnen sprechen sich für die funktionelle Behandlung dieses Problems aus, da die Technik vom Standpunkt der funktionellen Elemente des Arbeitsprozesses behandelt wird.

In den 20er Jahren dieses Jahrhunderts wurde die Technik im allgemeinen mit den Produktivkräften[18] oder mit dem Arbeitsprozeß[19] gleichgesetzt.

[14] K. Marx, Grundrisse der Kritik der Politischen Ökonomie, Berlin 1953, S. 594.

[15] K. Marx, Das Kapital, Erster Band, in: MEW, Bd. 23, Berlin 1971, S. 407.

[16] Ebenda, S. 485.

[17] W. I. Lenin, Philosophische Hefte, in: Werke, Bd. 38, Berlin 1964, S. 177–179.

[18] Ju. Milonov, Revoljucija v technike, Moskau 1922, S. 3.

[19] S. A. Bessonov, Razvitie mašin, Moskau 1926, S. 60.

In den Nachkriegsjahren bildeten sich unterschiedliche Standpunkte zum Wesen des Begriffes „Technik" heraus, die man vereinbarungsgemäß in drei Gruppen[20] zusammenfassen kann. Wir wollen sie ausführlicher betrachten.

Dem ersten Standpunkt zufolge können alle Arbeitsmittel zur Technik gerechnet werden. Einige Ökonomen sehen in der Regel die Technik nur als Arbeitswerkzeuge an.[21]

Philosophen, Soziologen und Historiker sind meist geneigt, die Technik mit den Arbeitsmitteln gleichzusetzen.[22] Dabei wird oft auf bekannte Thesen von Marx verwiesen. Führen wir einige von ihnen an.

„Das Arbeitsmittel ist ein Ding oder ein Komplex von Dingen, die der Arbeiter zwischen sich und den Arbeitsgegenstand schiebt und die ihm als Leiter seiner Tätigkeit auf diesen Gegenstand dienen ... Sobald überhaupt der Arbeitsprozeß nur einigermaßen entwickelt ist, bedarf er bereits bearbeiteter Arbeitsmittel ... Der Gebrauch und die Schöpfung von Arbeitsmitteln ... charakterisieren den spezifisch menschlichen Arbeitsprozeß, und Franklin definiert daher den Menschen als „a toolmaking animal", ein Werkzeuge fabrizierendes Tier. Dieselbe Wichtigkeit, welche der Bau von Knochenreliquien für die Erkenntnis der Organisation untergegangener Tiergeschlechter, haben Reliquien von Arbeitsmitteln für die Beurteilung untergegangener ökonomischer Gesellschaftsformationen. Nicht was gemacht wird, sondern wie, mit welchen Arbeitsmitteln gemacht wird, unterscheidet die ökonomischen Epochen ... Unter den Arbeits-

[20] Das Verdienst einer Begriffsklassifikation „Technik" gebührt S. V. Šuchardin; vgl. hierzu: Voprosy istorii estestvoznanija i techniki, 8/1959, S. 144–147.

[21] S. G. Strumilin, Die Wissenschaft und die Entwicklung der Produktivkräfte, in: Voprosy filosofii, 3/1954, S. 46–61; K. Ostrovitjanov, Über den Gegenstand der politischen Ökonomie, in: Kommunist, 4/1954, S. 96; A. N. Efimov, Techničeskij progress, in: Ekonomičeskaja ėnciklopedija, Bd. 3, Moskau 1965, S. 354; Političeskaja ėkonomija, Lehrbuch, Bd. 3, Moskau 1970, S. 336; Ėkonomija mašinostroitel'noj promyšlennosti SSSR, Lehrbuch, Moskau 1968, S. 87 u. a.

[22] A. A. Zvorykin, N. I. Os'mova, V. I. Černyšev, S. V. Šuchardin; Istorija techniki, Moskau 1962, S. 7; Die gegenwärtige wissenschaftlich-technische Revolution. Eine historische Untersuchung, Berlin 1972.
Ju. S. Meleščenko schreibt z. B.: „Marx, Engels und Lenin sahen die Technik bei der Analyse der einfachen Momente des Arbeitsprozesses eben als Arbeitsmittel an. Hierzu gibt es gewichtige Gründe. In der allgemeinsten Betrachtungsweise ist ein Mittel das, was zur Realisierung eines Zieles durch Einwirkung auf den Arbeitsgegenstand notwendig ist. Das Mittel wird durch das Ziel festgelegt. Die Gegenstände und Erscheinungen treten nur dann als Mittel auf, wenn sie zur Realisierung des Zieles geeignet sind, dafür die notwendigen Eigenschaften besitzen." (Ju. S. Meleščenko, Techničeskij progress i ego zakonomernosti, Moskau 1967, S. 23)

mitteln selbst bieten die mechanischen Arbeitsmittel, deren Gesamtheit man das Knochen- und Muskelsystem der Produktion nennen kann, viel entscheidendere Charaktermerkmale einer gesellschaftlichen Produktionsepoche ..."[23]

Was folgt aus diesen Thesen von Marx? Er stellte auf der Grundlage des historischen Herangehens an die Analyse des Arbeitsprozesses und seiner einfachen Momente die aktive Rolle der Arbeitsmittel in bezug auf die Arbeitsgegenstände fest, die aus der Spezifik der Nutzung von Grund- und Umlauffonds im Reproduktionsprozeß folgt und zeigte die entscheidende Bedeutung der Werkzeuge und Arbeitsmittel als Charakteristikum für diese oder jene ökonomisch-soziale Formation. Dabei setzt Marx Arbeitsmittel nicht gleich Technik und stellt erstere nicht dem anderen einfachen Moment der Arbeit – den Arbeitsgegenständen (d. Bearb.) – gegenüber.

Unter den Bedingungen der wissenschaftlich-technischen Revolution kann man das Problem aufwerfen, ob sich die ökonomischen Epochen nicht auch darin unterscheiden, was produziert wird.

Raketen zum Beispiel, die kosmische Technik, elektronische Rechenmaschinen, synthetische Werkstoffe und andere sind Erzeugnisse, die für die gegenwärtige, nicht aber für die vorangehenden Entwicklungsetappen der Produktivkräfte charakteristisch sind.

Diese Problemstellung „Was wird produziert?" setzt ein zweites Teilproblem voraus: „Wie wird produziert?" Natürlich sind für die Möglichkeit, neue Erzeugnisarten herzustellen, entsprechende Arbeitsmittel und technologische Prozesse erforderlich. Mit anderen Worten, es existiert ein dialektischer Zusammenhang und eine wechselseitige Abhängigkeit zwischen dem, „was" und dem, „wie" produziert wird.

Die Problemstellung, „was" und „wie" produziert wird, setzt noch ein drittes Element voraus: „Woraus wird produziert?" denn es liegt auf der Hand, daß ohne neue Werkstoffe die Schaffung der genannten Erzeugnisarten undenkbar wäre.

Es ist daher gerechtfertigt anzunehmen, daß unter den gegenwärtigen Bedingungen, die durch eine engere Wechselwirkung zwischen den materiell-stofflichen Elementen und den technologischen Verfahren im Arbeitsprozeß gekennzeichnet sind, der Begriff Technik weit über die Grenzen der Arbeitsmittel hinausgeht und zu einer Kategorie wird, die den Einfluß vielfältiger Faktoren widerspiegelt.

Einen zweiten Standpunkt vertreten die Spezialisten, die in den Begriff „Technik" auch die technologischen Prozesse einschließen.[24] Einige Auto-

[23] K. Marx, Das Kapital, Erster Band, in: MEW, Bd. 23, Berlin 1971, S. 194/195.

[24] Siehe z. B.: A. M. Rumjancev, Političeskaja ėkonomija, Lehrbuch, Bd. I, Moskau 1969, S. 5; A. P. Kudrjašov, Sovremennaja naučno-techničeskaja

ren, die Arbeitsmittel und technologische Prozesse zur Technik zählen, messen den erworbenen Fertigkeiten und Kenntnissen große Bedeutung bei.[25]

Es muß bemerkt werden, daß die Einbeziehung der technologischen Prozesse in den Begriff „Technik" von seiten anderer Forscher Widerspruch hervorruft.[26]

Marx unterstrich die große Rolle der Technologie im Arbeitsprozeß: „Die Technologie entdeckte ebenso die wenigen großen Grundformen der Bewegung, worin alles produktive Tun des menschlichen Körpers, trotz aller Mannigfaltigkeit der angewandten Instrumente, notwendig vorgeht ..."[27]

Die Grundlage für das Verständnis der Rolle der Technologie in der Entwicklung der Technik ist die Anerkennung der engen Wechselbeziehung und der wechselseitigen Abhängigkeit zwischen allen materiell-stofflichen Elementen des Produktionsprozesses – den Arbeitsmitteln, den Arbeitsgegenständen und den technologischen Prozessen. Die Schaffung neuer bzw. die teilweise Veränderung jedes dieser genannten Elemente ruft zwangsläufig entsprechende Modifikationen bei den übrigen Elementen des Produktionsprozesses hervor. Dies wird durch die Erfahrung in der Entwicklung der Technik bestätigt. Viele Arten von Maschinen und Ausrüstungen sind für die Nutzung nach einem bestimmten technologischen Verfahren geschaffen und bestimmt. Aber es kann auch die umgekehrte Situation auftreten, wenn die Einführung neuer Ausrüstungsarten eine

revoljucija i ee osobennosti, Moskau 1965, S. 8; A. Ju. Goljan-Nikol'skij, Istorija techniki, Teil 1, Kiev 1953, S. 4; V. I. Belozercev, Der historische Materialismus über die Wechselbeziehungen zwischen Technik und Ökonomie, in: Voprosy filosofii, 8/1958, S. 117.

[25] J. Bernal, Die Wissenschaft in der Geschichte, Berlin 1961, S. 36; Planirovanie narodnogo chozjajstva, Moskau 1968, S. 161.

[26] A. A. Zvorykin, Über einige Fragen der Geschichte der Technik, in: Voprosy filosofii, 6/1953, S. 34; V. V. Alechin in: Voprosy istorii estestvoznanija i techniki, 22/1967, S. 7. Nach Meinung von S. V. Šuchardin ist es z. B. unzweckmäßig, in die „... Definition des Terminus 'Technik' den neuen Terminus 'Technologie' oder 'Produktionsmethode' einzuführen, da in die Definition des 'Arbeitsmittels' der technologische Prozeß schon eingeht ... Der Arbeiter kann die Arbeitsmittel ... ohne einen bestimmten technologischen Prozeß nicht nutzen ... Wenn wir über Arbeitsmittel sprechen, so meinen wir Werkzeuge, Maschinen, die in einer bestimmten Reihenfolge angeordnet sind und über bestimmte Parameter verfügen, die sich, mit anderen Worten, im technologischen Prozeß befinden." (*Voprosy istorii estestvoznanija i techniki*, 8/1959, S. 146)

[27] K. Marx, Das Kapital, Erster Band, in: MEW, Bd. 23, Berlin 1971, S. 510.

grundlegende Umstellung der vorhandenen Produktionstechnologie erfordert.

Ungeachtet dessen, daß in den letzten Jahren die technologischen Prozesse unentwegt intensiviert wurden, wie zum Beispiel durch die Einführung der Schnellzerspanung, der schnellen Polymerisation auf der Grundlage wirksamerer Katalysatoren, schnell erstarrender Polymere mit kontinuierlicher Preßverformung, des Spritzgusses von Duroplasten usw., erwiesen sich die technologischen Prinzipien als ein konservatives Element des Produktionsprozesses. Es wird indes die Meinung geäußert, daß „. . . eine prinzipiell umgestaltete Produktionstechnologie nicht nur in den Arbeitsinstrumenten, sondern auch in den Arbeitsgegenständen, die das Produkt der gesellschaftlichen Produktion darstellen, grundlegende Veränderungen voraussetzt. Die Verarbeitungstechnologie der Werkstoffe stellt unter den heutigen Bedingungen ein äußerst wichtiges Moment dar, man kann sagen den Angelpunkt in der gegenwärtigen wissenschaftlich-technischen Revolution . . . Die Wissenschaft dringt in die Produktion ein und beherrscht sie vorwiegend über die Technologie.“[28]

Die Möglichkeit, die Technologie zur Kategorie „Technik“ zu zählen, ergibt sich ungeachtet des Unterschiedes zwischen dem gegenständlichen Charakter letzterer und dem Wechselwirkungsprozeß von Arbeitsinstrumenten und Arbeitsgegenständen aus der dynamischen Betrachtungsweise des Produktionsprozesses, in dem unterschiedliche Erscheinungen und Existenzformen der Materie organisch miteinander vereinigt sind. Analog kann festgestellt werden, daß im Arbeitsprozeß verschiedene gegenständliche Elemente (Arbeitsmittel, Arbeitsgegenstände) und persönliche Elemente (die produktive Arbeit) kombiniert sind. Die Möglichkeit einer solchen Kombination steht jedoch außer Zweifel. Die Kategorie „Technik“ ist außerdem nicht statisch, denn solche sehr wichtigen technisch-ökonomischen Parameter wie die Produktivität, die Nutzungsdauer, die Zuverlässigkeit u. a. sind keine statischen, sondern dynamische Kategorien für die Nutzung der Technik in einem bestimmten technologischen Prozeß.

Ergibt sich jedoch hieraus, daß in den Begriff „Arbeitsmittel“ selbst auch schon der Begriff „technologischer Prozeß“ eingeht? Die Auffassung von K. Teßmann hierzu lautet: „Die Arbeitsmittel lassen sich also nach verschiedenen Verfahren verwenden, deren Art nicht ausschließlich vom Charakter der Produktionsmittel bestimmt wird . . . Man kann nicht die Verfahren bereits als im Charakter der Mittel gegeben ansehen.“[29]

[28] M. Vilenskij, Über ein wichtiges Glied des wissenschaftlich-technischen Fortschritts, in: Voprosy ėkonomiki, 8/1969, S. 35.

[29] K. Teßmann, *Probleme der technisch-wissenschaftlichen Revolution*, Berlin 1962, S. 101.

In Abhängigkeit von der Produktionstechnologie existiert tatsächlich eine große Anzahl von Varianten für die unterschiedliche Nutzung ein und desselben Arbeitsmittels. Sie können die Herstellung derselben Erzeugnisarten auf der Grundlage verschiedener Fertigungsverfahren umfassen, die Herstellung verschiedener Erzeugnisarten bei entsprechender Erarbeitung der erforderlichen technologischen Prozesse, ein unterschiedliches Niveau in der intensiven und extensiven Nutzung der Ausrüstung usw.

Es ist offensichtlich, daß die aufgezählten Varianten vom Standpunkt der erzielten Einsparungen an lebendiger und vergegenständlichter Arbeit nicht gleichwertig sind. Daher ist die Zweckmäßigkeit der Einbeziehung der Technologie in den Begriff „Technik" gerade auch durch die Notwendigkeit bedingt, die Effektivität der unterschiedlichen Nutzungsvarianten technischer Mittel zu berücksichtigen.

Das Wesen der Auffassungen von Anhängern eines dritten Standpunktes besteht darin, daß es erforderlich sei, außer den Arbeitsmitteln und den technologischen Prozessen auch die Arbeitsgegenstände zur Technik zu zählen.

Teßmann hob hervor: „Lange Zeit wurden nur die Produktionsinstrumente zur Technik gerechnet. Das ist ein sehr enger, dogmatischer Standpunkt, der die technisch-wissenschaftlichen Veränderungen vergangener Jahrzehnte, insbesondere aber die Bedeutung der technisch-wissenschaftlichen Revolution für die Formulierung eines wissenschaftlichen Technikbegriffes völlig außer acht läßt . . ."[30]

„Die Produktivkräfte in ihrer Gesamtheit gewinnen ihre entscheidende Bedeutung nicht nach der Art und Weise ihrer unterschiedlichen Funktion im Produktionsprozeß, sondern gemäß ihrer historischen Bedeutung für die Entwicklung der menschlichen Gesellschaft. Deshalb gehören auch die gesellschaftlich produzierten Arbeitsgegenstände zur Produktionstechnik."[30a]

„Alle technischen Elemente der Produktion, die Mittel, Gegenstände und Verfahren bilden die Produktionstechnik."[30b]

Unter den Ökonomen ist ebenfalls die Ansicht verbreitet, daß es notwendig sei, die Arbeitsgegenstände zur Technik zu zählen.[31]

Die Einbeziehung der Arbeitsgegenstände in die Kategorie „Technik"

[30] Ebenda, S. 86.

[30a] Ebenda, S. 99/100.

[30b] Ebenda, S. 111.

[31] Ėkonomika socialističeskoj promyšlennosti, Moskau 1966, S. 155; L. M. Gatovskij, Ėkonomičeskie problemy naučno-techničeskogo progressa, Moskau 1970, S. 189; M. A. Vilenskij, Die Richtungen des wissenschaftlich-technischen Fortschritts und ihr Nutzeffekt, in: Voprosy ėkonomiki, 1/1972, S. 58–68.

rief bei einigen Autoren erhebliche Einwände hervor.[32] Das Hauptmotiv gegen eine Einbeziehung der Arbeitsgegenstände in den Technikbegriff besteht dabei ebenfalls darin, daß nicht klar sei – da Marx zu den Produktionsmitteln die Arbeitsmittel und Arbeitsgegenstände rechnete –, wozu es notwendig sei, den üblichen Begriff „Produktionsmittel“ durch den neuen Begriff „Produktionstechnik“ zu ersetzen.[33]

Mit anderen Worten, diese Autoren zählen die Arbeitsgegenstände nicht zur Technik, sondern zu den materiellen Bedingungen ihres Funktionierens. Dabei stimmen alle Forscher darin überein, daß die Arbeitsgegenstände (insbesondere die neuen progressiven Werkstoffe) eine wichtige, mitunter auch die entscheidende Rolle spielen, wenn es um die Möglichkeit der Entwicklung dieser oder jener Technik und die erforderlichen technisch-ökonomischen Parameter geht.

In der Tat, wenn man den Terminus „Technik“ als Gesamtheit aller Elemente des Produktionsprozesses, und zwar der Arbeitsmittel, der Arbeitsgegenstände und der Technologie behandelt, so deckt sich diese Kategorie mit dem in der marxistischen Theorie üblichen Terminus „Produktionsmittel“. Unserer Ansicht nach bedeutet Technik in der Bedeutung, wie diese Termini zur Aufklärung des Wesens der Produktionsmittel gebraucht werden, weder Arbeitsmittel noch Arbeitsgegenstände noch technologische Prozesse.

Erstens muß zur Klarstellung dieser Kategorie die funktionelle durch eine strukturelle Betrachtungsweise des Arbeitsprozesses ergänzt werden.[34] Dabei zeigt sich, daß durch eine derartige Betrachtungsweise der Technik

[32] Wir führen die Formulierung von Ju. S. Meleščenko an, der die Gründe eines solchen Einwandes erläutert: „Der Arbeitsgegenstand stellt in beachtlichem Maße eine passive Komponente der materiellen Tätigkeit des Menschen dar ... Der Arbeitsgegenstand dient immer als Objekt der zweckmäßigen Tätigkeit, ist jedoch nicht deren Mittel. Der Arbeitsgegenstand gehört daher nicht zur Technik. (Ju. S. Meleščenko, Techničeskij progress i ego zakonomernosti, Moskau 1967, S. 22–23.)

[33] K. Teßmann, Probleme der technisch-wissenschaftlichen Revolution, Berlin 1962, S. 123/124.

[34] Ju. S. Meleščenko stellte eine Konzeption für das Verständnis des Wesens der Technik auf: „Die Technik ist die Gesamtheit aller Dinge und Prozesse, die vom Menschen in künstlich geschaffenen Systemen vereinigt werden, die Elemente und eine Struktur besitzen, was erforderlich ist, damit diese künstlich geschaffenen Systeme funktionieren können, damit sie als materielle Mittel für die zweckmäßige Tätigkeit der Menschen (vor allem für die Arbeitstätigkeit und insbesondere für die Produktionstätigkeit) genutzt werden können.“ (Ju. S. Meleščenko: Techničeskij progress i ego zakonomernosti, Moskau 1967, S. 38.)

ein selbständiges Forschungsobjekt entsteht, das sich von den Arbeitsmitteln, den Arbeitsgegenständen und den technologischen Prozessen, die den Elementen des Produktionsprozesses adäquat sind, unterscheidet.

Zweitens: Man kann, wenn man die Entwicklungstendenzen der Technik analysiert, Faktoren bemerken, die in verschiedener Weise die Effektivität ihrer Arbeit beeinflussen. Bei der Erzielung einer hohen Produktivität kann Technik zum Beispiel teuer sein, ihr Einsatz kann von einer Erhöhung des Verbrauches an Rohstoffen und Energie begleitet sein, eine aufwendige Wartung durch Arbeitskraft erfordern u. a. m. Eine andere Form der Technik kann billig sein, aber die erforderlichen Parameter des Produktionsausstoßes nicht gewährleisten.

Das Wirken dieser widersprüchlichen Faktoren geht von dem Einfluß der einzelnen Elemente des Produktionsprozesses aus und kann nur bei einer komplexen Betrachtungsweise der Technik beurteilt werden.

Drittens: Wenn wir von Technik sprechen, so betrachten wir sie nicht im Stillstand, nicht in erstarrter Form, sondern dynamisch, im Ablauf des Produktionsprozesses. Die Technik tritt hier als Gesamtheit der materiell-stofflichen Elemente und ihrer Wechselwirkungsprozesse auf. Nur bei einer solchen Betrachtungsweise der Technik können komplizierte dialektische Wechselbeziehungen zwischen den Arbeitsmitteln, den Arbeitsgegenständen und den technologischen Prozessen berücksichtigt werden.

Viertens: Einige Ökonomen verstehen unter Technik die Maschinen, die Ausrüstungen, die Geräte sowie die Werkstoffe an sich als Arbeitsprodukte. In Wirklichkeit jedoch sind diese Arbeitsprodukte potentielle und keine wirklichen Elemente der Technik.

Es ist bekannt, daß der Arbeitsprozeß auf der Grundlage der Arbeitsmittel kontinuierlich, in mehreren Zyklen bis zu deren physischen und moralischen Verschleiß verläuft. Im Unterschied zu den Arbeitsmitteln nehmen die Arbeitsgegenstände einmalig an diesem Arbeitsprozeß teil. Danach scheiden sie als Arbeitsprodukte aus diesem Prozeß aus. Die Herstellung eines beliebigen Arbeitsproduktes, einschließlich Maschinen und Ausrüstungen, gibt an und für sich noch nicht Anlaß, es zur Technik der materiellen Produktion zu zählen.

Im gesellschaftlichen Reproduktionsprozeß findet unmittelbar nach der Produktion der materiellen Güter ihre Verteilung und die Konsumtion in den produktiven und nichtproduktiven Sphären statt. Ein Teil der Arbeitsprodukte in Form von potentiellen Arbeitsmitteln (Maschinen, Ausrüstungen, Geräte u. a.) und in Form von Arbeitsgegenständen (Rohstoffe, Werkstoffe, Halbfabrikate u. a.) findet in Verbindung mit bestimmten technologischen Prozessen wieder in einem anderen Arbeitsprozeß als Technik der materiellen Produktion Verwendung. Ein anderer Teil der

Arbeitsprodukte in Form von Maschinen, Ausrüstungen, Werkstoffen u. a. scheidet aus der Sphäre der materiellen Produktion aus und gelangt in die unproduktive Sphäre und den Alltag des Menschen. Die Grundlage dafür, Arbeitsprodukte zur Technik zu zählen, bildet somit im Prinzip ihre produktive Konsumtion in der Sphäre der materiellen Produktion.

Fünftens muß man den Doppelcharakter der Arbeitsgegenstände bei der Schaffung und Nutzung der Technik beachten. Bei der Herstellung der als potentielle Elemente der Technik auftretenden Arbeitsprodukte macht der Arbeitsgegenstand ihren materiell-stofflichen Inhalt aus und bestimmt häufig, ob ihre Herstellung überhaupt möglich ist und welches die Gebrauchseigenschaften der Erzeugnisse sind. Bei dem Einsatz der Technik erscheint der Arbeitsgegenstand, der bearbeitet wird, als ihr unabdingbares Element, das aktiv auf die Effektivität der Ausnutzung von Arbeitsmitteln und technologischen Prozessen Einfluß nimmt.[35]

Unserer Auffassung nach ist die Technik der materiellen Produktion also die Gesamtheit der materiell-stofflichen Elemente (Arbeitsmittel und Arbeitsgegenstände) und der technologischen Verfahren des Zusammenwirkens zwischen ihnen, die in geeigneter Weise zu einem System vereinigt und organisiert sind, die komplex und produktiv im dynamischen Arbeitsprozeß genutzt werden und zur Herstellung materieller Güter oder zur Lösung anderer ökonomisch-sozialer Probleme, die vor der Gesellschaft stehen, bestimmt sind.

[35] Auf den Doppelcharakter des Stoffes in der produktiven Tätigkeit der Menschen richtete auch R. V. Garkovenko sein Augenmerk: „Nicht selten wird der Stoff als gewisses passives Substrat betrachtet, das als Arbeitsgegenstand verarbeitet und mit Hilfe der Arbeitsinstrumente umgewandelt wird. Zweifellos ist jeder Prozeß der materiellen Produktion – außer allem übrigen – auch ein Prozeß der Veränderung, der Bearbeitung des Naturrohstoffes mit dem Ziel, ihn im Interesse des Menschen zu nutzen. Aber das Wesen einer solchen Nutzung ... als Stoffwechsel zwischen Gesellschaft und Natur besonderer Art ist mit dem Gesagten nicht erschöpft. Die Menschen wirken in unserer Zeit auf die Natur nicht nur und nicht so unmittelbar ein ..., wie es durch die Nutzung technischer Arbeitsmittel vermittelt wird. Jedes Arbeitsmittel ist aus irgendeinem Stoff hergestellt ... Der Stoff erfüllt somit in der materiellen Produktion eine Doppelfunktion. Er nimmt am Produktionsprozeß teil genau wie dasjenige, was bearbeitet wird (in Form der Arbeitsgegenstände) und genau wie dasjenige, mit dessen Hilfe diese Bearbeitung realisiert wird (darunter die Arbeitsmittel)." R. V. Garkovenko, Einige theoretische Fragen der Chemisierung der Produktion, in: Voprosy filosofii, 8/1964, S. 9–10.

2. Arbeitsgegenstände und wissenschaftlich-technischer Fortschritt

Zur Klärung der Rolle der Arbeitsgegenstände bei der Beschleunigung des wissenschaftlich-technischen Fortschrittes erlangt die Analyse des Wesens und der Entwicklungstendenzen der Technik auf der Grundlage einer historischen Betrachtungsweise des Problems eine sehr große Bedeutung.

Wie Marx zeigte, „... besteht jede Maschine aus jenen einfachen Potenzen, wie immer verkleidet und kombiniert. Vom ökonomischen Standpunkt jedoch taugt die Erklärung nichts, denn ihr fehlt das historische Element“[36].

Marx maß daher dem kritischen Studium der Geschichte der Technik große Bedeutung bei. Er hob hervor, daß „... die Bildungsgeschichte der produktiven Organe des Gesellschaftsmenschen, der materiellen Basis jeder besondren Gesellschaftsorganisation ...“[37] nicht weniger Aufmerksamkeit verdiene als das Studium der Entwicklung der Pflanzen- und Tierorgane durch Darwin.

Lenin wies darauf hin: „Die Fortführung des Werks von Hegel und Marx muß in der *dialektischen* Bearbeitung der Geschichte des menschlichen Denkens, der Wissenschaft und der Technik bestehen.“[38]

Die Technik der materiellen Produktion ist das Ergebnis eines langen Entwicklungsweges von den primitiven Werkzeugen bis zu den kompliziertesten technischen Komplexen. Die fortschreitende Entwicklung der Technik muß als eine der stabilsten Tendenzen angesehen werden, die durch das Wachstum und die Erweiterung der Bedürfnisse der Gesellschaft, durch das Erkennen der objektiven Welt und die wachsenden Möglichkeiten der praktischen Ausnutzung neuer Erkenntnisse bedingt ist.

Marx entwickelte ein klassisches Verfahren zur Analyse des historischen Entwicklungsprozesses der Technik: „Einfache Werkzeuge; Akkumulation von Werkzeugen; zusammengesetzte Werkzeuge; In Bewegung setzen eines zusammengesetzten Werkzeuges durch einen einzigen Handmotor, den Menschen; In Bewegung setzen dieser Instrumente durch die Naturkräfte; Maschinen; System von Maschinen, die nur einen Motor haben; System von Maschinen, die einen automatischen Motor haben – das ist die Entwicklung der Maschine.“[39]

Die Technik entwickelt sich nach den Gesetzen der Dialektik. Der Entwicklungsprozeß der Technik vollzieht sich stufenweise und besteht aus evolutionären und revolutionären Stadien. Die Anhäufung evolutionärer

[36] K. Marx, Das Kapital, Erster Band, in: MEW, Bd. 23, Berlin 1971, S. 392.
[37] Ebenda, S. 392, Anm. 89.
[38] W. I. Lenin, Philosophische Hefte, in: Werke, Bd. 38, Berlin 1964, S. 137.
[39] K. Marx, Das Elend der Philosophie, in: MEW, Bd. 4, Berlin 1971, S. 153.

Veränderungen ist begleitet von der Vervollkommnung der traditionellen Technik, der vollkommneren Ausnutzung eines beherrschten technischen Prinzips, der Verbesserung der technisch-ökonomischen Parameter usw. In einer bestimmten Entwicklungsetappe schlagen die quantitativen Veränderungen in der Technik in qualitative um, was einer technischen Revolution entspricht, d. h. dem Übergang zu grundlegenden Veränderungen in der fortschrittlichen Entwicklung der Arbeitsmittel, der Arbeitsgegenstände und der technologischen Prozesse.

Die Technik verfügt über innere Entwicklungsgesetzmäßigkeiten, über eine bestimmte objektive Logik beim Übergang zu einem höheren Niveau der Produktionsausrüstung. Dieser Prozeß ist mit der Beherrschung neuer technischer Prinzipien, der Verbesserung der Gebrauchseigenschaften der Erzeugnisse, der Werkstoffe und der technologischen Verfahren zu ihrer Verarbeitung und mit der Verschärfung der Anforderungen in bezug auf Geschwindigkeiten, Drücke, Temperaturen, auf die Genauigkeit, Festigkeit, Zuverlässigkeit usw. verbunden.

Die unmittelbare Ursache für revolutionäre Situationen in der Entwicklung der Technik ist gewöhnlich die Unmöglichkeit, die wachsenden ökonomischen und sozialen Bedürfnisse der Gesellschaft mit Hilfe der vorhandenen technischen Systeme zu befriedigen, die auf Wirkungsweisen beruhen, deren Möglichkeiten erschöpft sind. Trotz der Unbegrenztheit des Fortschritts der menschlichen Erkenntnis und der Technik besitzt dieser Prozeß bestimmte qualitativ unterschiedliche Stufen und Richtpunkte.

Im Ergebnis dessen werden günstige Vorbedingungen zur Aneignung neuer technischer Prinzipien und auf dieser Grundlage Voraussetzungen zum Entstehen neuer bzw. zur Vervollkommnung vorhandener Maschinen, Ausrüstungen, Geräte, Werkstoffe, Technologien und anderer technischer Mittel geschaffen, die die vorhandenen in ihrer Rentabilität erheblich übertreffen müssen. Die evolutionäre Entwicklung birgt jedoch bedeutende Reserven in sich, die schnell in Gang gesetzt werden können und eine hohe Effektivität der zu realisierenden technischen Lösungen gewährleisten.

Zu den Hauptrichtungen und grundlegenden Gesetzmäßigkeiten der Entwicklung der neuen Technik kann man folgende zählen:

Qualitative Veränderungen der Elemente und der Struktur der technischen Systeme, Komplizierung der Technik durch Vergrößerung der Anzahl ihrer Elemente, Vereinfachung der Technik durch die Verschmelzung des Antriebs mit dem Arbeitsorgan, Übergang von der Einzelmaschine zu komplizierten technischen Komplexen (großen Systemen), von der Handsteuerung letzterer zur automatischen Steuerung und zur

Selbsteinstellung, beträchtliche Erhöhung der Anforderungen an die Zuverlässigkeit der Arbeit technischer Systeme, Verstärkung der Beziehungen und Wechselwirkungen zwischen allen Zweigen der Technik;

wesentliche Erhöhung der Einzelleistung und der Arbeitsparameter technischer Systeme in bezug auf Temperaturen, Drücke, Geschwindigkeiten und auf die Intensität der Prozesse, Übergang vom rein mechanischen Kopplungs- und Steuerungsprinzip zum elektrischen, hydraulischen und pneumatischen;

Nutzung prinzipiell neuer Eigenschaften und einschneidende Verbesserung der Eigenschaften traditioneller Werkstoffe, Erweiterung ihres Sortiments, allmählicher Übergang von der passiven Auswahl vorhandener Werkstoffe zur aktiven Schaffung von Werkstoffen mit vorgegebenen Eigenschaften;

Nutzung neuer, leistungsstärkerer Energiequellen, neuer Prozesse und Bewegungsformen der Materie (Atomenergie, biologische Prozesse u. a.).

Die Wechselwirkung zwischen den Kategorien „neue Technik", „Wissenschaft" und „technischer Fortschritt" stellt eines der kompliziertesten Probleme dar.

Eine Besonderheit des technischen Fortschritts, die wohl am charakteristischsten ist, besteht darin, daß sich in Abhängigkeit von der Vervollkommnung der Technik allmählich ein Prozeß der Übertragung von Funktionen des Menschen, die insbesondere mit der Ausführung schwerer manueller Arbeit verbunden sind, auf die Technik vollzieht.

Mit dem Erscheinen der Maschinerie, die, wie Marx unterstrich „. . . nicht nur lebendige Arbeit ersetzt, sondern auch den Arbeiter und sein Handwerkszeug"[40], entsteht eine prinzipiell neue Situation.

Lenin zeigte in seinen Arbeiten ebenfalls, daß das Prinzip des fortlaufenden Ersatzes des Menschen durch die Technik bei der Ausführung immer komplizierterer Operationen für den technischen Fortschritt grundlegend ist und dessen Kern und die Hauptrichtung zum Ausdruck bringt.

Er schrieb: „An der Ersetzung der manuellen durch die maschinelle Arbeit ist nichts 'Unsinniges': im Gegenteil, gerade darin besteht ja die ganze progressive Wirksamkeit der menschlichen Technik. Je mehr die Technik entwickelt wird, desto mehr wird die manuelle Arbeit des Menschen verdrängt und durch eine Reihe immer komplizierterer Maschinen ersetzt . . ."[41]

[40] K. Marx, Zur Kritik der Politischen Ökonomie (1861–1863), Heft V, S. 216, in: Voprosy istorii estestvoznanija i techniki, 25/1968, S. 21.

[41] W. I. Lenin, Zur sogenannten Frage der Märkte, in: Werke, Bd. 1, Berlin 1971, S. 97.

Er stellte fest, daß sich die kapitalistische Gesellschaft von den vorangegangenen Wirtschaftsformationen durch die Entwicklung der Maschinen und die für sie notwendige Gewinnung von Rohstoff, Brennstoff und anderen Arbeitsgegenständen unterscheidet. Die von Marx nachgewiesene Tendenz des schnelleren Wachstums des konstanten Kapitals gegenüber dem variablen Kapital setzt sich nach Lenin im Ergebnis des technischen Fortschritts durch: „In der kapitalistischen Gesellschaft kann Wachstum der Produktion (und folglich auch des „Marktes") entweder durch Vermehrung der Konsumtionsmittel erfolgen oder – und so geschieht es in der Hauptsache – durch technischen Fortschritt, d. h. Verdrängung der Handarbeit durch Maschinenarbeit . . ."[42] „. . . der technische Fortschritt aber kommt gerade darin zum Ausdruck, daß die Arbeit des Menschen immer mehr hinter der Arbeit von Maschinen zurücktritt."[42a]

Marx ging davon aus, daß die Entwicklung der Technik der materiellen Produktion, die Anwendung der Naturkräfte – der natural agents – mit der „. . . Entwicklung der *Wissenschaft* als eines selbständigen Faktors des Produktionsprozesses (zusammenfalle). Wenn der Produktionsprozeß zur *Anwendung der Wissenschaft*, wird umgekehrt die Wissenschaft zu einem Faktor, sozusagen, zu einer Funktion des Produktionsprozesses."[43] Marx bezeichnete die Entwicklung der Wissenschaft als ideellen und zugleich als praktischen Reichtum.[44]

Zwischen Wissenschaft und Technik besteht eine wechselseitige Verbindung, die nicht nur von der Wissenschaft zur Technik verläuft, sondern auch umgekehrt. Der technische Fortschritt stimuliert die wissenschaftliche Erkenntnis, stellt die Wissenschaft vor neue Probleme, schafft neue Mittel der wissenschaftlichen Tätigkeit und erhöht deren Effektivität. Auf diese Sachlage wies schon Engels in einem Brief an W. Borgius hin: „Wenn die Technik . . . ja größtenteils vom Stande der Wissenschaft abhängig ist, so noch weit mehr diese vom *Stand* und den *Bedürfnissen* der Technik. Hat die Gesellschaft ein technisches Bedürfnis, so hilft das der Wissenschaft mehr voran als zehn Universitäten."[45]

Marx faßte die Wissenschaft als gesellschaftliche Produktivkraft auf. Er ging davon aus, daß die Entwicklung der Technik zeigt, „bis zu wel-

42 W. I. Lenin, Zur sogenannten Frage der Märkte, in: Werke, Bd. 1, Berlin 1971 S. 79, Anm.

42a Ebenda, S. 75.

43 K. Marx, Zur Kritik der Politischen Ökonomie (1861–1863), 2. Heft, H. XX, S. 1261, in: Voprosy istorii estestvoznanija i techniki, 25/1968, S. 75.

44 K. Marx, Grundrisse der Kritik der Politischen Ökonomie, Berlin 1953, S. 439.

45 F. Engels, Brief an W. Borgius vom 25. Januar 1894, in: MEW, Bd. 39, Berlin 1968, S. 205.

chem Grade das allgemeine gesellschaftliche Wissen ... zur *unmittelbaren Produktivkraft* geworden ist ..."[46]

In den *Grundrissen der Kritik der Politischen Ökonomie* wies er bezüglich der produktiven Entwicklung der Gesellschaft auf folgendes hin: „Es ist nicht nur das Wachsen der scientific power, sondern das Maß, worin sie schon als capital fixe gesetzt ist, der Umfang, die Breite, worin sie realisiert ist und sich der Totalität der Produktion bemächtigt hat."[47]

Der revolutionierende Einfluß der Wissenschaft auf die materielle Produktion erlangt große Bedeutung: „In dem Maße aber, wie die große Industrie sich entwickelt, wird die Schöpfung des wirklichen Reichtums abhängig weniger von der Arbeitszeit und dem Quantum angewandter Arbeit als von der Macht der Agentien, die während der Arbeitszeit in Bewegung gesetzt werden und die selbst wieder – deren powerful effectiveness – selbst wieder in keinem Verhältnis steht zur unmittelbaren Arbeitszeit, die ihre Produktion kostet, sondern vielmehr abhängt vom allgemeinen Stand der Wissenschaft und dem Fortschritt der Technologie, oder der Anwendung dieser Wissenschaft auf die Produktion."[48]

Der Fortschritt der Technik führte in organischer Verbindung mit dem schnellen Fortschritt der Wissenschaft eine prinzipiell neue Richtung herbei, einen neuen Faktor zur Effektivitätssteigerung der gesellschaftlichen Produktion – den wissenschaftlich-technischen Fortschritt.[49]

Unserer Auffassung nach schließt der wissenschaftlich-technische Fortschritt die materiell-stofflichen Elemente und die Methoden zur Schaffung

[46] K. Marx, Grundrisse der Kritik der Politischen Ökonomie, Berlin 1953, S. 594.

[47] Ebenda, S. 636.

[48] Ebenda, S. 592.

[49] In der Literatur ist das Wesen des wissenschaftlich-technischen Fortschritts unterschiedlich ausgelegt worden. Die meisten Forscher behandeln diese Kategorie vom funktionellen Standpunkt als Prozeß zur Vervollkommnung der materiell-stofflichen Elemente und der Methoden der Produktion (siehe z. B. S. G. Strumilin, Techničeskij progress i obščestvennaja proizvoditel'nost' truda, in: Social'no-ėkonomičeskie problemy techničeskogo progressa, Moskau 1961, S. 27.

L. M. Gatovskij richtet sein Augenmerk ebenfalls auf die sozialökonomischen Faktoren, und zwar auf die Herausbildung der Bedingungen zur Entwicklung sozialistischer Produktionsverhältnisse im Ergebnis des wissenschaftlich-technischen Fortschritts. (L. M. Gatovskij, Ėkonomičeskie problemy naučno-techničeskogo progressa, Moskau 1971, S. 6) Andere Autoren betrachten den wissenschaftlich-technischen Fortschritt vom Informationsstandpunkt als ein sich zeitlich entwickelnder Prozeß der Produktion und als praktische Realisierung der wissenschaftlichen und technischen Kenntnisse. (Ėkonomičeskie problemy naučno-techničeskogo progressa, Moskau 1970, S. 4) der neuen Technik sowie deren Verbreitungs- und Funktionsbedingungen auf der Grundlage der Errungenschaften von Natur- und Gesellschaftswissenschaften ein (vgl. Abbildung 1).

In der methodischen Literatur gehören zu den Maßnahmen der neuen Technik bekanntlich die Schaffung neuer und die Verbesserung von vorhandenen Maschinenkonstruktionen, von Mechanismen, Geräten sowie Gebäuden und Ausrüstungen; von Rohstoffarten, Werkstoffen, Brennstoffen, Energie und technologischen Prozessen; von Methoden der Arbeits- und Produktionsorganisation; die Mechanisierung und Automatisierung der Tätigkeiten und Prozesse, die Verbesserung der Eigenschaften und des Sortiments der Erzeugnisse, die Normung und Standardisierung der Baugruppen und Einzelteile sowie die Spezialisierung und Kooperation der Produktion.[50]

Im Beschluß des ZK der KPdSU und des Ministerrates der UdSSR *Über Maßnahmen zur Erhöhung der Effektivität der Arbeit wissenschaftlicher Organisationen und zur Beschleunigung der Nutzung von Errungenschaften der Wissenschaft und Technik in der Volkswirtschaft*[51] sind folgende Maßnahmen zur Lösung der grundlegenden wissenschaftlich-technischen Probleme aufgezählt: Schaffung und Inbetriebnahme von neuen hochproduktiven Maschinen und Ausrüstungen, von Mitteln zur Mechanisierung und Automatisierung der Produktion, von ökonomisch vorteilhafteren Werkstoffen und hocheffektiven Technologien, die weitere Vervollkommnung von Methoden zur Organisation der Produktion, zur Produktionslenkung und zur wissenschaftlichen Arbeitsorganisation, die Schaffung und Inbetriebnahme von automatisierten Steuerungs- und Informationsverarbeitungssystemen in den Betrieben, Vereinigungen und Behörden sowie die Schaffung automatisierter Systeme zur Steuerung technologischer Prozesse.

Gehen wir von unserer Auslegung des wissenschaftlich-technischen Fortschritts aus, so müssen die Maßnahmen zur wissenschaftlichen Arbeitsorganisation, zur Organisation und administrativen Leitung der Produktion (ausgenommen die automatisierten Leitungssysteme) sowie zur Spezialisierung und Kooperation nicht zur neuen Technik, sondern zu deren Funktionsbedingungen gezählt werden.

50 Tipovaja metodika opredelenija ėkonomičeskoj ėffektivnosti kapital'nych vloženij i novoj techniki v narodnom chozjajstve SSSR, Moskau 1960, S. 14;
Metodika opredelenija ėkonomičeskoj ėffektivnosti vnedrenija novoj techniki, mechanizacii i avtomatizacii proizvodstvennych processov v promyšlennosti, Moskau 1962, S. 3 u. a.

51 Pravda, vom 23. Oktober 1968.

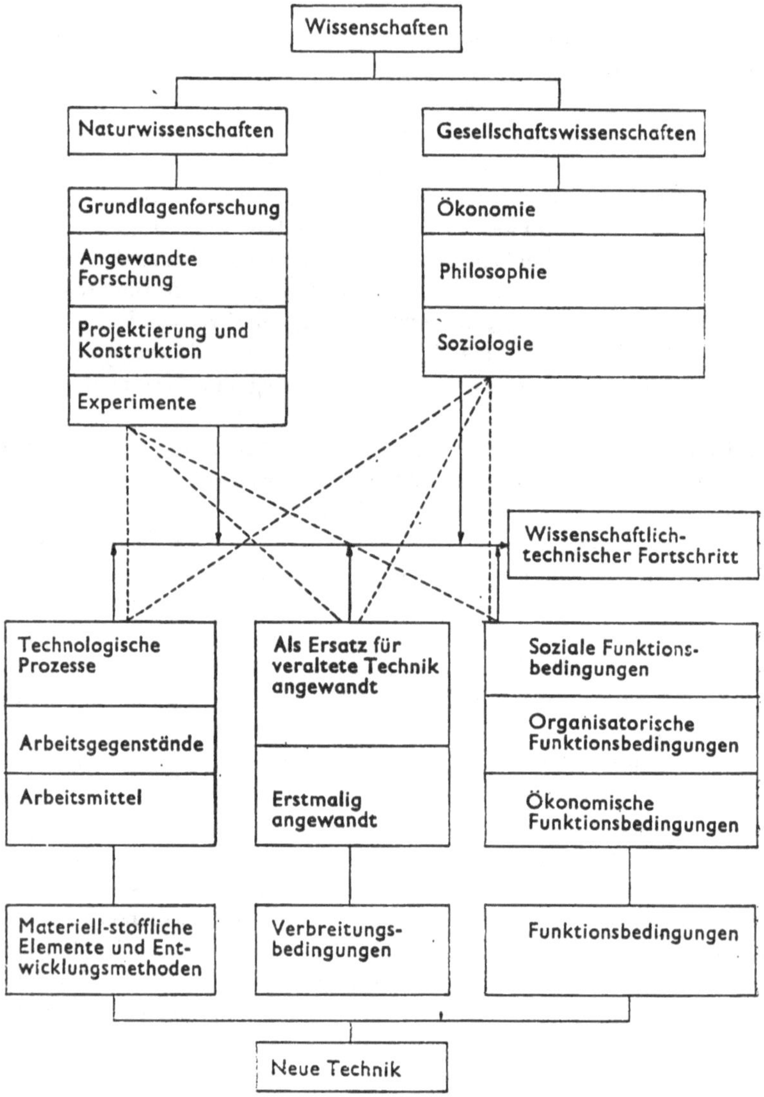

Abb. 1: Bestandteile des wissenschaftlich-technischen Fortschritts

Die Kennzeichnung der materiell-stofflichen Elemente und der Methoden zur Entwicklung der Technik (der traditionellen und der neuen) erfolgte im vorangehenden Abschnitt.

Die gleichmäßige Verbreitung dessen, was als neue Technik bezeichnet wird, bezieht sich sowohl auf die Technik, die auf der Grundlage eines traditionellen Prinzips, als auch auf die, die nach einem neuen technischen Prinzip geschaffen oder vervollkommnet wurde. Es handelt sich stets darum, ob diese Technik in der Volkswirtschaft erstmalig angewandt oder ob sie in einer Reihe von Objekten bereits genutzt wird und erst danach in der Volkswirtschaft weitere Verbreitung findet. Dieser Prozeß kann sich über einen langen Zeitraum erstrecken. In vielen Fällen verkörpert auch die Anwendung traditioneller Technik in neuen Zweigen, zum Beispiel Straßenbaumaschinen zur Mechanisierung von Arbeiten, die früher von Hand ausgeführt wurden, den wissenschaftlich-technischen Fortschritt. Ermittelt man jedoch den Neuheitsgrad der Technik vom volkswirtschaftlichen Standpunkt aus oder nach dem Welthöchststand und nicht aus der Sicht der einzelnen Verbraucher, so braucht die Interpretation der Kategorie „neue Technik" nicht geändert zu werden.[52]

Um die Voraussetzungen für die Verbreitung der neuen Technik von ihrem Entwicklungsprozeß selbst zu trennen, wollen wir folgende Terminologie einführen: Für die Entwicklung der neuen Technik – wissenschaftlich-technischer Fortschritt „in die Tiefe" und für ihre Verbreitung – wissenschaftlich-technischer Fortschritt „in die Breite".

Innerhalb der Funktionsvoraussetzungen der neuen Technik müssen die ökonomischen Voraussetzungen (Großhandelspreise, Planungs- und Stimulationssysteme u. a.), die organisatorischen (Organisation der Arbeit und der Produktion allgemein, ohne Berücksichtigung der Organisation der Technik selbst) und die sozialen Voraussetzungen (Niveau der Allgemeinbildung, Qualifikation, Arbeitsfertigkeiten der Arbeiter u. a.) unterschieden werden. In dieser Arbeit führen wir – wie das viele Autoren tun –

[52] Von L. M. Gatovskij wurde folgender Standpunkt zum Ausdruck gebracht: „Wenn von neuer Technik die Rede ist, so muß man unbedingt unterscheiden, ob sie zum ersten Mal in der Welt, in der UdSSR, in einem bestimmten Industriezweig, in einem bestimmten Betrieb (Vereinigung) herausgebracht wird. Die neue Technik wird immer in diesem oder jenem Maße allmählich verbreitet. Daher wird ein und dieselbe Technik, die seit langem in gewissen Zweigen angewandt wird, aus der Sicht anderer Zweige als „neue" und „erstmalig angewandte" Technik betrachtet. Der Neuheits- oder Veraltungsgrad der Technik muß vom volkswirtschaftlichen Standpunkt aus ermittelt werden." (L. M. Gatovskij, *Ėkonomičeskie problemy naučno-techničeskogo progressa*, Moskau 1971, S. 21–22.)

die materiellen Funktionsvoraussetzungen der neuen Technik (die Bearbeitung des Arbeitsgegenstandes) nicht gesondert auf, da wir diesen Faktor zu den materiell-stofflichen Elementen der Entwicklung der Technik zählen. Da unter den Funktionsvoraussetzungen der neuen Technik auch die sozialen Voraussetzungen erwähnt wurden, soll bemerkt werden, daß die Arbeit selbst und die Arbeitskraft nicht in den wissenschaftlich-technischen Fortschritt eingehen. Im entgegengesetzten Fall würden die Unterschiede zwischen persönlichen und gegenständlichen Faktoren des Arbeitsprozesses verwischt und unklar.

Die Aufklärung des Wesens des wissenschaftlich-technischen Fortschritts hat direkte Beziehung zur Frage des Wechselverhältnisses von technischer Entwicklung und technischem Fortschritt.[53]

Engels unterstreicht im „Anti-Dühring“: „Eine exakte Darstellung des Weltganzen, seiner Entwicklung und der der Menschheit ... kann also nur auf dialektischem Wege, mit steter Beachtung der allgemeinen Wechselwirkungen des Werdens und Vergehens, der fort- oder rückschreitenden Änderungen zustande kommen.“[54]

Wie früher hervorgehoben wurde, zählen wir fortschrittliche technologische Prozesse und Formen der Arbeits- und Produktionsorganisation (im engeren Sinne) zur neuen Technik. Diese Faktoren können daher im allgemeinen nicht als Unterschiede zwischen der Entwicklung der Technik und dem technischen Fortschritt dienen. Es ist unverkennbar, daß jede beliebige progressive Erscheinung ein Teil des gesamten Entwicklungs-

[53] Nach der Auffassung von Ju. S. Meleščenko „ist die Entwicklung der Erscheinungen, sehr allgemein betrachtet, umfassender als deren Fortschritt ... Das Wechselverhältnis von Fortschritt und Entwicklung ist ein Verhältnis von Teil und Ganzem ...“ Der Begriff des Fortschritts ist „bei weitem nicht auf alle Veränderungen anwendbar, die sich im Entwicklungsprozeß abspielen“ (Ju. S. Meleščenko, *Techničeskij progress i ego zakonomernosti*, Moskau 1967, S. 109–110).

A. N. Efimov geht davon aus, daß „der Begriff technischer Fortschritt umfassender ist als der Begriff Entwicklung der Technik. Er beinhaltet nicht nur die Schaffung und Einführung von fortschrittlichen Produktionsmitteln (in Form neuer Maschinen, neuer Werkstoffe und Energien), sondern auch von den ihnen entsprechenden technologischen Prozessen und neuen Formen der Arbeits- und Produktionsorganisation, die eine sehr hohe Effektivität der gesellschaftlichen Arbeit gewährleisten“ (A. N. Efimov, Techničeskij progress, in: Ėkonomičeskaja Enciklopedija „Promyšlennost' i stroitel'stvo“, Bd. III, Moskau 1965, S. 352–353).

[54] F. Engels, Herrn Eugen Dührings Umwälzung der Wissenschaft, in: MEW, Bd. 20, Berlin 1962, S. 22.

prozesses ist. Man muß die Entwicklung der Technik daher als einen umfassenderen Begriff ansehen als ihren Fortschritt.

Die wissenschaftlich-technische Revolution stellt einen objektiven und gesetzmäßigen Prozeß und eine Entwicklungsetappe des wissenschaftlich-technischen Fortschritts dar, die – wie jede technische Revolution – durch einen Umschlag quantitativer Veränderungen bestimmter, sagen wir funktioneller, struktureller und substantieller[55] Prinzipien und Merkmale in qualitative, grundlegende Veränderungen der Elemente des Produktionsprozesses gekennzeichnet ist. Es ist zum Beispiel bekannt, daß das Wesen der technischen Revolution Ende des 18. Jahrhunderts in England und Ende des 19. Jahrhunderts in anderen Ländern darin bestand, daß die technologischen Funktionen des Produzenten auf Arbeitsmaschinen übertragen und seine energetischen Funktionen durch die Dampfmaschine ersetzt wurden. Dies ermöglichte den Übergang von der Manufaktur zur maschinellen Fabrikproduktion.

Die gegenwärtige wissenschaftlich-technische Revolution umfaßt alle gegenständlichen Faktoren der Produktion – die Arbeitsinstrumente und Arbeitsgegenstände, die Energiequellen usw.[56]

Sie hat tiefe soziale Wurzeln und ist untrennbar mit den Naturwissenschaften verbunden. Im Verlaufe dieser Revolution vollzieht sich eine fortschreitende Integration aller Elemente der neuen Technik und des wissenschaftlich-technischen Fortschritts zu einem einheitlichen Ganzen.

Obwohl die wissenschaftlich-technische Revolution einen Prozeß der weiteren Entwicklung des wissenschaftlich-technischen Fortschritts darstellt, sind beide Kategorien nicht identisch, da erstens die wissenschaftlich-technische Revolution einen Teil des Gesamtprozesses des wissenschaftlich-technischen Fortschritts darstellt und zweitens der wissenschaftlich-technische Fortschritt sowohl revolutionäre als auch evolutionäre Formen und Entwicklungsetappen der Technik einschließt.

Die Errungenschaften im Zuge der wissenschaftlich-technischen Revolution können nicht etwas Einmaliges darstellen, sie müssen permanenten Charakter tragen, denn unmittelbar nach manchen Entdeckungen werden andere, vollkommenere vorbereitet und realisiert. Große Entdeckungen auf dem Gebiet der polymeren Werkstoffe beispielsweise werden systematisch durch neue Ideen verbessert und bereichert und machen eine weitere wissenschaftliche Bearbeitung sowie beträchtliche Geldmittel erforderlich.

55 Ausführlicher siehe: Ju. S. Melestschenko, S. W. Schuchardin, Lenin und der wissenschaftlich-technische Fortschritt. Leipzig 1972, S. 280.

56 A. M. Omarov, Technika i čelovek, Moskau 1965, S. 116. Ė. Ja. Bregel', Političeskaja ėkonomija kapitalizma, Moskau 1969, S. 101.

Es wäre nicht richtig, die Entwicklung des wissenschaftlich-technischen Fortschritts auf die qualitativen Veränderungen in der technischen Basis der Produktion, die im Verlaufe der wissenschaftlich-technischen Revolution vervollkommnet wird, zu beschränken, denn die Durchführung der Revolution ist gleichzeitig auch Verwirklichung des wissenschaftlich-technischen Fortschritts. Das Feld grundlegender Veränderungen durch die wissenschaftlich-technische Revolution steckt daher auch gleichzeitig den Rahmen des wissenschaftlich-technischen Fortschritts ab.

In der realen Wirklichkeit verschlingen sich progressive und regressive, revolutionäre und evolutionäre Erscheinungen, obgleich beispielsweise im Verlaufe des wissenschaftlich-technischen Fortschritts auch eine große Entdeckung verwirklicht oder der Übergang zu einem neuen technischen Prinzip vollzogen werden kann.

Da die wissenschaftlich-technische Revolution alle gegenständlichen Faktoren der Produktion erfaßt hat, ist es falsch, ihr Wesen und ihre charakteristischen Besonderheiten mit nur einem oder mehreren dieser Faktoren zu verknüpfen. Der unter den Fachleuten am meisten verbreitete Standpunkt ist die Gleichsetzung der wissenschaftlich-technischen Revolution mit Veränderungen der Arbeitsinstrumente und insbesondere mit der komplexen Automatisierung der Produktion.[57]

Ein solcher Standpunkt läßt das Wesen der ökonomischen Probleme der wissenschaftlich-technischen Revolution verkümmern und macht alle übrigen Elemente der neuen Technik und des wissenschaftlich-technischen Fortschritts gewissermaßen zu nebensächlichen Erscheinungen. Natürlich bilden die Arbeitsinstrumente, insbesondere die automatischen Anlagen die Grundlage der neuen Technik, sie können jedoch nicht allein als Fortschritt der neuen Technik auftreten.

Man kann die folgende Ansicht M. A. Vilenskijs teilen: „Insoweit das automatische Maschinensystem und die Automatisierung der Produktion keine grundlegenden Veränderungen in die unmittelbare Bearbeitungstechnologie hineintragen und sich an die der Technologie eigenen Prinzipien anpassen, darf man den gesamten Inhalt der gegenwärtigen wissenschaftlich-technischen Revolution nicht ausschließlich auf die Technologie zurückführen, wie das viele Ökonomen tun.“[58]

In einer Reihe von Fällen ist es gerechtfertigt, die Frage nach der weiteren Entwicklung der Automatisierung gerade im Zusammenhang mit

[57] Siehe z. B.: Sovremennaja naučno-techničeskaja revoljucija, Moskau 1967, S. 14–15; Političeskaja ėkonomija, Lehrbuch, Bd. III, S. 319, 337.

[58] M. A. Vilenskij, Über ein wichtiges Glied des wissenschaftlich-technischen Fortschritts, in: Voprosy ėkonomiki, 8/1969, S. 33.

dem Auftauchen neue Energieformen, Werkstoffe und Prozesse zu stellen und nicht umgekehrt, wie dies in dem oben zitierten *Lehrbuch der Politischen Ökonomie* getan worden ist. Man muß auch die ökonomischen Grenzen der Automatisierung berücksichtigen. Bekanntlich ist die Einführung der Automatisierung in einer Reihe von Produktionszweigen wegen bestimmter Eigenarten (Sortimentsbreite und kleine Losgröße im Warenausstoß, Kompliziertheit der Konstruktionen u. a.) uneffektiv.

Unter den gegenwärtigen Bedingungen sind zwei Hauptklassifikationen des wissenschaftlich-technischen Fortschritts erarbeitet worden, die weite Verbreitung fanden. Sie tragen Komplexcharakter. Die erste, die im gewissen Grade als althergebracht gilt, aber ihre Bedeutung nicht verloren hat, umfaßt bedeutende zwischenzweigliche Entwicklungsrichtungen von Wissenschaft und Technik und spiegelt die Gemeinsamkeit der naturwissenschaftlichen Grundlagen, der technischen Prinzipien, des Zweckes und der Anwendungssphären der Produktionsergebnisse und andere Faktoren wider. Es sind dies die Elektrifizierung der Volkswirtschaft, die Mechanisierung und Automatisierung, die Chemisierung, Kybernetisierung usw. Es ist offensichtlich, daß viele Elemente dieser Richtungen verflochten sind und sich wechselseitig bedingen.

Die zweite Klassifikation, die in der Abteilung für ökonomische Probleme des wissenschaftlich-technischen Fortschritts am Institut für Ökonomie der AdW der UdSSR erarbeitet wurde, basiert auf der globalen Betrachtungsweise der funktionellen Elemente des Produktionsprozesses: der Arbeitsmittel, der Arbeitsgegenstände, der energetischen Grundlagen der Produktion, der technologischen Prozesse, der Organisation und Leitung der Produktion.

Eine solche Klassifikation kann nach unterschiedlichen Merkmalen detailliert werden:[59] die Arbeitsinstrumente zum Beispiel nach dem Charakter des zu bearbeitenden Werkstoffs, des auszuführenden technologischen Prozesses, der Steuerung dieses Prozesses; die Arbeitsgegenstände nach dem Ursprung der Materialien (natürliche, künstlich erzeugte), nach der Rolle im Produktionsprozeß (Rohstoffe, Hilfsstoffe, Brennstoffe u. a.); die energetischen Mittel nach der Art der Primärenergiequellen, nach den Energieumwandlungsverfahren, nach dem Charakter der Antriebe; die technologischen Prozesse nach dem Charakter der Formgebungs- und Bearbeitungsverfahren, denen die Arbeitsgegenstände unterliegen (mechanische, chemische, durch Strahlen, durch Schall u. a.); die Steuerung der Produktion nach dem Charakter der Werkzeuge und Methoden (von Hand,

59 M. A. Vilenskij, Die Richtungen des wissenschaftlich-technischen Fortschritts und deren Effektivität, in: Voprosy ėkonomiki, 1/1972, S. 61–62.

mechanisch, automatisch) und der zu steuernden Prozesse (kontinuierliche, diskrete u. dgl.).

Es muß bemerkt werden, daß die manchmal zum Ausdruck gebrachte Gegenüberstellung dieser Klassifikationen nicht gerechtfertigt ist, da sie einerseits miteinander verflochten sind und andererseits einen Teil nicht gegeneinander austauschbarer Elemente umfassen und die Lösung verschiedener Aufgaben ermöglichen. Zum Beispiel umfaßt die Chemisierung als Element der ersten Klassifikation den Produktionsprozeß und die Anwendung der chemischen Werkstoffe und technologischen Prozesse in der Volkswirtschaft. Sie ist daher mit den Arbeitsgegenständen und den technologischen Prozessen als Elementen der zweiten Klassifikation verbunden. Diese Beziehungen decken sich jedoch nicht, sie sind von eigenständiger Bedeutung. Schließlich ist die ökonomische Erforschung der Probleme des wissenschaftlich-technischen Fortschritts auf der Grundlage der erwähnten Klassifikationen dazu bestimmt, eine effektive technische Politik in der Volkswirtschaft zu erarbeiten.

3. Materialintensität und Nutzeffekt der Produktion

Die erstrangige Bedeutung des wissenschaftlich-technischen Fortschritts erklärt sich daraus, daß die sich auf dessen Grundlage ergebende ständige Einsparung an lebendiger und vergegenständlichter Arbeit als Quelle der erweiterten Reproduktion des gesellschaftlichen Produktes, des Wachstums des Nationaleinkommens, der Akkumulations- und Konsumtionsfonds sowie der Steigerung des materiellen und kulturellen Lebensniveaus des Volkes dient. Der wissenschaftlich-technische Fortschritt beeinflußt sowohl die Produktionsbedingungen als auch das Produktionsergebnis.

Die Erhöhung des Nutzeffektes der gesellschaftlichen Produktion auf der Grundlage des wissenschaftlich-technischen Fortschritts vollzieht sich nicht nur über die funktionellen Elemente des Arbeitsprozesses, wie etwa den Einfluß der Arbeit (Anzahl der Werktätigen) auf den Arbeitsaufwand je Produkt, die Arbeitsmittel (die Produktionsgrundfonds) auf die Produktionsfondsintensität und die Arbeitsgegenstände (die Produktionsumlauffonds) auf die Materialintensität usw. Die Formen und Richtungen des erstgenannten Einflusses sind mannigfaltiger Art. Es gibt Gründe anzunehmen, daß unter dem Einfluß des wissenschaftlich-technischen Fortschritts ein Integrationsprozeß, eine gewisse Verwischung der Grenzen zwischen den Arbeitsmitteln, den technologischen Prozessen und den Arbeitsgegenständen vom Standpunkt ihres Einflusses auf den Nutzeffekt der Produktion vor sich geht. Die Einführung eines neuen Werkstoffs zum

Beispiel kann nicht nur zur Senkung der Materialintensität, sondern auch zur Senkung des Arbeitsaufwandes (durch Verkürzung des Produktionszyklus) und der Produktionsfondsintensität des Produktes (durch Reduzierung einer Reihe von technologischen Operationen und des notwendigen Ausrüstungsgrades) führen.

Die bedeutendsten Entwicklungsgesetzmäßigkeiten der gesellschaftlichen Produktion, die durch den Einfluß des wissenschaftlich-technischen Fortschrittes bedingt sind, bestehen im Wachstum der organischen Zusammensetzung des Kapitals und in der Strukturveränderung des Gesamtarbeitsaufwandes zugunsten der vergangenen (vergegenständlichten) Arbeit.

Marx zeigte: „Das Wachsen der Produktivkraft unterstellt also, wenn der *Gesamtwert des Kapitals derselbe bleibt*, daß der konstante Teil desselben (in Material und Maschinen bestehende) wächst im Verhältnis zum variablen, d. h. zu dem Teil desselben, der sich mit der lebendigen Arbeit austauscht, den Fonds des Arbeitslohns bildet.“[60]

Marx verband die Entwicklung des wissenschaftlich-technischen Fortschritts, das Erscheinen und die Einführung neuer Maschinen, Ausrüstungen und anderer vergegenständlichter Resultate der zielgerichteten Tätigkeit des Menschen nicht nur mit einer Reduzierung des absoluten Arbeitsaufwandes pro Erzeugniseinheit (ihres Wertes), sondern auch mit einer bedeutenden Veränderung des Verhältnisses der lebendigen und vergangenen Arbeit zugunsten letzterer. Er schrieb, daß mit dem Maschinensystem die Herrschaft der vergangenen Arbeit über die lebendige nicht nur soziale, sondern sozusagen auch „. . . *technologische* Wahrheit wird.“[61]

Nach Ansicht von Marx ist eine solche Tendenz für einen Produktionsprozeß mit wachsender Arbeitsproduktivität charakteristisch „Es ist . . . eine verdrehte Form des Richtigen, daß die verhältnismäßig größre Anwendung vergangener Arbeit, verglichen mit lebendiger, gesteigerte Produktivität der gesellschaftlichen Arbeit und größren gesellschaftlichen Reichtum bedeutet.“[62]

Er unterstrich wiederholt die führende Rolle der vergegenständlichten Arbeit gegenüber der lebendigen in Abhängigkeit von der Entwicklung von Wissenschaft und Technik und der gesamten gesellschaftlichen Produktion

60 K. Marx, Grundrisse der Kritik der Politischen Ökonomie, Berlin 1953, S. 292/293.

61 K. Marx, Zur Kritik der Politischen Ökonomie (1861–1863), Heft XX, S. 1260, in: Voprosy istorii estestveznanija i techniki, 25/1968, S. 74.

62 K. Marx, Das Kapital, Dritter Band, in: MEW, Bd. 25, Berlin 1964, S. 703.

und hob hervor: „In der Maschinerie tritt die vergegenständlichte Arbeit stofflich der lebendigen als die beherrschende Macht entgegen ..."[63]

Wie Lenin, der die Gesetzmäßigkeiten der erweiterten Reproduktion im Zusammenhang mit der Realisierung ebenfalls eingehend untersuchte, dabei unterstrich, „... kommt der technische Fortschritt darin zum Ausdruck, daß das Verhältnis des variablen Kapitals zum konstanten $\left(\frac{v}{c}\right)$ allmählich abnimmt ..."[64]

Einige Ökonomen sehen in der Veränderung der organischen Zusammensetzung den allgemeinsten Ausdruck des technischen Fortschritts. A. I. Paškov nimmt beispielsweise an, daß „in der sozialistischen Gesellschaft zweifellos auch das Gesetz vom Wachstum ‚der Struktur der sozialistischen Produktion' als Resultat und als allgemeinster Ausdruck des technischen Fortschritts wirkt ... Im Sozialismus ... verringert die wachsende organische Zusammensetzung die allgemeine Arbeitsaufwandsgröße pro Erzeugniseinheit."[65]

Ein anderer Ausdruck des technischen Fortschritts ist die Strukturveränderung der Produktionsmittel selbst. So wuchs im Jahre 1965 im Vergleich zu 1950 das Produktionsvolumen für Produktionsmittel (Gruppe A) auf das 5,2fache, darunter Arbeitsinstrumente auf das 9fache, Arbeitsgegenstände auf das 4fache. Es verminderte sich der Anteil der Arbeitsgegenstände bei der Produktion von Produktionsmitteln von 74 Prozent im Jahre 1950 auf 55 Prozent im Jahre 1965.[66] Im Jahre 1970 wuchs die Produktion von Produktionsmitteln im Vergleich zu 1960 auf das 2,39fache, die Produktion von Konsumtionsmitteln auf das 2,03fache. Ihr Verhältnis innerhalb der gesamten industriellen Produktion änderte sich (in Prozent) entsprechend von 72,5 : 27,5 auf 73,4 : 26,6.[67]

Die Rohstoffzweige jedoch (ohne Berücksichtigung der Brennstoff-Energie-Zweige) binden weiterhin gewaltige materielle und Arbeitskräfteressourcen der Volkswirtschaft. Ungeachtet der wachsenden Rolle progressiver Rohstoffzweige innerhalb der gesamten industriellen Produktion wird das Entwicklungstempo einer Reihe von Zweigen der verarbeitenden Industrie durch den Rohstoffmangel begrenzt.

[63] K. Marx, Grundrisse der Kritik der Politischen Ökonomie, Berlin 1953, S. 585.

[64] W. I. Lenin, Zur sogenannten Frage der Märkte, in: Werke, Bd. 1, Berlin 1963, S. 76.

[65] A. I. Paškov, Marx und die Politische Ökonomie des Sozialismus, in: Kommunist, 6/1968, S. 55; O tempach rosta dvuch podrazdelenij obščestvennogo proizvodstva, in: Kommunist, 11/1967, S. 89.

[66] Narodnoe chozjajstvo SSSR v 1965 godu, Moskau 1966, S. 123.

[67] Narodnoe chozjajstvo SSSR v 1970 godu, Moskau 1971, S. 131.

Auf die Eisen- und Stahlindustrie, die chemische und petrolchemische, die Holz-, holzverarbeitende sowie die Zellstoff- und Papierindustrie und die Baustoffproduktion entfielen in den letzten Jahren ein Drittel der industriellen Produktionsfonds und ein Viertel der Jahresdurchschnittszahl an Arbeitern in der Industrie.[68]

Im neunten Fünfjahrplan werden zur Entwicklung dieser Zweige 64,4 Milliarden Rubel aufgewandt (31 Prozent aller staatlichen Investitionen in der Industrie) oder 62 Prozent mehr als im achten Fünfjahrplan (darunter in der Eisen- und Stahlindustrie 66, in der chemischen Industrie 91 und in der Zellstoff- und Papierindustrie 98 Prozent mehr).

Die Entwicklung der gesellschaftlichen Produktion setzt die Herstellung bestimmter Proportionen in der Entwicklung der Rohstoffzweige und der verarbeitenden Industrie voraus. Dabei spielen die Beschleunigung und die Effektivität des wissenschaftlich-technischen Fortschritts eine große Rolle.

Marx schrieb hierzu: „Da die wachsende Produktivität der Arbeit das Kapital eine Schranke finden lassen würde an der nichtwachsenden Masse des Rohmaterials und der Maschinerie, so ist es der Gang der industriellen Entwicklung, daß je mehr die Produktion Produktion der Rohstoffe für die Industrie ist, sowohl Rohstoff für Arbeitsmaterial als [für] Instrument; je mehr das Arbeitsmaterial dem bloßen Rohstoff sich nähert, grade in diesen Branchen die Einführung der Arbeit im großen, wie Anwendung von Maschinerie beginnt ... In der Produktion der Metalle, die der Hauptrohstoff für die Arbeitsinstrumente selbst, am ersten.“[69]

Mit anderen Worten, Marx suchte die Lösung des Problems der Deckung des Bedarfs der Gesellschaft an Rohstoffen und Materialien vor allem in der Beschleunigung des technischen Fortschritts in den Rohstoffzweigen.

Es ist jedoch unverkennbar, daß auf den Ausnutzungsgrad des Rohstoffes und folglich auf dessen Verbrauchsmaßstab der wissenschaftlich-technische Fortschritt auch in der verarbeitenden Industrie einen wesentlichen Einfluß ausübt.

Marx hob hervor, daß „... auch in der manufakturierenden Industrie die Verbeßrung der Maschinerie, und die durch sie bewirkte Vermehrung der Produktivkraft *Rohmaterial* schafft (relativement), statt absolute Vermehrung desselben zu verlangen ...“[70]

Durch den rationelleren Verbrauch der Rohstoffe und Materialien vollziehen sich im Verhältnis zwischen der extraktiven und der verarbeitenden

[68] Ebenda, S. 158, 166, 167.
[69] K. Marx, Grundrisse der Kritik der Politischen Ökonomie, Berlin 1953, S. 661.
[70] Ebenda, S. 703.

Industrie zugunsten der letzteren allmählich Verschiebungen. Im Jahre 1970 wuchs im Vergleich zu 1960 der Wert der gesamten Industrieproduktion auf das 2,27fache, der der extraktiven dabei auf das 1,69fache und der verarbeitenden Industrie auf das 2,33fache.[71]

Auf dem XXIV. Parteitag der KPdSU wurde hervorgehoben, daß es vorteilhafter ist, Rohstoffe in der verarbeitenden Industrie einzusparen als zusätzlich solche zu produzieren.[72]

Das vorrangige Wachstum der verarbeitenden im Vergleich zur extraktiven Industrie ist charakteristisch für die Wirtschaft industriell entwickelter Länder. So wuchsen in den USA im Jahre 1968 im Vergleich zu den Jahren 1957 bis 1959 der Umfang der Industrieproduktion um 66,5 Prozent, der Produktionsausstoß der extraktiven Industrie dabei um 26,6 Prozent, Holzerzeugnisse um 22,3, Primärmetalle um 37, Stein-, Glas- und Tonwaren um 46,2 Prozent.[73] Das Verhältnis der Produktionskosten der verarbeitenden Industrie zur analogen Kennziffer der extraktiven Industrie hat daher eine bestimmte ökonomische Bedeutung. Es sei bemerkt, daß das Verhältnis der Produktionskosten der verarbeitenden zur extraktiven Industrie in den USA von 1947 bis 1967 auf das 2,3fache anstieg.

Langfristig vollziehen sich in der UdSSR wesentliche Verschiebungen in der Struktur der Aufwendungen für die Produktion von Industrieerzeugnissen. So stieg von 1930 bis 1970 der Anteil der Aufwendungen für alle Werkstoff-, Brennstoff- und Energiearten von 39,2 auf 75,6 Prozent bei einer gleichzeitigen Verminderung des Lohnanteils von 34,1 auf 16,1 Prozent.[74] Der spezifische Anteil der Roh- und Grundstoffe an den allgemeinen Aufwendungen der Industrie erhöhte sich von 58,1 Prozent im Jahre 1940 auf 64,6 Prozent im Jahre 1970[75] (vgl. Tabelle 1).

Die Senkung der spezifischen Kosten für die Rohstoff- und Werkstoffproduktion ist von großer ökonomischer Bedeutung: „Der Wert der Roh- und Hilfsstoffe geht ganz und auf einmal in den Wert des Produkts ein, ... während der Wert der Elemente des fixen Kapitals nur nach Maßgabe seines Verschleißes, also nur allmählich in das Produkt eingeht. Es folgt daraus, daß der Preis des Produkts in einem viel höhern Grad affiziert wird vom Preis des Rohmaterials als von dem des fixen Kapitals, obwohl die

[71] Narodnoe chozjajstvo SSSR v 1970 godu, Moskau 1971, S. 129.

[72] XXIV. Parteitag der KPdSU. Rechenschaftsbericht des Zentralkomitees ..., Moskau-Berlin 1971, S. 80/81.

[73] Handbook of Basic Economic Statistics, March 1970, New York, S. 79–83.

[74] Narodnoe chozjajstvo SSSR, Moskau 1932, S. 58; Narodnoe chozjajstvo SSSR v 1970 godu, Moskau 1971, S. 174.

[75] Narodnoe chozjajstvo SSSR v 1970 godu, Moskau 1971, S. 174; Strana sovetov za 50 let, Moskau 1967, S. 64.

Tabelle 1

Struktur der Produktionskosten von Industrieerzeugnissen nach Industriezweigen
(in Prozent aller Aufwendungen nach geltenden Preisen)

<table>
<tr><th>Zweig</th><th>Roh- und Grundstoffe</th><th>Hilfsstoffe</th><th>Brennstoffe</th><th>Energie</th><th>Amortisation</th><th>Lohn und SV-Beitrag</th><th>Sonstige Aufwendungen</th></tr>
<tr><td>Gesamte Industrie</td><td></td><td></td><td></td><td></td><td></td><td></td><td></td></tr>
<tr><td>1932</td><td colspan="2">47,5</td><td colspan="2">6,0</td><td>3,5</td><td>35,6</td><td>7,4</td></tr>
<tr><td>1940</td><td>58,1</td><td>5,9</td><td>4,1</td><td>1,3</td><td>2,2</td><td>22,5</td><td>5,9</td></tr>
<tr><td>1955</td><td>60,6</td><td>5,5</td><td>4,4</td><td>1,8</td><td>3,4</td><td>21,2</td><td>3,1</td></tr>
<tr><td>1960</td><td>64,0</td><td>4,8</td><td>3,4</td><td>1,8</td><td>3,5</td><td>19,3</td><td>3,2</td></tr>
<tr><td>1965</td><td>63,8</td><td>4,6</td><td>3,2</td><td>2,1</td><td>5,0</td><td>18,0</td><td>3,3</td></tr>
<tr><td>1970</td><td>64,6</td><td>4,6</td><td>3,8</td><td>2,6</td><td>5,1</td><td>16,1</td><td>3,2</td></tr>
<tr><td>Chemische und petrolchemische Industrie</td><td></td><td></td><td></td><td></td><td></td><td></td><td></td></tr>
<tr><td>1960 *</td><td>63,9</td><td>5,6</td><td>2,0</td><td>5,3</td><td>4,2</td><td>16,5</td><td>2,8</td></tr>
<tr><td>1965</td><td>59,9</td><td>6,3</td><td>1,5</td><td>6,9</td><td>6,9</td><td>15,5</td><td>3,0</td></tr>
<tr><td>1970</td><td>58,0</td><td>6,9</td><td>1,6</td><td>9,3</td><td>7,5</td><td>13,6</td><td>3,1</td></tr>
<tr><td>Maschinenbau und Metallverarbeitung</td><td></td><td></td><td></td><td></td><td></td><td></td><td></td></tr>
<tr><td>1932</td><td colspan="2">32,4</td><td colspan="2">4,0</td><td>2,9</td><td>51,1</td><td>9,6</td></tr>
<tr><td>1940</td><td colspan="2">50,8</td><td colspan="2">4,2</td><td>2,9</td><td>36,5</td><td>5,6</td></tr>
<tr><td>1955</td><td>49,4</td><td>4,9</td><td>2,6</td><td>2,1</td><td>4,1</td><td>33,1</td><td>3,7</td></tr>
<tr><td>1960</td><td>52,1</td><td>4,4</td><td>1,9</td><td>2,1</td><td>3,8</td><td>31,9</td><td>3,8</td></tr>
<tr><td>1965</td><td>53,0</td><td>4,1</td><td>1,4</td><td>2,1</td><td>4,8</td><td>30,2</td><td>4,4</td></tr>
<tr><td>1970</td><td>58,4</td><td>4,0</td><td>1,4</td><td>2,2</td><td>4,6</td><td>25,6</td><td>3,8</td></tr>
</table>

Quellen: Narodnoe chozjajstvo SSSR v 1955 godu, S. 100; Narodnoe chozjajstvo SSSR v 1960 godu, S. 240; Narodnoe chozjajstvo SSSR v 1965 godu, S. 165; Narodnoe chozjajstvo SSSR v 1970 godu, S. 174; Strana sovetov za 50 let, S. 64.

* Chemische Industrie sowie Gummi- und Asbestindustrie

Profitrate bestimmt wird durch die Gesamtwertsumme des angewandten Kapitals, einerlei, wieviel davon konsumiert ist oder nicht."[76]

In der ökonomischen Literatur wird in letzter Zeit die zunehmende Rolle der Arbeitsgegenstände, der Materialintensität und der Einsparung von vergegenständlichter Arbeit bei der Erhöhung des Nutzeffektes der Produktion unterstrichen.[77] So ist von S. A. Chejnman festgestellt worden[78], daß in den technischen Entscheidungen jetzt diejenigen Richtungen des technischen Fortschritts erstrangige Bedeutung erlangen, die nicht nur zu einer Steigerung der Arbeitsproduktivität führen, sondern auch zu einer Einsparung von Produktionsmitteln, insbesondere zu einer Senkung der Materialintensität. Es handelt sich um Maßnahmen zur Qualitätsverbesserung der Werkstoffe und der daraus gefertigten Erzeugnisse (Verfestigung, chemische Imprägnierung, Putz und dergleichen) sowie zur Verminderung der Abfälle bei der Rohstoffverarbeitung, um progressive Verschiebungen in der Zweigstruktur der Produktion.

„Der aus Roh- und Hilfsstoff entspringende Wertteil muß sich mit der (Steigerung der) Produktivität der Arbeit verringern, weil diese Produktivität mit Bezug auf diese Stoffe sich eben darin zeigt, daß ihr Wert gesunken ist."[79]

Die Senkung der Materialintensität ergibt sich als natürliche Folge des wissenschaftlich-technischen Fortschritts und der Einführung von effektiveren Maschinen, Werkstoffen und technologischen Prozessen in die Produktion. Wie auf der dritten Tagung des Obersten Sowjets (achte Sitzungsperiode) im November 1971[80] hervorgehoben wurde, müssen die modernen wissenschaftlich-technischen Errungenschaften in Form neuer Maschinenkonstruktionen, technologischer Prozesse, in Form von Werkstoffen mit vorgegebenen Eigenschaften und von Rohstoffen mit verbesserter Qualität sich in der Einsparung von materiellen Ressourcen wie Roh-, Werk- und Brennstoffen niederschlagen.

[76] K. Marx, Das Kapital, Dritter Band, in: MEW, Bd. 25, Berlin 1964, S. 118.

[77] S. A. Chejman, Problemy intensifikacii promyšlennogo proizvodstva, Moskau 1968; A. I. Ančiškin, Ju. V. Jaremenko, Tempy i proporcii ėkonomičeskogo razvitija, Moskau 1967; L. P. Nočevkina, Razvitye kapitalističeskie strany: problemy intensifikacii promyšlennosti, Moskau 1971; Dva podrazdelenija obščestvennogo proizvodstva, Kapitel 12, 13, 14, Moskau 1971, u. a.

[78] S. A. Chejnman, Naučno-techničeskij progress kak uslovie ėkonomičeskogo razvitija, in: Faktory ėkonomičeskogo razvitija, Moskau 1970, S. 55, 67.

[79] K. Marx, Das Kapital, Dritter Band, in: MEW, Bd. 25, Berlin 1964, S. 271.

[80] A. N. Kossygin, O gosudarstvennom plane razvitija narodnogo chozjajstva SSSR na 1971–1975 gg. i o gosudarstvennom plane razvitija narodnogo chozjajstva SSSR na 1972 g., Moskau 1971, S. 30–31.

Die Senkung der Materialintensität stellt einen Intensivierungsfaktor der Wirtschaftsentwicklung dar. Es geht darum, daß die Veränderung der Materialintensität für das Verhältnis der Akkumulations- und Konsumtionsfonds von großer Bedeutung ist. Der materialsparende Entwicklungsweg, der auf der Grundlage einer Reduzierung der spezifischen Kosten der Produktionsumlauffonds erreicht wird, erlaubt eine Steigerung des Konsumtionsfonds, ohne das wirtschaftliche Entwicklungstempo zu verringern.

Nach Berechnungen von S. A. Chejnman[81] verändert sich das jährliche Wachstumstempo des physischen Volumens des gesellschaftlichen Produktes bei Eliminierung des Einflusses der übrigen Faktoren im zehnten Jahr der Entwicklung der Produktion wie folgt: bei 1 Prozent Zunahme der Materialeffektivität um 6,3 Prozent, bei 1 Prozent Erhöhung der Arbeitsproduktivität um 3,5–3,8 Prozent, bei 1 Prozent Zunahme der Fondseffektivität um 0,5–0,7 Prozent. Die große Bedeutung der Materialintensität für das Wachstum des physischen Volumens des gesellschaftlichen Produktes entspricht der Rolle der Werkstoffe in der Struktur der Gesamtkosten.

Man kann davon ausgehen, daß für ein beschleunigtes Wachstumstempo des physischen Volumens und für die Effektivitätserhöhung der gesellschaftlichen Produktion, für die Aufrechterhaltung eines hohen Wachstumstempos der Abteilung II und für die Senkung der Rate der produktiven Akkumulation die Einsparung von Produktionsmitteln und insbesondere die Senkung der Materialintensität zur entscheidenden Voraussetzung wird. Diese Annahme erfordert entsprechende Maßnahmen auf dem Gebiet des wissenschaftlich-technischen Fortschritts und folglich auch die Bereitstellung zusätzlicher Investitionen, die auf eine größtmögliche Roh- und Werkstoffeinsparung gerichtet sind. Eine solche Aktion kann jedoch keine Alternative zur Erhöhung der Produktivität der lebendigen Arbeit sein.

Die zunehmende Rolle der Materialintensität wird durch die Erfahrungen vieler Länder in der Nachkriegsentwicklung bestätigt. In den meisten kapitalistischen Ländern sind Tendenzen zur Senkung der Materialintensität und des schnelleren Wachstums der Zweige der verarbeitenden Industrie im Vergleich zur extraktiven sichtbar geworden. Die erhebliche Einsparung an Investitions- und Materialaufwendungen pro Einheit Endprodukt war in einer Reihe von Ländern über einen recht langen Zeitraum hinweg der Hauptgrund für eine erweiterte Reproduktion ohne vorherrschendes Wachstum der Produktion von Produktionsmitteln.[82]

[81] S. A. Chejnman, Problemy intensifikacii promyšlennogo proizvodstva, Moskau 1968, S. 32.

[82] S. M. Nikitin, Sootnošenie dvuch podrazdelenij obščestvennogo proizvodstva

Im Zeitraum von 1965 bis 1970 betrug das Wachstum des Nationaleinkommens in der UdSSR 145 Prozent und das des gesellschaftlichen Gesamtproduktes 142 Prozent.[83] Das bedeutet, daß sich der Anteil der Ersatzfonds (in unveränderlichen Preisen) etwas reduziert hat und die Materialintensität ebenfalls eine fallende Tendenz aufweist.[84]

In den letzten Jahren stellte die Senkung der Materialintensität eine gewaltige Reserve zur Einsparung des Aufwandes an gesellschaftlich notwendiger Arbeit dar. So wurde die Materialintensität des Nationaleinkommens von 1961 bis 1965 um 4 bis 5 Milliarden Rubel und von 1966 bis 1970 um 30 Milliarden Rubel gesenkt.[85]

Wie auf dem XXIV. Parteitag der KPdSU betont wurde, muß die Senkung der Materialintensität in der Industrie eine der Hauptrichtungen zur Erhöhung des Nutzeffektes der Produktion werden. Jedes Prozent Verminderung der Materialintensität der produzierten Erzeugnisse entspricht einer zusätzlichen Steigerung des Nationaleinkommens um drei bis vier Milliarden Rubel.[86] Es ist vorgesehen, im Jahre 1975 die Selbstkosten der Industrieerzeugnisse im Vergleich zu 1970 um 5,5 Prozent zu senken, davon durch Reduzierung des spezifischen Verbrauchs an Rohstoffen, Werkstoffen, Brennstoffen und Elektroenergie um 3 Prozent (das entspricht 8 Milliarden Rubel) und durch Verringerung des Anteils an lebendiger Arbeit (Lohn) um 2,5 Prozent.

4. Faktoren und Kennziffern der Materialintensität

Der wissenschaftlich-technische Fortschritt beeinflußt die Materialintensität der Erzeugnisse durch die Veränderung des spezifischen Rohstoff- und Materialverbrauchs und durch die Strukturveränderungen der Produktion.

Für Marx war die Möglichkeit einer Veränderung des spezifischen Verbrauchs an Materialien mit deren Qualität, mit dem Neuheitsgrad und mit steigenden Verbrauchsansprüchen verbunden. Er schrieb: „Gutes Material

v glavnych kapitalističeskich stranach, in: Dva podrazdelenija obščestvennogo proizvodstva, S. 276–277.

83 Narodnoe chozjajstvo SSSR v 1970 godu, Moskau 1971, S. 58.

84 Bei der Berechnung zu effektiven Preisen nimmt der Anteil der Materialkosten am gesellschaftlichen Gesamtprodukt zu. (Voprosy ėkonomiki, 7/1969, S. 101 bis 102.)

85 Planovoe chozjajstvo, 2/1971, S. 38.

86 XXIV. Parteitag der KPdSU, Rechenschaftsbericht des Zentralkomitees ..., Moskau-Berlin 1971, S. 81.

liefert weniger Abfall; es ist also eine geringere Masse von Rohstoff für die Aufsaugung desselben Quantums Arbeit erheischt."[87]

Man kann die Faktoren zur Veränderung der Materialintensität der Erzeugnisse wie folgt klassifizieren:

A. Faktoren, die mit einer Veränderung des spezifischen Materialverbrauchs für den Ausstoß eines bestimmten physischen Volumens an Endprodukt verbunden sind:

a) *Auf der Stufe der Gewinnung und Verbesserung der Eigenschaften des Ausgangsrohstoffes:*

Komplexer Rohstoffeinsatz, der in einer vollständigeren Extraktion der nutzbaren Komponenten des Naturrohstoffs zum Ausdruck kommt;

Heranziehung geringwertiger Rohstoffquellen, die früher zur Herstellung von Erzeugnissen bestimmter Qualität als untauglich galten und nicht genutzt wurden (zum Beispiel arme Erze, Magerkohlen, Laub- und Brennholz, Abfälle der holzverarbeitenden sowie der Zellstoff- und Papierindustrie u. a.);

Erhöhung des Grades der Primärverarbeitung des Rohstoffes innerhalb der extraktiven Industrie und steigender Verbrauch von veredelten Rohstoffen und Halbfabrikaten (Erz- und Steinkohlenaufbereitung, Brikettierung von Materialien und Abfällen und dergleichen mehr);

Ersatz weniger wirtschaftlicher Rohstoffarten durch wirtschaftlichere;

Reduzierung der Stoffverluste in allen Bearbeitungsstufen der Ausgangsprodukte bis hin zur Rohstoffgewinnung, die den gestellten Anforderungen entspricht;

Schaffung industrieller Methoden zur Gewinnung und Aufbereitung des Rohstoffes und eine damit verbundene Verbesserung der technisch-ökonomischen Kennziffern seiner Produktion;

vorrangiges Wachstum der Erzeugung chemischer Rohstoffe als Grundlage für die beschleunigte Produktion synthetischer Werkstoffe.

Durch die aufgeführten Maßnahmen wird gewöhnlich der Verbrauch an Ausgangsrohstoffen zur Werkstoffherstellung vermindert. Das Wachstumstempo der extraktiven Industrie bleibt gegenüber dem Wachstumstempo der verarbeitenden Industrie zurück, und das Verhältnis zwischen ihnen verändert sich zugunsten der verarbeitenden Industrie.

b) *Auf der Stufe der Werkstoffproduktion:*

Qualitätsverbesserung der vorhandenen Werkstoffe durch Modifizierung ihrer Eigenschaften (Verfestigung der Metalle durch thermische Bearbeitung, Entwicklung von Verbundwerkstoffen mit den wertvollen Eigen-

[87] K. Marx, Das Kapital, Dritter Band, in: MEW, Bd. 25, Berlin 1964, S. 93.

schaften der Ausgangsmaterialien u. dgl. m.), Synthese neuer Werkstoffe mit vorgegebenen Eigenschaften, die für bestimmte Zwecke vorgesehen sind, was erlaubt, ihren Anwendungsbereich zu erweitern und ihren Verbrauch pro Erzeugniseinheit zu vermindern;

Erweiterung der Schlüsselliste und des Sortiments der produzierten Werkstoffe, Erhöhung der Genauigkeit ihrer Abmessungen, Annäherung ihrer Form an die Form des Fertigproduktes (Ersatz von Formmetall durch Metallblech, Einführung bestimmter Profile u. a. m.), was den Abfall bei der Bearbeitung reduziert;

Änderung der Proportionen in der Produktion von Werkstoffen gleicher Klassen (Senkung des Anteils von Eisen- und Stahlguß und Erhöhung des Anteils von Stahlwalzmaterial, Vergrößerung des Anteils von Stahlblech an der gesamten Walzgutproduktion der Schwarzmetallurgie, Erhöhung des Anteils von Thermoplast gegenüber Duroplast, Erhöhung des Anteils von Konstruktionsplast und neuen Plastarten in der Kunststoffindustrie u. a. m.) sowie von Werkstoffen natürlichen Ursprungs wie Schwarz- und Buntmetalle, Holz u. a. sowie Erhöhung des Anteils von synthetischen Werkstoffen wie Plaste, Chemiefasern und synthetischem Kautschuk an der gesamten Werkstoffproduktion;

Vergrößerung der Produktion von natürlichen und synthetischen Werkstoffen auf der Grundlage der letzten Errungenschaften von Wissenschaft und Technik sowie Senkung der Selbstkosten und der spezifischen Investitionen für die Produktion dieser Werkstoffe.

c) *Auf der Verarbeitungsstufe der Werkstoffe:*

Vervollkommnung der Technik und Technologie zur Verarbeitung der Werkstoffe zwecks Senkung der Abfälle und Verluste sowie zur Erhöhung des Ausstoßes an Fertigerzeugnissen mit einer entsprechenden Werkstoffmenge;

Ersatz von veralteten Werkstoffbearbeitungsmethoden durch fortschrittlichere (Ersatz der mechanischen Metallbearbeitung durch Gießen, Stanzen und Schweißen);

nach Möglichkeit Ersatz der Preßverformung von Plasten durch effektivere Methoden, wie Spritzguß, Druckluftverformung für Erzeugnisse mit großen Abmessungen aus Thermoplastplatten u. a. m. sowie die damit verbundene Senkung der Materialverbrauchsnormen und die Erhöhung des Ausnutzungsgrades;

vollständigere Ausnutzung der Produktionsabfälle, die bei der Werkstoffbearbeitung anfallen.

d) *Auf der Stufe des Werkstoffeinsatzes:*

Rationelleres Konstruieren der Erzeugnisse, Verbesserung der technisch-ökonomischen Parameter der Maschinen, Ausrüstungen und anderen

Erzeugnisarten: Verringerung ihrer Abmessungen und ihrer Masse, Bestrebungen zur Miniaturisierung, Erhöhung der Nutzungsdauer, der Zuverlässigkeit, der Produktivität und der damit verbundenen Reduzierung der Nettomasse der Erzeugnisse und des Materialverbrauchs zu ihrer Herstellung und Nutzung;

Erweiterung der Anwendungsgebiete neuer und modifizierter synthetischer Werkstoffe, Ersatz traditioneller schwerer Metalle (Stahl, Blei, Zink u. a.) und anderer natürlicher Rohstoffarten und entsprechende Senkung der Nettomasse der Erzeugnisse und des Verbrauchs an erforderlichen Werkstoffen;

Erzielung einer rationelleren Verbrauchsstruktur bei Werkstoffen sowohl der gleichen Klasse (stärkerer Verbrauch von Plasten in materialintensiven Zweigen) als auch verschiedener Klassen (veränderte Rohstoffbilanz der Industrie zugunsten synthetischer Werkstoffe und leichter Buntmetalle) und die damit verbundene Freisetzung traditioneller Werkstoffe.

Durch die erwähnten Maßnahmen wird in der Regel eine Reduzierung des Werkstoffverbrauchs pro Einheit Endproduktion erzielt.

B. Faktoren, die nicht mit einer Veränderung des spezifischen Werkstoffverbrauches verbunden sind:

Strukturelle Verschiebungen in der Volkswirtschaft zugunsten weniger materialintensiver Zweige und der nichtproduktiven Sphäre;

Übergang zu qualitativ besseren, aber arbeitsintensiveren Erzeugnisarten; Erweiterung des Rohstoff- und Werkstoffimports.

Im Endergebnis wird unabhängig von der Entwicklung des spezifischen Werkstoffverbrauchs eine Veränderung der Materialintensität der Produktion infolge des Strukturfaktors erzielt.

Die Materialintensität als ökonomische Kategorie stellt keinen einheitlichen Begriff dar. Gewöhnlich versteht man unter Materialintensität: Erstens die Materialaufwendungen im Naturalausdruck, bezogen je physische Einheit Endprodukt (artverwandte Erzeugnistypen) oder je Einheit des bestimmenden technisch-ökonomischen Parameters dieser Produktion (z. B. auf die Leistungseinheit eines Aggregats, dessen Produktivität u. a. m.); zweitens die laufenden Materialaufwendungen (Ersatzfonds) im Wertausdruck (ohne Amortisation) bezogen auf 1 Rubel Bruttoproduktion (in vergleichbaren Preisen). Während die Beträge der ersten Kennziffer nur von den Anfwendungen der Arbeitsgegenstände abhängen, beeinflussen die Aufwendungen an lebendiger und vergegenständlichter (von den Grundfonds übertragener) Arbeit auch die Höhe der zweiten Kennziffer. Dieser Umstand erschwert die Klärung des Einflußgrades der Materialintensität auf die Effektivität der Produktion ganz erheblich.

Die Veränderung der Materialintensität in Form von der Materialaufwendung (in natura) pro Erzeugniseinheit ist besser definiert. Unter dem Einfluß des wissenschaftlich-technischen Fortschritts zeigt sich eine anhaltend sinkende Tendenz des spezifischen Roh- und Werkstoffverbrauchs, die an einer Vielzahl von Beispielen aus der in- und ausländischen Praxis veranschaulicht werden kann. So verringerte sich in den USA durch den Einsatz von Erdgas und Sauerstoff in den Hochöfen der Koksverbrauch pro Tonne Roheisen in den Nachkriegsjahren systematisch wie folgt: 1950: 922 kg, 1955: 873 kg, 1960: 749 kg, 1967: 632 kg.

In den Direktiven des XXIV. Parteitages der KPdSU ist ein umfassendes Programm zur verbesserten Ausnutzung von Roh-, Werk- und Brennstoffen sowie von Elektroenergie formuliert worden. Es ist vorgesehen, die Materialintensität der Produktion durch eine Verbesserung der Qualitätsmerkmale des Ausgangsrohstoffes und der Werkstoffe sowie durch ihre vollständige und komplexe Nutzung zu senken.

Durch den Einsatz von effektiven Metallarten und -profilen und Austauschstoffen, durch die Vervollkommnung der Maschinenkonstruktionen und der Bearbeitungstechnologien für Walzgut soll die Einsparung an Metall im Maschinenbau im laufenden Jahrfünft 18 bis 20 Prozent erreichen. Es ist ebenfalls die Aufgabe gestellt worden, die Verbrauchsnormen für Brennstoffe, Elektroenergie, chemische Stoffe, Holz- und andere Werkstoffe in der Industrie um 7 bis 10 Prozent zu senken. Im Bauwesen ist vorgesehen, eine Einsparung von 9 bis 11 Prozent bei Walzgut, von 8 bis 10 Prozent bei Zement, von 18 bis 20 Prozent bei Nutzholz und 10 bis 12 Prozent bei Glas zu gewährleisten.[88]

Im Jahre 1975 sollen in der Industrie, im Bauwesen und im Verkehrswesen 8 Millionen Tonnen Walzgut und nicht weniger als 40 Millionen m^3 Holz eingespart werden. Die Einsparung an Materialkosten (Rohstoffe, Werkstoffe, Brennstoffe, Elektroenergie) wird in der gesamten Volkswirtschaft im Zeitraum von 5 Jahren 20 Milliarden Rubel betragen, dabei im Jahre 1975 (im Vergleich zu 1970) 8 Milliarden Rubel.[89]

Durch welche Maßnahmen ist diese Senkung des spezifischen Materialverbrauches vorgesehen? Wie die Berechnungen gezeigt haben, kann eine Einsparung an Walzgut im Maschinenbau in folgender Weise erreicht werden: durch Sortimentserweiterung, durch Einführung von rentablen

[88] Direktiven des XXIV. Parteitages der KPdSU zum Fünfjahrplan für die Entwicklung der Volkswirtschaft der UdSSR in den Jahren 1971–1975, in: XXIV. Parteitag der KPdSU. Dokumente, Moskau-Berlin 1971, S. 55, 86.

[89] N. K. Bajbakov, Rede auf dem XXIV. Parteitag der KPdSU, in: Pravda vom 9. April 1971; Gosudarstvennyj pjatiletnij plan razvitija narodnogo chozjajstva SSSR na 1971–1975 gody, Moskau 1972, S. 86, 90.

Profilen und durch Qualitätsverbesserung des Walzgutes – um 8,1 Prozent; durch Einführung fortschrittlicher technologischer Prozesse (spanlose Verformung, Kaltkröpfung, Rädeln in warmem und kaltem Zustand, oxydationsfreie Erwärmung der Teile für die Wärmebehandlung u. a.), die es gestatten, den Ausnutzungsgrad des Walzgutes von 0,73 im Jahre 1970 auf 0,78 im Jahre 1975 zu verbessern – um 5,8 Prozent; durch Vervollkommnung der Maschinenkonstruktionen und Ausrüstungen sowie ihre fertigungsgerechte Konstruktion – um 3,2 Prozent; durch breiteren Einsatz von Plasten, hochfestem Gußeisen, neuartigen Gußarten und Metallkeramik – um 1,4 Prozent, insgesamt also um 18,5 Prozent. Außerdem wird der Einfluß des Strukturfaktors durch die vorrangige Entwicklung des Gerätebaus, von Automatisierungsmitteln, der Elektronik, der Haushaltstechnik usw. die Einsparung an Walzgut auf etwa 5,5 Prozent geschätzt – insgesamt 24 Prozent. Das entspricht einer Freisetzung von 10 Millionen Tonnen Walzgut. Als Vergleich bemerken wir, daß in den Jahren 1966 bis 1970 die spezifischen Verbrauchsnormen für Walzgut um 24,9 Prozent gesunken sind, was eine Einsparung von 3,3 Millionen Tonnen Walzgut erlaubte.

Die Bedeutung der Plaste steigt durch den dadurch möglichen Ersatz schwerer Buntmetalle (Kupfer, Messing) und Aluminium stark an, da auf die Austauschstoffe im laufenden Fünfjahrplan etwa die Hälfte der vorgesehenen Senkung der Verbrauchsnormen für die angeführten Metalle entfallen.

Die Senkung der Roh- und Werkstoffverbrauchsnormen, die entsprechend den Direktiven des XXIV. Parteitages der KPdSU erfolgt, ist ein Teil der gesamten Planarbeit zur Materialnormung. Wir möchten betonen, daß allein im Staatsplan der UdSSR ungefähr 20000 konkrete Verbrauchsnormen für grundlegende Arten an Rohstoffen ausgearbeitet worden sind, darunter etwa 14000 Normen für Bunt- und Schwarzmetalle.[90]

Komplizierter ist die Bestimmung der Materialintensität für das gesellschaftliche Gesamtprodukt. Durch die Forschungen einer Reihe von Ökonomen ist festgestellt worden, daß zwischen Arbeits-, Fonds- und Materialintensität des Volumens des gesellschaftlichen Produktes bestimmte Proportionen bestehen. So nimmt Ė. Gorbunov an, daß in den meisten industriell entwickelten Ländern die steigende oder sinkende Entwicklung der Materialintensität im wesentlichen bestimmten Tendenzen in der Veränderung der produktiven Akkumulationsrate und der Produktionsgrundfondsquote entspricht.[91]

90 Planovoe chozjajstvo, 6/1969, S. 15.

91 Ė. Gorbunov, Nutzeffekt der Akkumulation und wirtschaftliches Wachstum, in: Kommunist, 8/1967, S. 88–97.

Nach Ansicht einiger Ökonomen[92] spiegelt die Höhe der laufenden Materialkosten nur den Prozeß der gesellschaftlichen Arbeitsteilung zwischen den Zweigen wider und die Dynamik dieser Höhe die Tendenzen in der Veränderung der zwischenzweiglichen Beziehungen. Häufen sich die Kosten für die Herstellung von Erzeugnissen außerhalb des Zweiges, so ist die Materialintensität hoch, werden die Erzeugnisse jedoch im Zweig selbst produziert, so ist die Höhe der Materialkosten gering. Daher wird die Möglichkeit einer Nutzung dieser Kennziffer zur Ermittlung effektiver Varianten zur Entwicklung der Produktion angezweifelt.

In der Tat weist die Entwicklung des Anteils der laufenden Materialkosten (ohne Amortisation) an den Bruttoproduktionskosten der verarbeitenden Industrie in den entwickelten Ländern keine einheitliche Tendenz auf. Als Bestätigung führen wir entsprechende Angaben aus den USA für den Zeitraum von mehr als 100 Jahren an: 1849 – 54,5 Prozent; 1879 – 68,3 Prozent; 1909 – 59,1 Prozent; 1939 – 56,6 Prozent; 1967 – 54,8 Prozent.[93]

In den industriell entwickelten kapitalistischen Ländern zeigt der Anteil der Materialkosten an der Bruttoproduktion der verarbeitenden Industrie ebenfalls – obgleich nicht so deutlich – steigende Tendenz.[94]

USA		Großbritannien		BRD	
Jahr	Prozent	Jahr	Prozent	Jahr	Prozent
1929	55,1	1935	58	1936	53
1947	60,2	1948	65	1950	52
1958	55,6	1958	62	1960	62
1966	54,5	1963	58	1967	60

Nach Ansicht von S. A. Chejnman herrscht in den letzten Jahren dennoch eine sinkende Tendenz der Materialintensität vor. So stieg in den letzten 10 Jahren die Materialeffektivität (als Verhältnis der Kosten der realisierten Erzeugnisse zu den Kosten des Materialaufwandes, ohne Berücksichtigung der Amortisation der Grundmittel) in den USA wie folgt: in der gesamten verarbeitenden Industrie um 2,6 Prozent, dabei in der chemischen Industrie um 8,7 Prozent, in der Metallurgie um 1,2 Prozent, in der Zellstoff-

[92] L. P. Nočevkina, Razvitye kapitalističeskie strany: Problemy intensifikacii promyšlennosti, Moskau 1971, S. 129–131; A. I. Ančiškin, Ju. V. Jaremenko, Tempy i proporcii ėkonomičeskogo razvitija, Moskau 1967, S. 161–162.

[93] V. M. Kudrov, Nekotorye osobennosti dejstvija faktorov, opredeljajuščich proporcii meždu I i II podrazdelenijami, in: Dva podrazdelenija obščestvennogo proizvodstva, Moskau 1971, S. 307–309.

[94] L. P. Nočevkina, Razvitye kapitalističeskie strany: problemy intensifikacii promyšlennosti, a. a. O., S. 125.

und Papierindustrie um 2,8 Prozent, im Maschinenbau und in der Metallbearbeitung um 6,1 und in der Lebensmittelindustrie um 6,2 Prozent.

Die Veränderung der Materialintensität der Industrie- und Volkswirtschaftszweige der UdSSR weist in den Jahren von 1966 bis 1975 ebenfalls keine sich klar abzeichnende Tendenz auf (vgl. Tabelle 2). In manchen

Tabelle 2

Höhe und Entwicklung der Materialintensität der Erzeugnisse in der Volkswirtschaft der UdSSR

Industriezweig	Materialintensität (Rubel/1000 Rubel)			Änderung im Zeitraum von ... (in Prozent)	
	1966	1970	1975 (Plan)	1966 bis 1970	1971 bis 1975
Schwarzmetallurgie	683,80	659,99	619,30	96,5	93,83
Buntmetallurgie	663,94	636,78	612,45	95,9	96,65
Kohleindustrie	607,97	639,68	642,93	105,2	100,51
Erdöl- und Erdgasindustrie	510,40	551,03	583,90	108,0	106,87
Elektroenergiewesen	390,62	340,76	87,2	334,34	98,12
Maschinenbau	534,47	542,43	559,90	101,5	103,22
Chemische Industrie	631,37	613,18	588,51	97,1	95,98
Holzindustrie	632,63	598,07	563,62	97,0	92,83
Baustoffindustrie	668,37	648,17	631,47	97,0	97,42
Leichtindustrie	656,02	666,49	671,21	101,6	100,7
Lebensmittelindustrie	730,39	716,18	712,73	98,1	99,55
übrige Zweige	465,00	518,48	563,14	111,5	108,61
Landwirtschaft	342,56	336,69	331,89	98,3	98,87
Bauwesen	517,02	517,84	529,59	100,2	102,36
Verkehrs- und Nachrichtenwesen	204,45	235,65	270,49	115,3	119,0

Quelle: A. S. Tolkačev, Ėkonomičeskie problemy material'no-techničeskoj bazy kommunizma v SSSR, Moskau 1971, S. 343.

Zweigen (Schwarz- und Buntmetallurgie, Elektroenergetik u. a.) ist eine Senkung des Materialkostenniveaus anzunehmen, in anderen Zweigen (Kohle-, Erdöl- und Erdgasindustrie, Maschinenbau u. a.) eine Erhöhung.

In den Jahren von 1961 bis 1970 wurde in der gesamten Volkswirtschaft der UdSSR eine Steigerung der Materialintensität um 2 Prozent beobachtet, dabei in den Jahren 1961 bis 1965 um 1,5 Prozent und in den Jahren 1966 bis 1970 um 0,5 Prozent.[95] Dabei führten die Verbrauchsnormen zu einer Senkung der Materialintensität, die Produktionsstruktur beeinflußte

95 A. S. Tolkačev, Ėkonomičeskie problemy material'no-techničeskoj bazy kommunizma v SSSR, Moskau 1971, S. 345.

sie dagegen umgekehrt. Letzteres war von entscheidender Bedeutung, wie die folgenden Daten (in Prozent) bestätigen:

	1961 bis 1965	1966 bis 1970
Verbrauchsnormen	−2,2	−1,5
Produktionsstruktur	+3,7	+2,0
Materialintensität insgesamt	+1,5	+0,5

In den Jahren 1959 bis 1966 zeigten die spezifischen Materialkosten in der Industrie eine sinkende Tendenz, im Bauwesen und in der Landwirtschaft aber eine steigende. Nach Ansicht von Ė. S. Savinskij[96] wird sich die Wirkung dieser unterschiedlich gerichteten Faktoren in der Perspektive gegenseitig aufheben, wodurch die Kennziffer Materialintensität im wesentlichen unverändert bleibt.

Auf diese Weise ist die Verflechtung der Kennziffern Materialintensität (in Form des Materialaufwandes – in natura – pro Erzeugniseinheit), die eine deutlich sinkende Tendenz aufweist, mit dem wissenschaftlich-technischen Fortschritt und dem Nutzeffekt der Produktion deutlich gemacht und definiert worden. Was jedoch die Kennziffer Materialintensität in Form des laufenden Materialaufwandes in Wertform (ohne Amortisation) betrifft, so ist ihr Einfluß auf den Nutzeffekt der Produktion weniger ausgeprägt. Eine Stabilisierung oder ein Wachstum dieser Kennziffer in einzelnen Zeiträumen zeugt noch nicht von einer Effektivitätsabnahme, da hier eine komplexe Bewertung der Faktoren Arbeits-, Fonds- und Materialintensität der Erzeugnisse erforderlich ist. Eine Reihe von Maßnahmen, die eine Erhöhung des Materialaufwandes erfordern, erweisen sich trotzdem als effektiv, da sie das Wachstum der Arbeitsproduktivität und der Fondseffektivität ermöglichen.

96 Ė. Savinskij, Die Struktur der Materialintensität und des Nutzeffektes der Produktion, in: Voprosy ėkonomiki, 3/1970, S. 104.

Zweites Kapitel

Die wachsende Bedeutung neuer Werkstoffe in der Wirtschaft der industriell entwickelten Länder

1. Die objektiven Voraussetzungen zur Schaffung neuer Werkstoffe und das Wesen der Kategorie „neue Werkstoffe"

Das Entstehen neuer Werkstoffe ist durch die objektiven Entwicklungsgesetze der Produktivkräfte und duch die Notwendigkeit bedingt, eine fortschrittlichere Technik und die materielle Grundlage dafür zu schaffen. Dieser Prozeß widerspiegelt gewaltige Veränderungen, die sich auf dem Gebiet der Arbeitsgegenstände und insbesondere der Konstruktionswerkstoffe vollziehen. Im Verlaufe der gesamten vorangegangenen Entwicklungsgeschichte der Zivilisation sind die natürlichen Werkstoffe, wie Holz, Schwarz- und Buntmetalle, Leder u. a. im wesentlichen die gleichen geblieben, ungeachtet einer Reihe von Erfolgen in bezug auf die Vervollkommnung ihrer Eigenschaften, Herstellungs- und Bearbeitungsmethoden.

Die Logik des technischen Fortschritts ist dergestalt, daß in Abhängigkeit von der Entwicklung und Vervollkommnung der Technik die technischen Anforderungen an die Arbeitsmittel und ihre Einsatzbedingungen systematisch wachsen (Erhöhung der Geschwindigkeit, Temperatur, Belastung, Aggressivität der Medien, Verringerung der Masse und andere Bedingungen). Entsprechend nehmen die Anforderungen an Qualität und Zuverlässigkeit der angewandten Werkstoffe zu.

Auch die ökonomischen Anforderungen an die Senkung des Rohstoff- und Werkstoffverbrauches, der Arbeitsintensität, der Selbstkosten, der Investitionsintensität, des Aufwandes an Arbeitsmitteln bei dem Verbraucher usw. steigen. Indessen ist ein wachsender Widerspruch zwischen den Bedürfnissen der Gesellschaft und den relativ begrenzten Möglichkeiten der natürlichen Werkstoffe festzustellen, was die Weiterentwicklung neuer und neuester Technik hemmt. Der Widerspruch zwischen der Entwicklung der Technik und den dazu notwendigen Werkstoffen spiegelt die Dialektik der Wechselwirkung von Natur und Gesellschaft wider.[1]

[1] Dieser Widerspruch wurde von R. V. Garkovenko hervorgehoben: „Die Bearbeitung immer größerer Mengen an Naturrohstoff, der zur Befriedigung der

In den frühen Entwicklungsetappen der Produktivkräfte ist dieser Widerspruch teilweise durch die Schaffung von Austauschstoffen überwunden worden, deren Qualität gewöhnlich schlechter war als die ursprünglich angewandten Werkstoffe.

Marx bemerkte folgendes: „Ist das eigentliche Rohprodukt, was den Rohstoff der Industrie auf der untersten Stufe liefert, nicht selbst rasch zu vermehren – so wird Zuflucht genommen zu rascher vermehrbarem Substitut. (*Baumwolle* für Leinen, Wolle und Seide)."[2]

Dank der gewaltigen Erfolge auf dem Gebiet der Grundlagenforschung und der angewandten Forschung sowie des hohen Niveaus von Technik und Technologie ist das erste Drittel des 20. Jahrhunderts durch die Entstehung und das zweite Drittel durch eine stürmische Entwicklung der Produktion prinzipiell neuer Werkstoffe mit vorgegebenen Eigenschaften, die die sogenannten traditionellen (natürlichen) Werkstoffe nicht besitzen, gekennzeichnet. Es handelt sich um synthetische polymere Stoffe (Plaste, synthetische Fasern, synthetischen Kautschuk, Lacke und Farben auf der Basis von Kunstharzen), leichte Buntmetalle (Aluminium, Titan, Magnesium u. a.) und Legierungen auf deren Basis, hitzebeständige Stähle, Halbleiterstoffe, Metallkeramik usw. sowie um modifizierte natürliche Werkstoffe, auf deren breiter Anwendung der Fortschritt der modernen Technik basiert.

Die Entwicklung und Einführung neuer Werkstoffe stellt eine der Besonderheiten bei der Durchführung der gegenwärtigen wissenschaftlich-technischen Revolution dar.

J. D. Bernal bemerkte dazu: „Radar und Fernsehen, Plaste und Kunstfasern, synthetische Vitamine, Hormone und Antibiotika sind die ersten Beispiele dafür, welche Möglichkeiten sich aus der großen wissenschaftlichen Revolution des 20. Jahrhunderts ergeben . . ."[3]

Die wichtige Rolle neuer Werkstoffe bei der Beschleunigung des wissenschaftlich-technischen Fortschritts wird in einer Reihe von Direktiven sowie Untersuchungen hervorgehoben.[4]

wachsenden Bedürfnisse der Menschen notwendig ist, kann in der Hauptsache mittels einer Kapazitätserhöhung der angewandten Arbeitsmittel erreicht werden. Diese Kapazitätserhöhung jedoch macht schießlich diese oder jene Veränderungen der Stoffe erforderlich, aus denen die technischen Instrumente hergestellt sind, denn die Eigenschaften eines beliebigen stofflichen Substrats der Arbeitsmittel setzen der Vervollkommnung der technischen Konstruktionen und folglich auch ihrer Effektivitätserhöhung eine objektive Grenze." (Voprosy filosofii, 8/1964, S. 10).

[2] K. Marx, Grundrisse der Kritik der Politischen Ökonomie, Berlin 1953, S. 661.

[3] J. D. Bernal, Die Wissenschaft in der Geschichte, Berlin 1967, S. 454.

[4] Auf die aktive Rolle der neuen Werkstoffe wies K. I. Klimenko hin: „Einige

So ist im Beschluß des ZK der KPdSU und des Ministerrates der UdSSR „Über die Erhöhung der Rolle der Standards bei der Qualitätsverbesserung der produzierten Erzeugnisse" die Aufgabe enthalten, „die vorrangige Durchführung von Arbeiten zur Standardisierung der Roh- und Werkstoffe, der Komplettierungsteile und Werkzeuge zu sichern, deren Qualität entscheidenden Einfluß auf die technisch-ökonomischen Kennziffern, die Zuverlässigkeit und die Nutzungsdauer der Maschinen, Geräte, Automatisierungsmittel und der anderen industriellen Erzeugnisse sowie der Waren des Bevölkerungsbedarfs hat."[5]

M. V. Keldyš wies in seiner Rede auf dem XXIII. Parteitag der KPdSU darauf hin, daß „. . . der technische Fortschritt gegenwärtig . . . durch die Fähigkeit bestimmt wird, in wirtschaftlicher Weise Werkstoffe und Stoffe zu entwickeln, die den Anforderungen der verschiedenen Industriezweige genügen und eine hohe Qualität der Erzeugnisse gewährleisten."[6]

Den revolutionierenden Einfluß neuer Werkstoffe auf die Entwicklung und den Fortschritt der Technik unterstrichen mehrfach auch solche bekannten Forscher wie Ju. S. Meleščenko und S. V. Šuchardin[7], die sich mit Problemen der Technik befassen, sowie eine Reihe anderer Spezialisten.[8]

Ein anderer Problemaspekt betrifft die internationale Arbeitsteilung und die Export- und Importstruktur. Unter dem Einfluß des hohen Produktionstempos neuer Rohstoff- und Werkstoffarten wird in einer Reihe von

behaupten, daß die Arbeitsgegenstände und Werkstoffe ein passives Element des technischen Fortschritts darstellen, das auf dessen Tempo und Effektivität keinen wesentlichen Einfluß ausübt. Die stürmischen Verschiebungen, die sich im Prozeß der jetzt verlaufenden wissenschaftlich-technischen Revolution vollziehen, stellen ein klares Dementi dieses Standpunktes dar." (K. I. Klimenko, Ėkonomičeskie problemy techničeskogo progressa v mašinostroenii SSSR, Moskau 1965, S. 175.) Bernal betrachtet die Gewinnung und Ausnutzung von Materialien als eine der Hauptursachen für die Entstehung der Technik: „Bei der Gewinnung und Bearbeitung von Materialien, die dann als Werkzeuge zur Befriedigung der einfachen Bedürfnisse der Menschen verwendet werden konnten, entstanden zuerst die Techniken und dann die Wissenschaft." (J. D. Bernal, Die Wissenschaft in der Geschichte, Berlin 1967, S. 20.)

5 Pravda, vom 5. Dezember 1970.

6 Pravda, vom 3. April 1966.

7 Ju. S. Meleščenko, Techničeskij progress i ego zakonomernosti, Leningrad 1967, S. 26, 47; Ju. S. Melestschenko/S. W. Schuchardin, Lenin und der wissenschaftlich-technische Fortschritt, Leipzig 1972, S. 62, 220.

8 Siehe z. B.: E. M. Savickij, Metalličeskie materialy s osobymi ėlektrofizičeskimi svojstvami, in: Vestnik AN SSSR, 7/1970, S. 44; A. M. Omarov, Social'nye posledstvija naučno-techničeskoj revoljucii, in: Izvestija AN SSSR, serija ėkonomičeskaja, 4/1970, S. 7–8.

Entwicklungsländern Asiens, Afrikas und Lateinamerikas die Ausweitung der Produktion traditioneller Rohstoffe (Naturfasern, Naturkautschuk u. a.), die die Grundlage ihres Exports bilden, gehemmt.[9]

Im Zusammenhang mit der zunehmenden Rolle der Arbeitsgegenstände bei der Beschleunigung des wissenschaftlich-technischen Fortschritts erlangte in der letzten Zeit der Terminus „neue Werkstoffe“ in der Literatur weite Verbreitung. Sein Wesen blieb jedoch verborgen. Inzwischen ist das Bedürfnis an einer solchen Untersuchung offensichtlich geworden.

Unserer Ansicht nach kann man den Begriff „neue Werkstoffe“ in zweifacher Hinsicht auffassen: historisch (absolut) und konkret (relativ).

Bei der historischen (globalen) Betrachtungsweise werden die neuen Werkstoffe als zeitweiliger Begriff betrachtet. Zu den absolut neuen Werkstoffen muß man solche zählen, die auf der Grundlage der Errungenschaften von Wissenschaft und Technik vor relativ kurzer Zeit (sagen wir im Verlaufe der letzten 50–100 Jahre) künstlich geschaffen worden sind, besondere Eigenschaften besitzen und in der Technik und im Alltag zunehmend Anwendung finden.

Zu den neuen Werkstoffen werden ganze Klassen solcher Materialien wie Plaste und Kunstharze, Chemifasern, synthetischer Kautschuk, Aluminium, Leichtmetalle und Legierungen, Metallkeramik, Sitalle und dergleichen gezählt.

Der Vorteil einer solchen Betrachtungsweise zur Bestimmung des absoluten Neuheitsgrades der Werkstoffe besteht darin, daß für einen langfristigen Zeitraum die Möglichkeit besteht, die Errungenschaften der Grundlagenforschung und der angewandten Forschung auf dem Gebiet der Werkstoffe, die Technik und Technologie ihrer Entstehung und Bearbeitung, die Anwendungsgebiete und das Effektivitätsmaß, das Verhältnis von natürlichen und synthetischen Werkstoffen, die Strukturverschiebungen in der Rohstoffbilanz, den Einfluß neuer Werkstoffe auf den Nutzeffekt der gesellschaftlichen Produktion u. a. m. aus historischer Sicht zu beurteilen.

Eine solche Klassifikation hat zugleich wesentliche Mängel. Vor allem unterscheidet sich jede beliebige Klasse dieser im absoluten Sinne neuen Werkstoffe, wie Kunstharze und Plaste zum Beispiel vom Standpunkt ihrer tatsächlichen, relativen Neuheit in der Verschiedenheit der darin enthaltenen Produkte. So haben sich in einer Reihe von Zweigen einige Plastarten (Phenoplaste, Aminoplaste, Polyäthylen u. a.), die ehemals neu waren und in der Technik und im Alltag Anwendung fanden und finden, mit der Zeit in traditionelle Werkstoffe verwandelt und haben ihre Neuheit eingebüßt.

[9] A. Ju. Špirt, Naučno-techničeskaja revoljucija i razvivajuščiesja strany Asii i Afriki, Moskau 1970, S. 3, 59–63.

Weiterhin werden unter dem Einfluß der wissenschaftlichen Forschung und der wachsenden Anforderungen an die Werkstoffe die Eigenschaften der existierenden Werkstoffe systematisch modifiziert und neue Plastarten und -qualitäten entwickelt, was mit einer allmählichen Ausdehnung der Anwendungsgebiete dieser Werkstoffe verbunden ist.

Schließlich sind die Klassen der traditionellen Werkstoffe auch vom Aspekt ihrer Neuheit her nicht gleichartig. Es erfolgt eine Modifizierung der Eigenschaften, beispielsweise wird den Schwarzmetallen Festigkeit verliehen (mittels thermischer Verfestigung), Beständigkeit gegenüber hohen Temperaturen und aggressiven Medien (durch Legieren und Plattieren mit Polyvinylchlorid), rationelle Formen (Profile mit angenäherten Werkstück- und Fertigteilabmessungen) usw. Auf der Grundlage der chemischen und chemisch-mechanischen Holzverarbeitung sind solche Werkstoffe mit wertvollen Eigenschaften entwickelt worden, wie Holzplatten, Kunstholz, Karton u. a. Zu den neuen Werkstoffen zählt man daher folgerichtig auch einen Teil der traditionellen Werkstoffe, deren Eigenschaften wesentlich verändert wurden.

Das oben Dargelegte zeugt davon, daß das kennzeichnende Merkmal der absoluten Neuheit der Werkstoffe durch eine relative Bewertung ergänzt werden muß, die den Neuheitsgrad eines Werkstoffs in der konkreten Einsatzvariante widerspiegelt. Bei einer derartigen Betrachtungsweise kann sowohl ein absolut neuer als auch ein modifizierter traditioneller Werkstoff als relativ neu angesehen werden, wenn seine Eigenschaften im Vergleich zum früher angewandten Werkstoff progressiver sind oder wenn er in neuen Zweigen und bei neuen Objekten Anwendung fand.

Die relative Neuheit eines Werkstoffes muß man ermitteln, indem man von der Gesamtheit folgender Faktoren ausgeht: von der Neuheit des Werkstoffes selbst, der Neuheit seiner Anwendungsgebiete bzw. der Produktion im materiellen und Dienstleistungsbereich, wo er für den Einsatz vorgesehen ist. Wie man sieht, hat dabei das Einsatzverfahren, so neu sie auch sein mag, mit der Neuheit des Werkstoffes selbst nichts zu tun, wenn sich die Eigenschaften des letzteren dabei nicht ändern.

Diese Faktoren brauchen bei der Ermittlung des relativen Neuheitsgrades der Werkstoffe nicht übereinzustimmen. So kann eine neu entwickelte, für die Produktion erschlossene Plastart, die zweifellos einen neuen Werkstoff darstellt, in einem traditionellen Zweig des Plasteinsatzes angewendet werden, wenn dies von der Notwendigkeit diktiert wird, die Qualität der Erzeugnisse zu verbessern. Eine vorhandene, relativ veraltete Plastart kann man einem neuen Zweig zuführen, in welchem man sie früher nicht verwendet hat, um dort den traditionellen Werkstoff zu ersetzen. Das Anwendungsgebiet der Plaste an sich (Einzelteil, Baugruppe u. dgl.) kann neu sein, aber die Ausrüstung insgesamt veraltet. Mit anderen Worten, die relative Neuheit des Werkstoffes hängt – abgesehen von der Neuheit seiner Eigenschaften – noch von der Neuheit der Anwendungsgebiete und der Fertigerzeugnisse ab.

Die Produktion selbst (Automobile, Traktoren, Waggons u. a.) kann traditionell sein, das Anwendungsgebiet des Werkstoffs in ihr kann jedoch neu sein, wie das zum Beispiel bei einem Personenkraftwagen mit einer Karosserie aus glasfaserverstärktem Plast an Stelle der Stahlkarosserie der Fall ist usw. Hier stimmt die Neuheit der Anwendungsgebiete des Werkstoffes mit der der Erzeugnisse selbst nicht überein. Wird der Werkstoff jedoch zur Herstellung prinzipiell neuer Erzeugnisse genutzt, so stimmt die Neuheit seiner Anwendungsgebiete mit der der Erzeugnisse natürlich überein.

Betrachten wir die Ermittlung der relativen Neuheit von Werkstoffen in Abhängigkeit von den möglichen Verknüpfungen der neuen Eigenschaften, der Einsatzgebiete und der Enderzeugnisse etwas ausführlicher. Nach dem relativen Neuheitsgrad der Eigenschaften können die Werkstoffe bedingt in traditionelle, modifizierte und neue eingeteilt werden. Unter traditionellen Werkstoffen versteht man die natürlichen oder synthetischen Werkstoffe, die in bestimmten Zweigen der Technik und des Lebens entwickelt und seit langem angewandt werden; die erwähnten Werkstoffe haben dabei keine wesentlichen Veränderungen erfahren, sie sind unverändert geblieben. Modifizierte natürliche und synthetische Werkstoffe werden auf der Grundlage von traditionellen entwickelt, ihr Unterschied zu den letzteren besteht jedoch in einer wesentlichen Veränderung der Eigenschaften, wodurch der Einsatz dieser Werkstoffe in einer Reihe neuer Zweige möglich wird. Die neuen Werkstoffe[10] werden in der Regel aus künstlichen Produkten synthetisiert und besitzen vorgegebene Eigenschaften.

Es ist vorgeschlagen worden, die Anwendungsgebiete der Werkstoffe nach dem relativen Neuheitsgrad bedingt in traditionelle und neue einzuteilen. Wurde ein bestimmter Werkstoff in einem entsprechenden Zweig früher angewandt, so muß man ihn als traditionell ansehen, wird er aber erstmalig genutzt, so als neu.

Die Fertigerzeugnisse für technische und Dienstleistungszwecke können bedingt nach dem relativen Neuheitsgrad in folgende Gruppen eingeteilt werden: traditionelle Fertigerzeugnisse, die auf bekannten und in der Produktion seit langem angewandten technischen Prinzipien beruhen; modernisierte Fertigerzeugnisse, die auf der Grundlage der traditionellen

[10] Im folgenden wollen wir bedingt unter neu die modifizierten und neuen Werkstoffe verstehen.

entwickelt wurden, jedoch mit einer Reihe von Neuerungen versehen sind; neue Fertigerzeugnisse, die in der Regel auf der Grundlage eines besonderen technischen Prinzips entwickelt wurden.

In der traditionellen Technik werden modifizierte und neue Werkstoffe gewöhnlich nicht angewandt (andernfalls muß man sie zur modernisierten Technik rechnen). In der modernisierten Technik muß man traditionelle Werkstoffeinsatzgebiete unterscheiden, wo ein Ersatz der einen Werkstoffe durch andere fehlt; traditionelle Zweige, in denen weniger progressive Werkstoffe durch rationellere ersetzt werden, was sich aus den Anforderungen zur Qualitätsverbesserung der Erzeugnisse ergibt, sowie neue Zweige, in denen traditionelle Werkstoffe durch neue ersetzt werden. Zur Herstellung einer modernisierten Technik können sowohl traditionelle als auch modifizierte und neue Werkstoffe benutzt werden. Wir betonen, daß das Wesen der Modernisierung von Erzeugnissen für technische und Dienstleistungszwecke oft auch im Ersatz eines Werkstoffs durch einen anderen besteht.

In der neuen Technik können die Einsatzgebiete der Werkstoffe nur neu sein, da eine solche Technik bis jetzt entweder gar nicht existierte oder im Vergleich zur modernisierten Technik grundlegende Veränderungen erfuhr. Die Herstellung dieser Technik erfolgt in der Regel aus modifizierten und neuen Werkstoffen, in zweitrangigen Zweigen können jedoch auch traditionelle Werkstoffe eingesetzt werden.

Die möglichen Verknüpfungen des relativen Neuheitsgrades der Werkstoffeigenschaften, der Anwendungsgebiete und der Fertigerzeugnisse sind in Abbildung 2 gezeigt.

Ausgehend von diesen Verknüpfungen, können mit Ausnahme des Einsatzes traditioneller Werkstoffe in traditionellen Erzeugniszweigen und -arten alle Varianten bedingt zu den relativ neuen Werkstoffen gerechnet werden. Die Einsatzvarianten der modifizierten und neuen Werkstoffe für eine Modernisierung vorhandener Erzeugnisse zu technischen und Dienstleistungszwecken sowie zur Entwicklung prinzipiell neuer Erzeugnisarten liegen hier klar auf der Hand.

Bei Ermittlung der relativen Neuheit eines Werkstoffes ist die Auswahl von Einsatzvarianten traditioneller Werkstoffe zur Herstellung modernisierter Erzeugnisse jedoch komplizierter. Hier können zwei Vorgehensweisen vorgeschlagen werden.

Erstens: Der Einsatzbereich der traditionellen Werkstoffe wird in Betracht gezogen. Werden diese Werkstoffe in neuen Bereichen angewandt, in denen die früher benutzten Werkstoffe ersetzt werden, so muß man sie ebenfalls zu den neuen Werkstoffen rechnen. Ein solch traditioneller Werkstoff wie Phenol-Formaldehyd-Preßpulver K-18-2, der in einem neuen

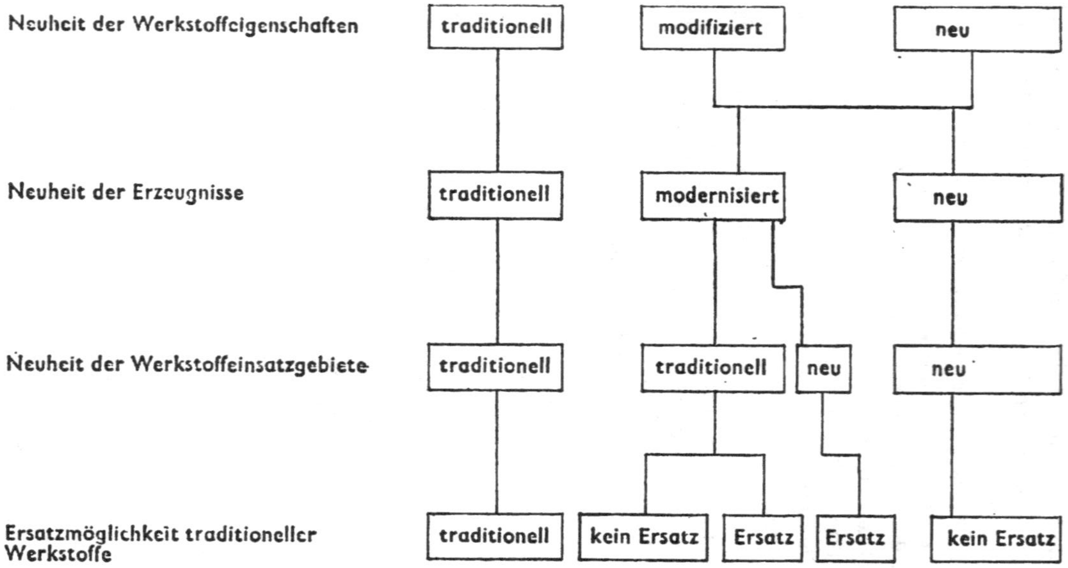

Abb. 2: Ermittlung der relativen Neuheit der Werkstoffe

Bereich eingesetzt wurde und, sagen wir, Stahlwalzgut ersetzt hat, kann in diesem Fall als neu angesehen werden.

Zweitens: Die Rolle des traditionellen Werkstoffes wird bei der Entwicklung modernisierter technischer Mittel oder Haushaltswaren berücksichtigt. In diesem Fall muß der benutzte traditionelle Werkstoff ebenfalls als relativ neu angesehen werden.

Als Hauptfaktor bei der Ermittlung der relativen Neuheit eines Werkstoffes wird somit der Neuheitsgrad seiner Eigenschaften zugrunde gelegt. In einer Reihe von Fällen spielt jedoch auch der Neuheitsgrad seiner Anwendungsgebiete und der Fertigerzeugnisse insgesamt eine wesentliche Rolle.

Wie man sieht, unterscheidet sich der Begriff „neue Werkstoffe" von den augenblicklichen Standpunkten zur Definition der neuen Technik wesentlich. Die meisten Forscher verbinden diese letztere Kategorie mit dem Übergang zu einem neuen technischen Arbeitsprinzip der technischen Mittel oder der Steuerung technologischer Prozesse, mit der Durchführung von Maßnahmen zur Modernisierung der Ausrüstungen u. a. m.[11]

M. A. Vilenskij geht von einem anderen Standpunkt an die Definition der neuen Technik heran. Seiner Ansicht nach haben die Versuche, eine Definition des Begriffes „neue Technik" nur vom Standpunkt der Veränderungen der technischen Parameter der neuen Maschinen, der technologischen Prozesse und Produkte zu geben, keine positiven Ergebnisse gebracht.[12]

Unserer Ansicht nach müssen die existierenden Auslegungen der neuen Technik durch ein solches Element wie die Neuheit der zu ihrer Herstellung angewandten Werkstoffe ergänzt werden. Es wäre jedoch methodologisch falsch, die Neuheit der Technik oder anderer Erzeugnisarten als umfassen-

[11] Ausführlicher dazu siehe: Ėkonomičeskie problemy naučno-techničeskogo progressa, Moskau 1970, S. 103; Materialy Vsesojusnoj konferencii po ėkonomičeskim problemam naučno-techničeskogo progressa, Bd. III, Moskau 1970, S. 34, 73; D. S. L'vov, Ėkonomičeskaja ocenka novoj techniki, in: Planovoe chozjajstvo, 9/1970, S. 55–56.

[12] „Der Begriff ‚neue Technik' ist vor allem eine ökonomische Kategorie, die die ökonomischen Möglichkeiten der Gesellschaft widerspiegelt, die neue Technik in der Volkswirtschaft zu nutzen ... Nicht jede technische Errungenschaft stellt neue Technik dar, sondern nur jene, die man wirtschaftlich nutzen kann ... Ökonomisch gesehen, entspricht die neue Technik jener Technik, mit deren Hilfe Mehrgewinn realisiert wird ... Die neue Technik bleibt nur solange bestehen, wie sie Mehrgewinn einbringt." (M. A. Vilenskij, Ob ėkonomičeskich granicach vnedrenija novoj techniki pri socializme, in: Izvestija AN SSSR; Reihe Ökonomie, 4/1970, S. 17, 20.)

deren Begriff mit der Neuheit der Ausgangsmaterialien und -werkstoffe zu verbinden.

2. Die Bedeutung neuer Werkstoffe für Technik und Alltag

Die neuen Werkstoffe sind eine Schöpfung des wissenschaftlich-technischen Fortschritts, denn ihre Produktion setzt ein hohes Niveau der chemischen Wissenschaft, der Elektroenergetik, der Nachrichtentechnik, des Maschinen- und Gerätebaus, der Erdölverarbeitung und -chemie, das heißt des industriellen Gesamtpotentials voraus.

Die neuen Werkstoffe eröffnen große Möglichkeiten bei der Entwicklung einer prinzipiell neuen Technik, bei der Verbesserung der technisch-ökonomischen Parameter (Masse bzw. Gewicht, Nutzungsdauer, Zuverlässigkeit, Produktivität) der in Betrieb befindlichen Maschinen und Ausrüstungen, bei der Verkürzung der Zeiten für die Produktionsvorbereitung und die Einführung neuer Erzeugnisse, bei der Erweiterung der Roh- und Werkstoffvorräte und der Verbesserung ihres Ausnutzungsgrades, bei der Einbeziehung der zugänglichen Rohstoffquellen und Abfallstoffe in den Wirtschaftskreislauf, bei der Senkung der laufenden und einmaligen Aufwendungen für die Herstellung und Nutzung verschiedenartiger Erzeugnisse u. a. m.

Die Möglichkeit der Entwicklung und des stürmischen Wachstums einer Reihe von Zweigen der neuen und neuesten Technik selbst (der Weltraum-, Raketen-, Düsen-, Atom-, Flugtechnik, der Elektronik u. a.) wäre in einer Reihe von Fällen ohne die Anwendung neuer Werkstoffe mit vorgegebenen Eigenschaften, die im Einsatz zuverlässig sind, die in der Lage sind, hohe und höchste Drücke und Temperaturen auszuhalten usw., praktisch undenkbar.

Wie N. M. Žavoronkov[13] hervorhob, nehmen Metalle und Legierungen, deren Sortiment einige tausend Bezeichnungen erreicht hat, den führenden Platz unter den Konstruktionswerkstoffen ein. Unter den gegenwärtigen Bedingungen und in der überschaubaren Perspektive bleibt das Eisen der Hauptwerkstoff in der Technik und die Grundlage aller Guß- und Stahlsorten. Aluminium und Magnesium sind die Hauptkomponenten der Leichtlegierungen. Mangan, Chrom, Nickel und Kobalt werden als Legierungselemente bei der Herstellung von Sonderstählen und Sonderlegierungen angewandt. Vielfältige technische Anwendung finden Kupfer,

[13] N. M. Žavoronkov, Neorganičeskaja chimija i novye materialy, in: Oktjabr' i naučnyj process, Bd. II, Moskau 1967, S. 160.

Blei und Zink. Vanadium, Wolfram und Molybdän dienen als Grundlage für Hartlegierungen. In den Nachkriegsjahren entwickelte sich die Produktion von Titan und dessen Legierungen sowie von Uran, Thorium, Zirkonium, Molybdän, Niob, Tantal, Germanium und anderer seltener Metalle für den Bedarf der Atom- und Flugtechnik sowie der Elektronik.

Unter den bekannten synthetischen Werkstoffarten verfügen die Plaste über einen Komplex wertvoller physikalisch-chemischer und technologischer Eigenschaften. Sie stellen Konstruktionswerkstoffe für einen umfassenden Bereich dar und finden in allen Industrie- und Volkswirtschaftszweigen wirtschaftliche Anwendung: im Maschinenbau (verschiedenartige Teile und Baugruppen von Maschinen und Ausrüstungen, elektrische Isolierung, Überzüge, technologische Ausrüstungen), im Bauwesen (Fußbodenbeläge, Wandputz, Wärme- und Hydroisolierung, Rohrleitungen und sanitäre Erzeugnisse u. a. m.), in der Holzverarbeitungsindustrie (Holzplatten und Furniere), in der Papierindustrie (Papierüberzug), in der Leichtindustrie (Folien und Kunstleder), in der Lebensmittelindustrie (Leergut und Verpackung), in der Metallurgie (plattiertes Walzgut), in der Medizin (künstliche innere Organe und Prothesen, Instrumente und Geräte), in der Landwirtschaft und im Bewässerungsbau (Folien, Rohre), im Alltagsleben (Möbel, Waren für den Dauergebrauch, Spielzeug u. a.).

Bei der Konstruktion von Walzstraßen beispielsweise bringt die Einführung von Lagerschalen aus Schichtholzplatten im Vergleich zu denen aus Bronze folgende Vorteile:

Die Nutzungsdauer vergrößert sich um 8- bis 12mal, die Menge an gewalztem Metall um 6- bis 10mal, der Verbrauch an Lagern pro Tonne Metall verringert sich auf ein Dreißigstel bis ein Sechzigstel und die Betriebskosten der Lager auf 10 Prozent.[14] Nach Angaben des Ministeriums für Landwirtschaft der UdSSR betragen die Investitionen für den Bau von Einrichtungen mit Glas- und Polymerfolienbelag (in Rubeln/m^2 Nutzfläche): Gewächshäuser entsprechend 20 und 4,8; Treibkästen 9,9 und 1,4. Durch das schnellere Anziehen von Frühgemüse und Setzlingen bei Gemüsekulturen unter Folie sowie durch die Verminderung des Wartungsaufwandes für die Pflanzen sind die Selbstkosten der Erzeugnisse etwa um die Hälfte niedriger als in den Gewächshäusern und Treibkästen aus Glas.

Der Umfang der Weltproduktion und des Weltverbrauches an Plasten ist schon jetzt höher als der an schweren Buntmetallen, Aluminium, an Chemiefasern und synthetischem Kautschuk. Dabei muß bemerkt werden, daß die Plaste sich im Anfangsstadium ihrer Entwicklung befinden, denn

[14] Siehe: L. A. Glagoleva, I. V. Rachlin, Ėkonomičeskaja ėffektivnost' primenija plastmass v mašinostroenii, Moskau 1964.

weite Verbreitung fanden sie erst in den letzten 25 bis 30 Jahren. Im Bereich der Produktion, der Verarbeitung und des Verbrauchs von Plasten sind noch gewaltige Reserven vorhanden, die man bei der Ermittlung der Entwicklungsperspektiven dieses Industriezweiges nicht unberücksichtigt lassen darf.

Von solchen Reserven zeugen insbesondere die Erfolge bei der Entwicklung neuer Plastarten mit wertvollen Eigenschaften in den letzten Jahren.[15] So besitzen die Polyimide hohe Festigkeit und chemische Beständigkeit, Wärmefestigkeit (bis 500 °C), ausgezeichnete dielektrische Eigenschaften selbst bei hohen Temperaturen (bis 340 °C); Polypyrrolidon zeichnet sich durch hohe thermische Stabilität (bis 500 °C), durch Beständigkeit gegenüber der Wirkung von γ-Strahlung und ultravioletten Strahlen aus, Polyphenylenoxid durch eine hohe Fließgrenze und eine größere Maßstabilität als andere Konstruktionsplaste; Polysulfone sind gekennzeichnet durch thermische Stabilität, durch Beständigkeit gegenüber chemischen Reagenzien, gegenüber der Oxydation und der Ionisationsstrahlung, durch selbstdämpfende Eigenschaften und Maßstabilität, Polybenzimidasole durch hohe Adhäsion gegenüber Metallen, durch die Aufrechterhaltung der Eigenschaften in einem Temperaturintervall von —250 bis 530 °C; Polybuten verfügt über eine hohe Festigkeit, über eine Kaltfluidität in den Grenzen von —23 bis 88 °C; Poly-4-methylpenten-l zeichnet sich durch die niedrigste Dichte unter den Thermoplasten (0,83 g/cm^3), durch eine hohe Transparenz, durch die Fähigkeit, die Eigenschaften bei langer Erhitzung bis 170° beizubehalten, und durch eine gute chemische Beständigkeit aus.

Unter den Konstruktionsplastarten müssen die armierten Werkstoffe gesondert angeführt werden, die glasfaserverstärkte Plaste, deren Einsatz zusätzliche Möglichkeiten für die Entwicklung prinzipiell neuer Trage- und Lastkonstruktionen eröffnet, für die Herabsetzung des Gewichtes bei Maschinen und anderen Erzeugnissen, für die Erhöhung ihrer Nutzungsdauer und Zuverlässigkeit, für die Freisetzung von Reserven an Schwarzmetallen und Nutzholz. Die Zweikomponentenstruktur der glasfaserverstärkten Plaste erlaubt es, durch die Auswahl der entsprechenden Arten und Verhältnisse der Glasfüllstoffe und der synthetischen Bindemittel Werkstoffe mit vorgegebenen spezifischen Eigenschaften zu entwickeln.

Die spezifischen Eigenschaften der glasfaserverstärkten Plaste sind geringe Dichte (1,6–1,8 g/cm^3), hohe mechanische Festigkeit, die Fähigkeit, unter erhöhten Temperaturen und Drücken funktionstüchtig zu sein,

[15] Chimičeskaja promyšlennost, za rubežom, Moskau 12/1969, S. 21–23; 1/1970, S. 30–40.

Korrosionsbeständigkeit, geringe elektrische und Wärmeleitfähigkeit, geringe Brennbarkeit, Beständigkeit gegenüber aggressiven Medien und Mikroorganismen, gute Lichtdurchlässigkeit, Wetter- und Wasserbeständigkeit, Fähigkeit der Lärmisolierung u. a. Einigen glasfaserverstärkten Plastarten ist ein Komplex derartiger technischer und technologischer Merkmale eigen, die nicht eine einzige Art der traditionellen Konstruktionswerkstoffe oder der nicht armierten Plaste besitzt. Die Verformung der Erzeugnisse aus glasfaserverstärkten Plasten erfolgt bei niedrigen Drücken, nach einer relativ einfachen Technologie und erfordert gewöhnlich keine umfangreichen und komplizierten Ausrüstungen.

Da sie solche Eigenschaften besitzen, können die glasfaserverstärkten Plaste erfolgreich mit Eisenwalzgut und Eisenguß, Aluminium, den Legierungen schwerer Buntmetalle sowie mit Schnitthölzern konkurrieren. Es wäre jedoch falsch, sie nur als Austauschstoffe für die traditionellen Werkstoffe anzusehen; richtiger ist es, die glasfaserverstärkten Plaste zu einer selbständigen Klasse von Konstruktionswerkstoffen zu rechnen, deren Anwendung an Stelle von natürlichen Werkstoffen aus technischen oder ökonomischen Erwägungen heraus zweckmäßig ist.

Es muß unterstrichen werden, daß lange Zeit hindurch zur Armierung von Kunstharzen Baumwollgewebe, Asbestfasern und -gewebe, Schälfurniere, Papier und andere Gewebe benutzt wurden. Die wachsenden Anforderungen der modernen Technik an die mechanische Festigkeit, an die thermische und chemische Beständigkeit, an die dielektrischen Eigenschaften der polymeren Werkstoffe erforderten jedoch den Einsatz einer prinzipiell neuen Art von Armierungsmaterial – den Glasfasern.

Die Einsatzgebiete anderer Werkstoffe sind begrenzter. So sind Chemiefasern in der Technik hauptsächlich zur Herstellung von Reifenkord, Fischereinetzmaterialien, Seilen und im Alltagsleben für Stoffe, Trikotagen, Strumpfwaren, Teppiche und dergleichen mehr bestimmt. Synthetischer Kautschuk wird praktisch vollständig zur Herstellung von Autoreifen und anderen Reifen, von technischen Gummiwaren sowie zur Kabelisolierung, zur Fugenabdichtung im Großplattenbau usw. eingesetzt. Synthetische Fettsäuren dienen als Rohstoffe für die Herstellung von Seife und Waschmitteln.

Die Entwicklung neuer polymerer Werkstoffe und daraus gefertigter Erzeugnisse hatte die Herausbildung und Entwicklung ganzer Industriezweige (z. B. für Kunstharze, Plaste, Chemiefasern, für synthetischen Kautschuk, für die Plastverarbeitung, für glasfaserverstärkte Plaste, Reifen, technische Gummiwaren u. a.) sowie notwendiger Werkzeuge und Arbeitsmittel zu deren Herstellung und Verarbeitung zur Folge (Chemieausrüstungen für die Destillation, die Wärmeübertragung, die Mischung, die Polymerisation, die Polykondensation, die Vulkanisation, die Trocknung, die Granulation u. a. m.; Ausrüstungen für die Plastverarbeitung: hydraulische Pressen, Thermoplastautomaten, Extruder, Kalander u. a.). In der Regel erfolgt eine Spezialisierung derartiger Techniken bezüglich bestimmter Werkstoffe oder Prozesse.

Eine analoge Wechselbeziehung ist zwischen Arbeitsgegenständen und technologischen Prozessen zu verfolgen. Es ist bekannt, daß viele neue technologische Prozesse speziell zur Herstellung bestimmter Werkstoffe und deren Erzeugnisse entwickelt und erschlossen wurden. Die Polymerisationsplaste beispielsweise (Polyäthylen, Polyvinylchlorid, Polystyrol u. a.) gewinnt man auf der Grundlage von Polymerisationsprozessen; Phenolpreßpulver verarbeitet man durch ein Preßverfahren zu Erzeugnissen, Polypropylen durch das Spritzgußverfahren usw. Mit anderen Worten, die Auswahl dieses oder jenes Werkstoffes für ein Erzeugnis legt praktisch auch die Auswahl der Herstellungstechnologie im voraus fest und folglich den Rohstoffverbrauch, die Arbeits- und Fondsintensität der Erzeugnisse usw.

Art und Qualität des Werkstoffes beeinflussen aktiv die technisch-ökonomischen Kennziffern des technologischen Prozesses. Beispielsweise erhöht die Verwendung von schnell härtenden Preßwerkstoffen durch eine Verkürzung des Produktionszyklus die Produktivität um 1,5- bis 2mal. Die Anwendung von Maskenformen (Hüllformen) aus Bakelitpulver an Stelle von Sandformen beim Gießen von Metallen ist mit einer Erhöhung der Genauigkeit des Gußstückes (0,2 bis 0,4 mm bei 100 mm Gesamtstärke), mit einer Senkung des Verbrauchs an flüssigem Metall um 15 bis 20 Prozent und an Formmaterial um über 80 Prozent, mit einem Wachstum der Arbeitsproduktivität um 30 Prozent, mit einer Bedarfsverminderung an Produktionsflächen von 40 bis 50 Prozent, mit der Verbesserung der Arbeitsbedingungen der Arbeiter usw. verbunden.

Durch die Anwendung polymerer Werkstoffe bei der Herstellung von Arbeitsmitteln sowie in technologischen Prozessen erfolgt eine Freisetzung eines Teils der traditionellen Werkstoffe. Dieser Prozeß erfaßt auch jene Werkstoffe, die als Arbeitsgegenstände fungieren. Beispielsweise erlaubt bei der Verpackung von Lebensmitteln der Ersatz von Glas, Papier und Karton durch polymere Folien, die Aufwendungen für das Leergut und dessen Transport, die Verluste von Lebensmitteln (insbesondere schnell verderblicher), die Aufwendungen für das Abpacken im Handel, die Zeitverluste der Käufer usw. zu senken; es ist möglich, die hygienischen Anforderungen besser zu erfüllen und anderes mehr.

Es geht jedoch nicht schlechthin um einen Ersatz der einen Werkstoffe durch andere. Die polymeren Werkstoffe beginnen, einen bestimmten

Einfluß auf die Produktionsmaßstäbe und die technische Politik im Bereich der natürlichen (traditionellen) Werkstoffe auszuüben. Es geht um die Modifikation der Eigenschaften letzterer, um die Einführung fortschrittlicher Arbeitsverfahren zu ihrer Herstellung und Verarbeitung, um den Einsatz traditioneller Werkstoffe in Verbindung mit neuen, um die Erweiterung der Roh- und Werkstoffressourcen und um die Verbesserung ihres Ausnutzungsgrades, um die Einbeziehung zugänglicher Rohstoffe und verwertbarer Abprodukte in den Wirtschaftskreislauf.

So verringern die Kunstharze und Plaste den Bleiverbrauch in der Kabelindustrie, den Verbrauch von Pflanzenöl in der Lack- und Farbenproduktion usw. In der Schwarzmetallurgie ist es die Produktion von sogenannten plattiertem Walzgut, das die hohen physikalisch-mechanischen Eigenschaften des Stahls mit den hervorragenden Antikorrosionseigenschaften des Polyvinylchlorids und des Polyäthylens verbindet. In der Produktions- und Verbrauchsstruktur von Schwarz- und Buntmetallen, von Holz, Papier, Karton und Baustoffen vollziehen sich unter dem Einfluß der chemischen Werkstoffe beachtliche Verschiebungen.

Es muß bemerktwerden, daß auch bei den chemischen Werkstoffen unter dem Einfluß des wissenschaftlich-technischen Fortschritts wiederum Verschiebungen zugunsten des Verbrauchs progressiver Arten wie Thermoplaste, synthetische Fasern, stereoregulärer Kautschuk, Lacke und Farben auf Kunstharzbasis usw. stattfinden.

Die allgemeinsten wirtschaftlichen Folgen des Einsatzes neuer chemischer Werkstoffe zur Herstellung von Arbeitsmitteln bestehen in der Veränderung der materiellen Grundlage der Arbeitsmittel und in der allmählichen Lockerung ihrer Bindung an die traditionellen (natürlichen) Werkstoffe.

Das Erscheinen neuer Werkstoffe ist nicht nur durch die Anforderungen der Technik bedingt. Bei einer umfassenderen Betrachtungsweise ist zu erkennen, daß dieser Prozeß unter dem Einfluß der ökonomisch-sozialen Entwicklungsbedingungen der Gesellschaft verläuft.

Die neuen Werkstoffe haben sich unter den gegenwärtigen Bedingungen in einen der wichtigsten Faktoren der weiteren Entwicklung des materiellen und geistigen Lebens des Menschen verwandelt. Als Hauptursache für den breiten Einsatz neuer Werkstoffe muß die Möglichkeit angesehen werden, zusätzliche Reserven zu erschließen, Nahrungsmittel aufzubewahren, den Mangel an natürlichen Werkstoffen und Produkten pflanzlichen bzw. tierischen Ursprungs (Naturfasern, Leder, Pflanzenöl u. a.) zu vermindern, das Sortiment an Waren des Bevölkerungsbedarfs zu erweitern und die Qualität zu verbessern sowie den Aufwand zu deren Herstellung und damit die Einzelhandelspreise zu senken.

Synthetische Werkstoffe finden für einen breiten Kreis von Erzeugnissen des kulturellen Bedarfs, für langlebige Gebrauchsgüter, für Spielzeug, Möbel und Waren des täglichen Bedarfs, für den Bau von Wohnungen, Kultur- und Sozialeinrichtungen Verwendung. Deshalb sind die Synthese und der Einsatz neuer Werkstoffe neben den Bedürfnissen der Technik auch von der Lebensweise des Menschen, von seinem materiellen und kulturellen Niveau, von den durchgeführten sozialen Maßnahmen usw. abhängig.

Betrachten wir einen anderen Aspekt der Chemisierung – den Einsatz von Polymeren in der Medizin, insbesondere bei der Herstellung künstlicher innerer Organe des Menschen und physiologisch aktiver Stoffe. Nach Ansicht von V. A. Kargin „. . . stellen Polymere nicht nur ein Objekt für die industriemäßige Nutzung dar. Die meisten Gewebe der lebenden Organismen bestehen aus polymeren Stoffen. Obwohl wir uns bei der Entwicklung eines Modellsystems der Biopolymere erst ganz am Anfang befinden, ist es möglich, daß diese Richtung schon in nächster Zukunft nicht minder wichtig werden wird als der industrielle Einsatz von polymeren Stoffen heute.“ [16]

In Untersuchungen ist fesgestellt worden[17], daß die Schaffung künstlicher innerer Organe wie Herzklappen, Teilen von Blutgefäßen, Sehnen, Knochen, ferner des Herzens, der Lunge, der Haut und anderer mit der Lösung des Problems der Verträglichkeit des Werkstoffes mit dem lebenden Organismus direkt im Zusammenhang steht und mit dem Einwachsen der natürlichen Gewebe in die Prothese und ihrem Verwachsen, mit der Wechselwirkung zwischen dem künstlichen Gefäß und dem Blut usw. verbunden ist.

Dies zeigt unter den heutigen Bedingungen den grundlegenden Bedeutungswandel der neuen Werkstoffe für die weitere Entwicklung der Produktivkräfte und für die Lösung der herangereiften technischen und ökonomisch-sozialen Probleme.

Die zunehmende Bedeutung der neuen Werkstoffe, insbesondere der Polymere, bei der Beschleunigung des wissenschaftlich-technischen Fortschritts und bei der Erhöhung des Nutzeffektes der gesellschaftlichen Produktion veranlaßte einige Forscher zu der These, die Menscheit stehe an der Schwelle eines neuen Zeitalters, des Zeitalters der Polymere.[18] Es sind

[16] V. A. Kargin, Polimery, in: Oktjabr' i naučnyj progress, Bd. II, Moskau 1967, S. 132.

[17] V. A. Kargin, N. A. Platė, Polimery v medicine, in: Vestnik AN SSSR, 6/1969, S. 74–78.

[18] Als Beispiel führen wir einige dieser Äußerungen an: „Das kontinuierliche und schnelle Wachstum der Erzeugung von Polymeren zeugt davon, daß jetzt das Zeitalter der Polymere anbricht.“ (Sovremennaja naučno-techničeskaja revol-

jedoch auch die diametral entgegengesetzten Standpunkte anzutreffen, daß nämlich die Metalle und die anderen traditionellen Werkstoffe in der überschaubaren Perspektive ihre vorherrschende Stellung in der Wirtschaft beibehalten werden, da die Maßstäbe ihrer Freisetzung durch den Einsatz von Polymeren unbedeutend sein werden.

Betrachten wir in diesem Zusammenhang die Frage, ob es möglich ist, die Werkstoffe zur Periodisierung der technischen und wirtschaftlichen Entwicklung insgesamt zu verwenden.

In den frühen Entwicklungsetappen der Gesellschaft, in prähistorischen Zeiten, haben die Werkstoffe, insbesondere die Metalle, die entscheidende Rolle bei der Schaffung und Verbreitung der Werkzeugtechnik gespielt. Marx schrieb: „So wenig die bisherige Geschichtsschreibung die Entwicklung der materiellen Produktion, also die Grundlage alles gesellschaftlichen Lebens und daher aller wirklichen Geschichte kennt, hat man wenigstens die vorhistorische Zeit auf Grundlage naturwissenschaftlicher, nicht sog. historischer Forschungen, nach dem Material der Werkzeuge und Waffen in Steinalter, Bronzealter und Eisenalter abgeteilt.“ [19]

Je nach der Entwicklung der Technik sprengten ihre Erscheinungsformen allmählich den Rahmen der Ausgangsmaterialien, obwohl die Bedeutung letzterer wesentlich erhalten blieb. Nunmehr wurde der Schaffung neuer Konstruktionen, dem Übergang von der Werkzeug- zur Maschinentechnik, der Erschließung neuer technischer Wechselwirkungsprinzipien zwischen den Arbeitsmitteln und den Arbeitsgegenständen usw. die Hauptaufmerksamkeit geschenkt.

Die angewandten Werkstoffe entsprachen in der Hauptsache dem erreichten technischen Entwicklungsniveau, ihre Eigenschaften jedoch hatten keine wesentlichen Veränderungen erfahren. Die Werkstoffe büßten ihre führende Rolle in der Technik allmählich ein.

Die stürmischen technischen und technologischen Entwicklungsprozesse bei passiver Rolle der Werkstoffe setzten sich bis in die 50er Jahre des 20. Jahrhunderts fort. Die Ergebnisse der Grundlagenforschung auf dem Gebiet der Entwicklung von Mustern und der industriellen Erschließung neuer Werkstoffe (Plaste, Aluminium, Leichtmetalle und -legierungen usw.) übten noch keinen wesentlichen Einfluß auf die weitere Entwicklung der Technik aus.

jucija, Moskau 1967, S. 30.) Bernal ist der Ansicht: „Die Ära der Polymere und Plaste hat gerade begonnen; diese Verbindungen selbst sind nur die ersten Beispiele für Stoffe, die für spezielle Zwecke hergestellt werden können“. (J. D. Bernal, Die Wissenschaft in der Geschichte, Berlin 1967, S. 529.)

19 K. Marx, Das Kapital, Erster Band, in: MEW, Bd. 23, Berlin 1971, S. 195 (Fußnote 5a).

Der Eintritt der Menschheit in die Periode der gegenwärtigen wissenschaftlich-technischen Revolution ist bedingt durch das stürmische Wachstum der Grundlagenforschung und der angewandten Forschung, durch die Umwandlung der Wissenschaft in eine unmittelbare Produktivkraft, durch die weitere Entwicklung der Technik, durch ihre Komplizierung und durch Fortschritte auf der Basis der Elektrifizierung, der Mechanisierung und Automatisierung, der Chemisierung, des umfassenden Einsatzes von EDVA und anderes mehr. Allmählich erhöht sich die Bedeutung prinzipiell neuer sowie modifizierter natürlicher Werkstoffe.

Gibt dies jedoch Veranlassung, diese wachsende Bedeutung als Merkmal zur Periodisierung der technischen Entwicklung zu nutzen? Uns scheint, daß es dafür keine Gründe gibt.

Erstens hat der Fortschritt auf dem Gebiet der Arbeitsgegenstände nicht irgendeine Klasse von Werkstoffen, zum Beispiel die Polymere, sondern auch alle übrigen Klassen erfaßt, was durch die mannigfaltigen Anforderungen der Technik diktiert ist. Deshalb ist die Bezeichnung „Zeitalter der Polymere" ebensowenig gerechtfertigt wie etwa der Terminus „Zeitalter der Halbleiter" usw.

Zweitens: Wenngleich auch die Rolle der neuen Werkstoffe in der Technik zunahm, so ist doch die Bedeutung der traditionellen (natürlichen) Werkstoffe noch immer recht groß. Schon jetzt ist offensichtlich, daß in einem überschaubaren Zeitraum die Schwarzmetalle, insbesondere das Stahlwalzgut, der Hauptkonstruktionswerkstoff in der Technik bleiben werden. Auf dem XXIII. Parteitag der KPdSU wurde hervorgehoben: „Die Praxis hat den falschen Standpunkt verworfen, wonach im heutigen Zeitalter der Polymere der Bedarf an Metall stark zurückgehen würde. Dieser Standpunkt hat sich nachteilig auf die Entwicklung der Metallurgie ausgewirkt."[20]

Es geht jedoch nicht nur um die Veränderung der quantitativen Beziehungen der Produktion und des Verbrauchs der traditionellen und der neuen Werkstoffe. Je nach der Entwicklung der Grundlagenforschung wird auch im Bereich der traditionellen Werkstoffe ein Fortschritt erzielt, ihre Eigenschaften bleiben nicht unverändert, sondern werden unter dem Einfluß der Anforderungen der Technik modifiziert. In der Schwarzmetallurgie beispielsweise entwickelt sich der technische Fortschritt in folgenden Hauptrichtungen: Qualitätsverbesserung (hoch- und niedriglegierter Stahl, thermisch verfestigtes Walzgut, Walzgut mit verschiedenen Überzügen)

[20] XXIII. Parteitag der KPdSU. L. I. Breshnew: Unsere Zeit im Zeichen des wachsenden Einflusses des Sozialismus, Rechenschaftsbericht, Berlin 1966, S. 56.

und Verbesserung des Erzeugnissortiments (Form-, Bogen- und dünnwandige Profile), Vervollkommnung der Schmelztechnologie für Stahl (Vakuumschmelze, Vakuumierung, kontinuierliches Gießen u. a.), Walzen von Stahlblech.

Drittens kann man den Wirkungsbereich der wissenschaftlich-technischen Revolution nicht nur auf die Werkstoffe beschränken; sie hat alle gegenständlichen Elemente des Produktionsprozesses erfaßt (Energiequellen, Arbeitsinstrumente u. a.). Eine Periodisierung der Technik nach dem Ausgangsmaterial, wie sie in den frühen Entwicklungsetappen der Gesellschaft möglich war, ist daher unter den gegenwärtigen Bedingungen nicht gerechtfertigt.

Der Einfluß der neuen Werkstoffe auf die Entwicklung der Technik muß auf der Grundlage einer konkreten Analyse der technischen und ökonomischen Probleme ihrer Entwicklung berücksichtigt werden. Der Einsatz von polymeren Werkstoffen in der Technik gestattet es beispielsweise, die Gewichte der Maschinen und Ausrüstungen zu vermindern, die Nutzungsdauer und die Zuverlässigkeit ihrer Baugruppen und Teile bei Reibung, Schleifverschleiß und unter Einwirkung aggressiver Medien zu erhöhen, die Herstellungs- und Betriebskosten technischer Systeme zu senken, eine Vielzahl von Spezialkonstruktionen zu entwickeln (insbesondere auf den Gebieten der neuen und neuesten Technik) usw. Die Anwendung von Halbleitern ebnete der Elektronik, insbesondere den elektronischen Rechenanlagen, den elektronischen Geräten, der Revolution in den Arbeitsmitteln und den Steuerungsprozessen und -verfahren den Weg.

Mit anderen Worten, die Anwendung eines bestimmten neuen Werkstoffes zieht einen Komplex sehr konkreter technischer und ökonomischer Umgestaltungen in der Technik nach sich und stellt im Grunde genommen eine eigene historische Etappe ihrer Entwicklung und ihres Fortschrittes dar. Als eine solche Etappe muß man unbedingt die Anwendung jeder Klasse verwandter oder verschiedener neuer Werkstoffe wie Plaste, Aluminium, synthetischer Kautschuk, leichte Buntmetalle und Legierungen usw. ansehen. Eine derartige Betrachtungsweise ersetzt in einem gewissen Umfange eine Periodisierung der technischen Entwicklung nach Ausgangswerkstoffen.

Somit verlieren einzelne Arten (Klassen) von Konstruktionswerkstoffen auf natürlicher oder synthetischer Basis allmählich ihre Bedeutung, ungeachtet ihrer zunehmenden Rolle bei der Entwicklung neuer und der Vervollkommnung vorhandener Technik. Die Perspektiven für die Erzeugung und Anwendung neuer und modifizierter Werkstoffe werden einerseits durch die Verbesserung ihrer Qualität, durch die Sortimentserweiterung, durch die Produktion ihrer Marken und Arten mit speziellen Eigenschaften (für einen konkreten, nicht für einen universellen Zweck) und andererseits durch die Eroberung bestimmter Bereiche durch sie bestimmt, in denen ihr Einsatz an Stelle früher angewandter natürlicher oder synthetischer Werkstoffe viel effektiver ist.

Hier kann man insbesondere auf die Erfahrungen der USA verweisen, wo in den Nachkriegsjahren eine relativ begrenzte Anzahl von Konstruktionswerkstoffen durch ein breites und qualitativ besseres Sortiment ersetzt wurde, das (nach Schätzungen von A. D. Grigor'ev) 35000 Arten (einschließlich der Legierungen verschiedener Metalle) zählt. Die meisten der heute in den USA existierenden Konstruktionswerkstoffe wurden vor dem zweiten Weltkrieg nicht angewandt.

Die weitreichenden Veränderungen in der Rohstoffbasis der Produktion muß man als eine der charakteristischen Besonderheiten der Entwicklung der Produktivkräfte unter den Bedingungen der wissenschaftlich-technischen Revolution ansehen. Diese Besonderheit spiegelt die wachsende Rolle der Konstruktionswerkstoffe bei der Lösung vordringlicher, vor der Gesellschaft stehender ökonomisch-sozialer Aufgaben wider. Die Wirtschaft aller führenden Länder stützt sich, wie die Erfahrung ihrer Entwicklung bestätigt, in immer größerem Maße auf die breite Vielfalt neuer Werkstoffe, von denen jeder dazu beiträgt, die konkreten Probleme der Beschleunigung des wissenschaftlich-technischen Fortschritts und der Erhöhung des Nutzeffektes der gesellschaftlichen Produktion zu lösen.

3. Die Rolle der Wissenschaft bei der Entwicklung und Verbesserung der Eigenschaften neuer Werkstoffe

Marx sah die führende Rolle der Grundlagenwissenschaften bei der Entdeckung neuer nützlicher Stoffeigenschaften, neuer künstlicher Verarbeitungsarten von Roh- und Werkstoffen, neuer Eigenschaften der Bodenschätze als Rohstoffquellen usw. voraus.[21]

Auf dem XXIV. Parteitag der KPdSU wurde hervorgehoben, daß „... die Entdeckungen der Naturwissenschaften die Grundlage des technischen Fortschritts darstellen. Das Studium der atomaren und molekularen Struktur des Stoffes legt die Grundlagen für die Entwicklung neuer Materialien und Stoffe für die Technik, die Landwirtschaft und die Medizin."[22]

[21] K. Marx, Grundrisse der Kritik der Politischen Ökonomie, Berlin 1953, S. 312.
[22] Pravda, vom 2. April 1971.

Als Basis für die Gewinnung progressiver Werkstoffe dient gewöhnlich die Synthese neuer Verbindungen oder die Einbeziehung von früher ungenutzten Elementen des Systems von Mendeleev. Große Möglichkeiten für eine enorme Qualitätsverbesserung der Werkstoffe eröffnet die Entfernung unerwünschter Beimengungen (Erhöhung des Reinheitsgrades) und die Einführung geringer Zusätze speziell ausgewählter Stoffe. Eine gerichtete Veränderung der physikalischen Werkstoffeigenschaften wird durch Einwirkung niedriger und hoher Temperaturen, unter Vakuum und hohen Drücken, durch elektromagnetische Felder, Plasma und verschiedene Strahlungen erreicht.

Nach Ansicht von N. G. Basov[23] übt die Physik auf die Entwicklung neuer Werkstoffe einen starken Einfluß aus. So war die Festkörperphysik die Grundlage für die Entwicklung von Halbleitergeräten, die das Arsenal der modernen Elektronik bilden und zur Automatisierung verschiedener Prozesse in breitem Umfange genutzt werden. Eine bedeutende Rolle beginnen die supraleitenden Materialien in der Technik zu spielen. Unter dem Einfluß der Physik, Chemie, Biologie und anderer Wissenschaften sind neue technologische Verfahren entwickelt worden, entstand die Vakuummetallurgie, begann man Elektronen- und Ionenstrahlen sowie starke Laserstrahlen zum Schmelzen, Schweißen und zur Präzisionsbearbeitung verschiedener Werkstoffe auszunutzen. Immer größere Anwendung findet die Technologie der Spreng-, Flüssigkeits- und Gasbehandlung unter hohem Druck (Hydro- und Gasextrusion). Die Bedeutung der kohärenten optischen Strahlung bei der Entwicklung neuer Werkstoffe nimmt zu.

Eine bedeutende Rolle bei der Entwicklung und der weiten Verbreitung neuer Werkstoffe kommt der chemischen Wissenschaft und der Technologie zu. Bernal charakterisiert die Erfolge der chemischen Wissenschaft und Technik und hebt dabei hervor: „Die Aufklärung des Mechanismus der Kettenreaktionen und der Polymerisation durch Chemiker wie Semjonov und Melville kennzeichnet einen der bedeutendsten Fortschritte des Jahrhunderts in der Chemie ... Diese Fortschritte der Chemie sind zum Teil Ursache, zum Teil Folge der Entwicklung eines neuen Zweiges der chemischen Industrie, nämlich der *Kunstfaserindustrie.* Heute sind uns die Namen vieler solcher Stoffe wie Nylon ... vertraut, obwohl vor dreißig Jahren nicht einmal an sie zu denken war."[24]

Die Entwicklung neuer chemischer Werkstoffe muß als ein objektiver Prozeß angesehen werden, der die ökonomisch-sozialen und die anderen

[23] Pravda, vom 5. Februar 1970.

[24] J. D. Bernal, Die Wissenschaft in der Geschichte, Berlin 1967, S. 528/529.

Bedürfnisse der Gesellschaft widerspiegelt. Zur Bestätigung führen wir zwei Beispiele aus der Entwicklungsgeschichte des synthetischen Kautschuks (SK) an. In den ersten Jahren der Sowjetmacht entstand das Bedürfnis, das Land mit eigenem Kautschuk zu versorgen. Im Jahre 1926 wurde vom Obersten Volkswirtschaftsrat eine Weltausschreibung für ein industriemäßiges Verfahren zur Erzeugung von SK bekanntgegeben. Dieses Problem wurde unter der Leitung von S. V. Lebedev gelöst, und 1932 wurde die industrielle Großproduktion von Kautschuk zur allgemeinen Verwendung aufgenommen. In den Nachkriegsjahren genügten die Eigenschaften des SK den wachsenden Anforderungen der Technik nicht mehr. Der Kauf von Naturkautschuk (NK) im Ausland war mit einem ungeheuren Aufwand an Devisen verbunden. Es entstand daher das Problem, SK mit Eigenschaften zu entwickeln, die denen des NK nicht nachstehen. Nach 1955 wurden im Ergebnis von Forschungsarbeiten solche Kautschukarten wie Polyisoprenkautschuk (SK I) und Polydivinylkautschuk (SKD) entwickelt und in die Produktion übergeführt.

Der Entwicklung der Chemie liegen allgemeine Bewegungsgesetze der Natur zugrunde, die durch die schöpferische Tätigkeit vieler Generationen von Wissenschaftlern aufgedeckt wurden.[25] Die Hauptaufgabe dieses Bereiches der Wissenschaft ist die Umwandlung bestimmter Stoffe und Materialien in solche, die über einen nützlichen oder vorgegebenen Komplex von Eigenschaften verfügen. Ein Charakteristikum der Chemie des 20. Jahrhunderts besteht in ihrer organischen Verknüpfung mit der Industrie und der Technik. Dadurch wird nicht nur die Entwicklung von Werkstoffen mit hoher Qualität, sondern auch eine hohe Effektivität bei ihrer Herstellung und Anwendung erzielt, das heißt ein Zusammenfallen von technologischem und ökonomischem Optimum.

Für die gegenwärtige Entwicklungsetappe der Chemie ist ein breiter Kreis von Arbeiten zur Synthese organischer Verbindungen charakteristisch. In der Tat, die Zahl der bekannten chemischen Einzelverbindungen erreicht zwei Millionen, darunter 1,7 Millionen organische und 0,3 Millionen anorganische. Die meisten dieser Verbindungen werden in der Natur nicht angetroffen und sind rein synthetischer Natur. Allein von 1957 bis 1967 wurden in der Welt mehr als 500000 neuer Verbindungen synthetisiert.

Seit dem Ende des 19. Jahrhunderts bis zur Gegenwart ist das Hauptaugenmerk der Wissenschaftler auf Probleme der organischen Chemie gerichtet. Im Ergebnis dessen wurde ein breites Sortiment an Plasten, Chemie-

[25] Ausführlicher siehe: V. A. Kargin, Polymery, in: Oktjabr' i naučnyj progress, Bd. II, Moskau 1967; N. M. Zavoronkov, Neoganičeskaja chimija i novye materialy, in: Oktjabr' i naučnyj progress, Bd. II, Moskau 1967; Novye materialy v nauke i technike, Moskau 1966.

fasern, synthetischem Kautschuk, Arzneimitteln und anderen Verbindungen entwickelt. Die Chemie der hochmolekularen Verbindungen entstand in den 20er Jahren dieses Jahrhunderts. Die wissenschaftlichen Grundlagen für die Synthese von Polymeren wurden Ende der 30er Jahre erarbeitet. In der Mitte der 40er Jahre waren fast alle wichtigen Polymere, die heute in breitem Maße in der Industrie produziert werden, bekannt.

Führen wir die Zeitfolge der Erschließung für die Hauptarten der Kunstharze und Plaste an: Zelluloid – 1868, Phenol-Formaldehyd-Harze – 1909, Harnstoff-Formaldehyd-Harze – 1921, Novolack-Phenol-Preßpulver – 1925, Harnstoff-Formaldehyd-Preßpulver – 1929, Polymethylmethacrylat – 1936, Polyvinylchlorid – 1937, Polystyrol und Polyamide – 1938, Melamin-Formaldehyd-Harze und -preßpulver – 1939, Polyesterharze – 1942, Hochdruckpolyäthylen – 1942, Niederdruckpolyäthylen und Polypropylen – 1956, Mischpolymerisate aus Äthylen und Propylen – 1960, Ionomere – 1963, Polysulfone – 1965.

Als Hauptentwicklungsrichtung der Chemie der Polymere in den letzten 15 bis 20 Jahren muß man die Entwicklung von Werkstoffen mit neuen Eigenschaften ansehen, jedoch nicht durch Synthese neuer Stoffe, sondern mittels Strukturveränderung bereits bekannter Verbindungen. Die Gewinnung unterschiedlicher Strukturformen polymerer Moleküle mit regulärer oder irregulärer Anordnung der monomeren Moleküle bedeutet die Schaffung polymerer Isomere, die in ihrer chemischen Zusammensetzung gleich sind, sich aber in ihrer Struktur unterscheiden. Für diese Zwecke wurden Methoden der stereospezifischen und Konverterpolymerisation und der chemischen Modifizierung der Polymere eingesetzt. Dadurch wurde eine breite Palette von Werkstoffen mit solch wertvollen Eigenschaften wie Wärmebeständigkeit, elektrische Leitfähigkeit, Lichtempfindlichkeit, physiologische Aktivität u. a. m. entwickelt. Jetzt werden Methoden zur Regulierung der Struktur der Polymere erarbeitet, insbesondere Methoden zur Einführung künstlicher Keime zur Strukturbildung sowie chemische Methoden zur Modifizierung dieser Werkstoffe.

In den Nachkriegsjahren wuchs die Bedeutung der anorganischen Chemie als wissenschaftliche Basis für die Schwerpunkte der chemischen Industrie, die Schwarz- und Buntmetallurgie und die Erzeugung von Baustoffen. Als Zeitpunkt des Umschwungs in der Entwicklung dieses Bereiches der Wissenschaft wird die Erarbeitung chemischer Aspekte für die Atomenergetik, für Konstruktionswerkstoffe in den neuen Bereichen der Technik, für Stoffe mit großem Reinheitsgrad und verschiedenen wertvollen Eigenschaften für Funktechnik und Elektronik angesehen. Es handelt sich dabei um die Synthese und die Modifikation von Werkstoffeigenschaften zur Gewährleistung einer hohen Betriebssicherheit. Neue Möglichkeiten eröffnet die Chemie der anorganischen Polymere, das sind Werkstoffe mit hohen thermischen, mechanischen, Halbleiter- und anderen wertvollen Eigenschaften. Die Polyphosphate beispielsweise verbinden Hitzebeständigkeit (bis 2000 °C) mit Polymerisationsfähigkeit. Das erlaubt, sie als thermisch beständige Bindemittel, Beläge, Leime und dergleichen einzusetzen.

Die Direktiven des XXIV. Parteitages der KPdSU sehen ein breites Programm zur weiteren Entwicklung der Forschungen auf dem Gebiet der neuen Werkstoffe vor. Es geht um die Entwicklung und Erschließung neuer, sehr wirtschaftlicher Werkstoffe, darunter auch von Polymeren und Reinststoffen, um die Entwicklung neuester Methoden zur Verfestigung von Metallen und anderen Industriewerkstoffen und ihre Einführung in die Produktion, um die Sortimentserweiterung der produzierten Werkstoffe usw. Die rasche Entwicklung der Grundlagenforschung und der angewandten Forschung wird sichergestellt, insbesondere die Vervollkommnung der wissenschaftlichen Grundlagen für die Entwicklung neuer polymerer und anorganischer Stoffe, hocheffektiver chemisch-technologischer und elektrochemischer Verfahren und wirtschaftlicher Methoden zur Gewinnung von Reinststoffen.[26]

Die Errungenschaften der Chemie gestatten es, von der ständigen Sortimentserweiterung der in Technik und Alltag des Menschen verwendeten Erzeugnisse und Werkstoffe als einer stabilen Tendenz zu sprechen. Tatsächlich wurden bis zum 18. Jahrhundert in der Technik insgesamt 19 chemische Elemente genutzt, im 18. Jahrhundert waren es 28, im 19. Jahrhundert 50, in den 20er Jahren des 20. Jahrhunderts 59 Elemente. Gegenwärtig werden von den 88 unter natürlichen Bedingungen vorgefundenen chemischen Elementen bereits 85 genutzt. Ende der 60er Jahre wurden in der Industrie derUSA ungefähr 100 Elemente und 300 Isotope im Vergleich zu 70 Elementen und 100 Isotopen in der Vorkriegsperiode genutzt. Die Produktion einer Reihe von Konstruktionswerkstoffen, in erster Linie von Legierungen und Verbindungen schwerschmelzender und seltener Metalle, von hitze- und schlagfesten Plastarten, von Leichtmetallen, Keramik, Halbleitern und supraleitenden Materialien ist erschlossen worden. Die Qualität hat sich bedeutend erhöht, und das Sortiment der traditionellen Werkstoffe, auf deren Grundlage die Herstellung neuer Erzeugnisarten erschlossen wurde, erweiterte sich.

Jetzt finden fast alle chemischen Elemente in dieser oder jener Form industrielle oder wissenschaftliche Verwendung, was vor 30 bis 40 Jahren

[26] XXIV. Parteitag der KPdSU. Direktiven des XXIV. Parteitages der KPdSU zum Fünfjahrplan . . ., in: Dokumente, Moskau-Berlin 1971, S. 52.

noch nicht der Fall war. Es ist offensichtlich, daß die Sortimentserweiterung der natürlichen und synthetischen Werkstoffe auch in der Perspektive noch intensiver forgesetzt werden wird.[27]

Eine der wichtigsten Besonderheiten jedes Werkstoffs sind seine mechanischen Eigenschaften, insbesondere seine Festigkeit. Hauptursache für Festigkeitsminderungen der Werkstoffe sind Strukturfehler. Bei Metallen und anderen Werkstoffen werden die Grenzflächen der Kristalle, aus denen sie bestehen, als Schwachstelle angesehen. Vor allem dort konzentrieren sich schädliche Beimengungen und Defekte. Das Bestreben der Forscher geht folglich dahin, Einkristalle zur Verfügung zu haben (einzelne reife Kristalle).

Die traditionellen Verfestigungsverfahren für Metalle sind mit Legierung, Wärmebehandlung, Kaltumformung (Kaltverfestigung) und radioaktiver Bestrahlung verbunden. Des weiteren fanden thermochemische und mechanisch-thermische Bearbeitungsverfahren weite Verbreitung.

Gegenwärtig zeichnen sich zwei Richtungen zur Lösung des Problems der Festigkeitserhöhung ab: die Gewinnung von Kristallen mit einer geringen Anzahl von Defekten (zum Beispiel Haarkristalle) und die Entwicklung einer Feinstruktur mit einer großen Anzahl an unbeweglichen Defekten (blockierten Dislokationen) in polykristallinem Material. Es sind Methoden zur Züchtung von Einkristallen aus allen Metallen und vielen anderen Legierungen erarbeitet worden. Dies erforderte den Einsatz von Vakuumanlagen und solchen modernen Erhitzungsmitteln wie Elektronenstrahlen, Plasma u. a. m.

Die Erfolge der Chemie und der anderen Wissenschaften bei der Festigkeitserhöhung der Metalle kann man wie folgt veranschaulichen: Im Zeitraum der 60er Jahre des 19. Jahrhunderts bis zu den 40er Jahren des 20. Jahrhunderts wurde die Festigkeit von Eisen, Kupfer und Aluminium durchschnittlich um das 10fache erhöht.[28] Beträgt beispielsweise die

27 A. M. Rumjancev, der den Arbeitsgegenstand als spezifische historische Kategorie auffaßt, hob hervor: „Auf den niederen Stufen der gesellschaftlichen Entwicklung war der Kreis der Naturstoffe, die in den Arbeitsgegenstand eingingen, sehr begrenzt. In der modernen Gesellschaft hat sich dieser Kreis außerordentlich erweitert. Es genügt zu sagen, daß in unsrer Zeit solche Elemente zum Arbeitsgegenstand wurden, die bislang in ihrem natürlichen Zustand in der Natur nicht gefunden worden sind, wie zum Beispiel das Technetium oder die künstlich gewonnenen Transurane. Der Arbeitsgegenstand dehnte sich auch räumlich aus: Die Menschen verließen die Erde und haben auch den kosmischen Raum in ihren Einflußbereich einbezogen." (Političeskaja ėkonomija, Bd. 1, Moskau 1969, S. 4.)

28 Ausführlicher siehe: I. A. Oding, Sverchpročnyj metall, in: Nauka i čelovečestvo, Moskau 1964, S. 378–390.

Festigkeit von Weicheisen 20 bis 25 kp/mm², so bei den heutigen Stahlsorten 200 bis 250 kp/mm². Die Festigkeit von Reinaluminium beträgt 10 bis 12 kp/mm² und die der darauf basierenden Legierungen 60 bis 70 kp/mm². In den letzten 50 bis 60 Jahren erhöhte sich die Festigkeit des Gußeisens von 12 bis 20 auf 70 bis 80 kp/mm². In den Nachkriegsjahren übertraf die Festigkeit der besten Aluminiumlegierungen die Festigkeit des Kohlenstoffstahls um nahezu das doppelte. Die Magnesiumlegierungen haben sich in der Festigkeit den Aluminiumlegierungen angenähert.

Durch Haarkristalle, die sogenannten Whisker, kann man die theoretisch ermittelte Werkstoffestigkeit annähernd zur Hälfte erreichen, was die folgenden Angaben zeigen:

	Ideale Festigkeit (kp/mm²)	Festigkeit der Whisker (kp/mm²)
Eisen	2200	1340
Kupfer	1200	450
Aluminiumoxid	2500	1350
Graphit	4900	2100

Viele Forscher und Prognostiker sagen zum Ende des 20. Jahrhunderts die Entwicklung von Werkstoffen mit einer Festigkeit voraus, die sich der theoretisch ermittelten nahezu annähert.

Viele Stoffe verändern im hochreinen Zustand ihre Eigenschaften ganz erheblich, insbesondere nehmen ihre Plastizität, Festigkeit und Hitzebeständigkeit zu. Deshalb wurden die Erzeugung und das Studium der Eigenschaften von reinen und hochreinen Stoffen zu einem der aktuellen Probleme der Chemie.

Folgende Veränderungen in der Reinheit einiger Metalle wurde im Zeitraum von 1900 bis 1965 erzielt (in Prozent): bei Kupfer von 99,95 auf 99,999; bei Zink von 98,0 auf 99,9999; bei Blei von 98,7 auf 99,9999; bei Nickel von 98,0 auf 99,999 usw. Die angeführten Angaben charakterisieren die bedeutende Rolle der Chemie und anderer Wissenschaften bei der Entwicklung und Verbesserung der Eigenschaften neuer Werkstoffe.

4. Die Klassifikation der neuen Werkstoffe

In der Volkswirtschaft wird unter den heutigen Bedingungen eine umfangreiche Nomenklatur von Klassen, Arten und Sorten neuer Werkstoffe verwendet, die verschiedenen Zwecken dienen. Daher ist es notwendig, diese Werkstoffe nach bestimmten Merkmalen zu klassifizieren.

Die Klassifikation der neuen Werkstoffe kann wie folgt erfolgen:
- nach dem Zweck, den Richtungen, den Bereichen und den Objekten des Einsatzes;
- danach, wie der Werkstoff der Technologie der Bearbeitung und Montage gerecht wird;
- nach dem Grad seiner Nutzungsmöglichkeit;
- nach dem Anteil, der in den Fertigerzeugnissen erscheint;
- nach dem Grad der separaten Verwendung;
- nach den Möglichkeiten und Kombinationen beim Ersatz natürlicher (traditioneller) Werkstoffe;
- nach der Höhe der relativen Einsatzeffektivität.

Nach dem Zweck kann man die neuen Werkstoffe (ohne Berücksichtigung der Fasern) in Konstruktionswerkstoffe, in Schall-, Wärme- und Elektroisolierstoffe, in Ausstattungsstoffe (Dekorationsstoffe), in Imprägnierstoffe, in Hilfsstoffe usw. einteilen; nach ihren Einsatzrichtungen in Werkstoffe für die Technik (Maschinenbau, Bauwesen usw.) und deren Nutzung, für Zwecke der Leichtindustrie und für Haushaltswaren sowie in Werkstoffe für Leergut und Verpackung; nach den Einsatzgebieten und -objekten in Werkstoffe für verschiedene Teile und Baugruppen von Maschinen und Ausrüstungen (solche mit großen Abmessungen, mit Gehäuse, reibende, gleitende, chemisch beständige u. a.), zur Isolierung von Kabeln und elektrischen Maschinen, für Baukonstruktionen (Fußbodenbelag, Wandputz, Rohrleitungen, Teile für die Sanitärtechnik, Dachbedeckung, Beläge für Treibkästen und -häuser, Rohrleitungen zur Be- und Entwässerung u. a. m.), zur Verpackung von Lebensmitteln und Industriewaren, zur Herstellung von Kunstleder, zur Produktion verschiedener Waren des Bevölkerungsbedarfs usw.

Der Zweck, die Richtung, Bereiche und Objekte des Werkstoffeinsatzes sind eng miteinander verbunden (vgl. Abbildung 3). Ein und derselbe Werkstoff kann in Abhängigkeit von den aufgezählten Merkmalen verschiedenen Gruppen zugeordnet werden. Die Schichtpreßstoffe beispielsweise werden als Konstruktionswerkstoffe (für Maschinenteile), Isolierstoffe (im Elektromaschinenbau), Dekorationsstoffe (für Möbel, Wandputz) und als Hilfsstoffe verwendet. Mit anderen Worten, den wirklichen Verwendungszweck des Werkstoffes kann man nicht nur nach seinen physikalisch-mechanischen und nach anderen Eigenschaften oder nach seiner Bezeichnung bestimmen, sondern muß auch den Bereich des Objekts und die Richtung seines Einsatzes beachten.

Die Auswahl eines Werkstoffes übt sowohl einen direkten Einfluß auf das technologische Verfahren zu seiner Bearbeitung als auch auf die Kombination der aus ihm bestehenden Fertigbauteile der Konstruktion

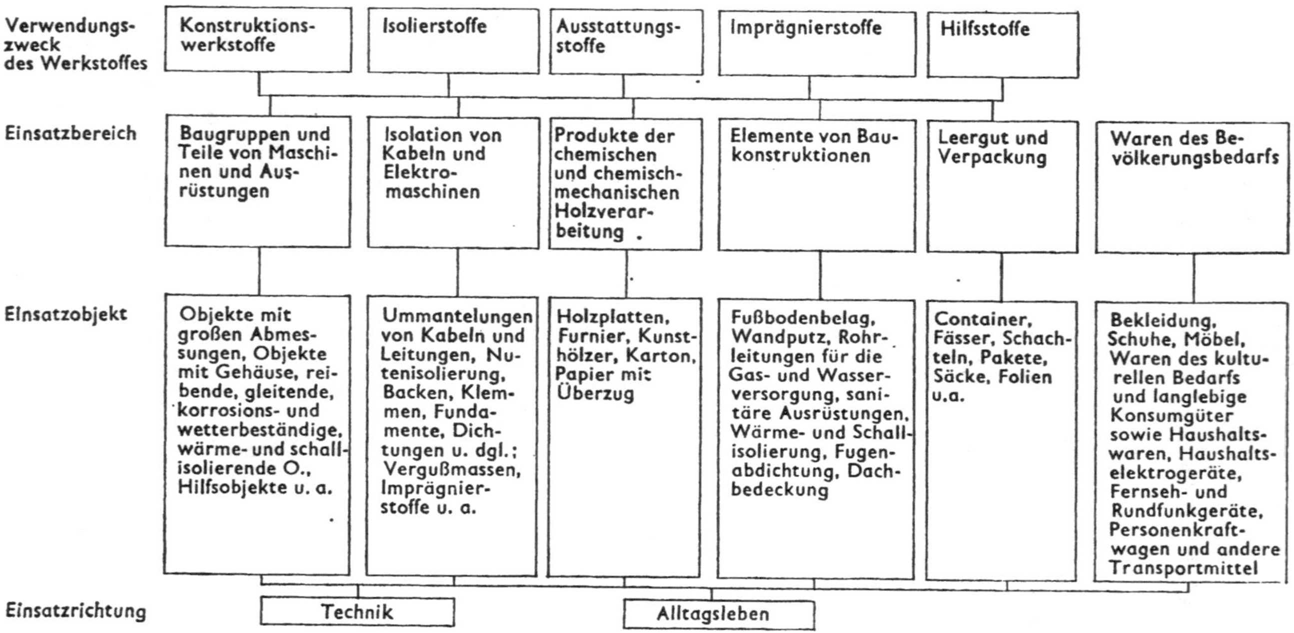

Abb. 3: Der Einsatz neuer Werkstoffe (Plaste) in der Volkswirtschaft

aus. Ein allgemeines Merkmal für alle technologischen Prozesse ist die Form der räumlichen Wechselwirkung zwischen Werkzeug und Material.

Prozeß	Wesen	Art der Wechselwirkung
I. Zerspanen	mechanische Bearbeitung	punktförmig
II. Drehen mit Formmeißel	Gewindewalzen	linear
III. Gießen, Pressen, Ziehen, Strecken, Formen u. a.	Druck	oberflächenmäßig
IV. Ätzen, Wärmebehandlung, Trocknen und Anstreichen im elektrostatischen Feld, chemisches Fräsen, Kristallzüchtung u. a.	Einsatz von Arbeitsmedien	räumlich

Es ist offensichtlich, daß die Prozesse III und IV, die die Möglichkeiten einer Wechselwirkung zwischen Werkzeug und Material verstärken, die größte Perspektive haben. In vielem wird die Auswahl des Prozesses durch die Art (die Klasse) des Ausgangsmaterials vorherbestimmt. So ist die am weitesten verbreitete Bearbeitungsmethode von Schwarzmetallen und Holz einstweilen die Zerspanung und von Plasten die Preßverformung, das Spritzgußverfahren und die Druckluftverformung.

Die synthetischen Werkstoffe gestatten die Anwendung solch wirtschaftlicher und zuverlässiger Methoden zur Verbindung der Bauteile wie das Kleben (an Stelle der mechanischen Befestigung mit Hilfe von Bolzen und Nieten), das Schweißen, die hermetische Abdichtung u. a. m.

Dieser Vorteil fördert gleichfalls eine breite Anwendung der polymeren Werkstoffe in der Technik und im Alltagsleben.[29]

Die Arbeitsgegenstände sind durch einen unterschiedlichen Fertigungsgrad für die Erzeugnisproduktion gekennzeichnet. Sie können nach diesem Merkmal in vier Gruppen eingeteilt werden:

Arbeitsgegenstände	Verwendung als
Rohstoffe u. Halbfabrikate	Werkstoffe
Werkstoffe	Halbfabrikate u. Erzeugnisse Rohstoff für einen anderen Werkstoff
Halbfabrikate* Fertigerzeugnisse	Fertigproduktion

* Halbfabrikate erfordern im Unterschied zu Fertigerzeugnissen eine weitere mechanische Bearbeitung (Durchschneiden, Umfangsbearbeitung usw.)

29 Automatika i telemechanika, 3/1951.

Der Fertigungsgrad eines Arbeitsgegenstandes für den Verbrauch stimmt mit seiner Form bzw. Zustand sowie der Warenart überein. So können die neuen Werkstoffe, beispielsweise die Plaste, in Form von Pulvern, Granulaten, Fasern, Lagen, Tabletten, Werkstücken, Bahnen, Bindemitteln, Imprägniermitteln, Belägen, Klebemitteln, Kitten, Vergußmassen, Poro- und Schaumstoffen usw. auftreten; die Halbfabrikate in Form von Blechen, Folien, Rohren, Profilen; die Waren in gepreßter, gegossener, unter Vakuum geformter, geblasener oder ähnlicher Form.

Vom Standpunkt der Aufwandsberechnung (direkt, indirekt) ist eine Klassifizierung der Werkstoffe nach ihrem Anteil an den Fertigerzeugnissen von Bedeutung. Die bei weitem größte Anzahl der Werkstoffe ist gewöhnlich für die Herstellung bestimmter Erzeugnisse bestimmt, ein geringerer Teil dagegen für technologische Zwecke, zur Entwicklung technologischer Ausrüstungen (Gesenke, Formen, Modelle, Werkzeuge u. a. m.) und zur Intensivierung der Verfahren.

Die Verwendung einer siliziumorganischen Flüssigkeit zum Einschmieren der Metallformen beim Backen von Weißbrot gestattete es beispielsweise, den Produktionsausstoß zu erhöhen, Speisefette einzusparen (bis auf 1,5 Prozent des Warengewichtes) und die Rückstände zu reduzieren. Der Flüssigkeitsverbrauch betrug dabei 20 bis 25 g/m^2 Formfläche.

Als nächstes wichtiges Klassifikationsmerkmal kann der Grad des separaten Einsatzes eines Werkstoffes genannt werden. Im Prinzip können alle Konstruktionswerkstoffe separat (Metalle, Holz, Plaste u. a.) oder in Verbindung mit anderen Werkstoffen angewandt werden. Was solche Ausstattungsstoffe wie Lacke und Farben betrifft, so können sie ausschließlich als Anstriche für andere Werkstoffe oder Erzeugnisse verwendet werden.

Der kombinierte Einsatz zweier oder mehrerer Werkstoffe kann als eine wichtige Tendenz angesehen werden, die sich unter den Bedingungen des wissenschaftlich-technischen Fortschritts immer mehr ausprägt. Der Sinn der Entwicklung von Kompositionen aus verschiedenen Werkstoffen besteht in der günstigen Ausnutzung eines Komplexes von positiven Eigenschaften der Ausgangsmaterialien. Bei plattiertem Walzgut beispielsweise (Flachstahl, auf den auf eine oder auf beide Seiten ein dünnschichtiger Überzug aus Polyäthylen oder Polyvinylchlorid aufgetragen ist) werden die physikalisch-mechanischen Eigenschaften des Stahls (Festigkeit, Starrheit) mit den Antikorrosions-, Gleit-, Antiadhäsions- und dekorativen Eigenschaften der Plaste sehr günstig miteinander verbunden.

In Abbildung 4 sind die Einsatzmöglichkeiten von Kunstharzen und Plasten zusammen mit traditionellen (natürlichen) und synthetischen Werkstoffen zur Gewinnung von kombinierten neuen Werkstoffen dargestellt.

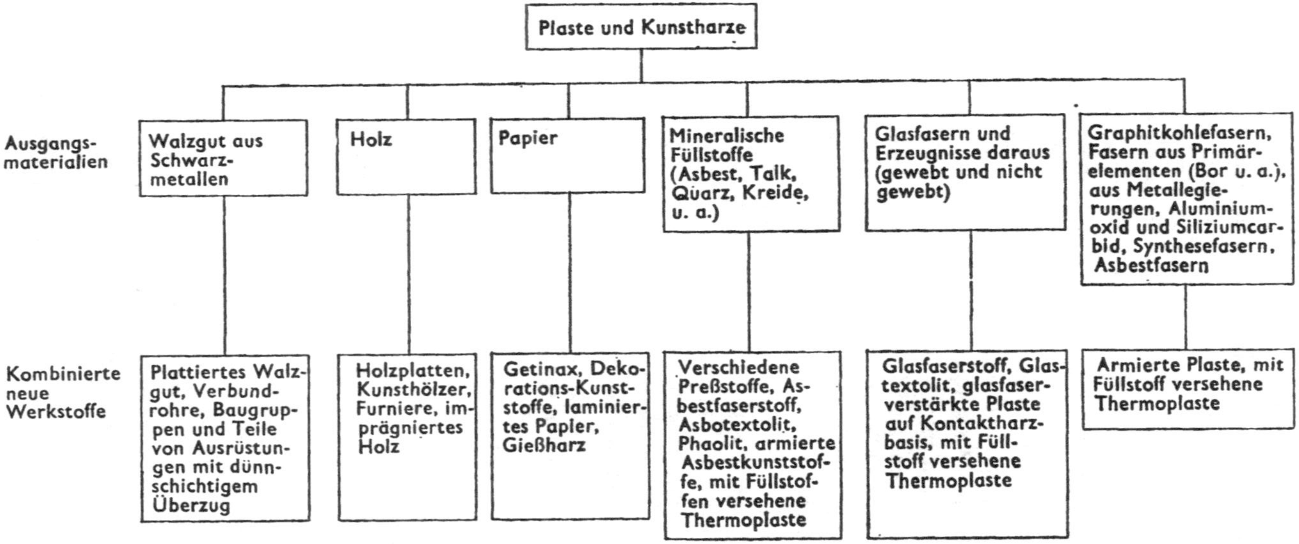

Abb. 4: Der Einsatz von Plasten und Kunstharzen in Verbindung mit anderen Werkstoffen zur Gewinnung kombinierter neuer Werkstoffe

Jede der im Schema angeführten Einsatzrichtungen von Plaste in Verbindung mit anderen Werkstoffen bedarf einer gesonderten Betrachtung. In dieser Arbeit werden wir zur Illustration die hohe Effektivität des Einsatzes von Plaste in Form von Überzügen für Metalle hervorheben. Man muß hier zwei Varianten unterscheiden: a) Durch Beschichtung von Metall erhält man einen neuen Werkstoff, zum Beispiel Metallplast; b) dünnschichtige Überzüge werden auf fertige Baugruppen und Teile metallischer Ausrüstungen aufgetragen, zum Beispiel auf Lagerschalen, auf Arbeitsorgane von Ausrüstungen der Chemie- und Nahrungsmittelindustrie usw. Diese zweite Variante charakterisiert erneut die gemeinsame Nutzung zweier oder mehrerer Werkstoffe und ist häufig mit dem Ersatz von Engpaßmetallen (Bronze, nichtrostender Stahl) durch Gußeisen oder Kohlenstoffstahl mit dünnschichtigem Plastüberzug verbunden.[30]

Wie man sieht, entsteht durch die Kombination von Werkstoffen verschiedener Klassen die reale Möglichkeit, das Sortiment bedeutend zu erweitern und die Eigenschaften zu modifizieren, Werkstoffe in neue Bereiche einzuführen, den Mangel an natürlichen Materialien auszugleichen (bei Kombinierung mit weniger knappen Materialien) und die Kosten teurer Werkstoffe (bei gemeinsamer Nutzung mit billigeren) zu senken u. a. m. In einer Reihe von Fällen treten bei einer der Komponenten des komplexen Werkstoffes Rückstände auf, zum Beispiel Holzspäne bei der Herstellung von Holzspanplatten. Auch das ist von einer bestimmten ökonomischen Bedeutung.

Durch den Einfluß der wissenschaftlichen Entdeckungen werden nicht nur Werkstoffe verschiedener, sondern auch verwandter Klassen, beispielsweise die Syntheseprodukte, gemeinsam genutzt. So verwendet man zur Herstellung der Mischpolymerisate des Styrols oder von Modifikationen der Phenolharze synthetischen Kautschuk, zur Armierung von Polyester- und anderen Harzen Chemiefasern usw. Dieser Prozeß wird auch für die Integration von Erzeugnissen innerhalb der Klassen bestimmend. Bestimmte Eigenschaften von Plastarten werden zur Modifizierung der Eigenschaften anderer benutzt (zum Beispiel die Modifizierung von Phenolharzen durch Polyvinylchlorid zur Herstellung der Preßpulver Phenolit und Dekorrosit usw.). Infolgedessen erfolgt eine wechselseitige Bereicherung der Eigenschaften modifizierter Werkstoffe, und es wächst ihre Rolle bei der Entwicklung technisch vervollkommneter Mittel und Haushaltswaren.

Als ein wichtiges Klassifikationsmerkmal gilt die Ersatzmöglichkeit natürlicher (traditioneller) Werkstoffe durch synthetische. Mit Ausnahme

[30] Ausführlicher siehe: S. V. Genel', V. A. Belyj, V. Ja. Bulgakov, G. A. Gechtman, Primenenie polimernych materialov v kačestve pokrytii, Moskau 1968.

der Fälle, in denen die synthetischen Werkstoffe mit ihren technischen Eigenschaften für den Ersatz natürlicher (traditioneller) Werkstoffe untauglich sind (zum Beispiel der Ersatz von Stahlträgern für Gebäude durch solche aus Plaste), können zwei Fälle angeführt werden, in denen früher verwendete Werkstoffe nicht freigesetzt werden:

a) Bereiche der neuen und neusten Technik, wo einige synthetische Werkstoffe infolge ihrer einzigartigen Eigenschaften als unersetzbar gelten;
b) Neukonstruktionen, bei denen sofort eine Verwendung synthetischer Werkstoffe ohne Ersatz der traditionellen vorgesehen ist.

In den übrigen Fällen sind die Hauptrichtungen für den Ersatz natürlicher Werkstoffe, sofern dies technisch und ökonomisch zweckmäßig ist, folgender Art: Schwarzmetalle, Aluminium, schwere Buntmetalle, Holz, traditionelle Elektroisolierstoffe, Glas, Keramik, Papier, Karton und Leder werden durch Plaste, polymere Kompositionen auf dieser Grundlage sowie durch Halbfabrikate und Erzeugnisse aus diesen ersetzt; Naturfasern werden bei der Herstellung von Kordgewebe, technischen und zum Teil Haushaltsgeweben, Netzen, Seilen und Teppichen durch Chemiefasern ersetzt; Naturkautschuk substituiert bei der Herstellung von Reifen, Gummi- und Elektrowaren synthetischen Kautschuk; Lacke und Farben auf der Grundlage von Pflanzenöl ersetzen Lacke und Farben auf Kunstharzbasis; Pflanzenfette und andere Nahrungsmittel werden durch synthetische Fettsäuren, und Seife wird durch andere Waschmittel ersetzt.

In einer Reihe von Fällen wird nicht nur der Ersatz von natürlichen, sondern auch von veralteten synthetischen Werkstoffen durch neue Werkstoffe notwendig. Bei der Herstellung von Lagerschalen für Walzstraßen beispielsweise werden Holzplaste an Stelle von Textolit verwendet, in einigen Fällen wird Phenoplast durch Polyformaldehyd ersetzt usw.

Hinsichtlich ihrer Herkunft kann man die polymeren Werkstoffe in primäre und in sekundäre einteilen. Die Ressourcen an Sekundärpolymeren bestehen aus regeneriertem Gummi (auf der Grundlage abgenutzter Reifen und Gummiwaren), verschlissenen Netzen, Seilen und Haushaltswaren aus Capron, aus vernutzten Plastartikeln und Halbfabrikaten sowie aus rückgewinnbaren Abfällen der Plastverarbeitung (Anguß, Kanten, Grat usw.).

Durch die Nutzung der Sekundärrohstoffe erhöhen sich die Gesamtressourcen an polymeren Rohstoffen um etwa 10 Prozent.

Als ein zusammenfassendes Klassifikationsmerkmal kann die Höhe des vergleichbaren Nutzeffekts bei der Anwendung synthetischer Werkstoffe gelten. Auf die Höhe der Gesamteffektivität wirken letzten Endes die Auswahl des Werkstoffes selbst ein, das technische Niveau seiner Herstellung und Verarbeitung (Ausrüstung, Technologie, Ausgangsrohstoff, Werkstoffqualität), die erreichten technisch-ökonomischen Kennziffern (Selbstkosten, spezifische Investitionen), die Großhandelspreise, die Losgröße der Erzeugnisproduktion, die Einsatzbedingungen der Enderzeugnisse zusammen mit den Baugruppen und Teilen aus synthetischen Werkstoffen, die Varianten für den Ersatz des traditionellen Werkstoffes u. a. m. So wird beispielsweise das Effektivitätsniveau der Anwendung von Hochdruckpolyäthylen davon abhängig sein, welchen Werkstoff (Gußeisen, gewöhnlicher Stahl, Aluminium oder Bronze) es ersetzt.

Man kann nach der Höhe des relativen Nutzeffektes eine bedingte Einteilung der Einsatzvarianten von Plaste in drei Gruppen vornehmen.

Hoher relativer Nutzeffekt: Ersatz von schweren Buntmetallen, nichtrostendem Stahl, wertvollen Holzarten sowie von Schwarzmetallen in Baugruppen und in Teilen von Ausrüstungen unter komplizierten Betriebsbedingungen durch Plaste von beliebigem Wert;

mittlerer relativer Nutzeffekt: Ersatz von Schwarzmetallen und Aluminium durch relativ billige Plastarten in arbeitsaufwendigen und komplizierten Objekten, die in Großserien produziert werden, sowie in Baugruppen und Teilen von Ausrüstungen unter normalen Betriebsbedingungen;

niedriger relativer Nutzeffekt: Ersatz von Stahl und Aluminium durch teure Plastarten in einfachen Objekten, die in Kleinserien produziert werden.

Da die einzelnen Varianten für den Ersatz traditioneller Werkstoffe hinsichtlich der erreichbaren Einsparungen nicht gleichwertig sind, ist eine rationelle Verteilung der begrenzten Ressourcen von Plaste und anderen neuen Werkstoffen von entscheidender Bedeutung.

Drittes Kapitel

Methodische Fragen der Bestimmung der volkswirtschaftlichen Effektivität neuer Werkstoffe

1. Einige allgemeine Probleme

In der sozialistischen Gesellschaft wirkt eine Reihe objektiver ökonomischer Gesetze, darunter das Gesetz der Ökonomie der Zeit (Gesetz des stetigen Wachstums der Arbeitsproduktivität).

Marx wies darauf hin, daß als das Maß der Entwicklung der Produktivkräfte „... nicht das Reduzieren der notwendigen Arbeitszeit um Surplusarbeit zu setzen, sondern überhaupt die Reduktion der notwendigen Arbeit der Gesellschaft zu einem Minimum ...“[1] charakteristisch wird. Und: „Ökonomie der Zeit, darein löst sich schließlich alle Ökonomie auf ... Ökonomie der Zeit, sowohl wie planmäßige Verteilung der Arbeitszeit auf die verschiednen Zweige der Produktion, bleibt also erstes ökonomisches Gesetz auf Grundlage der gemeinschaftlichen Produktion. Es wird sogar in viel höherem Grade Gesetz.“[2]

Marx stellt zwischen dem Entwicklungsgrad der Produktivkräfte, der in der Einsparung an Arbeitszeit auf der Grundlage des objektiv wirkenden ökonomischen Gesetzes des stetigen Wachstums der Produktivität der gesellschaftlichen Arbeit zum Ausdruck kommt, der Technik und dem Niveau der effektiven gesellschaftlichen Produktion eine direkte Abhängigkeit fest. Er schrieb: „Die wirkliche Ökonomie – Ersparung – besteht in Ersparung von Arbeitszeit; (Minimum [und Reduktion zum Minimum] der Produktionskosten); diese Ersparung aber identisch mit Entwicklung der Produktivkraft.“[3]

Im Sozialismus erscheint der wissenschaftlich-technische Fortschritt nicht als Selbstzweck, sondern tritt als ein mächtiger Hebel zur Lösung äußerst wichtiger sozial-ökonomischer Probleme in Erscheinung, die mit der Einsparung an Gesamtarbeitsaufwand pro Erzeugniseinheit, mit der Erleichterung der Arbeits- und Lebensbedingungen der Menschen, mit der

[1] K. Marx, Grundrisse der Kritik der Politischen Ökonomie, Berlin 1954, S. 593.

[2] Ebenda, S. 89.

[3] Ebenda, S. 599.

Entwicklung neuer und mit der besseren Befriedigung der vorhandenen gesellschaftlichen Bedürfnisse, mit der Festigung der Verteidigungsbereitschaft und der internationalen Stellung des sozialistischen Staates verbunden sind.

Deshalb ist es notwendig, außer dem Gesetz der Ökonomie der Arbeitszeit die Wechselbeziehungen und Wechselwirkungen solcher Gesetze wie des ökonomischen Grundgesetzes des Sozialismus, des Gesetzes der planmäßigen proportionalen Entwicklung der Volkswirtschaft und des Wertgesetzes vom Standpunkt der Einsparung des Gesamtaufwandes an Arbeitszeit sowie weiterer Vorzüge zu berücksichtigen, die der wissenschaftlich-technische Fortschritt bietet.

Da der wissenschaftlich-technische Fortschritt als Hauptfaktor zur Einsparung des Gesamtaufwandes an Arbeit in Erscheinung tritt, sind alle ökonomischen Probleme der Entwicklung des Sozialismus in der einen oder anderen Form damit verbunden. Die theoretischen Grundlagen für ein Kriterium, das den Nachweis der Effektivität des wissenschaftlich-technischen Fortschritts erbringt, müssen sich daher auch aus den allgemeinen methodologischen Thesen der politischen Ökonomie über die Effektivität der gesellschaftlichen Produktion herleiten.[4]

Die neue Technik muß ihrem ökonomischen Wesen nach in der Regel immer effektiver sein als die ersetzte traditionelle Technik. Ein verlangsamtes Wachstum der Effektivität neuer Technik darf nicht als gesetzmäßig angenommen werden. Nach Auffassung von M. A. Vilenskij kann man die Effektivität des technischen Fortschritts folgendermaßen ausdrücken:[5]

$$\frac{S_1 - S_2}{I_2 - I_1} < \frac{S_2 - S_3}{I_3 - I_2} < \cdots < \frac{S_{n-1} - S_n}{I_n - I_{n-1}}.$$

[4] „Der ökonomische Nutzeffekt der neuen Technik", meint L. M. Gatovskij, „ist eine Kategorie der politischen Ökonomie, die eine der wichtigsten Seiten der Wechselwirkung zwischen den Produktivkräften und den Produktionsverhältnissen zum Ausdruck bringt. Die Kategorie ökonomischer Effekt der neuen Technik stellt eine Abart des allgemeinen Effektivitätskriteriums der gesellschaftlichen Produktion dar ... Das Effektivitätskriterium der neuen Technik kann sich im Sozialismus seinem Inhalt nach nicht von dem allgemeinen Effektivitätskriterium der sozialistischen gesellschaftlichen Produktion unterscheiden."
(L. M. Gatovskij, Ėkonomičeskie problemy naučno-techničeskogo progressa, Moskau 1971, S. 183.)

[5] M. A. Vilenskij, Über die ökonomischen Grenzen der Einführung der neuen Technik im Sozialismus, in: Izvestija AN SSSR, Reihe Ökonomie, 4/1970 S. 22.

Die ökonomischen Grenzen bei der Einführung von Errungenschaften des wissenschaftlich-technischen Fortschritts werden vor allem durch das Verhältnis von Aufwand und Nutzen für die Volkswirtschaft insgesamt, für die Zweige und einzelnen Betriebe bzw. für Vergleichsvarianten zur Einführung der neuen Technik bestimmt. Der ökonomische Nutzeffekt der neuen Technik kommt in wachsenden Kosteneinsparungen, berechnet auf die Erzeugnismenge, zum Ausdruck, die durch den Einsatz dieser Technik erzielt werden.

Das *Effektivitätskriterium* des wissenschaftlich-technischen Fortschritts muß ein volkswirtschaftliches Kriterium sein und in Wertform ausgedrückt werden, das es erlaubt, das Verhältnis zwischen dem Nutzeffekt der eingesetzten neuen Technik, das heißt dem ökonomischen Ergebnis in der Sphäre ihres Verbrauchs, und dem gesamten gesellschaftlich notwendigen Arbeitsaufwand zu ihrer Herstellung am vollständigsten zu erfassen. Eine derartige Gegenüberstellung gibt der Bestimmung des ökonomischen Nutzeffekts der neuen Technik auch einen Sinn. Eines der Kardinalprobleme auf diesem Gebiet ist daher die Übertragung der Effektivitätsberechnungen auf die Endsphäre, auf die Sphäre des Verbrauchs der neuen Technik. Gerade die bei der Nutzung der neuen Technik erzielte Einsparung ist der Hauptfaktor bei der Bestimmung der allgemeinen volkswirtschaftlichen Effektivität des wissenschaftlich-technischen Fortschritts.

Der wissenschaftlich-technische Fortschritt umfaßt eine Unmenge von Erzeugnisarten, die durch unterschiedliche konstruktive Besonderheiten, Ausgangsmaterialien, Herstellungsverfahren, Nutzungsbedingungen und andere technisch-ökonomische Faktoren charakterisiert sind und die auf die Effektivität der Produktion und Anwendung entscheidenden Einfluß ausüben.

Zur Befriedigung eines bestimmten gesellschaftlichen Bedarfs können verschiedene Formen der neuen Technik geeignet sein, umgekehrt ist es möglich, eine bestimmte Form der Technik in verschiedenen Bereichen zu nutzen; man erzielt dabei jedoch in der Regel eine unterschiedliche Effektivität. Auch einen solch wesentlichen Faktor wie die Begrenztheit der Ressourcen und Investitionen, die der Gesellschaft zur Verfügung stehen, muß man berücksichtigen. Das setzt die ökonomische Auswahl der effektivsten Varianten des wissenschaftlich-technischen Fortschritts unter Zugrundelegung eines optimalen Realisierungstempos voraus, um eine maximale Effektivität der eigentlichen Produktion zu erreichen.[6]

[6] L. M. Gatovskij geht z. B. davon aus, daß „nur die ökonomische Bewertung der vergleichbaren Effektivität der Richtungen des wissenschaftlich-technischen Fortschritts und der zusammengefaßten Kennziffern des wissenschaftlich-

Eine entscheidende Voraussetzung dafür, daß die ökonomisch zweckmäßigste Entscheidung getroffen wird, ist die richtige Bestimmung des tatsächlichen Nutzens aus der Realisierung der verschiedenen Richtungen des wissenschaftlich-technischen Fortschritts. Engels bemerkte im „Anti-Dühring": „Allerdings wird auch dann die Gesellschaft wissen müssen, wieviel Arbeit jeder Gebrauchsgegenstand zu seiner Herstellung bedarf."[7]

Nach der „Rahmenmethodik" stellt die Kennziffer der ökonomischen Effektivität von Investitionen und neuer Technik das Minimum der reduzierten Aufwendungen dar.[8] Dieser Aufwand für jede Vergleichsvariante ergibt sich aus der Summe der laufenden Aufwendungen (Selbstkosten) und der Investitionen, die auf gleiche Volumina in Übereinstimmung mit der normativen Effektivität reduziert wurden:

(1) $$S_i^a + E_n I_i = \min ,$$

wobei

I_i – die Investitionen für jede Variante,

S_i^a – die laufenden Kosten (Selbstkosten) für diese Variante unter Berücksichtigung der Abschreibungssummen für die Erneuerung und

E_n – der normative Effektivitätskoeffizient der Investitionen sind.

Die reduzierten Aufwendungen können nach folgender Formel errechnet werden:

(2) $$I_i + T_n S_i = \min ,$$

wobei

T_n – die normative Rückflußdauer der Investitionen (eine Größe, die der von E_n reziprok ist) und

S_i – die laufenden Kosten (Selbstkosten) ohne Berücksichtigung der Abschreibungssummen für die Erneuerung sind.

Die Berechnung der vergleichbaren Effektivität von Investitionen und neuer Technik ist für die Gegenüberstellung und die Auswahl wirtschaftlicher oder technischer Entscheidungsvarianten, für die Betriebsstandorte,

technischen Fortschritts für die gesamte Volkswirtschaft für eine langfristige Perspektive eine volkswirtschaftliche Betrachtungsweise zum Ausdruck bringt, die es erlaubt, die technische Politik mit den einschneidenden strukturellen Verschiebungen in der gesamten gesellschaftlichen Produktion in Einklang zu bringen." (L. M. Gatovskij, Ėkonomičeskie problemy naučno-techničeskogo progressa, S. 216–217.

7 F. Engels, Herrn Eugen Dührings Umwälzung der Wissenschaft, in: MEW, Bd. 20, Berlin 1969, S. 287.

8 Tipovaja metodika opredelenija ėkonomičeskoj ėffektivnosti kapital'nych vloženij, Moskau 1969, S. 10–11.

für die Einführung der neuen Technik, für substitutionsfähige Erzeugnisarten, für den Bau neuer oder die Rekonstruktion in Nutzung befindlicher Betriebe usw. bestimmt.[9]

Im Unterschied zu den bereits realisierten Lösungen werden die Berechnungen auf der Grundlage der Formel für die reduzierten Aufwendungen nach Varianten durchgeführt, die in der Planperiode eingeführt werden sollen. Unter diesen Bedingungen ist ein höherer Freiheitsgrad bei der Realisierung einer wirtschaftlich effektiven Variante gegeben, da theoretisch die Möglichkeit der Inanspruchnahme neuer Investitionen für bestimmte Objekte an Stelle von anderen zulässig ist. Man muß jedoch einige Beschränkungen berücksichtigen, die durch die natural-stoffliche Struktur der Ausrüstung, durch die Qualifikation der Arbeitskräfte, durch begrenzt vorhandene Rohstoffarten usw. bedingt sind.

Die Anwendung eines Kriterium in Form des Minimums volkswirtschaftlicher reduzierter Aufwendungen bei der Variantenauswahl bedeutet, daß bei der ausgewählten Variante der geringste Aufwand an gesellschaftlicher Arbeit bei gegebenem Produktionsvolumen erreicht werden muß.

Von einigen Ökonomen ist das Vorhandensein einer Wechselbeziehung zwischen der Effektivität bestimmter Erzeugnisse und der Herausbildung der Struktur ihrer Produktion nachgewiesen worden, was sich in der Praxis der ökonomischen Berechnungen und der Planung konkret niederschlägt. Diese Beziehung zeigt sich vielleicht im Bereich der Arbeitsmittel, die die gesellschaftlichen Bedürfnisse der Zweige des Endverbrauchs befriedigen, weniger deutlich. Bezüglich der Arbeitsgegenstände jedoch, zum Beispiel der traditionellen und der neuen Werkstoffe, existiert für die Begründung des Umfangs und der Struktur ihrer Produktion auf der Grundlage von Berechnungen der vergleichbaren Effektivität ein größerer Freiheitsgrad.

Langjährige Untersuchungen haben gezeigt, daß die Auswahl von Varianten der Produktion und des Einsatzes für verschiedene chemische Erzeugnisse, besonders für Plaste und Chemiefasern auf der Grundlage des

[9] Nach Ansicht von D. S. L'vov, „. . . behandelt die Methodologie der vergleichbaren Effektivität ihren eigenen Kreis von Fragen, der in der Suche nach möglichen Methoden der Produktion oder des Verbrauchs von Erzeugnissen mit minimalen volkswirtschaftlichen Kosten bei einem streng durch den Plan fixierten Umfang der Befriedigung konkreter Bedürfnisse und bei einem allgemeinen Investitionslimit besteht. Die vergleichbare Effektivität geht von der Unveränderlichkeit dessen aus, was und wieviel notwendig ist. Ihr Zweck besteht in der Minimierung der laufenden Aufwendungen zur Erzielung eines im voraus fixierten Produktionsergebnisses." (Ėkonomičeskie problemy povyšenija kačestva promyšlennoj produkcii, Moskau 1969, S. 27.)

Kriteriums der vergleichbaren Effektivität, die Grundlage zur Herausbildung einer optimalen Struktur ihrer Produktion und der Verteilung der Ressourcen darstellen.[10] Die Aufdeckung der vergleichbaren Effektivität für den Einsatz von Plasten an Stelle von Schwarz- und Buntmetallen, Holz, Papier und anderen traditionellen Werkstoffen erlaubt es, die technisch möglichen und die ökonomisch effektiven Grenzen dieser Substitution zu ermitteln und für die Planungspraxis den Nachweis für eine rationelle Struktur der Produktion und des Einsatzes zu erbringen.

Der Inhalt des Problems der vergleichbaren Effektivität braucht nicht nur in der Auswahl von Varianten und Proportionen in der Produktion austauschbarer Erzeugnisarten zu bestehen, sondern er kann sich auch auf die Vervollkommnung der technisch-ökonomischen Parameter bestimmter Erzeugnisse erstrecken. Im weiteren Sinne ist dies ein Problem optimaler Proportionen zwischen Menge und Qualität der Erzeugnisse und dem Aufwand an lebendiger und vergegenständlichter Arbeit zu deren Herstellung. Hier tritt die objektive Tendenz zur Verbesserung der Gebrauchseigenschaften der Erzeugnisse als Ausdruck des allgemeinen Gesetzes der Steigerung der Produktivität der gesellschaftlichen Arbeit in Erscheinung.

Tatsächlich kann in einer gegebenen Etappe der historischen Entwicklung der Bedarf der Gesellschaft an Erzeugnissen, die für die produktive oder individuelle Konsumtion bestimmt sind, dank des wissenschaftlich-technischen Fortschritts auf verschiedenen Wegen befriedigt werden. Einer von ihnen besteht darin, daß auf der Grundlage eines bestimmten Aufwandes an lebendiger und vergegenständlichter Arbeit eine vorgegebene Erzeugnismenge mit bekannten Gebrauchseigenschaften (Qualität) hergestellt wird. Außerdem ist es notwendig, gesellschaftliche Arbeit aufzuwenden, um die Qualität der Erzeugnisse im Nutzungs-(Anwendungs-)prozeß auf der im Herstellungsprozeß erzielten gleichen Höhe zu halten.

Es gibt auch einen anderen Weg, z. B. die Herstellung von Erzeugnissen mit besseren technisch-ökonomischen Parametern, wozu im Fertigungsstadium zusätzliche Arbeit erforderlich ist. In diesem Fall wird es möglich, entweder das Produktionsvolumen geringfügig zu reduzieren, da der Bedarf an Erzeugnissen höherer Qualität sich durch die Verbesserung ihrer Parameter (Nutzungsdauer, Zuverlässigkeit u. a. m.) verringert oder aber das Produktionsvolumen auf dem früheren Niveau zu belassen und Kosten bei der Nutzung dieser Erzeugnisse einzusparen.

[10] Siehe z. B.: V. M. Ioffe u. a., Metodologija optimizacii perspektivnogo otraslevogo planirovanija (na primere promyšlennosti plastmass), Moskau 1971.

Der ökonomische Sinn dieser Alternative besteht in der Auswahl optimaler Proportionen in der Produktion gleichartiger Erzeugnisse mit unterschiedlichen Gebrauchseigenschaften bei einem bestimmten Bedürfnisniveau der Gesellschaft.

Es ist bekannt, daß die Maßnahmen zur Vervollkommnung der Parameter der Erzeugnisse bestimmte laufende und einmalige Aufwendungen erforderlich machen. Dabei kann das physische Produktionsvolumen auf dem früheren Niveau verbleiben oder sich sogar etwas vermindern, während sich die Menge von Gebrauchseigenschaften, die an eine bestimmte Masse von Gebrauchswerten gebunden ist, vergrößert. Diese Steigerung des Nutzeffekts der Erzeugnisse ist einem oder mehreren Parametern direkt proportional. Deshalb ist es notwendig, im Fertigungsstadium die Selbstkosten (oder die reduzierten Aufwendungen) nicht nur je physische Einheit an Erzeugnissen, sondern auch je Einheit an Gebrauchseigenschaften der Erzeugnisse zu bestimmen.

Der zusätzliche Aufwand für die Qualitätssteigerung der Erzeugnisse muß langsamer wachsen als der Nutzeffekt dieser Aufwendungen. Im umgekehrten Falle hat die Durchführung dieser Maßnahmen keinen ökonomischen Sinn. Bei Beachtung eines gegebenen Niveaus werden die Aufwendungen zur Herstellung einer physischen Einheit von Erzeugnissen der früheren Qualität geringer sein als je Einheit von Erzeugnissen mit verbesserter Qualität (Gebrauchseigenschaften – d. Bearb.).

Wodurch ist es nun vorteilhafter, eine bestimmte Menge von Gebrauchswerten mit höheren Gebrauchseigenschaften (Differenz zwischen der Gesamtmasse von Gebrauchswerten mit verbesserten Eigenschaften und dem physischen Produktionsvolumen) zu produzieren anstelle einer entsprechenden Menge von Erzeugnissen bisheriger Qualität? Die Sache ist die, daß zur Verbesserung der technisch-ökonomischen Parameter der Erzeugnisse lediglich zusätzliche laufende und einmalige Aufwendungen, zur Herstellung einer äquivalenten Menge an Erzeugnissen der früheren Qualität jedoch der volle Aufwand erforderlich ist. In diesem Falle wird die ökonomische Effektivität von Maßnahmen zur Qualitätssteigerung durch die Differenz der reduzierten Aufwendungen je Erzeugniseinheit früherer und neuer Qualität, bezogen auf das Gesamtvolumen der produzierten Gebrauchswerte, bestimmt.

Die Ersparnis durch den Einsatz von Erzeugnissen mit verbesserter Qualität in der Anwendungssphäre ist durch die progressiven Parameter dieser Erzeugnisse bedingt: durch Erhöhung der Nutzungsdauer, der Zuverlässigkeit, der Produktivität u. a. m. Dank der aufgezeigten Vorteile ergibt sich die Möglichkeit, zu Lasten der Abschreibungen, der Wartungs- und Reparaturkosten, der Reduzierung der notwendigen Ersatzteile usw.

laufende Kosten (Betriebskosten) einzusparen. Gleichzeitig kann auch eine Einsparung an Investitionsaufwendungen erzielt werden, zum Beispiel Verminderung von Aufwendungen für den Bau von Gebäuden bei Reduzierung der Größe von Anlagen, die Senkung der Kosten für Fundamente, wenn das Gewicht der Werkzeugmaschinen verringert wird usw. Die in- und ausländischen Erfahrungen zeugen von der hohen Effektivität dieser Maßnahmen, da der Nutzeffekt eines Gegenstandes und folglich die Einsparungen bei dessen Einsatz bedeutend schneller wachsen als die Aufwendungen für Maßnahmen zur Qualitätssteigerung dieser Erzeugnisse.

Unsere Vorstellung von dem Begriff der vergleichbaren Effektivität geht somit von der aktiven Einwirkung auf die Effektivität der gesellschaftlichen Produktion aus, und zwar nicht nur unter dem Gesichtspunkt der Ermittlung der wirtschaftlichsten Produktionsmethoden für die durch den Plan vorgegebene Menge und Struktur der Produktion von Erzeugnissen einer bestimmten Qualität, sondern auch von der möglichen Vervollkommnung dieser Struktur und der Parameter der Erzeugnisse auf der Grundlage von Variantenentscheidungen.

Die meisten Ökonomen betrachten die reduzierten Aufwendungen als eine selbständige ökonomische Kategorie, die einen realen Sinn hat und die zur Bewertung der Effektivität verschiedener Varianten der neuen Technik geeignet ist.

In Formel (1) stellt die Hauptkennziffer E_n den normativen Koeffizienten der Effektivität der Investitionen dar.[11]

Ausgehend von der Theorie der optimalen Planung, spiegelt der Grad der ökonomischen Effektivität seinem ökonomischen Wesen nach das Gesamtresultat der optimalen Verteilung freier Ressourcen von Investitionen wider, was eine maximale Senkung der laufenden volkswirtschaftlichen Kosten garantiert. Diese Kennziffer kann man als die minimal zulässige

[11] M. A. Vilenskij geht davon aus, daß „sich der Effektivitätskoeffizient aus dem methodologischen Hinweis von Marx über die ökonomische Grenze der neuen Technik ergibt ... Der Effektivitätskoeffizient zeigt, mit welcher Intensität sich zusätzliche Investitionen in die neue Technik rentieren. Erweitert man die Interpretation des Koeffizienten auf die Ebene der Volkswirtschaft, so zeigt er, mit welcher Geschwindigkeit oder mit welcher Intensität jener Teil des Nationaleinkommens für die Gesellschaft wiedergewonnen wird, der für die Entwicklung und die Einführung der neuen Technik abgezweigt worden ist ... Der Normativkoeffizient der Effektivität ... kann als Grenze für die Einführung der Errungenschaften des wissenschaftlich-technischen Fortschritts dienen." (M. A. Vilenskij, Über die ökonomischen Grenzen der Einführung der neuen Technik im Sozialismus, in: Izvestija AN SSSR, Reihe Ökonomie, 4/1970, S. 19.)

untere Effektivitätsgrenze der Investitionen bei nach oben unbegrenzter tatsächlicher Effektivität charakterisieren, das heißt als die Grenzrate für die Auswahl effektiver Varianten. Mit anderen Worten, der normative Koeffizient gibt die in der Volkswirtschaft bei begrenztem Akkumulationsfonds minimal mögliche Erhöhung der Produktivität der gesellschaftlichen Arbeit durch Investitionen an.

In der letzter Zeit wurde in der ökonomischen Literatur darüber diskutiert, ob der Koeffizient E_n für die gesamte Volkswirtschaft einheitlich oder nach Zweigen differenziert sein soll. Das Hauptargument der Verfechter getrennter E_n besteht darin, daß jeder Zweig im technischen und technologischen Niveau, in der Grundfondsstruktur, im Verhältnis zwischen den in Nutzung befindlichen und den neu eingeführten Objekten usw. seine Besondereheiten aufweist. Ein einheitlicher Koeffizient E_n sei daher für die Auswahl effektiver Varianten ungeeignet.

Die Verfechter getrennter (zweiggebundener) Effektivitätskoeffizienten E_n berücksichtigen offenbar in nicht ausreichendem Maße jenen Umstand, daß die Grundproportionen in der Volkswirtschaft, die Produktionsstruktur und der Grad der Befriedigung der gesellschaftlichen Bedürfnisse durch die Volkswirtschaftsbilanz und die Gesamtsumme der Investitionen bestimmt sind und nicht durch die Höhe des Koeffizienten E_n. Mit Hilfe dieses Koeffizienten werden weder die Struktur der Volkswirtschaft noch ihre Entwicklungsproportionen bestimmt, sondern die Herstellungsverfahren der Erzeugnisse zur Sicherung dieser Struktur, die Wege zur Befriedigung der Bedürfnisse der Gesellschaft. Die spezifischen Besonderheiten des Zweiges (Produktionsbedingungen, Sicherung von Arbeitskräften, Lohnniveau, Tempo des wissenschaftlich-technischen Fortschritts, Zeitraum zur Erschließung neuer Erzeugnisarten u. a. m.) müssen jedoch durch ein elastisches Preis- und Tarifsystem, durch Lohnveränderungen, durch die Einführung von Lohnkorrekturkoeffizienten, durch die Festlegung von Vorzugsbedingungen für die Abführung der Produktionsfondsabgabe usw. berücksichtigt werden. Deshalb ist die Frage nach den Größen von E_n nicht mit den spezifischen Besonderheiten dieses oder jenes Zweiges zu verbinden.

Der ökonomische Sinn des Effektivitätsnormativs E_n besteht in der Möglichkeit, die Varianten auszuwählen, die für die gesamte Volkswirtschaft bei begrenztem Akkumulationsfonds eine maximale Selbstkostensenkung gewährleisten. Die Größe E_n muß daher für die gesamte Volkswirtschaft einheitlich sein. Im entgegengesetzten Fall geht der ökonomische Sinn von E_n verloren, da kein einheitliches Kriterium für die Variantenauswahl vorhanden ist. Es muß auch berücksichtigt werden, daß unter diesen Bedingungen der Nutzeffekt des Einsatzes völlig gleicher Elemente der neuen Technik (zum Beispiel Polyäthylenrohre an Stelle von Stahlrohren im Maschinenbau, im Bauwesen, im Eisenbahntransport, in der Landwirtschaft) nur durch zweiggebundene Werte von E_n unterschiedlich erzielt werden kann.

Nach der „Rahmenmethodik" ist der normative Koeffizient der Effektivität für die Volkswirtschaft insgesamt nicht niedriger als 0,12 festgelegt. Falls erforderlich, werden in Übereinkunft mit der Staatlichen Plankommission der UdSSR in den Zweiginstruktionen Abweichungen vom festgelegten normativen Koeffizienten zugelassen.

Bei den Effektivitätsberechnungen der Investitionen und der neuen Technik muß der Zeitfaktor berücksichtigt werden.

Der Einfluß des Zeitfaktors auf die Wertkennziffern ist durch zwei Umstände bedingt: durch den langen Zeitraum bei der Durchführung des Investitionsprozesses und durch den Unterschied in der Betriebszeit der Produktionsgrundfonds und der neuen Technik.

Der ökonomische Sinn der Anwendung eines Reduktionskoeffizienten besteht darin, den tatsächlichen Wert der Aufwendungen zu bestimmen, die nach einer bestimmten Zeitspanne bzw. zu einem gegebenen Zeitpunkt vorgenommen worden sind.

Auf die Notwendigkeit, bei der Realisierung von Investitionen den Zeitfaktor zu berücksichtigen, wies seinerzeit S. G. Strumilin hin.[12] Er begründete diese These mit dem Wirken des objektiven Gesetzes der Steigerung der Produktivität der gesellschaftlichen Arbeit, wodurch der Wert der Erzeugnisse systematisch gesenkt wird. Infolgedessen vollzieht sich eine teilweise Entwertung und folglich eine Veränderung der vergleichbaren Effektivität der Investitionen, die insbesondere für langfristig wirksame Grundfonds vorgesehen sind. Strumilin schlug daher vor, die Effektivität von Entscheidungsvarianten bei Projekten nicht nur im ersten Nutzungsjahr zu vergleichen, sondern im gesamten Zeitraum, in dem die Fonds wirksam sind.[13]

Das Ziel der Berechnung der vergleichbaren Effektivität für verschiedene Varianten der neuen Technik ist bekanntlich die Auswahl der wirtschaftlichsten von ihnen. Der Sinn der Berechnung besteht in der Aufdeckung dieser oder jener Vorzüge der neuen Technik, die durch ihre technisch-ökonomischen Parameter bedingt sind wie die Masse, die Nutzungsdauer,

[12] S. G. Strumilin, Der Zeitfaktor bei der Projektierung von Investitionen, in: Izvestija AN SSSR, Abt. Wirtschaft und Recht, 3/1946.

[13] Einige Ökonomen wenden sich gegen die Möglichkeit, die Berücksichtigung des Zeitfaktors auf die gesamte Betriebszeit der Grundfonds auszudehnen. Siehe z. B.: A. I. Notkin, Voprosy opredelenija ėkonomičeskoj ėffektivnosti kapital'nch vloženij v promyšlennost' SSSR, Moskau 1953, S. 97.

die Zuverlässigkeit, die Produktivität u. a. m. In dem Falle, in dem eine zeitliche Veränderung der Kosten für die Nutzung der neuen Technik berücksichtigt wird, tritt als ein solcher Parameter die Nutzungsdauer auf. Dabei hat man im Auge, daß die physische Nutzungsdauer der erwähnten Technik die moralische nicht übersteigt. Ist die physische oder moralische Nutzungsdauer abgelaufen, so wird die veraltete Technik durch eine neue, fortschrittlichere ersetzt. Die Erneuerung der Technik übt auf die Entwicklung der Produktivität der gesellschaftlichen Arbeit einen entsprechenden Einfluß aus.

Kann man die Variantenauswahl der neuen Technik über ihre gesamte Nutzungsdauer mit den Veränderungen zwischen dem individuellen (in einem einzelnen Betrieb) und dem gesellschaftlichen Wert verbinden? Unserer Ansicht nach darf man das aus folgenden Gründen nicht tun. Die Effektivität einer ausgewählten Variante der neuen Technik wird bezüglich anderer imaginärer Varianten bestimmt und nicht im Vergleich zur erreichten oder vorgesehenen Höhe der Produktivität der gesellschaftlichen Arbeit. Die Nutzung irgendeiner neuen Technik in einem Betrieb kann auch auf die Größe des individuellen Wertes keinen direkten Einfluß ausüben, da letzterer von einem umfassenderen Komplex ökonomischer Faktoren abhängt. Der Wirkungsbereich der neuen Technik kann aber eingeschränkter sein, wenn sie zum Beispiel einzelne Operationen des Produktionsprozesses, einzelne Erzeugnisarten usw. umfaßt. In diesem Fall entsteht die Frage nach dem Anteil bestimmter Maßnahmen hinsichtlich der neuen Technik an der Veränderung der Produktionsökonomik. Es ist daher praktisch unmöglich, die Variantenauswahl der neuen Technik (im Stadium der Projektierung oder in einem späteren Stadium) unter Berücksichtigung ihrer Nutzungsdauer mit der Veränderung der Proportionen zwischen dem individuellen und dem gesellschaftlichen Wert zu verbinden.

Werden die Investitionen nach Vergleichsvarianten in verschiedenen Zeiträumen realisiert und verändern sich die laufenden Aufwendungen zeitlich, so empfiehlt die „Rahmenmethodik"[14], einen Variantenvergleich der neuen Technik durchzuführen, indem der Aufwand späterer Jahre mittels des Koeffizienten B, der nach dem Ausdruck

$$B = \frac{1}{(1 + E_{nr})^t} \tag{3}$$

errechnet wird, auf den jeweils laufenden Zeitpunkt reduziert wird, wobei

t – der Reduktionszeitraum in Jahren und

[14] Tipovaja metodika opredelenija ėkonomičeskoj ėffektivnosti kapital'nych vloženij, Moskau 1969, S. 12–13.

E_{nr} – das Normativ zur Reduktion zeitlich unterschiedlicher Aufwendungen sind.

Bei dem geltenden Abschreibungsmodus für Grundfonds ist das Normativ zur Reduktion zeitlich unterschiedlicher Aufwendungen auf 0,08 festgelegt.

Einige Ökonomen bestreiten, daß es möglich ist, die Zinseszinsrechnung bei der Ermittlung der vergleichbaren Effektivität von Investitionen zu verwenden. Dabei wird gewöhnlich auf die bekannte These von Marx verwiesen, daß die Fetischisierung des Kapitals in der Vorstellung, „. . . die dem aufgehäuften Arbeitsprodukt, und noch dazu fixiert als Geld, die Kraft zuschreibt, durch eine eingeborne geheime Qualität, als reiner Automat, in geometrischer Progression Mehrwert zu erzeugen . . ."[15] ihren vollendetsten Ausdruck erhält.

In der Theorie der optimalen Planung ist streng bewiesen worden, daß das Normativ zur Reduktion zeitlich unterschiedlicher Aufwendungen E_{nr} quantitativ mit dem Normativ des vergleichbaren Nutzeffektes E_n zusammenfallen muß.

Die Reduktion der zeitlich unterschiedlichen Investitionen und der laufenden Aufwendungen auf den Anfangszeitpunkt wird mit Hilfe der Zinseszinsformel folgendermaßen durchgeführt:[16]

$$(4) \qquad AW_0 = \Sigma \frac{I_t^{ges}}{(1 + E_n)^{t-1}} + \Sigma \frac{A_t}{(1 + E_n)^{t-1}} = \min ,$$

wobei

AW – die reduzierten Aufwendungen;

I_t^{ges} – die Summe der Investitionen und Aufwendungen zur Schaffung und Vergrößerung der Umlauffonds für den gesamten Zeitraum;

A_t – die jährlichen Produktionskosten ohne Berücksichtigung der Abschreibungen für die Erneuerung;

t – die Bau- und Betriebsjahre;

E_n – der normative Koeffizient der Effektivität sind.

Betrachten wir einige Modifikationsmöglichkeiten der allgemeinen Formeln zur Bestimmung der Effektivität der neuen Technik unter dem Einfluß des Zeitfaktors.

[15] K. Marx, Das Kapital, Dritter Band, in: MEW, Bd. 25, Berlin 1964, S. 412.

[16] A. L. Lur'e, Optimal'nye ocenki i norma ėffektivnosti, in: Ėkonomika i matematičeskie metody, Bd. III, 1967, S. 181; T. S. Chačaturov, Die Wirtschaftsreform und Probleme der Effektivität von Investitionen, in: Voprosy ėkonomiki, 7/1967, S. 49.

Den Aufwand AW zur Herstellung der Erzeugnisse kann man durch die Formel

(5) $$AW = A + R_a I + E_n I$$

ausdrücken, wobei

A – die laufenden Aufwendungen (ohne Erneuerung) im Jahresdurchschnitt,

R_a – der Anteil der Abführungen für die Erneuerung

sind.

Jeder dieser Summanden muß unter Berücksichtigung des Zeitfaktors ermittelt werden. Zur Errechnung des Anteils der Erneuerungsabführungen (R_a) nach Zinseszinsen schlug A. L. Lur'e folgende Formel[17]

(6) $$R_a = \frac{E_n}{(1 + E_n)^{T_{ND}-1}}$$

an Stelle der bestehenden Regelung zur Ermittlung dieser Abführungen nach der Formel

(7) $$R_a = \frac{1}{T_{ND}}$$

vor.

Die Herleitung der Formel (6) geht vom Ziel der Erneuerung, von der Sicherung der einfachen Reproduktion der Grundfonds aus. Deshalb muß die Abschreibungssumme unter Berücksichtigung des Erlöses aus der Nutzung dieser Summe im Verlaufe der gesamten Betriebszeit der Grundfonds gleich den ursprünglichen Investitionen sein oder

(8) $$I = AW_a \sum_{t=1}^{T_{ND}} (1 + E_n)^{T_{ND}-1} ,$$

wobei AW_a die jährlichen konstanten Abschreibungen sind.

Da dieser Ausdruck die Summe der Glieder einer geometrischen Reihe in Form von

$$AW_a \frac{(1 + E_n)^{T_{ND}-1}}{E_n}$$

bedeutet, gilt bei der Abschreibungsrate von $R_a = \frac{AW_a}{I}$,

(9) $$R_a = \frac{E_n}{(1 + E_n)^{T_{ND}-1}} .$$

[17] Voprosy ėkonomiki železnodorožnogo transporta, Moskau 1948.

Die übrigen Summanden der Formel (5) – die laufenden Aufwendungen und Investitionen im Jahresdurchschnitt – sind ebenfalls eine Funktion der Zeit

$$(10) \qquad AW = A \frac{(1+E_n)^{T_{ND}-1}}{E_n} + I(1+E_n)^{T_{ND}}.$$

Ausgehend von der Formel (8) und bei $S = A + AW_a \frac{(1+E_n)^{T_{ND}-1}}{E_n}$ erhalten wir durch Hinzufügen des Ausdruckes

$AW_a \frac{(1+E_n)^{T_{ND}-1}}{E_n}$ zu AW und durch Substraktion von I

$$(11) \qquad AW = S + E_n I \frac{(1+E_n)^{T_{ND}-1}}{E_n}.$$

Dies entspricht der Summe der reduzierten Aufwendungen für die gesamte Nutzungsdauer der neuen Technik.

Nach Division des Ausdruckes (11) durch den Koeffizienten $\frac{(1+E_n)^{T_{ND}-1}}{E_n}$ geben wir den Aufwand (AW) in der jährlichen Dimension an:

$$AW = S + E_n I.$$

Die Formeln (1) und (2) kann man somit unter der Bedingung, daß

a) alle Investitionen zum Anfangszeitpunkt der Berechnungsperiode terminlich abgestimmt sind und innerhalb eines Jahres realisiert werden;

b) die laufenden Aufwendungen jedes Jahr konstant sind;

c) sich der Einfluß des Zeitfaktors auf die Erneuerungsabführungen erstreckt;

als Sonderfall der allgemeinen Formel (4) betrachten.[18]

Dieser Umstand schränkt die Anwendung der Formel (1) und (2) bei der Variantenauswahl der neuen Technik einschließlich der Ermittlung der vergleichbaren Effektivität des Einsatzes neuer Werkstoffe ein.

[18] Ausführlicher dazu vgl. Osnovyne položenija optimal'nogo planirovanija razvitija i razmeščenija proizvodstva, Novosibirsk 1968, S. 18.
Ėkonomika i matematičeskie metody, Bd. III, 1967, Bd. IV, 1968, S. 523.
N. P. Fedorenko, Fragen der Entwicklung und der Standortverteilung der Produktion, in: Planovoe chozjajstvo, 8/1968, S. 13–14.

2. Prinzipien zur Effektivitätsbestimmung von Einsatzvarianten neuer Werkstoffe[19]

Die neuen synthetischen Werkstoffe sind hauptsächlich für die teilweise Substitution solcher natürlichen (traditionellen) Werkstoffe und Produkte vorgesehen, wie Schwarz- und Buntmetalle, Schnittholz, Naturfasern, Fette, Leder, Papier, Baustoffe (Ziegel, Schiefer, Parkett) usw. Man muß das Problem der vergleichbaren Effektivität der Produktion und des Einsatzes von substitutionsfähigen traditionellen und neuen Werkstoffen als Bestandteil des allgemeinen Problems der Effektivitätsermittlung der gesellschaftlichen Produktion ansehen. Die Methodik der Berechnungen auf diesem Gebiet muß sich jedoch auf die allgemeinen Thesen der Theorie der volkswirtschaftlichen Effektivität der Investitionen und der neuen Technik stützen.

Der Einsatz eines gewissen Teils synthetischer Werkstoffe und der daraus gefertigten Erzeugnisse (zum Beispiel Plaste in neuen Erzeugnisarten, Reifen, Gummiwaren, Lacke und Farben usw.) hat keine Substitution traditioneller Werkstoffe zur Folge, der Gesamtinhalt dieses Problems ändert sich jedoch dadurch nicht.

Berechnungen der ökonomischen Effektivität neuer Werkstoffe haben eine bestimmte Eigenart. Insbesondere entsteht hier das Problem der Kostensenkung nicht nach Varianten der Einführung neuer Technik, sondern nach Varianten des Einsatzes von traditionellen und neuen Werkstoffen. Weiterhin besteht in vielen Fällen keine Notwendigkeit, die zusätzlichen Investitionen im üblichen Sinne dieses Terminus zu decken, da eine Einsparung sowohl an laufenden als auch an einmaligen Aufwendungen erzielt wird. Dieser Umstand erlaubt es dennoch nicht, von der Berechnung der Aufwendungen abzugehen, denn das Berechnungsergebnis schließt nicht nur einen Vergleich des tatsächlichen mit dem normativen Koeffizienten ein, sondern auch die Bestimmung der absoluten Summe an reduzierten Aufwendungen. Daher muß der Vergleich der laufenden und der einmaligen Aufwendungen unabhängig von der Veränderung durch einfache Summierung nach einer bestimmten Methodik durchgeführt werden.[20]

19 Sie werden dargelegt am Beispiel der Plaste und anderer synthetischer Werkstoffe.

20 A. E. Probst wies seinerzeit auf den wechselseitigen Zusammenhang der Investitionsentwicklung mit der Auswahl der Bewertungsmethode für die Effektivität von Varianten hin: „Die Auswahl der wirtschaftlich effektivsten Variante bei Verminderung der spezifischen Investitionen darf sich im Grunde

Das Hauptproblem der Methodik zur Bestimmung der vergleichbaren ökonomischen Effektivität der neuen Werkstoffe besteht in der richtigen Bewertung des Aufwandes und der Ersparnis in den Stadien ihrer Produktion und Anwendung. Auf dieser Grundlage können ökonomisch fundierte Empfehlungen zur Optimierung der Struktur und des Entwicklungstempos der Produktion neuer Werkstoffe sowie der Richtungen und Maßstäbe für deren Einsatz in der Volkswirtschaft ausgearbeitet werden. Die erwähnten methodischen Fragen sind bis jetzt bezüglich der Arbeitsgegenstände und der Arbeitsmittel (Werkstoffe, Maschinen, Ausrüstungen und andere Erzeugnisarten), die für die produktive Konsumtion bestimmt sind, bearbeitet worden.

Die richtige Messung der Effektivität des Einsatzes neuer synthetischer Werkstoffe erfordert ein *volkswirtschaftliches Herangehen.* Dies bedingt die Erfassung der laufenden und der einmaligen Aufwendungen in allen Bewegungsstadien des Produktes – von der Gewinnung des Ausgangsrohstoffs, der Werkstoffherstellung und seiner Verarbeitung zu Erzeugnissen bis zum Verbrauch der Fertigerzeugnisse in der Nutzungssphäre; ferner die Berechnung dieses Aufwandes nicht nur in den unmittelbaren Herstellerzweigen der Erzeugnisse, sondern auch in den diesen Erzeugnissen vor- und nachgelagerten (verflochtenen Zweigen); die Auswahl einer Variante, die nicht nur für einen einzelnen Zweig oder ein einzelnes Objekt effektiv ist, sondern für die gesamte Volkswirtschaft. Die Effektivitätsberechnungen werden im wesentlichen in die Endsphäre des Verbrauchs der Erzeugnisse verlagert, die Entstehung der Kosten wird aber in allen vorausgehenden Etappen berücksichtigt.

Bei der Erarbeitung methodischer Fragen der Effektivitätsbestimmung des Einsatzes von Plasten und anderen neuen Werkstoffen kann man die Volkswirtschaft als ein System von Zweigen betrachten, das durch gegenseitige Lieferungen von Elementen der Grund- und Umlauffonds miteinander verbunden ist, deren Übertragung von einem Glied ins andere man nach einer einheitlichen Methodologie bewerten muß, beispielsweise nach den reduzierten Aufwendungen. Zu diesem Zweck kann man den gesamten

genommen von der gleichen Auswahl bei Erhöhung der spezifischen Investitionen nicht unterscheiden ... Dadurch wird die weit verbreitete Meinung widerlegt, als sei die Berechnung der Koeffizienten der ökonomischen Effektivität und die entsprechende Analyse praktisch nur in den Fällen notwendig, wo die Einführung der neuen Technik zur Erhöhung der spezifischen Investitionen pro Erzeugniseinheit führt. In Wirklichkeit ist deren Berechnung in der überwiegenden Mehrheit der Fälle jedoch erforderlich."
(A. E. Probst, Ėkonomičeskaja ėffektivnost' novoj techniki, Moskau 1960, S. 97.)

Prozeß der Produktion und des Einsatzes von Plasten bedingt in vier Stufen einteilen:

Stufe I: Herstellung des Ausgangsrohstoffes und der Halbfabrikate;
Stufe II: Erzeugung von Plasten;
Stufe III: Herstellung und Einsatz von Plastteilen in Maschinenkonstruktionen, Ausrüstungen und anderen Erzeugnisarten;
Stufe IV: Einsatz von Plasterzeugnissen oder von Erzeugnissen mit Plastteilen in den Verbraucherzweigen.

Tabelle 3

Verzeichnis der Hauptfaktoren, die den Nutzeffekt des Plasteinsatzes in der Volkswirtschaft beeinflussen.

Technisch-ökonomische Kennziffern	Faktoren, die die Höhe der Kennziffern beeinflussen
I. Gewinnung des Ausgangsstoffes für Plaste	
Selbstkosten und spezifische Investitionen; Großhandelspreise für Rohstoff und Halbfabrikate	Art der Rohstoffe oder Halbfabrikate, natürlicher Ausgangsrohstoff (Erdöl, Erdgas u. a.); Herstellungsmethode; Grad der Vergrößerung der Kapazität von Aggregaten; Niveau der Konzentration; Spezialisierung und Standortverteilung der Produktion u. a.
II. Erzeugung von Plasten	
Selbstkosten und spezifische Investitionen; Großhandelspreise für Plaste	Plastart; Ausgangsrohstoff; Herstellungsmethode; Grad der Vergrößerung der Kapazität von Aggregaten; Niveau der Konzentration; Spezialisierung und Standortverteilung der Produktion u. a.
III. Herstellung und Einsatz von Plastteilen für Maschinenkonstruktionen, Ausrüstungen und andere Erzeugnisse	
Selbstkosten und spezifische Investitionen zur Herstellung von Plasterzeugnissen oder von Erzeugnissen unter Verwendung von Plasten, darunter Selbstkosten und spezifische Investitionen zur Herstellung von Plastteilen	Konstruktive Besonderheiten der Erzeugnisse (Masse, Abmessungen, Kompliziertheitsgrad, Bestimmungszweck u. a. m.); serienmäßiger Ausstoß der Produktion; technisches Niveau der Produktion, deren Konzentration und Spezialisierung; anwendbare und substitutionsfähige Plastwerkstoffe u. a. Konstruktive Besonderheiten der Teile (Masse, Abmessungen, Kompliziertheitsgrad u. dgl. m.); Ausgangsmaterial, dessen Verarbeitungsmethode; serienmäßiger Ausstoß der Produktion; Niveau der Konzentration und Spezialisierung der Produktion u. a.

Technisch-ökonomische Kennziffern	Faktoren, die die Höhe der Kennziffern beeinflussen
IV. Einsatz von Maschinen, Ausrüstungen und anderen Erzeugnissen aus Plast oder aus Plastteilen in den Verbraucherzweigen	
Laufende Aufwendungen (Selbstkosten) und spezifische Investitionen für den Einsatz (Nutzung) der Plasterzeugnisse oder der Erzeugnisse unter Verwendung von Plasten	Technisch-ökonomische Parameter der Erzeugnisse (Masse, Nutzungsdauer, Zuverlässigkeit, Produktivität u. a.), deren Bestimmungszweck, Betriebsbedingungen usw.

Alle technologischen Prozesse (Umgestaltungen) bis zur Werkstofferzeugung werden in Stufe I in Form einer Übertragung der Umlauffonds – des Rohstoffs, der Halbfabrikate, der Ausgangsmaterialien u. a. – realisiert. Daher kann man den Arbeits- und Investitionsaufwand für diese Umgestaltung in Form der Aufwendungen der miteinander verflochtenen Zweige erfassen. Die Summierung letzterer und der Aufwendungen zur Erzeugung der Werkstoffe selbst (Stufe II) gestattet die Bestimmung des gesamten Arbeits- und Investitionsaufwandes zur Herstellung von Plasten. In der Stufe III fügt man dann zu den Aufwendungen der Stufe II den Aufwand für die Verarbeitung der Plaste zu Erzeugnissen hinzu. Auf diese Weise gelingt es, in durchgehender Berechnung vertikal alle Arbeits- und Investitionsaufwendungen in den Bereichen der Rohstoff-, Werkstoff- und Erzeugnisproduktion zusammenzufassen. Die Erfassung des Aufwandes in diesen Stufen muß auf der Grundlage einer einheitlichen Methodologie und vergleichbarer technisch-ökonomischer Kennziffern erfolgen.

Unabdingbare Voraussetzung für die Effektivitätsberechnung des Plasteinsatzes in der Volkswirtschaft ist die Vergleichbarkeit der Varianten vom Standpunkt des Aufwandes und Nutzens: vollständige oder teilweise Substituierbarkeit der Objekte; einheitliche Bewertungsmethoden der Materialkosten (nach geltenden oder künftigen Großhandelspreisen und Tarifen); Erzielung eines gleichen Produktionsergebnisses (Herstellung bestimmter Erzeugnisse oder Ausführung einer bestimmten Arbeit gleichen Umfangs; gleicher Zusammensetzung und Qualität in gleichen Zeiträumen, Produktion einer äquivalenten Menge bei unterschiedlicher Qualität usw.); das gleiche methodische Vorgehen bei der Ermittlung der technisch-ökonomischen Kennziffern auch vom Standpunkt der Erfassung des Kreises von Hauptzweigen und verflochtenen Zweigen usw. Mit anderen Worten, die Varianten müssen auf den gleichen Gebrauchseffekt der Erzeugnisse für die Gesellschaft gebracht werden.

Für die Untersuchung der Effektivität der Produktion und des Einsatzes neuer Werkstoffe in der Volkswirtschaft ist die Empfehlung der „Rahmenmethodik“ deshalb von großer Bedeutung, weil eine Bewertung der ökonomischen Effektivität von Investitionen und neuer Technik unter Berücksichtigung perspektivischer Faktoren, und zwar der notwendigen Bedingungen zur Realisierung neuer wissenschaftlich-technischer Errungenschaften sowie der möglichen Veränderung der Effektivitäts- und Preisnormative durchgeführt werden muß.

Ist die Einführung neuer Werkstoffe in einigen Jahren vorgesehen, so muß man die Kennziffern der Ausgangsvarianten unter Berücksichtigung der möglichen Veränderung zum Zeitpunkt ihrer Einführung korrigieren. Einer der am meisten verbreiteten Fehler bei den Berechnungen besteht darin, daß bei traditionellen Werkstoffen nicht selten die existierenden und bei neuen Werkstoffen die perspektivischen Kennziffern angesetzt werden und dadurch der Nutzen aus dem Einsatz letzterer zu hoch ausgewiesen wird.

Hauptgegenstand der Messung der Effektivität neuer Werkstoffe ist die Sphäre des Endverbrauchs der Erzeugnisse, das heißt die Verbraucherzweige von Maschinen, Ausrüstungen und anderen Erzeugnissen aus diesen Werkstoffen: Industrie, Bauwesen, Transportwesen, Landwirtschaft, Alltag. Die Methoden zur Messung der Effektivität neuer Werkstoffe entsprechen gewissermaßen in der Volkswirtschaft den Einsatzstufen der Erzeugnisse des Endverbrauchs (Fertigerzeugnisse), des Zwischenverbrauchs (Komplettierungs- und Austauschteile) und des Anfangsverbrauchs (Werkstoffe).[21]

Die entsprechende Klassifikation geht vom Qualitätsniveau und von der Ermittlung der vergleichbaren Effektivität von Komplettierungs- und Austauschteilen aus, besonders vom Standpunkt der Anforderungen, die an die Fertigerzeugnisse gestellt werden. Mit anderen Worten, die ökonomische Zweckmäßigkeit der Durchsetzung von Maßnahmen in jeder nachfolgenden Erzeugnisgruppe muß mit den Anforderungen, die an die Erzeugnisse der vorgelagerten Erzeugnisgruppe gestellt werden, koordiniert werden.

Dieses Vorgehen, das für Maschinen, Ausrüstungen und andere Fertigerzeugnisse seine Berechtigung hat, ist für technische Parameter und für den Nutzeffekt der Werkstoffe nicht immer völlig akzeptabel. Die Sache ist die, daß von den Werkstoffen zur Konstruktion Rückkopplungen existieren, die man in den Berechnungen ebenfalls berücksichtigen muß.

In einer Reihe von Fällen bringen Art und Qualität des Werkstoffes die Anforderungen der Enderzeugnisse absolut nicht zum Ausdruck. Im Gegen-

[21] Ausführlicher hierzu vgl.: D. S. L'vov, Die Ermittlung des ökonomischen Nutzeffekts der Qualitätserhöhung von Erzeugnissen, in: Voprosy ėkonomiki, 2/1971, S. 20–21.

teil, die Möglichkeit, letztere zu schaffen, ist abhängig und wird bestimmt von einem Komplex notwendiger Eigenschaften, über die der Werkstoff verfügt. Weiterhin fallen die Herstellung von Werkstoff und Fertigerzeugnis zeitlich oft nicht zusammen, weshalb es praktisch unmöglich ist, die Werkstoffqualität der Erzeugnisqualität unterzuordnen. Bei der Erschließung neuer Werkstoffe ist in der Regel das Sortiment der Erzeugnisse, die aus ihnen hergestellt werden, nicht festgelegt.

Schließlich muß man die relative Selbständigkeit von Effektivitätsberechnungen der Produktion und des Einsatzes neuer Werkstoffe berücksichtigen, denn diese Berechnungen verfolgen in vielen Fällen Ziele, die sich wesentlich von der Zweckbestimmung der Effektivitätsberechnungen von Fertigerzeugnissen – beispielsweise der Nachweis einer optimalen Produktions- und Verbrauchsstruktur dieser Werkstoffe – unterscheiden. Daher ist neben dem hierarchischen Herangehen an das Problem der Effektivität neuer Technik eine selbständige Untersuchung der Effektivität neuer Werkstoffe und Materialien vollauf gerechtfertigt.

Berechnungen der ökonomischen Effektivität des Einsatzes neuer Werkstoffe in der Volkswirtschaft sind überaus vielfältig und hängen von vielen Faktoren ab. Mit gewissen Einschränkungen kann man folgendes allgemeines Schema möglicher Varianten solcher Berechnungen vorschlagen:

Einsatzrichtungen – als Konstruktionswerkstoffe, Elektroisolierstoffe und in Form anderer Werkstoffe zur Herstellung mannigfaltiger Erzeugnisse zur industriellen oder persönlichen Verwendung; zur Intensivierung vorhandener und Entwicklung neuer technologischer Prozesse;

Veränderlichkeit der Gebrauchseigenschaften der Erzeugnisse nach dem Einsatz neuer Werkstoffe – stabile und veränderliche;

Komplexitätsgrad der Berechnungen – betriebliche, zweiggebundene (innerhalb eines Einzelbetriebes, Zweiges u. a.) und volkswirtschaftliche Berechnungen;

Planperiode der Nutzensrealisierung – laufend (in der Regel unter den Bedingungen der arbeitenden Betriebe) und perspektivisch (zur Projektierung, Perspektivplanung und Prognostizierung);

ökonomische Rolle bei der Produktion von Erzeugnissen, in denen die Nutzung neuer Werkstoffe vorgesehen ist – Arbeitsgegenstände (Elemente der Umlauffonds) und Arbeitsmittel (Elemente der Grundfonds);

Vollständigkeitsgrad der Berechnungen – auf der Grundlage einzelner technisch-ökonomischer Kennziffern (Arbeitsaufwand, Selbstkosten, Investitionskosten, Betriebskosten) und die Gesamtheit dieser Kennziffern;

Vorhandensein von Analoga für einen Variantenvergleich: mit und ohne Analoga;

Grad der Erschlossenheit von Objekten hinsichtlich der Einführung neuer Werkstoffe – erschlossene und neue;

Grad der Selbständigkeit des Einsatzes neuer Werkstoffe – selbständig und in Verbindung mit anderen Werkstoffen (traditionelle und neue);

Betriebszeit der Grundfonds, in denen der Einsatz neuer Werkstoffe beabsichtigt ist – kurze (bis zu einem Jahr) und lange (von einem Jahr bis unendlich);

Charakter der Veränderlichkeit der laufenden Jahresaufwendungen bei der Nutzung der Erzeugnisse, in denen neue Werkstoffe angewandt worden sind – stabile und veränderliche;

Grad der Erfassung von Einsatzvarianten neuer Werkstoffe durch die Berechnungen – einzelne Varianten oder alle Varianten (insgesamt im Zweig oder in der Volkswirtschaft);

Art der Kennziffern zur Bewertung der Effektivität – nach dem Wert oder nach einer Punktskala.

Alle diese Berechnungsvarianten haben selbständige Bedeutung und ermöglichen die Aufdeckung von Reserven und äußerst effektiver Objekte und Bereiche für den Einsatz neuer Werkstoffe in der Volkswirtschaft.

Untersuchen wir das Wesen und die spezifischen Besonderheiten von Effektivitätsberechnungen dieser Varianten am Beispiel der synthetischen Werkstoffe etwas ausführlicher.

Plaste und andere synthetische Werkstoffe fungieren im Stadium ihrer Produktion stets als Elemente der Umlauffonds. In der Nutzungssphäre können diese Werkstoffe Element der Umlauffonds bleiben (zum Beispiel Betriebsmittel, Leergut und Verpackungsmittel u. a.), und dabei anschließend in Halbfabrikate (Rohre, Folien und Platten aus Plast, Kordgewebe, Seile und Belting aus Chemiefasern) bzw. Komplettierungsteile (Reifen, Gummiteile, Ersatzteile aus Plast zur Vervollständigung des Maschinenparks und der Ausrüstungen) verarbeitet werden. Sie können aber auch in Elemente der Produktionsgrundfonds (Baugruppen und Teile von Maschinen und Ausrüstungen) verwandelt werden, bzw. auch aus der Sphäre der produktiven Konsumtion heraustreten und zur materiellen Grundlage langlebiger Konsumgüter werden. Die Funktionsform der Lacke und Farben entspricht voll der Rolle von Arbeitsmitteln und Arbeitsgegenständen sowie von Konsumgütern, zu deren Herstellung sie verwendet werden.

Mit anderen Worten, die Methoden zur Effektivitätsberechnung synthetischer Werkstoffe hängen wesentlich vom Charakter des Objektes ab, zu dessen Herstellung diese Werkstoffe bestimmt sind. Stellen Fertigerzeugnisse dieses Objekt dar, so übeträgt man die Berechnungen auf die Endverbraucherstufe (in der Produktion – d. Bearb.), berücksichtigt aber die entstandenen Kosten für alle vorangehenden Umarbeitungen; erscheint als Objekt jedoch der technologische Prozeß oder die Ausrüstung, so beurteilt man die Effektivität der Einführung eines neuen Werkstoffes nach der Veränderung der Parameter dieses Prozesses (Produktivität, Höhe der Abfallstoffe, Qualität der Erzeugnisse u. a. m.).

Alle gültigen Methodiken dienen der Ermittlung der Effektivität der Produktion und des Einsatzes der Arbeitsmittel und Arbeitsgegenstände (Maschinen, Ausrüstungen, Werkstoffe u. a.), die zur produktiven Konsumtion bestimmt sind und als produktive Grund- und Umlauffonds fungieren. Diese Fragen sind aber für die Bewertung der Effektivität des Einsatzes neuer Werkstoffe für Konsumgüter von nicht geringerer Bedeutung.

Es ist errechnet worden, daß in der UdSSR für die Herstellung mannigfaltiger Konsumgüter (Schuhe, Bekleidung, Möbel, Spielzeug, Kühlschränke, Fernsehapparate, Kraftfahrzeuge usw.) ein Drittel aller Plaste verbraucht wird. Indessen sieht die Methodik zur Ermittlung der ökonomischen Effektivität von Investitionen und neuer Technik, die zur Messung der Effektivität des Aufwandes bei der Herstellung von Haushaltswaren geeignet ist, keine ökonomische Bewertung der sich verändernden Gebrauchseigenschaften dieser Erzeugnisse vor. Für viele Einsatzrichtungen der neuen Werkstoffe im Alltagsleben dient die Erfassung des Verbrauchernutzens (in der Produktion – d. Bearb.) oft als einziges Argument für den Nachweis der Zweckmäßigkeit zusätzlicher Ausgaben zur Herstellung dieser Erzeugnisse.

Betrachten wir die analogen Fragen zur Ermittlung der Effektivität des Einsatzes von Plasten und anderen neuen Werkstoffen für die produktive Konsumtion.

Hauptsächlicher Anwendungsbereich von Plasten sind die vielfältigen Erzeugnisse und deren technologische Fertigungsprozesse. Die Methodik zur Ermittlung der Effektivität des Plasteinsatzes hängt wesentlich vom Grad der Veränderlichkeit der Gebrauchseigenschaften der Enderzeugnisse ab. Verändern sich diese Eigenschaften nicht (zum Beispiel Intensivierung der vorhandenen und Einführung neuer technologischer Prozesse, Erhöhung der Stückzahl in der Serienproduktion, Durchsetzung von Maßnahmen zur Vereinheitlichung und Standardisierung der Erzeugnisse, Ersatz teurer Werkstoffe durch billige usw.), so können sich Wirtschaftlichkeitsberechnungen nach Varianten auf den Herstellungsbereich der Erzeugnisse beschränken.

Eine typische Richtung des Plasteinsatzes ohne Qualitätsveränderung der Hauptproduktion ist beispielsweise im Maschinenbau die technologische Ausrüstung. Hier beschränken sich die Effektivitätsberechnungen auf den Herstellungs- und Nutzungsbereich, das heißt auf den Maschinenbau.

Durch die Einführung der Plaste wird erstens eine Senkung des Arbeitsaufwandes und der Selbstkosten der Ausrüstung (Gesenke, Modelle, Formen usw.) durch eine Vereinfachung der Methoden und der Verkürzung des Herstellungszyklus erreicht (diese Einsparung über die Tilgungsrate der Ausrüstungskosten findet in den Selbstkosten der Hauptproduktion ihren Niederschlag); zweitens werden die Voraussetzungen für eine Intensivierung der Produktionsprozesse selbst (Gießen, Stanzen u. a.) und für die Verminderung der Selbstkosten von Teilen und Ausrüstungen geschaffen. Wir betonen auch, daß die Methoden zur Effektivitätsbestimmung des Plasteinsatzes für Maschinenteile und Betriebsmittel in diesem Falle (bei Stabilität der Gebrauchseigenschaften der Enderzeugnisse) identisch sind.

Anders sieht es aus, wenn der Einsatz von Plasten und anderen Werkstoffen nicht nur zu einer Veränderung des Herstellungsaufwandes, sondern auch der Gebrauchseigenschaften der Erzeugnisse führt. Dann müssen die ökonomischen Berechnungen in der Produktions- und Anwendungssphäre dieser Erzeugnisse komplex durchgeführt werden.

Die durchzuführenden Effektivitätsberechnungen für den Einsatz neuer Werkstoffe können in Abhängigkeit von dem gestellten Ziel nach dem Komplexitätsgrad unterschieden werden, das heißt danach, wie groß die Anzahl der erfaßten Objekte ist. Beispielsweise können Berechnungen innerhalb eines einzelnen Betriebes, Zweiges oder anderer Objekte nach ihren direkten technisch-ökonomischen Kennziffern, zum Beispiel nach dem Arbeitsaufwand im gesamten Betrieb, den spezifischen Investitionen für die Hauptproduktion usw. angestellt werden. Bei der Ermittlung der volkswirtschaftlichen Effektivität der neuen Werkstoffe muß man jedoch den Arbeitsaufwand und die einmaligen Aufwendungen für die verflochtenen Zweige sowie die ökonomischen Ergebnisse in der Sphäre der Endnutzung der Erzeugnisse bei Verwendung dieser Werkstoffe erfassen. Es ist unverkennbar, daß für die Begründung der Produktions- und Einsatzperspektiven neuer Werkstoffe die volkswirtschaftlichen und nicht die Berechnungen innerhalb der Zweige von entscheidender Bedeutung sind, obwohl letztere zur Lösung bestimmter Probleme innerhalb des Werkes, des Zweiges oder eines anderen Objektes angewandt wurden.

Plaste und andere neue Werkstoffe finden sowohl bei traditionellen Erzeugnisarten, die in den in Nutzung befindlichen Betrieben produziert werden, als auch bei neuen Arten, deren Produktion in nächster Zukunft beabsichtigt ist, breite Anwendung. Daher muß man Methoden zur Bestimmung der Effektivität beim Einsatz neuer Werkstoffe in der laufenden Periode (in bereits arbeitenden Betrieben, die unter den Bedingungen des neuen Systems der Planung und der ökonomischen Stimulierung produzieren) und im Perspektivzeitraum (für Projekt- und Prognosevarianten) unterscheiden.[22]

Die auf der Grundlage neuer Werkstoffe geschaffenen Erzeugnisse können bei ihrer Übergabe in die produktive Konsumtion Element der Umlauffonds bleiben oder sich in ein Element der Grundfonds verwandeln. Die Effektivität der Umlauffonds (technologische Mittel, unterschiedliche Werkstoffe usw.) wird gewöhnlich in der Sphäre der Produktion der Erzeugnisse realisiert. Werden die Plaste jedoch in Form von Maschinenteilen und -baugruppen, Ausrüstungen und anderen Erzeugnissen (z. B. die Kabine eines Turmdrehkranes aus glasfaserverstärktem Plast, eine Chemieausrüstung aus Vinidur, das Arbeitsorgan einer Zentrifugalpumpe aus Faserstoff u. a.) nach Übergabe dieser Arbeitsmittel in die Nutzungssphäre zu Grundfondselementen, so wird der Nutzeffekt an ihren Einsatzorten realisiert. Die Höhe der ökonomischen Effektivität wird in letzterem Falle durch einen Vergleich der Investitionen des Verbrauchers für den Erwerb der erwähnten Ausrüstung mit der Selbstkostensenkung oder der Arbeit, die mit ihrer Hilfe ausgeführt wird, bestimmt.

Die Effektivität des Einsatzes neuer Werkstoffe findet ihren Ausdruck in einem System von Natural- und Wertkennziffern, deren Auswahl vor allem durch den Zweck der Berechnungen bestimmt ist. Selbständige Bedeutung haben beispielsweise Berechnungen der möglichen Selbstkostensenkung der Erzeugnisse im Zusammenhang mit dem Einsatz neuer Werkstoffe. Die volle Effektivität dieser oder jener Variante kann jedoch nur durch die Gesamtheit der Wertkennziffern, nicht aber durch eine einzelne festgestellt werden.

Die Bewertung der Effektivität des Einsatzes neuer Werkstoffe auf der Grundlage von Einzelkennziffern darf man nicht mit der Möglichkeit vermengen, eine Reihe von Teilproblemen mit selbständiger Bedeutung zu lösen. Es kann zum Beispiel die Notwendigkeit bestehen, den Materialverbrauch, den Arbeitsaufwand der Erzeugnisse, den Aufwand zur Tilgung der Preßformkosten, die Höhe der Unkosten und andere Kennziffern zu senken. Die Berechnungen nach einzelnen vorgesehenen Lösungsvarianten bzw. einzelnen Betrieben (Produktionsabteilungen, Produktionsabschnitten) erlauben es, Produktionsreserven aufzudecken. Aus dem Gesichtswinkel einzelner Betriebe oder Zweige ist es zweckmäßig, die Effektivitätsberechnungen auf der Grundlage des direkten Arbeits- und Investitionsaufwandes ohne Berücksichtigung der Aufwendungen für die verflochtenen Zweige und der Ausgaben in der schließlichen Nutzungssphäre

[22] Die weitere Darlegung ist Methoden zur Effektivitätsermittlung der Perspektivvarianten des Einsatzes neuer Werkstoffe gewidmet.

durchzuführen; dies erlaubt die Klärung des Umfanges an Einsparungen in den Grenzen dieser Betriebe und Zweige. Die erwähnten Berechnungen können jedoch die Notwendigkeit, die volkswirtschaftliche Effektivität von Varianten zur Einführung von Plasten zu bestimmen, nicht ersetzen oder aufheben.

Bis jetzt wurden die methodischen Fragen zur Effektivitätsermittlung von Varianten betrachtet, die Analoga für einen Vergleich von substitutionsfähigen traditionellen und neuen Werkstoffen, von Kombinationen dieser Werkstoffe oder von neuen Werkstoffen untereinander besitzen. Damit ergeben sich für die Effektivitäsermittlung solcher Varianten, bei denen Vergleichsanaloga fehlen, erhebliche Schwierigkeiten. Es geht um Fälle, wo Plaste in neuen Maschinenkonstruktionen, Ausrüstungen und anderen Erzeugnisarten, die man mit früher entwickelten nicht vergleichen kann, verwendet werden, oder aber, wo in vorhandenen Konstruktionen die traditionellen Werkstoffe nicht ersetzt werden. Von besonderem Interesse ist die Frage für die Zweige der Lack-, Farben- und Gummiindustrie, deren Erzeugnisse in erheblichem Maße traditionell geworden sind (beim Einsatz von Polyvinylchlorid für das Plattieren von Stahlwalzgut zum Beispiel wird ein Verbundwerkstoff erzielt, ohne traditionellen Werkstoff freizusetzen).

In der Berechnungspraxis wird für diese Varianten der Einführung von Plasten und anderen polymeren Stoffen die Wirtschaftlichkeit nicht nachgewiesen, erstere sind aber technisch unumgänglich. Die Erfahrung zeigt indessen, daß man es oft damit zu tun hat, neue Werkstoffe in modifizierte Arten vorhandener Erzeugnisse einzuführen, die sich von den vorhergehenden in irgendeiner konstruktiven Besonderheit unterscheiden. Dabei bleibt die Zweckbestimmung der Erzeugnisse die gleiche. In diesen Fällen ist kaum anzunehmen, daß Analoga für einen Vergleich fehlen.[23]

Für Effektivitätsberechnungen von Varianten des Einsatzes von Plasten, die keinen Ersatz traditioneller Werkstoffe zur Folge haben, können folgende Methoden empfohlen werden:

a) Übertragung der Berechnung in die Nutzungssphäre und Vergleich

[23] Nach Auffassung von M. A. Vilenskij „ersetzt die ‚neue Technik', welchen Neuheitsgrad sie auch immer besitzt, stets irgend etwas in der technischen Basis der Produktion. Die neue Technik ... kann auch kein Vergleichsmaß haben, aber sie kann ökonomisch mit jener Technik verglichen werden, die sie im Produktionsprozeß ersetzt. Folglich dienen nicht die technischen Parameter der zu vergleichenden Technik, sondern die ökonomischen Merkmale ein und derselben von ihr zu erfüllenden Funktion als Grundlage für einen solchen Vergleich." (M. A. Vilenskij: Die Richtungen des wissenschaftlich-technischen Fortschritts und deren Effektivität, in: Voprosy ėkonomiki, 1/1972, S. 67.)

der technisch-ökonomischen Kennziffern für die Ausführung je Einheit einer bestimmten Arbeit durch neue bzw. frühere Konstruktionen (zum Beispiel im Gütertransport ein Tonnenkilometer Fracht, Herstellung einer Erzeugniseinheit, Bestellung eines Hektars Ackerland usw.). Der Nutzeffekt wird hier durch Vergleich der laufenden Kosten mit den einmaligen Aufwendungen für den Erwerb der Grundfonds zur Verrichtung des gleichen Umfangs an Arbeit bestimmt;

b) Benutzung einer bedingten (imaginären) Variante als Analogon, die die technisch-ökonomischen Kennziffern der Fertigung eines bestimmten Erzeugnisses aus traditionellen Werkstoffen wiederherstellt.

In einer Reihe von Zweigen, zum Beispiel im Gerätebau, in der Elektrotechnik, in der Leichtindustrie u. a. sind die Plaste schon längst traditionell geworden und faktisch als Werkstoffe zur Herstellung einer breiten Nomenklatur von Baugruppen, Teilen und Erzeugnissen erschlossen worden. Bei diesen Zweigen vollzieht sich die Einführung von Plasten nicht in die Tiefe, sondern in die Breite, das heißt, indem der Umfang ihres Einsatzes in früher erschlossenen Objekten vergrößert wird.

Wenn das Produktionsvolumen dieser Erzeugnisse (Kühlschränke, Rundfunkgeräte) im Planungszeitraum sich nicht vergrößert, so gilt der Nutzeffekt aus dem Einsatz synthetischer Werkstoffe in den vorangehenden Jahren als realisiert und wird nicht berechnet.

Wächst das Volumen solcher Erzeugnisse in einer geplanten Wirtschaft aber (im ersten Jahr sind zum Beispiel 100 Fernsehapparate mit einem breiten Teilesortiment aus Plaste hergestellt worden, im zweiten Jahr 500, im dritten Jahr 2000 Stück usw.), so ist es nicht gerechtfertigt, die Berechnung des Nutzeffekts aus der Einführung von Plasten auf das erste und zweite Jahr zu beschränken, da die Ausweitung der Chemisierung in den nachfolgenden Jahren nicht erfaßt wird. Indes benötigt dieser Prozeß auch zusätzliche Investitionen für die Entwicklung der Plastproduktion.[24]

[24] Auf einen analogen Mangel bei der Berechnung der Effektivität neuer Technik wies L. M. Gatovskij hin: „Jetzt beobachtet man nicht selten folgende paradoxe Erscheinung: Die Technik wird nur in den ersten 1, 2 oder 3 Jahren ihrer Herstellung als neu angesehen, das heißt, wenn sie den ihr zugrunde gelegten Nutzeffekt noch nicht erbringen kann ... Dies verringert den tatsächlichen Nutzeffekt der neuen Technik künstlich. Für einen Vergleich des *tatsächlichen* Nutzeffekts neuer und alter Technik ist es notwendig, den gesamten Produktions-(Anwendungs-)Zeitraum der neuen Technik zu nehmen und nicht nur das Stadium der Einführung; man darf die Verminderung des Nutzeffekts alter Technik infolge ihrer Überalterung nicht nur über den Preis (Abzüge) widerspiegeln."

Bei der Effektivitätsbestimmung des Plasteinsatzes für bereits früher eingeführte Erzeugnisarten kann man die Einsparung für den Produktionszuwachs an Erzeugnissen nach korrigierten Istkennziffern berechnen, die sich auf das erste Jahr der Einführung der Plaste beziehen. Wenn zum Beispiel neue Modelle eines Fernsehapparates im Jahre 1970 eingeführt wurden und eine Berechnung des Nutzeffekts bei Vergrößerung der Produktion im Jahre 1975 vorgenommen werden soll, so kann man die technisch-ökonomischen Kennziffern der Produktion des Jahres 1970 nach den Bedingungen des Jahres 1975 korrigieren und die Einsparungen für den Produktionszuwachs dieser Erzeugnisse im Planjahrfünft bestimmen.

Ist es jedoch aus irgendwelchen Gründen nicht möglich, diese Berechnung auszuführen, so muß man als Einsparung die Höhe der notwendigen Investitionen für den Zuwachs der Plastproduktion und -verarbeitung unter Berücksichtigung des Effektivitätsnormativs, das heißt von $E_n \cdot I$ ansetzen.

In einer Reihe von Fällen werden neue chemische Werkstoffe nicht selbständig, sondern in Verbindung mit anderen synthetischen (zum Beispiel Polyvinylchlorid und Polyäthylen bei Kabelisolierung; synthetischer Kautschuk, Kordgewebe und Ruß bei Reifenkonstruktionen u. a.) oder traditionellen Werkstoffarten (z. B. Stahlwalzgut, plattiert mit Polyvinylchlorid u. a.) eingesetzt. Es entsteht das Problem, die Gesamteinsparung auf die Ausgangsmaterialien aufzuschlüsseln. Die Methoden zur Aufschlüsselung der Einsparung hängen vom Umfang des selbständigen Einsatzes dieses oder jenes Werkstoffes bei der Herstellung bestimmter Erzeugnisarten ab.

Können einige Werkstoffe, zum Beispiel die Abfälle der holzverarbeitenden Industrie, bei der Produktion von Holzspanplatten nicht selbständig genutzt werden und setzen sie das Vorhandensein eines anderen Werkstoffes, Karbamidharz, voraus, so muß man die gesamte Einsparung auf letzteres beziehen.

Werden zur Herstellung der Erzeugnisse jedoch selbständige Werkstoffe eingesetzt, so kann man, wenn die Werkstoffe beim Zustandekommen des Einsparungseffekts eine gleichwertige Bedeutung haben, die Einsparung umgekehrt proportional zum Herstellungs- bzw. Verarbeitungsaufwand oder direkt proportional zur Masse (zum Verbrauch) an Werkstoff aufschlüsseln. Ist die Bedeutung der Werkstoffe beim Zustandekommen des Einsparungseffekts nicht gleichwertig, so wird die Einsparung proportional dem Anteil des Nutzeffekts an der Gesamteinsparung, der sich

(L. M. Gatovskij, Ėkonomičeskie problemy naučno-techničeskogo progressa, Moskau 1971, S. 259.)

aus dem getrennten Einsatz dieser Werkstoffe ergibt, aufgeschlüsselt; oder aber, sie wird proportional dem Beteiligungsgrad jedes Werkstoffes am Zustandekommen des Nutzeffekts diesem Werkstoff zugeschrieben (von der Gesamteinsparung durch Erhöhung der Reifenlaufzeit wird zum Beispiel synthetischem Kautschuk ein Anteil von 20% zugeschrieben); oder aber, indem die Einsparung, die aus dem getrennten Einsatz eines Werkstoffes erzielt wird, von der Gesamteinsparung abgezogen wird usw.

Die Methoden der Effektivitätsberechnung für den Einsatz von Plasten hängen wesentlich davon ab, wie sich die laufenden Kosten für die Nutzung von Maschinen, Ausrüstungen oder anderen Objekten nach der Zahl der Nutzungsjahre verändern. Verändern sich diese Kosten, so müssen sie für die gesamte Nutzungsdauer unter Berücksichtigung des Zeitfaktors summiert werden. Langjährige Erfahrungen sprechen davon, daß sich die Kosten für die Nutzung der Grundfonds in den Verbraucherzweigen verändern und je nach dem physischen Verschleiß dieser Fonds allmählich ansteigen.

Das Problem der Effektivitätsermittlung des Einsatzes von Plasten als Elementen der Grundfonds vereinfacht sich erheblich, wenn man bedingt zuläßt, daß die Höhe der Produktionskosten für die jährliche Nutzung als konstant und als Jahresmittel angesetzt werden. Für Grundfonds mit den sich in jedem Nutzungsjahr verändernden Kosten findet man die mittleren Werte durch Division der Gesamtaufwendungen für die gesamte Nutzungsdauer des Objektes durch die Anzahl der Nutzungsjahre. Man muß jedoch daran denken, daß bei der Verwendung mittlerer Angaben die Abhängigkeit zwischen den jährlichen Aufwendungen und der Nutzungszeit linearen Charakter annimmt, obwohl sie in Wirklichkeit bei vielen Objekten nicht von dieser Art ist.

3. Methoden der Effektivitätsmessung neuer Werkstoffe

Die Notwendigkeit, den Nachweis für eine optimale Entwicklung der Produktion und des Verbrauches von Plasten und anderen neuen chemischen Werkstoffen zu erbringen, und die Möglichkeit, für diese Ziele ökonomisch-mathematische Methoden und elektronische Rechenmaschinen (EDVA) auszunutzen, stellen eine Reihe von neuen Forderungen an die Effektivitätsberechnungen. Eine dieser Forderungen besteht darin, die Einsatzvarianten neuer Werkstoffe durch Berechnungen ziemlich vollständig zu erfassen. Die Gesamteinsparung E_{VW} aus einer bestimmten neuen Werkstoffart kann man in allgemeiner Form durch Summation der

Einsparung in allen zu berücksichtigenden produktiven Einsatzsphären ermitteln:

$$(12) \qquad E_{VW} = \sum_{i=1}^{I} E_{yi} Q_i ,$$

wobei

i – der Nutzungsbereich des neuen Werkstoffes ($i = 1, 2, \ldots I$) ist;

E_{yi} – die volkswirtschaftliche Einsparung aus der Verwendung von 1 t neuen Werkstoffs im i-ten Zweig;

Q_i – die Menge an neuem Werkstoff in t, die für den Einsatz im i-ten Zweig bestimmt ist.

Eine andere Forderung ist die Vergleichbarkeit der Angaben und die Einheitlichkeit der Berechnung *aller Varianten* zur Einführung neuer Werkstoffe.

Die Gesamtheit der technischen, ökonomischen, organisatorischen und der anderen Faktoren, die auf den Umfang und die Höhe der Effektivität des Einsatzes von Plasten und anderen neuen Werkstoffen Einfluß nehmen, spiegelt sich letzten Endes in der Größe von vier grundlegenden Wertkennziffern wider, auf deren Grundlage man die Höhe dieses Nutzens quantitativ messen kann: Selbstkosten der Erzeugnisse; Investitionskosten zur Herstellung der Erzeugnisse (unter Berücksichtigung der verflochtenen Zweige); Selbstkosten der Erzeugnisse, die mit Hilfe von Arbeitsmitteln hergestellt wurden (oder die jährlichen Aufwendungen für die Nutzung dieser Mittel im Verbraucherzweig); Investitionskosten, die mit der Nutzung von Ausrüstungen, bestehend aus Plastteilen in den Verbraucherzweigen, verbunden sind.[25]

Wir führen für die grundlegenden technisch-ökonomischen Wertkennziffern, die zur Ermittlung der Effektivität des Einsatzes von Plasten sowie daraus gefertigten Erzeugnissen notwendig sind, folgende Symbole ein (mit den Variantenindizes T – für traditionelle Werkstoffe, P – für Plaste):

[25] Weitere Methoden zur Berechnung der technisch-ökonomischen Naturalkennziffern (spezifische Verbrauchsnormen für Roh- und Werkstoffe, für technologischen Brennstoff, Wasser, Elektro- und Wärmeenergie; spezifischer Arbeitsaufwand für die Produktion von Erzeugnissen aus substitutionsfähigen traditionellen Werkstoffen und Plasten ohne und mit Berücksichtigung der verflochtenen Zweige) und der Wertkennziffern (Selbstkosten, spezifische Investitionskosten) sind ausführlich beschrieben in den Büchern: Metodika techniko-ėkonomičeskich rasčetov chimizacii narodnogo chozjajstva, Moskau 1968, S. 25–72; Metodika opredelenija normativov udel'nych kapital'nych vloženij, Moskau 1969.

S_T und S_P – Selbstkosten der Maschinen, Ausrüstungen, Erzeugnisse, Halbfabrikate und anderer Elemente von Arbeitsmitteln oder Arbeitsgegenständen, die auf der Grundlage oder unter Ausnutzung von traditionellen Werkstoffen und Plasten hergestellt wurden, in Rubeln;

I_T und I_P – Investitionskosten für die Entwicklung von Produktionskapazitäten für Arbeitsmittel oder Arbeitsgegenstände, die auf der Grundlage oder unter Ausnutzung der angeführten substitutionsfähigen Werkstoffe hergestellt wurden, in Rubeln;

S'_T und S'_P – Jährliche Aufwendungen für die Nutzung der Arbeitsmittel oder Arbeitsgegenstände mit Baugruppen und Teilen aus substitutionsfähigen Werkstoffen im Verbraucherzweig, in Rubeln;

I'_T und I'_P – Investitionskosten für den Erwerb der angeführten Arbeitsmittel oder Arbeitsgegenstände im Verbraucherzweig, in Rubeln;

I''_T und I''_P – Zusätzliche Investitionen für die Nutzung der angeführten Arbeitsmittel oder Arbeitsgegenstände im Verbraucherzweig, in Rubeln;

Unter laufenden Aufwendungen in den Bereichen der Herstellung (S_T und S_P) und Nutzung (S'_T und S'_P) der Erzeugnisse werden die vollen Selbstkosten (alle Positionen) oder Teile davon (nur veränderliche Positionen) verstanden, d. h. die Gesamtheit der Positionen, auf deren Veränderung der Einsatz von Plasten und anderen chemischen Werkstoffen Einfluß ausübt.

Bei den Investitionskosten I_T und I_P müssen außer der Hauptproduktion die Aufwendungen für die sogenannten verflochtenen Zweige berücksichtigt werden, die einen gegebenen Zweig ständig mit den zu erneuernden Elementen der Umlauffonds (mit Roh- und Werkstoffen, Komplettierungsteilen, Brennstoff, Elektroenergie, Ersatzteilen usw.) versorgen. In den Fällen, wo der Einsatz synthetischer Werkstoffe mit einer Änderung des Normativs der Umlauffonds verbunden ist, muß man bei den Investitionskosten I_T und I_P außer den Aufwendungen für die Produktionsobjekte den Aufwand für die Ergänzung oder Verminderung der Umlauffonds in Höhe des Jahresdurchschnittsnormativs berücksichtigen. Die verflochtenen Investitionskosten braucht man nur bei jenen Elementen der Grund- und Umlauffonds zu berücksichtigen, bei denen eine bedeutende Aufwandserhöhung in den verflochtenen Zweigen zu verzeichnen ist.

Wenn die geltenden Großhandelspreise die Verbesserung der Gebrauchseigenschaften der Erzeugnisse und die Veränderung der Selbst- und Investitionskosten im Herstellungsbereich infolge der Einführung von neuer

Technik nicht widerspiegeln bzw. überhaupt nicht festgestellt werden, so ist es zweckmäßig, an Stelle der Investitionskosten I_T und I_P für den Erwerb dieser Technik im Verbraucherzweig die reduzierten Aufwendungen $I_T = S_T + E_n I_T$ und $I'_P = S_P + E_n I_P$ für die Herstellung der Technik anzusetzen.

Unter den Investitionskosten I''_T und I''_P in der Anwendungssphäre versteht man die Bewilligung zusätzlicher Finanzmittel, die für den Einsatz der Arbeitsmittel und Arbeitsgegenstände notwendig sind, beispielsweise die Veränderung des Aufwandes für den Bau von Gebäuden und Fundamenten im Zusammenhang mit der Verminderung der Abmessungen und der Senkung des Gewichts von Ausrüstungen durch den Einsatz von Plasten; Verminderung des Aufwandes für den Bau von Werken für Ersatzteile dank der Verlängerung ihrer Nutzungsdauer durch das Aufbringen dünnschichtiger Beläge aus Capron; verringerte Ausgaben für den Bau von Garagen und Kraftfahrzeug-Reparaturstützpunkten usw.

Betrachten wir die Möglichkeiten, für die Effektivitätsberechnungen neuer Werkstoffe unterschiedliche Koeffizienten zu verwenden, die die Ungleichwertigkeit der Erzeugnisse berücksichtigen. Von D. S. L'vov sind Koeffizienten für die Veränderung der Nutzungsdauer und des Nutzeffektes vorgeschlagen worden.[26]

Der Koeffizient für die Veränderung der Nutzungsdauer, α_D, spiegelt den Einfluß des Zeitfaktors wider und wird in folgender Weise bestimmt:

$$\alpha_D = \frac{R_{at} + E_n}{R_{ap} + E_n}, \tag{13}$$

wobei R_{at} und R_{ap} den Anteil der Erneuerungsabführungen für die Objekte aus traditionellen Werkstoffen bzw. Plasten darstellen (wird nach Formel (6) ermittelt).

Die Möglichkeit einer Summierung des Anteils der Erneuerungsabführungen mit dem Effektivitätsnormativ im Zähler und im Nenner der Formel (13) wird in folgender Weise erreicht:

In der Formel für die reduzierten Aufwendungen der Variante $RA = S' + E_n (S + E_n I)$ wird theoretisch angenommen, daß der Preis $P = S + E_n I$ und die Jahreskosten in der Nutzungssphäre $S' = AW_a + A = R_a P + A$ sind.

Für $RA_1 = RA_2$ ist

$$P_2 = P_1 + \frac{A_1 - A_2}{R_a + E_n}.$$

[26] D. S. L'vov, Ermittlung des ökonomischen Nutzeffektes der Qualitätserhöhung der Erzeugnisse, in: Voprosy ėkonomiki, 2/1971, S. 178.

Zur Erfassung der Äquivalenz der alten und neuen Technik nach der Höhe des Nutzeffektes, worunter man die nützliche Arbeit oder den zweckbestimmten Nutzen versteht, der durch den Einsatz einer Erzeugniseinheit unter den entsprechenden Gebrauchsbedingungen garantiert wird, wird der Koeffizient des Nutzeffektes α_N als Verhältnis der jährlichen Erzeugnisproduktion Q_P und Q_T in natura

$$(14) \qquad \alpha_N = \frac{Q_P}{Q_T}$$

eingeführt.

Das Produkt $(\alpha_D \cdot \alpha_N)$ der Koeffizienten für die Nutzungsdauer und den Nutzeffekt hat eine bestimmte ökonomische Bedeutung. Es zeigt, wieviel an traditioneller Technik benötigt würde, wenn die Nutzungsdauer und die Produktivität der neuen Technik wie früher blieben. Zur Erfassung der Äquivalenz der neuen Technik ist es in vielen Fällen offenbar gerechtfertigt. die vollen Aufwendungen der vorhandenen Technik durch das Produkt $\alpha_D\alpha_N$ zu korrigieren.

Gleichzeitig darf dieses methodische Verfahren nicht allgemein verwendet werden. Bekanntlich wirkt in jedem Industriezweig ein System von technischen und organisatorischen Faktoren, die man bei den Berechnungen des Nutzeffektes der neuen Technik berücksichtigen muß. Es geht vor allem um Komplettierungs-, Reserve-, Spezial- und Sonderausrüstungen, deren Vorhandensein und deren Anzahl nicht nur durch ihre Nutzungsdauer und Produktivität bestimmt sind. Unter den Verhältnissen automatischer Fließlinien sind genaue Proportionen zwischen den einzelnen Ausrüstungsarten zu beachten. Im weiteren Sinne ist der Ausrüstungspark durch eine bestimmte Struktur nach der Art, der Zweckbestimmung und der Kapazität, dem Auslastungsgrad usw. gekennzeichnet. Daher führt die Erhöhung des Aufwandes für eine vorhandene Ausrüstungsvariante nach dem Produkt $\alpha_D \cdot \alpha_N$ in einer Reihe von Fällen zu einer gewissen Überhöhung des Nutzens aus der neuen Technik.

Betrachten wir die Möglichkeiten, die Koeffizienten der Nutzungsdauer (α_D) und des Nutzeffektes (α_N) für die Effektivitätsermittlung der neuen Werkstoffe zu verwenden.

Da der Koeffizient der Nutzungsdauer den Einfluß des Zeitfaktors widerspiegelt, geht es um den Nutzeffekt des Einsatzes neuer Werkstoffe für die Herstellung von Baugruppen und Teilen als unentbehrliche Konstruktionselemente insgesamt. Der Einsatz von Baugruppen und Teilen längerer Nutzungsdauer aus neuen Werkstoffen führt in der Regel zu keiner Änderung der Nutzungsdauer der Gesamtkonstruktion, aber vermindert die Anzahl ihrer Auswechslungen. Deshalb entspricht die Ermittlung des

Koeffizienten der Nutzungsdauer für Baugruppen und Teile besser den gestellten Aufgaben.

Wird unter dem Koeffizienten des Nutzeffektes die Änderung der jährlichen Produktion (Produktivität) einer Maschine verstanden, so ist dessen Verwendung für Effektivitätsberechnungen neuer Werkstoffe erschwert, da in der überwiegenden Zahl der Fälle der Einsatz synthetischer Werkstoffe es vor allem gestattet, die Masse zu vermindern, die Nutzungsdauer und die Zuverlässigkeit der Konstruktion zu erhöhen usw. Eine Ausnahme stellen Transportmittel dar (Lastkraftwagen, Eisenbahnwaggons, Schiffe u. a.), wo der Einsatz polymerer Werkstoffe zur Erhöhung der Ladefähigkeit und folglich zu einer Veränderung der von ihnen auszuführenden Arbeit führt. Deshalb ist in einer Reihe von Fällen eine Korrektur des Herstellungsaufwandes für die erwähnten Transportmittel früherer Konstruktion unter Berücksichtigung des Nutzeffektskoeffizienten theoretisch gerechtfertigt.

Wird jedoch unter dem Koeffizienten des Nutzeffektes bezüglich der Roh- und Werkstoffe auch das Verhältnis ihrer Verbrauchsnormen verstanden, so muß man die Anwendungsmöglichkeiten dieses Koeffizienten nach Werkstoffarten gesondert betrachten. Handelt es sich um den Verbrauch ein und desselben Werkstoffes, so bedeutet eine Veränderung seiner Verbrauchsnorm unabhängig von seinen Einsatzrichtungen in der Volkswirtschaft – in Form des Werkstoffes an sich oder in Form eines Erzeugnisses –, bezogen auf den gleichen Konsumtionsumfang an Enderzeugnissen, eine reale Einsparung an Kosten für die Herstellung einer nicht benötigten Werkstoffmenge, denn der Bedarf der Gesellschaft an diesem Werkstoff wird reduziert.

In diesem Falle ist die Anwendung des erwähnten Koeffizienten zur Korrektur der Herstellungskosten der Werkstoffe und der daraus gefertigten Erzeugnisse gerechtfertigt.

Ändert sich die Materialverbrauchsnorm nicht, und handelt es sich um die Substitution eines Werkstoffes, zum Beispiel eines traditionellen durch einen anderen synthetischen, so wird der sogenannte Gesamtsubstitutionskoeffizient (K_p) errechnet, der den Einfluß solcher Äquivalenzfaktoren wie Dichte, technische Eigenschaften, Verbrauchsnorm, Inhalt an Nutzstoff, Höhe der Abfälle bei der Bearbeitung, Nutzungsdauer der Erzeugnisse aus diesem Werkstoff u. a. auf den Stufen der Produktion, Verarbeitung und Anwendung des Werkstoffes widerspiegelt.[27] Wie man sieht, wird dieser

[27] I. V. Rachlin, Plastmassy v mašinostroenii –, in: Medodika techniko–ėkonomičeskich rasčetov chimizacii narodnogo chozjajstva, Moskau 1968, S. 91–92.

Koeffizient nicht nur unter Berücksichtigung der Materialverbrauchsnorm, sondern auch der Nutzungsdauer der Erzeugnisse aus diesem Material ermittelt.

Der Substitutionskoeffizient wird in der Praxis von Effektivitätsberechnungen bei der Chemisierung umfassend genutzt, um eine Kostenäquivalenz der Varianten zur Einführung substitutionsfähiger traditioneller und synthetischer Werkstoffe zu erreichen.

Daher muß man für Berechnungen des Nutzeffektes der neuen Werkstoffe den Koeffizienten für die Änderung der Nutzungsdauer der Baugruppen und Teile aus vergleichbaren Werkstoffen sowie den Koeffizienten für die Substitution traditioneller durch neue Werkstoffe verwenden.

Nimmt man an, daß die S' die sich jedes Jahr verändernden laufenden jährlichen Kosten in der Anwendungssphäre des Objektes im Verlaufe seiner Nutzungsdauer T_{ND} sind; $S + E_n I$ die reduzierten Aufwendungen zur Herstellung des Objektes insgesamt oder seiner Teile, die sich im Verlaufe von T_{ND} h-mal wiederholten; I'' die Investitionskosten in der Anwendungssphäre, die sich bei der Substitution eines Objektes oder seiner Teile nicht wiederholen, so betragen die Aufwendungen AW_∞ für eine unbegrenzte Nutzungsdauer, auf das Jahr 0 gebracht:

$$\begin{aligned}(15)\qquad AW_\infty &= (S + E_n I) \sum_{n=0}^{\infty} (1 + E_n)^{-nT_{ND}} + S' \sum_{t=1}^{\infty} (1 + E_n)^{-t} + I'' \\ &= (S + E_n I)\left[1 + \frac{1}{(1 + E_n)^{T_{ND}-1}}\right] + \sum_{t=1}^{\infty} \frac{S'_t}{(1 + E_n)^t} + I''.\end{aligned}$$

Nimmt man jedoch an, daß die S' in jedem Nutzungsjahr des Objektes konstant und die reduzierten Aufwendungen $S + E_n I$ zu ihrer Herstellung einmal sind, das heißt sich im Verlaufe von T_{ND} nicht wiederholen, so kann man die Aufwendungen AW_0 für die Nutzungsdauer T_{ND}, auf das Jahr 0 gebracht, in folgender Weise schreiben:[28]

$$(16)\qquad AW_0 = S + E_n I + T_n S' \left[1 - \frac{1}{(1 + E_n)^{T_{ND}}}\right] + I''.$$

Früher ist gezeigt worden (Formel (8)), daß bei Eliminierung der tatsächlichen Instabilität des laufenden Kosten S' in jedem Nutzungsjahr die Summation dieser Kosten unter Berücksichtigung des Zeitfaktors zu dem Ausdruck

$$AW_{T_{ND}} = \sum_{t=1}^{T_{ND}} S' (1 + E_n)^{T_{ND}-t}$$

[28] Siehe auch: A. B. Zalesskij, Sravnitel'naja ocenka chozjajstvennych rešenij, Moskau 1968, S. 166–167, 222–226.

führt, der die Summe der Glieder einer geometrischen Reihe darstellt und in den Ausdruck

$$AW_{T_{ND}} = S' \frac{(1 + E_n)^{T_{ND}-1}}{E_n}$$

umgewandelt wird.

Reduzieren wir $AW_{T_{ND}}$ auf den Nutzungsbeginn AW_0 mittels Division durch $(1 + E_n)^{T_{ND}}$, so erhalten wir:

$$AW_0 = S' \frac{1 - \frac{1}{(1 + E_n)^{T_{ND}}}}{E_n} \quad \text{und bei} \quad T_n = \frac{1}{E_n}$$

$$AW_0 = S' \left[1 - \frac{1}{(1 + E_n)^{T_{ND}}}\right].$$

Formel (16) gibt den auf den Nutzungsbeginn (das Jahr 0) bezogenen Herstellungs- und Nutzungsaufwand für die gesamte Nutzungsdauer des Objektes wieder.

Bei $T_{ND} = \infty$ ist

(17) $$AW_0 = S + E_n I + T_n S' + I''$$

Somit nehmen die Formeln (16) und (17) für den Variantenvergleich des Einsatzes von Plasten an Stelle von traditionellen Werkstoffen folgende Form an:

Bei $T_{ND} \neq \infty$ ist

(18) $$E_0 = AW_{0T} - AW_{0P} = (K_E S_T - S_P) + E_n (K_E I_T - I_P) + T_n \left[1 - \frac{1}{(1 + E_n)^{T_{ND}}}\right] (S'_T - S'_P) + (I''_T - I''_P);$$

bei $T_{ND} = \infty$

(19) $$E_0^\infty = AW_{0T} - AW_{0P} = (K_E S_T - S_P) + E_n (K_E I_T - I_P) + T_n (S'_T - S'_P) + (I''_T - I''_P).$$

Bei einem Vergleich der laufenden Kosten und der Investitionskosten ist es wichtig, eine Doppelerfassung, hervorgerufen durch die Abschreibungssummen für die Erneuerung, zu vermeiden. In den reduzierten Aufwendungen für ein Jahr nach der Formel $S + E_n I$ stellen die Abschreibungen einen integrierenden Bestandteil der Selbstkosten dar und führen zu keiner Doppelerfassung.

Im Gegenteil, man muß bei der Berechnung nach der Formel $(T_n S + I)$ für die gesamte Nutzungsdauer die laufenden Kosten ohne die Abschreibungssummen für die Erneuerung ansetzen, da sie bereits in der Größe I berücksichtigt sind.

Der Erfassungszeitraum für die Jahresdurchschnittskosten ist, wie man sieht, nicht durch die Nutzungsdauer des Objektes begrenzt, sondern durch die normative Rückflußdauer der zusätzlichen Investitionen T_n. Daher wird hier die Proportionalität zwischen der Erhöhung der Nutzungsdauer der Objekte und der Höhe der erreichbaren Einsparungen an Mitteln und Ressourcen gleichsam gestört. Hieraus folgt, daß unter sonst gleichen Bedingungen die Erhöhung der Nutzungsdauer von Erzeugnissen mit geringer Lebensdauer effektiver ist als von Erzeugnissen mit langer Lebensdauer, da sich der Einfluß des Zeitfaktors in geringerem Maße auf die Höhe der Einsparungen auswirkt.

Die Begrenzung der Berechnungsperiode durch die Beträge von T_n bedeutet keineswegs, daß der „Nutzen" der Investitionen nur in diesem Zeitraum erwartet wird. Die Sache ist die, daß in den Berechnungen eine obere Grenze der Rückflußdauer (T_n) angesetzt wird und die Rückerstattung der einmalig bewilligten Gelder faktisch im Verlaufe der gesamten Nutzungsdauer des Objektes erfolgen muß.

Wir betonen, daß die Anwendung der Formeln (18) und (19) unter der Voraussetzung, daß die Effektivitätsberechnung von allen Zweigen (Produzenten und Konsumenten von Erzeugnissen aus synthetischen Werkstoffen) gleichzeitig vorgenommen wird, es ermöglicht, die Aufwendungen für die Herstellung und Nutzung der Erzeugnisse richtig zu ermitteln und eine Doppelerfassung, zum Beispiel im Waggonbau und im Eisenbahntransport, im Traktorenbau und in der Landwirtschaft, im Schiffsbau und bei der Marine, im Straßenbau-Maschinenbau und im Bauwesen usw. auszuschalten.

Einige Ökonomen äußern die Befürchtung, daß die Anwendung dieser Formeln zu einer beträchtlichen Überhöhung der Gesamtsumme der Einsparungen führt. Die erwähnten Berechungen sind jedoch nicht zur Ermittlung der Gesamtsumme an Einsparungen durch Einführung neuer Werkstoffe in die Volkswirtschaft bestimmt, sondern zur Ermittlung des gesamten vergleichbaren Nutzeffektes aller Varianten. Außerdem werden die Angaben des vergleichbaren Nutzeffektes auf der Grundlage der reduzierten Aufwendungen von der Staatlichen Plankommission in der Praxis der Investitionsplanung und der anderen Planungsberechnungen überhaupt nicht angewandt, denn dafür werden besondere Kennziffern der Investitionskosten und der Selbstkostensenkung der Erzeugnisse verwendet.

Betrachten wir nun Formeln zur Effektivitätsbestimmung gegenseitig austauschbarer Werkstoffe mit Hilfe der Koeffizienten α_D und K_E sowie des Ausdruckes $(R_a + E_n)$.

Sind die laufenden Kosten (ohne Berücksichtigung der Erneuerungsabführungen) S'_T und S'_P in den Nutzungsjahren veränderlich und werden die Investitionen I''_T und I''_P mehrfach durchgeführt, so erfolgt bei einer Veränderung der Nutzungsdauer der Objekte die Ermittlung der gesamten Einsparungen nach der Formel:

$$
(20) \quad \begin{aligned} E = & (S_T + E_n I_T)\,\alpha_D K_E - (S_P + E_n I_P) \\ & + \sum_{t=1}^{T_{ND}} \frac{S'_{T_t} - S'_{P_t}}{(1 + E_n)} + \sum_{t=1}^{T_{ND}} \frac{I_{T_t} - I_{P_t}}{(1 + E_n)^{T_{ND}-1}} . \end{aligned}
$$

Sind jedoch die laufenden Aufwendungen in der Anwendungssphäre unveränderlich und die Investitionen einmalig, so nimmt Formel (20) folgende Form an:

$$
(21) \quad \begin{aligned} E = & (S_T + E_n I_T)\,\alpha_D K_E - (S_P + E_n I_P) + \frac{S'_T - S'_P}{R_{ap} + E_n} \\ & + (I''_T - I''_P) . \end{aligned}
$$

Verändert sich aber auch die Nutzungsdauer der Objekte durch die Einführung von Plasten nicht, so gilt

$$
(22) \quad \begin{aligned} E = & (S_T + E_n I_T)\, K_E - (S_P + E_n I_P) + \frac{S'_T - S'_P}{R_{ap} + E_n} \\ & + (I''_T - I''_P) . \end{aligned}
$$

In der Berechnungspraxis trifft man Varianten zur Einführung neuer Werkstoffe an Stelle von traditionellen an, deren Nutzeffekt man nach einfacheren Formeln berechnen kann.

Bleiben z. B. die technisch-ökonomischen Parameter (Qualität) der Grundfonds bei der Substitution der Werkstoffe stabil, so werden nur im Bereich ihrer Herstellung Berechnungen angestellt:

$$
(23) \quad E = (S_T + E_n I_T) K_E - (S_P + E_n I_P) .
$$

Verändern sich die Gebrauchseigenschaften der Grundfonds, aber die Ermittlung der Jahreseinsparung durch den Einsatz neuer Werkstoffe ist erforderlich, so gilt

$$
(24) \quad \begin{aligned} E' = & (S'_T - S'_P) + E_n[K_E (S_T + E_n I_T) - (S_p + E_n I_p)] \\ & + E_n(I''_T - I''_P) = (S'_T - S'_P) + E_n \,[(K_E S_T - S_P) \\ & + (I''_T - I''_P)] + E_n^2(K_E I_T - I_P) , \end{aligned}
$$

was der Gesamteinsparung an reduzierten Aufwendungen in der Produktions- und Anwendungssphäre der Grundfonds mit Baugruppen und Teilen aus Plasten im Verlaufe eines Jahres entspricht. Zur Gewährleistung der

Vergleichbarkeit des Produktionsvolumens in diesen Sphären muß man die jährliche Produktivität der Maschinen und Ausrüstungen mit ihrer Jahresproduktion multiplizieren.

Ist die Nutzungsdauer der Baugruppen und Teile aus traditionellen oder neuen Werkstoffen geringer als die des gesamten Objektes, so wird der Aufwand zu deren Erneuerung über bestimmte Zeitabschnitte im Verlaufe von T_{ND} des Objektes nach der Formel

$$(25) \qquad AW'_{T_{ND}} = AW' + \frac{AW'}{(1 + E_n)^t} + \frac{AW'}{(1 + E_n)^{2t}} + \cdots + \frac{AW'}{(1 + E_n)^{nt}}$$

berechnet, wobei t die Nutzungsdauer der Baugruppe oder des Teiles und n die Anzahl der Auswechslungen ist.

Werden Baugruppen und Teile verschiedener Objekte hauptsächlich als Ersatz- und Komplettierungsteile (Reifen, Gummiteile, Gleitlager aus Plaste u. dgl. m.) verwendet, so ist es notwendig, die Effektivität der durchzuführenden Maßnahmen zur Erhöhung ihrer Nutzungsdauer zu beurteilen. Zieht man eine geringe Nutzungsdauer dieser Teile in Betracht (in der Regel weniger als ein Jahr), so kann man den Einfluß des Zeitfaktors vernachlässigen und den Nutzen (E) aus ihrem Einsatz proportional der Veränderung ihrer Nutzungsdauer bezüglich einer äquivalenten Menge von Erzeugnissen mit früherer und verbesserter Qualität nach der Formel

$$(26) \qquad E = [K_E (S_T + E_n I_T) - (S_P + E_n I_P)] \, P_T \frac{K_E - 1}{K_E}$$

bestimmen,

wobei $(S_T + E_n I_T)$ und $(S_P + E_n I_P)$ die reduzierten Aufwendungen für die Herstellung der Erzeugnisse mit früherer und verbesserter Qualität sind. P_T ist der Jahresbedarf der Erzeugnisse mit früherer Qualität, der durch den Ausdruck $P_K + P_N$ (erforderliche Summe für die Komplettierung und Nutzung (Ersatz)) bestimmt wird.

Auf den ersten Blick scheint es, man müsse Bedarf an Erzeugnissen mit verbesserter Qualität nach dem Ausdruck $P_K + \frac{P_N}{K_E}$ ermitteln und nicht nach $(P_K + P_N) : K_E$. Die Analyse zeigt jedoch, daß ein Zuwachs an Jahresnutzen durch Erhöhung der Nutzungsdauer der für die Komplettierung der Technik vorgesehenen Erzeugnisse dann realisiert wird, wenn diese Erzeugnisse zur Nutzung der Technik benötigt werden. Da sich diese Situation alljährlich wiederholt, braucht man sie bei praktischen Berechnungen nicht zu berücksichtigen. Man bestimmt den Bedarf an Erzeugnissen mit verbesserter Qualität, wenn keine Lücke in der Belieferung der erwähnten Erzeugnisse vorhanden ist, nach der Formel $(P_K + P_N) : K_E$.

Existiert jedoch eine derartige Versorgungslücke, so kann auch eine Qualitätsverbesserung der Erzeugnisse zu keiner Senkung ihres Bedarfs führen. In diesem Fall muß man den Nutzen über die Erhöhung der Fondseffektivität der technischen Mittel berechnen, die in den Produktionsprozeß einbezogen sind. Die Bereitstellung einer zusätzlichen Menge an Reifen erlaubt es aus diesem Grunde zum Beispiel, die Stillstandszeiten des Kraftverkehrs zu reduzieren, den Umfang der ausgeführten Arbeiten zu vergrößern und die Fondseffektivität zu erhöhen.

Die Einsparungen durch den Einsatz von Plasten bei Erzeugnissen, die nach dem Verbrauch weiterhin Element der Umlauffonds bleiben, muß man schließlich als algebraische Summe der berechneten reduzierten Aufwendungen nach Varianten in der Produktions- und Konsumtionssphäre der Werkstoffe nach Formel

$$E_{gesamt} = [(S_T - S_P)\, E_n(I_T - I_P) + (S'_T - S'_P) + E_n\,(I''_T - I''_P)] \tag{27}$$

ermitteln, wobei

S'_T und S'_P – die jährlichen Selbstkosten der Erzeugnisse (Arbeiten) in der Konsumtionssphäre für die traditionellen Werkstoffe und Plaste (ohne Berücksichtigung der Kosten dieser Werkstoffe) und T''_T und I''_P – die zusätzlichen Investitionen des Verbrauchers von traditionellen Werkstoffen und Plasten sind.

Wir betonen, daß bei der Effektivitätsbestimmung auch zusätzliche Kennziffern (Verbrauch von Engpaßwerkstoffen, Arbeitsaufwand, Zyklusdauer, Ausnutzung der Produktionsausrüstungen und -flächen, Stand der Mechanisierung und Automatisierung, Anteil an maneller Arbeit u. dgl. m.) eine gewisse Rolle spielen, und obwohl sie sich auch in der Größe der Hauptkennziffern widerspiegeln, selbständige Bedeutung besitzen.

In einzelnen Fällen kann die Zweckmäßigkeit von Varianten des Plasteeinsatzes nicht auf der Grundlage des Minimums an reduzierten Aufwendungen, sondern muß durch andere Faktoren ohne kostenmäßige Bewertung nachgewiesen werden: durch Verbesserung der Arbeitsbedingungen für die Arbeiter (Lärm-, Vibrations- und Staubverminderung, Senkung der Verunreinigung durch Gase u. a.), durch Erfüllung der sicherheitstechnischen Anforderungen, durch Festigung der Verteidigungsfähigkeit des Landes, durch Erhöhung der ästhetischen Eigenschaften der Erzeugnisse usw.

Die oben dargelegte Methodik erlaubt es, die Effektivität dieser oder jener Variante des Plasteeinsatzes zu ermitteln.

Das hohe Entwicklungstempo der Produktion und Konsumtion von Plasten stellt jedoch neue Aufgaben, erfordert die Koordinierung der

Effektivitätskennziffern mit der Dynamik der Plastvorräte in der Volkswirtschaft insgesamt, denn mit der Vergrößerung dieser Ressourcen entsteht die Möglichkeit von Varianten mit ständig sinkender Effektivität. Kennziffern, die für einzelne Varianten berechnet worden sind, entsprechen diesen Anforderungen nicht mehr; sie sind statisch und bringen die untere Grenze der Einsparung nicht zum Ausdruck, außerhalb derer die Einführung bestimmter Plastarten bei gegebenen Ressourcen uneffektiv wird.

Die Anwendung ökonomisch-mathematischer Methoden zur Optimierung der Produktionsstruktur und der Verteilung der Plastvorräte gestattete es, die minimal zulässigen Einsparungswerte (bei unterschiedlicher Höhe der bereitgestellten Investitionen) aufzudecken, bei denen der Einsatz dieser oder jener Plastart effektiv wird (in Rubeln/t).[29]

	Investitionsvolumen (Millionen Rubel)			
	950	1150	1300	1550
Phenolharze	470	350	312	255
Phenol-Preßpulver	345	260	230	186
Karbamidharze	235	174	155	126
Hochdruckpolyäthylen	1240	940	830	670
Niederdruckpolyäthylen	2800	2150	1920	1560
Polypropylen	3100	2300	2050	1670
Polystyrol, schlagfest	1500	1200	1060	870
Polyvinylchlorid	1060	790	705	560

Auf der Grundlage der erhaltenen Kennziffern kann man den Zuverlässigkeitsgrad der Ausgangsinformationen und den Einfluß der möglichen Fehler auf die Lösung der Aufgabe beurteilen. Ist die erhaltene Einsparung je 1 t Plaste bedeutend höher als die minimal zulässige, so beeinflußt dies die Berechnungsergebnisse nicht. Liegt die erwähnte Einsparung jedoch im Grenzbereich, so muß man strenge Anforderungen an die Genauigkeit der Berechnungen und an die Auswahl der Varianten zur Einführung von Plasten stellen.

Die auf dem Nutzeffekt der einzelnen Varianten basierende Ermittlung der minimal zulässigen Bewertung der Ersparnis bei der Einführung von Plasten kann man als die folgende Etappe der Berechnungen betrachten, die bis zur Stufe der Plastindustrie insgesamt geführt worden ist. Die im Verlaufe der Aufgabenlösung gewonnenen Bewertungen heben keineswegs die Notwendigkeit auf, die Effektivität einer Vielzahl von Varianten zur Einführung von Plasten zu ermitteln, erlauben es aber, diese Varianten einem Vergleichsobjekt gegenüberzustellen.

[29] V. M. Ioffe, Die Vervollkommnung der Produktionsstruktur bei Plasten, in: Plastičeskie massy, 3/1969, S. 35.

Unter den Spezialisten auf dem Gebiet der Plaste und der anderen neuen Werkstoffe hat sich in den letzten Jahren die Meinung breit gemacht, daß es zweckmäßig sei, die ökonomischen Methoden zur Bewertung der Effektivität durch solche zu ergänzen, die zwischen einer Reihe von Faktoren einen funktionellen Zusammenhang herstellen: technische Faktoren (mechanische Festigkeit, thermische und chemische Beständigkeit, dielektrische Kennziffern, Erfüllung der technischen Anforderungen u. a.), technologische Faktoren (Formungstemperatur und -druck, Verfestigungsgeschwindigkeit des Bindemittels, Schrumpfung, Giftigkeit usw.) und ökonomische Faktoren (Export- und Importmöglichkeiten, Flächennutzung u. a.).

Zu diesem Zweck sind Versuche unternommen worden, ein Punktesystem zur Bewertung dieser oder jener Vorzüge und Mängel der Plaste, ihrer Ausgangskomponenten bzw. der Verarbeitungsmethoden zu schaffen. Als Grundlage der Parameterauswahl und der Punkteanzahl für die Bewertung setzt man gewöhnlich die Forschungsresultatet und die Produktions- und Nutzungserfahrung verschiedener Plastarten an.

Eine auf der Punktskala maximale Punkteanzahl erhält ein ideales Material (oder Komponente), das nur Vorzüge besitzt. Es ist selbstverständlich, daß dieses oder jenes Material infolge bestimmter Mängel eine geringere Bewertung erhält.

Als Beispiel führen wir die Punktemethode zur Berücksichtigung des Einflusses zusätzlicher Kennziffern ohne kostenmäßige Bewertung auf die Effektivität der Plaste an (Basisvariante – 0, positive Eigenschaft +, negative Eigenschaft —):

	Vergleichsvariante
Bedarf an Importrohstoff	+ 3
Ausnutzung der Produktionsflächen	— 2
Arbeitsaufwand für die Herstellung von Teilen	— 1
Arbeitsaufwand für die Instandhaltung dieser Teile	+ 3
Erfüllung der technischen Anforderungen	+ 1
Beurteilung bei Havarien	+ 1
	insgesamt + 5

Ein anderes Beispiel betrifft die Bewertung der Auswahl von Bindemitteln für glasfaserverstärkte Plaste. Bekanntlich übt die Auswahl des Bindemittels auf die Ökonomik der Produktion glasfaserverstärkter Plaste einen wesentlichen Einfluß aus. In Tabelle 4 ist zur Veranschaulichung eine

Tabelle 4

Relative Bewertung der hauptsächlichen Duroplast-Bindemittelarten für glasfaserverstärkte Plaste nach einer 20-Punkte-Skala

Bindemittel (BM)	Preis einer Raumeinheit	Spezifische Investitionen	Mechanische Festigkeit	Adhäsion an Glasfasern	Vorhandensein anderer wertvoller Gebrauchseigenschaften	Verfestigungstemperatur	Formungsdruck	Schrumpfung bei der Verfestigung	Toxizitätsgrad	insgesamt
Ideale BM	4	2	2	2	3	2	3	1	1	20
Phenol-Formaldehyd-BM, modifiziert	3	1	2	2	2	0—1*	2	1	0	13—14
Polyvinylbutyral-Phenol-Formaldehyd (BF)	3	0	1	2	2	0	2	1	1	12
Furfurol-Aceton-BM auf der Grundlage eines Monomeren (FA)	4	1	0	1	2	0	2	1	0	11
Gekuppelte Furanverbindungen und Mischpolymerisate	0	1	1	2	2	0—2*	2	2	0	10—12
Siliziumorganische BM	0	0	0	1	3	0	0	3	1	8
Siliziumorganische BM, verbesserte (modifizierte) Sorten	0	0	0	1	3	1	2	3	1	11
Polymalonester-BM	3	1	0	1	2	0—2*	3	1	0	11—13
Polymalonester-BM, modifiziert und spezielle Sorten	0	1	1	2	2	0—2*	3	2	1	12—14
Polyacrylsäureester-BM	3	0	1	2	1	0—2*	3	1	1	12—14
Polyacrylsäureester-BM, modifiziert und spezielle Sorten	0	0	2	2	2	0—2*	3	2	1	12—14
Epoxid-BM mit Warmverfestigung	0	1	2	3	2	0*	3	2	0	13
Epoxid-BM mit Kaltverfestigung	0	1	1	3	2	2*	3	2	0	14

Angaben nach: A. M. Kogan, L. I. Koškin, Ch. R. Parkšejan, I. V. Rachlin, Ėkonomika proizvodstva i primenenija stekloplastikov, Moskau 1972, S. 33.

* Abhängig von der Bindemittelsorte, dem Katalysatortyp, den Startern und den Reaktionsbeschleunigern sowie von der Erzeugnisart

Skala zur Bewertung von Duroplast-Bindemitteln angeführt. Wie man sieht, kann man die Duroplast-Bindemittel auf der Grundlage einer Punktebewertung nach der Höhe der Effektivität in hocheffektiv (13–14), mittelmäßig effektiv (11–12) und wenig effektiv (8–10) einteilen. Die größten Vorteile besitzen die Polymalonester-, die Polyacrylsäureester-, die Epoxid- und die modifizierten Phenolformaldehyd-Bindemittel. Es ist wichtig hervorzuheben, daß die auf der Grundlage von Punkten erhaltenen Bewertungen der Duroplast-Bindemittel mit der Erfahrung und dem Umfang ihrer Verwendung in der Produktion der glasfaserverstärkten Plaste übereinstimmen.

Das dritte Beispiel ist einem Bewertungsverfahren der Bearbeitungsmethoden von glasfaserverstärkten Plasten gewidmet.

Tabelle 5

Relative Bewertung der Produktionsmethoden für Erzeugnisse und Halbfabrikate aus glasfaserverstärkten Plasten nach einer 50-Punkte-Skala

Produktionsmethode	Festigkeit	Kompliziertheitsgrad	Produktivität	Ausrüstungskosten	Qualifikation der Arbeiter	gesamt
Idealmethode	10	10	10	10	10	50
Kontaktpreßverformung	3	10	1	1	10	25
Vakuumverformung mit elastischem Diaphragma	4	9	2	2	9	26
Aufsprühen	1	10	4	4	10	29
Wickeln	10	4	6	6	2	28
Pressen	7	5	8	8	4	32

Aus Tabelle 5 ist ersichtlich, daß dem Pressen und danach dem Aufsprühen und Wickeln der Vorzug gegeben wird.

Die Variantenbewertung nach Punkten ist an und für sich eine fortschrittliche Methode. Wesentliche Mängel sind jedoch in der subjektiven Festlegung der Punkteanzahl für diese oder jene Maßnahme enthalten sowie im Fehlen einer entsprechenden engen Verbindung zu den ökonomischen Realisierungsergebnissen dieser Maßnahmen. Im entgegengesetzten Falle, bei Vorhandensein einer solchen Verbindung, würde die Notwendigkeit der Methode selbst entfallen, da man den Einfluß von zusätzlichen Kennziffern auf rechnerischem Wege ermitteln könnte.

Somit erlaubt es die Verwendung der Punkteskala ungeachtet der in gewissem Grade willkürlichen Festlegung, die Effektivitätsbewertung der Plaste mit ihren technischen, technologischen und anderen Parametern in

Einklang zu bringen. Die Punktemethode ersetzt jedoch nicht die ökonomischen Methoden zur Ermittlung des vergleichbaren Nutzeffektes der Plaste, sondern ergänzt sie.

Außer der Erarbeitung einer Methodologie zur Ermittlung der Effektivität des Einsatzes neuer Werkstoffe in der Volkswirtschaft haben die Qualität der Ausgangsinformationen und das System der technisch-ökonomischen Effektivitätsnormative für die Gewinnung zuverlässiger Angaben große Bedeutung.[30]

4. Methoden des Bilanzaufbaues für den Werkstoffverbrauch

Jeder Zweig oder jedes Objekt ist in Abhängigkeit vom Zweck und den konstruktiven Besonderheiten der zu produzierenden Erzeugnisse, von deren Stückzahl, den Nutzungsbedingungen und anderen technisch-ökonomischen Parametern Verbraucher bestimmter Arten und Mengen an traditionellen und neuen Werkstoffen.

Unter dem Einfluß des wissenschaftlich-technischen Fortschritts vollziehen sich wesentliche Verschiebungen in der Verbrauchsstruktur verschiedener Werkstoffe. Der absolute Verbrauch und das Verhältnis der verbrauchten Werkstoffe in der Rohstoffbilanz eines Zweiges oder eines anderen Objektes hängen von zwei Hauptfaktoren ab – von der Verbrauchsnorm dieser Werkstoffe pro Erzeugniseinheit (Typenmuster) und von den Strukturverschiebungen der Erzeugnisproduktion dieses Zweiges.

Zu den Hauptfaktoren, die auf den normativen und tatsächlichen Werkstoffverbrauch pro Erzeugniseinheit Einfluß nehmen, muß man zählen:

a) den Einsatz neuer oder modifizierter Werkstoffe synthetischen oder natürlichen Ursprungs mit wertvolleren Eigenschaften als die traditionellen Werkstoffe (zum Beispiel niedrige Dichte, erhöhte spezifische Zug-, Druck-, Biege- und Schlagfestigkeit sowie Beständigkeit gegenüber den atmosphärischen Bedingungen und aggressiven Medien, erhöhte spezifische Verschleißfestigkeit usw.). Dies gestattet, ihre Anwendungsgebiete wesentlich zu erweitern, die Nettomasse des Erzeugnisses zu senken, die Nutzungsdauer, Zuverlässigkeit und Produktivität zu erhöhen und andere technisch-ökonomische Parameter der Arbeitsmittel und der Qualität der Konsumgüter zu verbessern sowie eine Einsparung bestimmter Mengen an traditionellen Werkstoffen, an Arbeitsaufwand, an laufenden Aufwendungen und Investitionskosten in der Produktions- und Anwendungssphäre dieser Erzeugnisse zu erzielen;

b) die rationellere Konstruktion von Arbeitsmitteln sowie Konsum-

[30] Ausführlicher siehe: I. V. Rachlin, Ėkonomika primenenija plastmass v mašinostroenii, Moskau 1973.

gütern, die mit (bzw. ohne) dem Einsatz neuer Werkstoffe verbunden sind (Möglichkeit der Wanddickenreduzierung wesentlicher Baugruppen und Teile und der Schaffung einer prinzipiell neuen Konstruktion, Anstrebung der Mikrominiaturisierung der Erzeugnisse und dergleichen mehr), was zu einer Senkung der Nettomasse der Erzeugnisse führt;

c) den Übergang zu qualitativ höherwertigen und arbeitsintensiven, aber weniger materialaufwendigen Erzeugnisarten;

d) den Ersatz veralteter oder weniger fortschrittlicher Methoden der Werkstoffbearbeitung (-verarbeitung) durch progressivere, was eine Senkung des Abfalls und des Herstellungsaufwandes der Erzeugnisse erlaubt (zum Beispiel Ersatz der mechanischen Metallbearbeitung durch Pressen und Gießen, Ersatz der Kontaktpreßverformung von Duroplasten durch das Spritzgußverfahren u. a.).

Die Struktur der Produktion industrieller Erzeugnisse kennzeichnet den Grad der gesellschaftlichen Arbeitsteilung und die qualitativen Beziehungen zwischen den einzelnen Produktionszweigen und -arten. Je nach der Entwicklung der gesellschaftlichen Produktion werden vordringlich die Industriezweige entwickelt, die die Richtungen und das Tempo des wissenschaftlich-technischen Fortschritts bestimmen. Das Haupteffektivitätskriterium für die strukturellen Veränderungen stellt daher die Erhöhung der Produktivität der gesellschaftlichen Arbeit dar.

Die Strukturveränderung der Erzeugnisproduktion in einem Zweig hängt gewöhnlich von der gesellschaftlichen Bedarfsveränderung unter dem Einfluß der Forderungen nach Beschleunigung des wissenschaftlich-technischen Fortschritts ab, von der Effektivitätserhöhung der Produktion und von der Lösung anderer wichtiger Aufgaben (zum Beispiel Erhöhung des Produktionsausstoßes an Personenkraftwagen und Anhebung ihres Anteils an der Gesamtproduktion von Erzeugnissen der Kraftfahrzeugindustrie[31], ferner die Erhöhung des Anteils von Erzeugnissen der che-

[31] Im neunten Fünfjahrplan ist der Umfang und die Struktur der Kraftfahrzeugproduktion in folgender Weise verändert worden:

	1970		1975		1975 zu 1970
	i. Tausend Stück	%	i. Tausend Stück	%	%
Kraftfahrzeuge, insgesamt	916,1	100,0	2100	100,0	229
davon					
Lastkraftwagen	524,5	57,3	765	36,4	146
Personenkraftwagen	344,2	37,6	1260	60,0	3,7mal mehr
Autobusse	47,4	5,1	75	3,6	158

mischen und chemisch-mechanischen Holzverarbeitung an der Gesamtproduktion der holzverarbeitenden Industrie usw.).

Das beschleunigte Entwicklungstempo des Gerätebaus, der Funktechnik, der Elektronik (die Erzeugnisse dieser Zweige tendieren zur Miniaturisierung, das heißt zur Verminderung der Größe als Hauptparameter pro Einheit) sowie der chemischen, der Zellulose- und Papierindustrie, der Leichtindustrie, der Nahrungsmittelindustrie und anderer (in diesen Zweigen wird eine unbedeutende Menge an Konstruktionswerkstoffen benötigt) führt zu einer Reduzierung des spezifischen Verbrauchs an den erwähnten Werkstoffen. In einer Reihe von Fällen ist die Strukturveränderung der Produktion in einem Zweig durch den Einsatz chemischer Werkstoffe oder Prozesse bedingt (zum Beispiel in der Textil-, Schuh- und Lederwaren-, Verpackungsmittel- und der holzverarbeitenden Industrie usw.).

Eine Analyse der strukturellen Veränderungen in der Produktion und dem Verbrauch der Werkstoffe zeigt, daß dieses Problem die Interessen aller Rohstoffzweige berührt und nur auf der Grundlage eines komplexen Herangehens an die Planung und an die Beschlußfassung über große volkswirtschaftliche Entscheidungen gelöst werden kann. Auf die Notwendigkeit gerade eines solchen Herangehens hat der XXIV. Parteitag der KPdSU hingewiesen: „Unsere volkswirtschaftlichen Aufgaben erfordern ihrem Charakter nach in der Regel koordinierte Anstrengungen vieler Zweige und Wirtschaftsgebiete und schließen die Realisierung eines ganzen Systems verschiedener Maßnahmen ein.“[32]

„Jetzt ist die Aufgabe herangereift, die mehrere Zweige erfassende Planung zu verbessern, deren Bedeutung im Zusammenhang mit der Notwendigkeit der Lösung vieler großer volkswirtschaftlicher Probleme unter Beteiligung zahlreicher Wirtschaftszweige immer größer wird.“[33]

Nach dem XXIV. Parteitag der KPdSU wurde der Kurs auf die Vervollkommnung ganzer Komplexe miteinander verbundener Zweige, die sich nach einem bestimmten Programm entwickeln, zu einer der wichtigsten Richtungen der technischen Politik des Sowjetstaates.[34] Als solche Komplexe sind folgende ausgewählt worden: Der Brennstoff-Energie-Komplex, die Komplexe Metallurgie-Maschinenbau, Elektronik-Funkindustrie-Ge-

[32] XXIV. Parteitag der KPdSU. Rechenschaftsbericht des Zentralkomitees ..., Moskau-Berlin 1971, S. 91, 92.

[33] XXIV. Parteitag der KPdSU. Direktiven zum Fünfjahrplan für die Entwicklung der Volkswirtschaft der UdSSR in den Jahren 1971–1975. Referat von A. N. Kossygin, Moskau 1971 (APN), S. 55.

[34] XXIV. Parteitag der KPdSU, Rechenschaftsbericht des Zentralkomitees ..., Moskau-Berlin 1971, S. 81.

rätebau („Katalysator des wissenschaftlich-technischen Fortschritts"); chemische und petrolchemische Industrie – Chemisierung der Volkswirtschaft; Holz-, holzverarbeitende sowie Zellulose- und Papierindustrie – chemische und chemisch-mechanische Holzverarbeitung; Verkehrswesen – Nachrichtenwesen – materiell-technische Versorgung.

Ein solch wissenschaftlich fundiertes Herangehen an die Lösung so komplizierter technisch-ökonomischer Probleme eröffnet für die Ausarbeitung und Realisierung einer ökonomisch fundierten technischen Politik in einem gegebenen Bereich umfassende Möglichkeiten.

Geht man an die Analyse der aufgezählten Komplexe vom Standpunkt des Rohstoffproblems heran, so sind darin solche führenden Rohstoffzweige eingeschlossen wie die Metallurgie, die Chemie- und Holzindustrie, denen bei der Erhöhung des Nutzeffektes der Produktion eine bedeutende Rolle zugeschrieben wird.

Betrachten wir die Fragen der zwischenzweiglichen Planung am Beispiel des Komplexes „Chemische und petrolchemische Industrie – Chemisierung der Volkswirtschaft."

Die Motivierung der technischen Politik innerhalb dieses Komplexes berührt im Grunde genommen die gesamte Volkswirtschaft.

Im Maschinenbau kommen bekanntlich Erzeugnisse der Schwarz- und Buntmetallurgie, der Holzindustrie und der chemischen Industrie (Schwarz- und Buntmetalle, Holz, Plaste, synthetischer und Naturkautschuk, Lack- und Farbmaterialien u. a.) zum Einsatz, in der Elektrotechnik Erzeugnisse der Buntmetallurgie, der Elektroisoliermittelbranche, der chemischen Industrie, der Nahrungsmittel- und Leichtindustrie (Blei, Polyvinylchlorid, Schichtpreßstoffe, Pflanzenöl, Baumwollgarn u. a. m.). Es ist undenkbar, die Probleme der Produktion und des Verbrauchs chemischer Werkstoffe ohne solche Zweige wie die Landwirtschaft, die Nahrungsmittel- und Leichtindustrie (Naturfasern, Natur- und Kunstleder, Pflanzenfette, Seife, Verpackungsmittel aus Papier, Pappe, Blech, Plasten u. a.) und die Baustoffindustrie (Holz, Glas, Keramik, Plaste, synthetischer Kautschuk, Lacke und Farben u. a.) zu lösen.

Mit anderen Worten, das Rohstoffproblem umfaßt den umfangreichen Komplex der werkstoffproduzierenden und -verbrauchenden Zweige.

Besonders hervorheben muß man, daß die existierenden Methoden zur Produktions- und Verbrauchsplanung der Werkstoffe nicht immer komplex sind und daher den gestellten Anforderungen nicht in vollem Maße entsprechen. Die Koordinierung der Produktion und der Verteilung der Roh- und Werkstoffe wird auf der Grundlage von Bilanzmethoden vorgenommen.

In der gegenwärtigen Planungspraxis ist ein entwickeltes Bilanzsystem geschaffen worden. Allein in der Staatlichen Plankommission der UdSSR sind etwa 2000 Materialbilanzen ausgearbeitet worden. In der Zentralverwaltung für Statistik der UdSSR sind für eine begrenztere Erzeugnisnomenklatur Berichtsmaterialbilanzen aufgestellt worden. Durch diese Berechnungen wird die qualitative Übereinstimmung zwischen der Produktion und der Vorratsverteilung einer bestimmten Erzeugnisart garantiert.

Eine der Ausgangsbedingungen für die Aufstellung solcher Bilanzen ist die Gleichartigkeit der Erzeugnisse nach ihrer natural-stofflichen (zum Beispiel Bilanzen des Stahlwalzgutes, der Rohre, des Polyvinylchlorids und dergleichen mehr) oder ihrer gebrauchswertmäßigen Bestimmung (zum Beispiel Bilanzen verschiedener Brennstoffarten, Ausrüstungen usw.). Diese Gruppen von Bilanzen kennzeichnen die zwischenzweiglichen ökonomischen Beziehungen, die die notwendigen Proportionen in der Höhe der Erzeugnisproduktion der vor- und nachgelagerten Zweige im Maßstab der gesamten Volkswirtschaft bestimmen.

Die vorhandene Praxis der Erarbeitung von Bilanzen der Produktion und der Vorratsverteilung einer bestimmten Werkstoffart (in Naturalform) berücksichtigt jedoch nicht genügend solche Faktoren wie die Substituierbarkeit von Werkstoffen, die Gesamtsenkung der Materialintensität der Enderzeugnisproduktion, die möglichen fortschrittlichen Verschiebungen in der Produktions- und Verbrauchsstruktur der Werkstoffe usw.

In der Tat, die Durchsetzung des wissenschaftlich-technischen Fortschritts ist mit der Realisierung einer Vielzahl von teilweise oder vollständig, direkt oder indirekt substitutionsfähigen Varianten der Einführung von Werkstoffen in neuen oder früher erschlossenen Bereichen verbunden. Dabei schwankt die Höhe der vergleichbaren Effektivität der erwähnten Varianten außerordentlich stark. Es ist unverkennbar, daß der Bedarf an verschiedenen Werkstoffen zur Herstellung eines konkreten Objektes, z. B. eines Kraftwagens, von verschiedenen Faktoren abhängig ist. Die Substitution eines Werkstoffes durch einen anderen und andere Faktoren des Werkstoffverbrauchs müssen den allgemeinen Entwicklungstendenzen der Produktion untergeordnet werden: der Senkung der Materialintensität, der Erhöhung des Anteils an fortschrittlichen Werkstoffen, der Erzielung von Kosteneinsparungen usw.

Das Wesen einer ökonomischen Fundierung der technischen Politik auf dem Gebiet der neuen Werkstoffe besteht daher darin, auf der Grundlage einer sorgfältigen Analyse der vorhandenen Ressourcen von neuen Werkstoffen und Materialien, der verschiedenen Richtungen ihrer Einführung und des dabei erzielten ökonomischen Nutzens die effektivsten Varianten, die zu einer erfolgreichen Lösung der vor der Gesellschaft stehenden technischen und sozial-ökonomischen Aufgaben beitragen, auszuwählen.

Somit besteht das Wesen der Fundierung der technischen Politik auf diesem Gebiet letztlich in der Herausbildung einer effektiven Struktur des Werkstoffverbrauchs.

In welcher Weise kann man nun die Ergebnisse dieser technischen Politik auf dem Gebiet der Arbeitsgegenstände nutzbar machen? Zur Lösung dieses Problems muß man die *Rohstoffbilanz* ausnutzen, die den absoluten Verbrauch und die Proportion der Hauptmaterialien für einen bestimmten Verwendungszweck ohne Berücksichtigung der Hilfsmaterialien, der Ausgangsrohstoffe und Halbfabrikate kennzeichnet.

Die Ergebnisse der Einführung dieser oder jener Werkstoffe finden letzten Endes in der Rohstoffbilanz eines Betriebes, einer Vereinigung, eines Zweiges und der gesamten Volkswirtschaft ihren Niederschlag. Zum Beispiel vollziehen sich je nach Erweiterung der Einsatzmaßstäbe von chemischen Werkstoffen (besonders von Polyvinylchlorid-Plastikat) in der Kabelindustrie in der Rohstoffbilanz dieses Zweiges wesentliche Veränderungen, nach denen man die Intensität und den Umfang der Chemisierung dieses Zweiges beurteilen kann.

Oben wurde darauf hingewiesen, daß in der Kostenstruktur für die Herstellung industrieller Erzeugnisse in der UdSSR der Brennstoff-Energieanteil in den letzten 10 bis 15 Jahren 5 bis 5,5 Prozent und der Anteil an Rohstoffen und Hauptmaterialien 64 bis 65 Prozent betrug. Inzwischen sind Brennstoff-Energie-Bilanzen aufgestellt worden, Rohstoffbilanzen aber nicht. In der gegenwärtigen Planungspraxis der Arbeitsgegenstände fehlen infolgedessen die Instrumente für eine komplexe Bewertung der strukturellen Verschiebungen in der Erzeugung und im Verbrauch von Roh- und Werkstoffen.

Es muß betont werden, daß die Ausarbeitung von Rohstoffbilanzen eine in vieler Beziehung kompliziertere Aufgabe ist als das Aufstellen von Brennstoff-Energie-Bilanzen, da man hier genötigt ist, mit einer umfangreichen Nomenklatur an Roh- und Werkstoffen, mit ihren verschiedenen Verwendungszwecken, mit dem unterschiedlichen Grad der Substituierbarkeit usw. zu arbeiten. Außerdem fehlt eine einheitliche Meßgröße für die Nützlichkeit der Roh- und Werkstoffe (Brennstoff z. B. kann auf die Bezugseinheit Heizwert umgerechnet werden).

Rohstoffbilanzen können ungeachtet solcher Schwierigkeiten zur Grundlage für die Lösung komplizierter Probleme im Bereich der Arbeitsgegenstände werden.

Der Gedanke, solche Bilanzen und eine Methodologie zu deren Auftellung auszuarbeiten und experimentelle Berechnungen auf der Grundlage einer Zweigverflechtungsbilanz durchzuführen, ist von E. S. Savinskij[35]

[35] E. S. Savinskij, Chimizacija narodnogo chozjajstva i proporcii razvitija chimi-

vorgeschlagen worden. Er empfahl, Plan- und Berichtsbilanzen für den Roh- und Werkstoffverbrauch (ohne Brennstoff) in der Natural- und Wertform auszuarbeiten, in die man den gesamten Kreis der verbrauchten Arbeitsgegenstände zweckmäßigerweise einbezieht: Mineralische Rohstoffe (Schwarz- und Buntmetalle; Kohle und Koks für technologische Zwecke; Erdöl, Gas und Erdölverarbeitungsprodukte für die chemische Verarbeitung, bergbauchemische Rohstoffe, nichtmetallische Erze und Mineralien für Bauzwecke und die chemische Verarbeitung), landwirtschaftliche Rohstoffe, die keinen Ernährungszwecken dienen, in der Leichtindustrie und der chemischen Industrie, Produkte der Forstwirtschaft (darunter für die chemische Verarbeitung), chemische Produkte und Werkstoffe (Polymere, synthetische Fette und Öle u. a.).

Die Ausarbeitung solcher Rohstoffbilanzen kann sowohl insgesamt für die Volkswirtschaft als auch für die Industrie oder für ihre einzelnen Zweige (Maschinenbau, Leicht-, Baustoffindustrie u. a.) erfolgen.

Der Verfasser setzt sich seit 10 Jahren für die Schaffung einer einheitlichen Bilanz der Konstruktionswerkstoffe ein. Er hat entsprechende Berechnungen bezüglich der gesamten Volkswirtschaft und ihrer einzelnen Zweige angestellt.[36]

Nach der durchaus richtigen Auffassung von E. S. Savinskij „können in der Perspektive die Bilanzen der Produktion und Konsumtion an Roh- und Werkstoffen im Wertausdruck ein sehr effektives Mittel zur ökonomischen Analyse der im vergangenen Zeitraum erfolgten strukturellen Verschiebungen in der Volkswirtschaft und der ökonomischen Prognose und Pläne zur Entwicklung der Wirtschaft werden“.[37]

Daher scheint uns, daß es mit den Bilanzen der einzelnen Werkstoffe und Materialien gleichzeitig zweckmäßig ist, komplexe Rohstoffbilanzen für

českoj promyšlennosti, Moskau 1972; derselbe, Synthetische Werkstoffe und die Struktur der Rohstoffbilanz der Industrie, in: Voprosy ėkonomiki, 4/1963, Nr. 4; derselbe: Einige Fragen zur Untersuchung des ökonomischen Nutzeffektes der Chemisierung der Volkswirtschaft, in: Voprosy ėkonomiki, 4/1964; derselbe: Die Struktur der Materialintensität und die Effektivität der Produktion, in: Voprosy ėkonomiki, 3/1970.

36 I. V. Rachlin, Techniko-ėkonomičeskie problemy primenenija plastmass v mašinostroenii, Autorreferat der Dissertation, Moskau 1962; derselbe: Chemisierung und Rohstoffbilanz der Industrie, in: Voprosy ėkonomiki, 8/1972; derselbe: Haupttendenzen der Strukturveränderung im Verbrauch von Konstruktionswerkstoffen, in: Izvestija AN SSSR, Reihe Ökonomie, 4/1970; I. V. Rachlin; E. I. Belikova, Ökonomische Probleme des Einsatzes von Plasten als Verpackungsmaterialien, in: Plastičeskie massy, 8/1969, u. a.

37 E. S. Savinskij, Die Struktur der Materialintensität und die Effektivität der Produktion, in: Voprosy ėkonomiki, 3/1970, S. 105.

den Verbrauch aller Werkstoffe bzw. der Hauptmaterialarten in den konkreten Zweigen und Objekten (in Natur- und Wertform) aufzustellen. Auf der Basis solcher Plan- und Berichtsbilanzen kann man fundierter eine einheitliche technische Politik betreiben, Probleme der Tempi und der Proportionen der Produktion unterschiedlicher Werkstoffe und Aufteilungsprobleme der Investitionen auf die Rohstoffzweige besser lösen usw. Auf der Grundlage einer weiteren Entwicklung der Bilanzmethoden der Planung ergeben sich reale Möglichkeiten, komplizierte Probleme im Bereich der Produktion und Konsumtion von Roh- und Werkstoffen effektiver zu lösen.

Wie die Erfahrung zeigt, sind die Ressourcen bei allen Konstruktionswerkstoffarten, einschließlich bei Schwarzmetallen und bei Holz, beschränkt. Sind genügend Informationen über die Zuwachsrate des Verbrauchs an Konstruktionswerkstoffen und über die Proportionen zwischen ihnen für einen langen Zeitraum bekannt, so scheint die Anwendung der Extrapolationsmethode bei einer entsprechenden Analyse der damit erzielten Daten für grobe Perspektivberechnungen möglich zu sein.

Im Prinzip können für den Aufbau von Rohstoffbilanzen die Daten der Plan- und Berichtsverflechtungsbilanzen verwendet werden. Dabei stimmt aber die Berechnung der Koeffizienten für direkte und volle Aufwendungen, die bei einem begrenzten Kreis von Objekten ein hohes Aggregationsniveau aufweisen, nicht mit den möglichen Richtungen für die Einführung neuer Werkstoffe überein; diese Berechnung ist umfangreich und wird in mehreren Jahren nur einmal durchgeführt. Zur Ermittlung der Rohstoffbilanzen muß daher ein elastischeres und beweglicheres System ausgearbeitet werden, das die unterschiedlichen Varianten der Einführung neuer Werkstoffe umfaßt. Es wäre denkbar, daß auch die direkten technisch-ökonomischen Berechnungen auf der Grundlage der Materialverbrauchsnormen, der Substitutionskoeffizienten, des erzielten Nutzeffektes, des Umfanges der Erzeugnisproduktion usw. dem erwähnten Zweck entsprechen.

Zur Begründung der technischen Politik auf dem Gebiet der neuen Werkstoffe kann im Prinzip in der gesamten Volkswirtschaft ein verzweigtes System von Rohstoffbilanzen vorgeschlagen werden. Hier kann es jedoch nur um Bilanzen gehen, auf deren Strukturbildung die Chemisierung einen Einfluß ausübt, und zwar die Erweiterung der Produktions- und Konsumtionsmaßstäbe der chemischen Werkstoffe, insbesondere der Plaste.

Dem Charakter, der Natur und dem Umfassungsgrad der zu berücksichtigenden Werkstoffe nach schlagen wir vor, die Rohstoffbilanzen in zwei Gruppen einzuteilen:

a) Bilanzen zwischen den Werkstoffarten, die Werkstoffe von unterschiedlicher Art (Schwarz- und Buntmetalle, Holz, Plaste usw.), aber mit gleicher Gebrauchswertbestimmung bzw. mit gleicher Einsatzrichtung einbeziehen;

b) Bilanzen innerhalb einer Werkstoffart, die Werkstoffe einer Art (nur Plaste, nur Fasern usw.), aber mit unterschiedlicher Gebrauchswertbestimmung bzw. verschiedener Einsatzrichtung umfassen.

Materialverbrauchsbilanzen *zwischen den Werkstoffarten* werden auf der Grundlage der Verbrauchsnormen dieser Werkstoffe pro Erzeugniseinheit und der Produktionspläne für eine Reihe von Jahren aufgestellt. Die Verschiebung in der Verbrauchsstruktur der substitutionsfähigen Werkstoffe können sich daher sowohl durch Veränderung der normativen Basis als auch der Proportionen im Produktionsausstoß einzelner Erzeugnisgruppen vollziehen.

Der Kreis der Werkstoffe, die in die Rohstoffbilanz einbezogen werden, hängt vom Objekt der Chemisierung ab (vgl. Tabelle 6).

Tabelle 6

Muster einer Typenliste für Werkstoffe der einzelnen Zweige (Objekte) der Chemisierung

Werkstoff	Maschinenbau	Elektrotechnik	Leicht-Industrie	Textil-Industrie	Nahrungsmittel-Industrie	Bauwesen
Schwarzmetalle	+	+			+	+
Schwere Buntmetalle	+	+				+
Aluminium	+	+			+	+
Holz	+				+	+
Plaste	+	+	+	+	+	+
Synthetisoher Kautschuk	+	+	+			+
Naturfasern		+		+		
Chemiefasern		+		+		
Naturleder			+			
Kunstleder			+			
Folienwerkstoffe für Haushaltszwecke			+			
Papier					+	
Pappe					+	

Anmerkung: Das Zeichen + bedeutet, daß das Material in diesem Zweig Anwendung findet.

Bilanzen zwischen den Werkstoffarten können in naturalen Kennziffern (Gewicht, Volumen) als auch in Wertkennziffern der Werkstoffe berechnet werden. Der Werkstoffvergleich nach dem Gewicht erlaubt es, die absoluten

Maßstäbe ihres Verbrauchs zu beurteilen, verzerrt die tatsächliche Verbrauchsstruktur infolge ihres Dichteunterschiedes jedoch erheblich. Einige Forscher haben daher vorgeschlagen, den Werkstoffverbrauch nicht in Gewichts-, sondern in Volumeneinheiten zu bestimmen. Ein solcher Vergleich gibt über die Verbrauchsstruktur jedoch keine genaue Auskunft, da die Proportionen zwischen den Dichten und den Koeffizienten der Werkstoffsubstitution oft nicht übereinstimmen. Das Dichteverhältnis von Stahlwalzgut und Glasfasern beträgt zum Beispiel ungefähr 4,5 und der mittlere Koeffizient für die Substitution des ersten durch die zweiten 2 bis 2,5. Die Verwendung von Volumenkennziffern für die Werkstoffe würde daher in diesem Falle zu einem überhöhten Ausweis des Glasfaseranteils führen.

Unserer Auffassung nach ist für einen Werkstoffvergleich im Naturalausdruck das Gewicht, korrigiert mit dem Substitutionskoeffizienten, am geeignetsten. Die in die Bilanz einbezogenen Werkstoffe müssen dazu auf ein Gewichtsäquivalent umgerechnet werden. Der ökonomischen Analyse entspricht aber am besten der Aufbau von Verbrauchsbilanzen nach Wertkennziffern, beispielsweise bei der Bewertung der Werkstoffe nach geltenden oder zukünftigen Großhandelspreisen.[38]

Es muß bemerkt werden, daß die Ausarbeitung von Rohstoffbilanzen des Materialverbrauchs für einzelne Zweige oder Objekte mit bestimmten Besonderheiten verbunden ist. Die Verbrauchsmaßstäbe an Kunstharzen und Plasten für Holzplatten und Furniere auf der Grundlage einer Holzbilanz (umgerechnet auf Rundholz) können zum Beispiel in der Leichtindustrie, ausgehend vom Umfang des Einsatzes an Kunstleder, Folien und anderen synthetischen Materialien, im Bauwesen durch Verallgemeinerung der Angaben über den Materialverbrauch für Fußbodenbelag, Wandputz, Wärmeisolierung, sanitäre Anlagen, Rohrleitungen usw. geklärt werden.

Zur Berücksichtigung des Einflusses der Plaste sowie ihrer Kompositionen, Erzeugnisse und Halbfabrikate auf die Struktur der Bilanzen zwischen den Werkstoffarten schlagen wir vor, Plan- und Berichtsbilanzen für folgende Werkstoffe zusammenzustellen:

Werkstoffe	*Objekt der Chemisierung (Zweig)*
Konstruktionswerkstoffe	Maschinenbau, Bauwesen
Elektroisolierstoffe	Elektrotechnik
Holzmaterialien (umgerechnet	Holz-, Holzverarbeitungs-, Zellulose- und

[38] Einige methodische Fragen zum Aufbau einer Rohstoffbilanz von Konstruktionswerkstoffen werden betrachtet in: I. V. Rachlin, Ėkonomika primenenija plastmass v mašinostroenii, Moskau 1973.

auf Rundholz)*	Papierindustrie
Folien- und künstliche Materialien	Leichtindustrie
Verpackungsmaterialien (für Lebensmittel)	Nahrungsmittelindustrie
Baustoffe	Bauwesen einschließlich des land- und wasserwirtschaftlichen Bauwesens

* Nutzholz, Schnittholz, Holzspan- und Holzfaserplatten, Verpackungskarton, Sperrholz u. a.

In einer Reihe von Fällen erfordern diese Bilanzen zwischen den Werkstoffarten eine weitere Detaillierung. Zum Beispiel ist es zweckmäßig, die Konstruktionswerkstoffe im Maschinenbau in Abhängigkeit von ihrem Einsatz in reibende, gleitende, nicht korrodierende, wärme- und schallisolierende Werkstoffe usw. einzuteilen; die Baustoffe in Materialien für Fußbodenbelag und Wandputz, in Dachbedeckungs- und Isoliermaterialien, in Materialien zur Herstellung sanitärer Ausrüstungen, Rohre und dergleichen mehr.

In der Landwirtschaft kann eine Materialbilanz für die Beläge von Treibhäusern und Treibkästen (Glas, Polymerfolie u. a.) aufgestellt werden, im Meliorationsbau eine Bilanz der Stahl-, Asbozement-, Plast- und Tonrohre zur Entwässerung von Land usw.

Je nach den Zielen der Untersuchung können Bilanzen zwischen den Werkstoffarten bezüglich einzelner Objekte oder Richtungen der Chemisierung, für Betriebe, Vereinigungen, Industriezweige und für die Volkswirtschaft insgesamt aufgestellt werden.

Zum Beispiel kann man eine Bilanz des Verbrauchs an Konstruktionswerkstoffen für die Konstruktion des Personenkraftwagens „Shiguli“, für einen Waggonbaubetrieb, für eine Vereinigung zur Herstellung von Haushaltskühlschränken, für einen Zweig des Gerätebaues, für den gesamten Maschinenbau und für die Volkswirtschaft insgesamt berechnen. Auf diesem Wege kann man ein elastisches System von Bilanzen zwischen den Werkstoffarten schaffen, die die Besonderheiten konkreter Chemisierungsobjekte widerspiegeln und daher geeignet sind, die technische Politik des Werkstoffeinsatzes in diesen Objekten zu fundieren.

Solche Kennziffern wie Absolutgrößen oder der Anteil chemischer Werkstoffe an ihrem Gesamtverbrauch (im Natural- oder Wertausdruck) sowie die Dynamik dieser Kennziffern in jedem Jahr der Planperiode stellen Kennwerte für das Niveau der Chemisierung dar.

Im weiteren Sinne kann die Materialverbrauchsstruktur in gewichtsvolumen- und wertmäßiger Berechnung als zusammengefaßte Ergebniskennziffer für eine grobe Einschätzung des Standes des wissenschaftlich-technischen Fortschritts im Bereich dieser oder jener Arbeitsgegenstände empfohlen werden.

Zu den grundlegenden Bilanzen *innerhalb der Werkstoffarten* kann man für den Verbrauch von chemischen und natürlichen Werkstoffen, die als Warenproduktion der chemischen Industrie auftreten, die folgenden zählen: Polykondensations- und Polymerisationsplaste und Kunstharze (einschließlich Harz für synthetische Fasern und Lack- und Farbmaterialien); Natur-, Kunst- und Synthesefasern; natürlicher und synthetischer Kautschuk; Lacke und Farben auf synthetischer und natürlicher Grundlage; Seife und synthetische Waschmittel; synthetische und natürliche Färbungsmittel usw. Diese Bilanzen charakterisieren Verschiebungen im Verbrauch der aufgezählten Materialien.

Die Methodologie des Aufbaus von Bilanzen innerhalb der Werkstoffarten und von Bilanzen zwischen den Werkstoffarten hat viel Gemeinsames. In der Planungspraxis werden gewöhnlich Bilanzen innerhalb der Werkstoffarten aufgestellt, aber nicht für den Verbrauch, sondern für die Herstellung der aufgezählten Werkstoffe und Materialien (in Naturalform). Die Möglichkeiten der ökonomischen Analyse von Verschiebungen in der Verbrauchsstruktur der Werkstoffe können durch den Aufbau der erwähnten Bilanzen in Wertform erheblich erweitert werden. Die Berechnung von Bilanzen innerhalb der Werkstoffarten hat nicht nur für die Ebene der Volkswirtschaft eine besondere Bedeutung, sondern auch für einzelne Objekte oder Zweige, zum Beispiel für Kautschuk in der Reifenindustrie, für Lacke und Farben im Bauwesen, für Waschmittel in den Wäschereien, für Färbungsmittel in der Textilindustrie.

Für die Herausbildung einer technischen Politik im Bereich des Materialverbrauchs auf der Grundlage von Bilanzen innerhalb der Werkstoffarten sind die Strukturverschiebungen zugunsten der chemischen Werkstoffe von wesentlichem Interesse, die die Möglichkeiten zur Einsparung von Naturrohstoffen sowie strukturelle Veränderungen bei den chemischen Werkstoffen zugunsten der fortschrittlicheren kennzeichnen. Der Anteil der chemischen Werkstoffe am Gesamtverbrauch einer bestimmten Art kann ebenfalls zu den Kennziffern der Chemisierung der Produktion gerechnet werden.

Somit ist die von uns vorgeschlagene Weiterentwicklung der Bilanzmethoden der Planung auf der Grundlage des Aufbaus eines verzweigten Systems von Bilanzen zwischen den Werkstoffarten und von Bilanzen innerhalb der Werkstoffarten von prinzipieller Bedeutung für den Verbrauch verschiedener Werkstoffe, für die Beschleunigung des wissenschaftlich-technischen Fortschritts und für die ökonomische Begründung der technischen Politik im Bereich der Arbeitsgegenstände und eröffnet neue

Möglichkeiten für die Effektivitätssteigerung der gesellschaftlichen Produktion.

Zieht man die wichtige Rolle der Rohstoffbilanzen für die Volkswirtschaft insgesamt und für deren Zweige bei der ökonomischen Bewertung und Planung des wissenschaftlich-technischen Fortschritts im Bereich der Arbeitsgegenstände in Betracht, so erweist es sich als zweckmäßig, in die Arbeitspraxis der Staatlichen Plankommission und der Zentralverwaltung für Statistik der UdSSR die Aufstellung von Plan- und Berichtsbilanzen für den Verbrauch der angeführten Roh- und Werkstoffarten in Natural- und Wertform einzuführen.

Viertes Kapitel

Die Hauptentwicklungstendenzen und die Ökonomik der Produktion neuer Werkstoffe

1. Die Strukturverschiebungen in der Produktion neuer Werkstoffe

Eine der wichtigsten Entwicklungsgesetzmäßigkeiten ist das gegenüber den traditionellen Werkstoffen beschleunigte Wachstum der Produktion neuer Werkstoffe. Die allgemeinsten Ursachen, die das beschleunigte Tempo der Produktion neuer Werkstoffe, insbesondere von Plasten, hervorgerufen haben, sind folgende:

Die Lösung einer Reihe ökonomisch-sozialer Probleme, die mit der Erhöhung des materiellen und kulturellen Wohlstandes des Volkes, mit der Erweiterung der Produktion von Massenbedarfsartikeln, mit der Verbesserung der Arbeitsbedingungen der Arbeiter, mit der Sorge um den Gesundheitszustand der Werktätigen usw. verbunden sind;

die Erhöhung der technischen, technologischen und ökonomischen Anforderungen an die Werkstoffe bezüglich Temperaturen, Drücke und Geschwindigkeiten, der Aggressivität der Medien und bezüglich anderer Faktoren, die auf die Einsatzbedingungen der modernen Technik einen entscheidenden Einfluß ausüben;

die objektiven Erfordernisse der neuen und neuesten Technik, in der neue Werkstoffe für nicht substituierbar gelten und in vieler Hinsicht allein die Möglichkeit bestimmen, diese oder jene Konstruktionen zu schaffen (zum Beispiel der Einsatz schwerschmelzbarer Legierungen und seltener Metalle zur Entwicklung von Stahltriebwerken, der Einsatz von Halbleitern für die Elektronik, von selbstschmierenden Lagern für Maschinenbaugruppen usw.);

die Qualitätsverbesserung der vorhandenen Erzeugnisarten, insbesondere der technischen Mittel und Massenbedarfsartikel: Erhöhung ihrer Nutzungsdauer, der Zuverlässigkeit, der Produktivität und anderer qualitativer Kennziffern;

die Ausdehnung der Einsatzgebiete der neuen Werkstoffe je nach Verbesserung ihrer Qualität und die damit verbundene systematische Steigerung des Bedarfs an den erwähnten Werkstoffen (der Einsatz synthetischer Werkstoffe für Baugruppen und Teile von Maschinen, Ausrüstungen, Baukonstruktionen und Massenbedarfsgütern rief zum Beispiel eine entsprechende Zunahme des Plastbedarfs hervor, usw.);

der relative Mangel an traditionellen (natürlichen) Werkstoffen und deren rationellerer Einsatz bei Teilsubstitution durch billigere synthetische Werkstoffe;

die Erhöhung des Nutzeffektes der Produktion durch Strukturveränderungen der Industrie zugunsten der neuen Werkstoffe, ihrer technisch-ökonomischen Vorteile gegenüber den traditionellen Werkstoffen hinsichtlich der qualitativen Kennziffern, der Bearbeitungsmethoden, der Senkung der Abfälle, der Selbstkosten und der Investitionsintensität bei der Herstellung der Erzeugnisse sowie der laufenden Aufwendungen bei ihrem Einsatz;

die breitere Entfaltung der Forschungsarbeiten in den Produktionszweigen der neuen Werkstoffe im Vergleich zu denen der traditionellen Werkstoffe;

das höhere Tempo des wissenschaftlich-technischen Fortschritts in der Produktion neuer Werkstoffe gegenüber der Produktion traditioneller Werkstoffe, was für die Senkung der Produktionskosten von entscheidender Bedeutung ist;

die Verringerung der Devisenabhängigkeit von Roh- und Werkstoffimporten.

Auf Seite 145 sind Angaben über die jährlichen durchschnittlichen Zuwachsraten der Produktion von Grundmaterialien in der UdSSR für den achten und neunten Fünfjahrplan aufgeführt.[1]

Diese Angaben belegen den Charakter der Verschiebungen in der Produktionsstruktur der Werkstoffe. So sind die Wachstumsraten für die Produktion fortschrittlicher Werkstoffe wie Aluminium und Plast durchschnittlich 1,5- bis 2mal höher als die von Stahl, Fertigwalzgut aus Schwarzmetallen, Kupfer und Zink, und 5- bis 7mal höher als die von Nutzholz. Dies schafft günstige Voraussetzungen für die Einsparung eines Teils der Ressourcen an Schwarz- und schweren Buntmetallen sowie an Holz.

Die Einsparung eines Teils der angeführten traditionellen Werkstoffe durch modifizierte wird ebenfalls möglich. Es handelt sich zum Beispiel um die Substitution von gewöhnlichem Walzgut aus Schwarzmetallen durch beschichtetes Stahlblech, durch gekrümmte Profile und vergütetes Walzgut, deren Produktionsausstoß bedeutend höher ist. So erreicht die

[1] Narodnoe chozjajstvo SSSR v 1970 godu, Moskau 1971, S. 142–149, 192, 200, 202, 222, 226–228; Pravda, vom 21. März 1971, vom 2. und 11. April 1971; XXIV. Parteitag der KPdSU, Gosudarstvennyj pjatiletnij plan razvitija narodnogo chozjajstva SSSR na 1971–1975 gg., Moskau 1972, S. 33, 111, 112, 115, 117, 118, 338.

mittlere Einsparung an Metallen im Maschinenbau und im Bauwesen folgende Ausmaße: bei Substitution durch wirtschaftliche Profile 15 bis 21 Prozent, durch gekrümmte Profile 22 Prozent, durch niedriglegierten Stahl 12 bis 18 und durch vergütetes Walzgut 20 bis 50 Prozent.[2]

Grundmaterial	1966–1970	1971–1975 (Plan)
	(Steigerung in Prozent)	
Stahl (Gewinnung)	5,0	4,7
Fertigwalzgut	5,5	5,1
Walzblech	5,5	6,3
davon kaltgewalzt	8,2	10,3
Blech mit Überzügen aller Art	.	11,2
Weißblech	.	7,7
Gekrümmte Profile	.	35,1
Kaltgezogener Formstahl	8,45	11,2
Walzgut aus niedriglegierten Stählen	.	14,9
Vergütetes Walzgut	.	17,1
Hüttenaluminium	10,9	9,9
Kupfer	7,55	7,0
Zink	8,45	6,65
Plast	15,8	16,1
Chemiefasern	8,9	11,3
davon synthetische	16,5	21,1
Synthetischer Kautschuk	9,2	11,8
Anstrichstoffe	7,3	5,6
Nutzholz (Räumung)	1,8	2,1
Holzspanplatten	20,0	23,2
Holzfaserplatten	8,4	22,4
Papier	5,2	5,9
Pappe	11,6	12,1

Eine analoge Situation ergibt sich auch in der Produktion von Holzwerkstoffen: Ein Teil der Nutzholzvorräte wird durch Holzplatten und Karton (insbesondere Verpackungskarton) ersetzt. Die strukturellen Veränderungen in der Produktion und beim Verbrauch von Werkstoffen vollziehen sich daher mittels Substitution traditioneller Werkstoffe durch neue sowie modifizierte natürliche Werkstoffe.

Das Entwicklungstempo der Produktion von Plasten und Aluminium (in natura) ist im Ausland ebenfalls bedeutend höher als das der traditionellen (natürlichen) Werkstoffe. Die Wachstumsraten der Plastproduktion waren von 1950 bis 1970 in allen industriell entwickelten

2 P. A. Širjaev, A. M. Poljak, Potreblenie černych metallov v SSSR, Moskau 1970, S. 46–48; V. N. Zimin, D. I. Popov, Ėkonomija metallov, Moskau 1966, S. 47–60; Stal', 7/1968, S. 577–581.

Ländern durchschnittlich 10- bis 12mal höher als die der Schnittholzproduktion, 4- bis 7mal höher als die der Stahlproduktion, und 2- bis 6mal höher als die der Produktion von Hüttenaluminium.

Das Studium der Statistik der Weltproduktion an Grundmaterialien (vgl. Tabelle 7) hat gezeigt, daß von 1951 bis 1970 die Zuwachsraten der Plastproduktion im Jahresdurchschnitt 2- bis 2,5mal höher waren als die der Stahlproduktion, 1,5mal höher als die der Aluminiumproduktion und 6mal höher als die der Schnittholzproduktion. Von 1966 bis 1970 war das Tempo der Plastproduktion in Japan im Jahresdurchschnitt 1,5mal höher als das der Stahlproduktion, in der BRD 4,5mal höher usw.

Die Zuwachsraten der Produktion schwerer Buntmetalle war im Jahresdurchschnitt bedeutend geringer als die von Aluminium. So betrugen die Zuwachsraten für Kupfer, Zink und Blei von 1961 bis 1970 in der Weltproduktion entsprechend 5,9, 7,6 und 6,9 Prozent, davon in den USA 6,45, 2,8 und 3,8 Prozent.

Die Prognosen der sowjetischen und ausländischen Ökonomen gestatten die Vermutung, daß das beschleunigte Entwicklungstempo der Plastproduktion auch in der nächsten Zeit anhalten wird.

Die Proportionen zwischen der Produktion traditioneller und neuer Werkstoffe können in der Höhe der Plastproduktion, gemessen im Gewicht oder Volumen von Plast je Einheit traditioneller Werkstoffe, zum Ausdruck gebracht werden.

In den industriell entwickelten kapitalistischen Ländern (vgl. Tabelle 8) wurden in den Jahren 1969 bis 1970, bezogen auf 1 t Stahl, durchschnittlich 50 bis 100 kg Plast gegenüber 4 bis 10 kg im Jahre 1950 hergestellt, auf 1 m^3 bezogen, 0,3 bis 0,6 m^3 Plast gegenüber 0,05 bis 0,1 m^3 im Jahre 1950. Hervorzuheben ist, daß im Jahre 1937 auf 1 t und auf 1 m^3 der Weltproduktion an Stahl 0,3 kg bzw. 0,015 m^3 Plast kamen. Die Proportionen in der Produktion von Stahl und Plast haben sich somit in den letzten 20 bis 30 Jahren zugunsten von letzterem wesentlich verändert.

Die Weltproduktion von Plast hat die Aluminiumproduktion gewichtsmäßig um 2,5mal und volumenmäßig um 5mal überflügelt. Noch größer ist das Gefälle zwischen dem Umfang der Plast- und Buntmetallproduktion: gewichtsmäßig durchschnittlich 3- bis 6mal, volumenmäßig 20- bis 54mal mehr Plast.

Die gestiegene Bedeutung der Plaste in den Rohstoffbilanzen der industriell entwickelten kapitalistischen Länder kann man dem Verhältnis der Produktion von Grundmaterialien entnehmen.

Es ist dabei unverkennbar, daß die Produktionsstruktur der Konstruktionswerkstoffe, die das Niveau der internationalen Arbeitsteilung (Export und Import) nicht in vollem Maße zum Ausdruck bringt, zur Analyse

Tabelle 7

Jahresdurchschnittszuwachsraten für die Produktion von Grundmaterialien (in natura) in industriell entwickelten kapitalistischen Ländern (in Prozent)

	Stahl			Hüttenaluminium			Schnittholz			Plaste		
	1951—1970	1961—1965	1966—1970	1951—1970	1961—1965	1966—1970	1951—1970	1961—1965	1966—1970	1951—1970	1961—1965	1966—1970
Weltproduktion	6,1	5,85	6,65	9,95*	8,4	8,2	2,2*	1,8	0,2*	15,3	15,15	14,90
USA	1,6	5,8	0,15	8,92	6,45	7,65	—0,10**	1,5	1,1	11,35	13,25	10,90
BRD	6,00	1,55	4,10	12,8	7,05	5,4	0,12	2,95	1,1	21,81	15,65	16,90
Großbritannien	2,62	2,10	0,35	1,4	4,25	1,8	—4,60**	—	—	11,75	11,0	8,73
Frankreich	5,18	2,55	3,95	9,62	7,70	2,25	3,25	1,05	3,8	21,22	14,9	17,35
Italien	10,38	8,2	6,55	7,12	8,25	3,45	1,5	2,25	4,80	93,6	16,1	10,90
Japan	16,00	13,25	17,15	18,45	17,15	20,05	6,0	4,35	2,25	32,8	23,40	26,90

* Geschätzt

** Das Zeichen (—) bedeutet Tempoverzögerung

Tabelle 8

Produktion von Plast in industriell entwickelten kapitalistischen Ländern, bezogen auf 1 t und auf 1 m³ traditioneller Werkstoffe

	Stahl				Hüttenaluminium			
	1950		1970		1950		1970	
	t	m³	t	m³	t	m³	t	m³
Weltproduktion	0,008	0,050	0,039	0,237	1,07	2,2	2,49	5,0
USA	0,011	0,068	0,072	0,431	1,56	3,22	2,5	5,1
BRD	0,006	0,036	0,102	0,610	3,0	6,3	14,9	31,0
Großbritannien	0,009	0,057	0,052	0,309	5,3	10,9	36,6	75,8
Italien	0,010	0,060	0,098	0,594	0,65	1,35	11,6	24,0
Frankreich	0,004	0,023	0,060	0,353	0,55	1,1	3,7	7,8
Japan	0,003	0,021	0,053	0,317	0,7	1,4	6,7	13,9

	Hüttenkupfer				Zink			
	1950		1969		1950		1969	
	t	m³	t	m³	t	m³	t	m³
Weltproduktion	0,7	4,7	3,1*	20,6*	0,74	4,1	4,33*	23,7*
USA	0,77	5,1	2,9	20,0	1,22	6,7	9,3	45,3
BRD	0,4	2,7	9,85	65,2	0,7	3,8	14,1	77,1
Großbritannien	0,8	5,4	6,7	44,5	2,2	12,0	8,8	48,0
Italien	2,16	14,3	82,0	541,8	0,6	3,5	11,8	64,4
Frankreich	1,5	10,0	36,0	238,0	0,37	2,1	5,1	27,7
Japan	0,2	1,3	6,4	42,2	0,35	1,9	5,8	31,8

	Blei				Schnittholz			
	1950		1969		1950		1969	
	t	m³	t	m³	t	m³	t	m³
Weltproduktion	0,9	7,5	6,2*	54,1*	0,009	0,005	0,082	0,044
USA	2,1	18,3	8,3	72,4	0,017	0,009	0,136	0,073
BRD	0,6	5,22	13,1	114,2	0,013	0,007	0,603	0,325
Großbritannien	2,1	18,5	5,3	46,7	0,132	0,071	2,11	1,14
Italien	0,47	4,14	18,7	163,2	0,018	0,010	0,92	0,50
Frankreich	0,41	3,64	8,3	72,9	0,009	0,005	0,197	0,106
Japan	1,1	9,4	21,1	184,6	0,002	0,001	0,161	0,087

* 1968

weniger geeignet ist als die Verbrauchsstruktur dieser Werkstoffe. Das Vorhandensein weiterer statistischer Angaben über die Werkstoffproduktion erleichtert die Ermittlung einer entsprechenden Kennziffer wesentlich.

In der Struktur der Weltproduktion an den wichtigsten Konstruktionswerkstoffen (ohne Holz) hat sich der Plastanteil im Jahre 1970 gegenüber

1937 in folgender Weise vergrößert: gewichtsmäßig von 0,3 auf 4,2 Prozent, volumenmäßig von 1,5 auf 22 Prozent (vgl. Tabelle 9). In den USA veränderte sich dieser Anteil (volumenmäßig) von 1,3 auf 24,1 Prozent.

Wie die Berechnungen zeigen (vgl. Tabelle 10), nahm im Jahre 1969 der Stahl gewichtsmäßig den dominierenden Platz ein (in den USA, in Frankreich und Japan durchschnittlich 62 bis 72 Prozent, in der BRD, in Großbritannien und Italien 80 bis 90 Prozent). Bezüglich des Volumens spielte das Schnittholz die führende Rolle (in den USA und in Japan 72 bis 78 Prozent). Der Plast nimmt in den industriell entwickelten kapitalistischen Ländern einen Anteil von 4,5 bis 7,5 Prozent des Gewichts der produzierten Grundmaterialien ein.

Aluminium und schwere Buntmetalle machen unter den gegenwärtigen Bedingungen einen unbedeutenden Teil der Gesamtwerkstoffproduktion aus.

Die angeführten Daten bestätigen die grundlegende Umbildung der Rohstoffbilanz der industriell entwickelten Länder zugunsten der Plaste und leichten Buntmetalle. Der Stahl bleibt gleichzeitig führender Konstruktionswerkstoff.

Wenn man das hohe Produktionstempo der neuen Werkstoffe erwähnt, muß man berücksichtigen, daß zur Erreichung der gegenwärtigen Produktionsmaßstäbe eine bestimmte Zeitspanne erforderlich war. Diesbezüglich sind die von amerikanischen Ökonomen angestellten Berechnungen der Zeitdauer für die Entwicklung und Verbreitung bestimmter Errungenschaften der Wissenschaft und Technik von Interesse. Sie führten folgende Begriffe ein: Inkubationszeit einer wissenschaftlichen Idee – vom Bewußtwerden der technischen Realisierbarkeit dieser Idee bis zur Offensichtlichkeit, daß Einsparungen durch ihre Einführung erzielt werden; die Periode der Ökonomisierung der wissenschaftlichen Ergebnisse – vom Augenblick der Beendigung der Inkubationsperiode bis zur ersten Überleitung dieser Neueinführung.

Diese Daten kennzeichnen einen deutlichen Zusammenhang zwischen dem Anfangsjahr der Inkubationsperiode und der Zeitdauer der Erschließung und Überleitung einer Neueinführung. Dauerte diese Periode bei Entdeckungen, die in der Mitte des 19. Jahrhunderts gemacht wurden, durchschnittlich 50 bis 55 Jahre, so verkürzte sich diese Periode bei Entdeckungen in den 30er bis 40er Jahren auf 10 bis 12 und bei Entdeckungen in den 50er Jahren auf 5 Jahre.

Eine gewisse Bedingtheit solcher Berechnungen muß beachtet werden. Es handelt sich darum, daß hier die Zeitdauer für die Entstehung und Erschließung des ersten Musters bzw. der ersten Form des neuen Werkstoffs

Tabelle 9

Die Weltproduktion der wichtigsten Konstruktionswerkstoffe

Werkstoff	nach Gewicht* 1937	1960	1970	nach dem Volumen 1937	1960	1970
Stahl	112800 / 94,7	234000 / 92,9	582500 / 91,6	14351 / 93,3	29770 / 80,9	77200 / 72,4
Buntmetalle, insgesamt	5987 / 5,0	11447 / 4,5	26376 / 4,2	805 / 5,2	2274 / 6,2	5949 / 5,6
davon: schwere Buntmetalle insgesamt	5541 / 4,6	7947 / 3,1	15076 / 2,4	632 / 4,1	918 / 2,5	1749 / 1,6
davon: Kupfer	2165 / 1,7	3500 / 1,4	6200 / 1,0	242 / 1,6	391 / 1,0	700 / 0,65
Blei	1610 / 1,4	1900 / 0,8	3700 / 0,6	141 / 0,9	167 / 0,5	325 / 0,3
Zink	1561 / 1,3	2400 / 0,9	5000 / 0,8	221 / 1,4	340 / 0,9	700 / 0,65
Zinn	205 / 0,2	147 / —	176 / —	28 / 0,2	20 / 0,1	24 / —
Hüttenaluminium	446 / 0,4	3500 / 1,4	11300 / 1,8	173 / 1,1	1356 / 3,7	4200 / 3,9
Plaste und Kunstharze	300 / 0,3	6400 / 2,6	27000 / 4,2	222 / 1,5	4740 / 12,9	23500 / 22,0
insgesamt	119087 / 100,0	251847 / 100,0	635876 / 100,0	15378 / 100,0	36784 / 100,0	106649 / 100,0
Plaste in Prozent zu:						
Schwarzmetallen	0,3	2,7	4,6	1,55	15,9	30,4
schweren Buntmetallen	5,4	80,5	179,1	35,1	516,3	1343,6
Aluminium	67,2	182,8	238,9	128,3	349,6	559,5

Tabelle 10

Erzeugung von Grundmaterialien in industriell entwickelten kapitalistischen Ländern im Jahre 1969 (in Prozent)

	USA		BRD		Großbritannien	
Werkstoff	a	b	a	b	a	b
Stahl	62,5	14,8	79,3	31,4	91,2	63,2
Hüttenaluminium	1,6	1,1	0,5	0,5	0,1	0,2
Hüttenkupfer	1,4	0,3	0,7	0,3	0,7	0,45
Hüttenzink	0,5	0,13	0,5	0,2	0,5	0,4
Hüttenblei	0,5	0,07	0,5	0,1	0,8	0,45
Schnittholz	29,5	77,9	11,5	51,0	2,2	16,5
Plast	4,0	5,7	7,0	16,5	4,5	18,8

	Italien		Frankreich		Japan	
Werkstoff	a	b	a	b	a	b
Stahl	82,0	36,4	72,1	21,4	71,9	20,7
Hüttenaluminium	0,7	0,9	1,2	1,0	0,5	0,41
Hüttenkupfer	0,1	0,04	0,1	0,03	0,6	0,12
Hüttenzink	0,7	0,32	0,8	0,27	0,6	0,2
Hüttenblei	0,4	0,13	0,5	0,1	0,2	0,03
Schnittholz	8,4	41,61	21,1	69,8	22,6	72,24
Plast	7,7	20,6	4,2	7,4	3,6	6,3

a – nach Gewicht
b – nach Volumen

berücksichtigt wird, obwohl dieser Prozeß tatsächlich bis zur Gegenwart andauert.

Bei Kunstharzen und Plaste zum Beispiel war die Einführungsperiode entsprechend den angeführten Angaben im Jahre 1910 abgeschlossen. Unter Plaste werden hier jedoch anscheinend Phenoplaste (Werkstoffe auf der Grundlage von Phenol-Formaldehyd-Harz) verstanden, die im weiteren durch fortschrittlichere und großtonnagige Plastarten wie zum Beispiel Polyolefine, Polyvinylchlorid u. a. ergänzt wurden. Die Erschließung dieser Werkstoffart (Phenoplast) gestattete es, eine ganze Klasse von Kunstharzen und Plasten als in die Produktion eingeführt anzusehen, obwohl die industriemäßige Produktion der oben angeführten Plastarten erst Ende der 30er, Anfang der 40er Jahre einsetzte.

Die Berechnungen der amerikanischen Ökonomen bezüglich der Dauer der Erschließung dieser oder jener Neueinführungen decken somit – obgleich sie eine gewisse Vorstellung darüber vermitteln – nicht die wesentlichen Gesetzmäßigkeiten für das Tempo und die Zeitspanne der Sortiments-

Tabelle 11

Zeitdauer für die Entwicklung und Verbreitung einiger neuer Werkstoffe und Erzeugnisse in den USA

Werkstoff bzw. Erzeugnis	Anfangsjahr der Inkubationsperiode	Zeitdauer in Jahren Inkubation	Ökonomisierung	insgesamt
Aluminium	1845	41	6	47
Kunstharze und Plaste	1855	52	3	55
Vitamine	1913	13	11	24
Synthetischer Kautschuk	1910	24	6	30
Synthesefasern	1930	6	3	9
Titan	1910	26	14	40
Antibiotica	1929	11	1	12
Halbleiter	1941	7	3	10
Synthetisches Leder	1938	12	14	26
Gedruckte Schaltungen	1956	2	3	5
Elektronenröhren	1906	8	6	14

erweiterung, der Qualitätsverbesserung und der Erschließung der industriemäßigen Produktion einer ganzen Klasse von neuen Werkstoffen auf, was für praktische Ziele von außerordentlicher Bedeutung ist.

Aufschlußreicher sind dagegen unseres Erachtens die Informationen über die Zeitabschnitte, die zur Erreichung eines bestimmten Produktionsniveaus der oben erwähnten neuen Werkstoffe in den USA benötigt wurden (vgl. Tabelle 12). Wie man sieht, wurden für die gleichen Kunstharze und Plaste zur Erreichung eines Anteils von 0,5 Prozent am gesellschaftlichen Bruttoprodukt und eines Produktionsumfanges von 2 Milliarden Dollar mehr als 50 Jahre benötigt. Für die gleichen Kennzahlen waren bei den Synthesefasern 25 Jahre erforderlich. Auch hier bleibt die Abhängigkeit zwischen dem Jahr der handelsmäßigen Einführung der Werkstoffe und dem Beginn der Großproduktion erhalten: Je später der Werkstoff eingeführt wurde, desto weniger Zeit ist für die Ausdehnung seiner Produktionsmaßstäbe aufgewandt worden.

Neben den erwähnten Gründen hängt das Tempo der Vergrößerung des Produktionsumfanges von Werkstoffen in erster Linie von deren Zweckbestimmung und der Zunahme des gesellschaftlichen Bedarfs ab.

Es muß erwähnt werden, daß bei der Berechnung dieser Tabelle Ungenauigkeiten begangen wurden: Die Zeiträume, die zur Erreichung eines bestimmten Produktionsniveaus irgendwelcher neuen Werkstoffe benötigt wurden, sind strenggenommen nicht mit dem Jahr ihrer handelsmäßigen Einführung gekoppelt. Bei den Plasten zum Beispiel bezieht sich das Jahr der handelsmäßigen Einführung (1910) auf die ersten Arten, die Zeit-

Tabelle 12

Zeitdauer zur Erreichung eines bestimmten Niveaus der Produktion neuer Werkstoffe in den USA (in Jahren)

Neuer Werkstoff	Jahr der kommerziellen Einführung	Anteil am gesellschaftlichen Bruttoprodukt, in Prozent									Produktionsvolumen, in Millionen Dollar							
		0,02	0,05	0,10	0,15	0,20	0,25	0,50	0,75	1,0	50	100	250	500	750	1000	1500	2000
Aluminium	1894	14	23	50	62	67	72	—	—	—	23	24	53	63	68	70	72	—
Plaste und Kunstharze	1910	25	29	31	36	37	41	55	—	—	26	29	31	36	41	43	49	52
Synthesefasern	1939	2	6	13	15	22	25	25	—	—	2	3	11	14	19	22	24	25
Synthetischer Kautschuk	1940	2	2	3	4	24	—	—	—	—	2	2	3	11	22	24	—	—
Titan	1950	6	14	—	—	—	—	—	—	—	4	14	—	—	—	—	—	—
Halbleiter	1951	5	7	9	13	—	—	—	—	—	3	4	7	9	14	14	—	—
Synthetisches Leder	1964	1	—	—	—	—	—	—	—	—	1	—	—	—	—	—	—	—

räume zur Erreichung eines bestimmten Produktionsniveaus aber beziehen sich auf andere, spätere und qualitativ bessere Arten. Die Beurteilung der Produktionsentwicklung der neuen Werkstoffe insgesamt müßte man daher nach einzelnen Werkstoffen, wenigstens den wichtigsten Arten, aufgliedern. Dann könnte man diejenigen neuen Produkte, die tatsächlich auf die Zeiträume und Maßstäbe der Einführung der neuen Werkstoffe insgesamt Einfluß genommen haben, konkreter beurteilen.

2. Die Entwicklung des Volumens und der Struktur der Produktion von Plasten und daraus gefertigten Erzeugnissen

Die schnellen Entwicklungstempi der Plastproduktion übten auf die Veränderung der Bilanz der Konstruktions- und der anderen Werkstoffe in allen industriell entwickelten Ländern einen wesentlichen Einfluß aus.

Tabelle 13

Plast- und Kunstharzproduktion in industriell entwickelten Ländern

Land	1950	1960	1965	1970
Weltproduktion	1630 0,64	6910 2,3	14000 4,2	28000 7,7
USA	1043 6,7	2850 15,7	5304 27,2	8900 43,3
BRD	84 1,8	964 18,5	1995 35,1	4360 73,2
Japan	18 0,2	559 5,9	1601 16,3	5267 50,9
Großbritannien	157 3,1	567 10,8	957 17,5	1450 26,0
Italien	24 0,5	456 6,9	960 17,4	1669 30,7
Frankreich	33 0,8	347 7,5	695 14,0	1549 30,5
DDR	38 2,1	115 6,7	219 12,8	370 21,7
ČSSR	9 0,7	64 4,7	126 8,9	245 17,0

Ohne Berücksichtigung der Kunstharze und Halbfabrikate für Chemiefasern
Zähler: Produktionsvolumen in 1000 t,
Nenner: Produktionsumfang pro Kopf der Bevölkerung in kg

In den Nachkriegsjahren erreichte die Plastproduktion in diesen Ländern beträchtliche Ausmaße (vgl. Tabelle 13)[3]. Der absolute Zuwachs der Plastproduktion in den Jahren von 1966 bis 1970 vergrößerte sich im Vergleich zu 1951 bis 1955 im Jahresdurchschnitt wie folgt: In den USA und in Großbritannien um 4- bis 5mal, in Italien, Frankreich und der BRD um 8- bis 10mal, in Japan um 46mal (vgl. Tabelle 14)[4]. Das Gesamtbild der Weltplastproduktion ist wie folgt (in Prozent):

	1950	1960	1965	1970
Sozialistische Länder	7,4	9,4	10,9	10,7
RGW-Länder	7,2	8,1	9,5	9,6
davon UdSSR	4,0	4,2	5,2	5,3
Übrige Länder	92,6	90,6	89,1	89,3
davon USA	64,0	41,2	37,9	31,8
EWG-Länder	9,7	27,2	28,6	31,5
Japan	1,1	8,1	11,4	18,8

Wie man sieht, vermindert sich unter den kapitalistischen Plasterzeugerländern bei schnellem Anwachsen des Anteils Japans sowie der westeuropäischen Länder (insbesondere der BRD, Großbritanniens, Italiens, Frankreichs) der Anteil der USA systematisch.

Die Entwicklung der Produktion glasfaserverstärkter Plaste im Ausland ist in Tabelle 15 gezeigt. Eine charakteristische Besonderheit der glasfaserverstärkten Plaste stellen die hohen durchschnittlichen Jahreszuwachsraten der Produktion (in der Anfangsperiode 40 bis 50 Prozent) in den industriell entwickelten Ländern dar. In den USA waren die Jahre 1950 bis 1955 die Anfangsperiode, in Großbritannien, Frankreich und der BRD die Jahre 1957 bis 1960. In der Folgeperiode, als die Produktion der glasfaserverstärkten Plaste beträchtliche Ausmaße erreichte (10000 t und mehr), stabilisierten sich die Zuwachsraten auf 10 bis 25 Prozent. Eine Ausnahme bildet Japan, wo dieser Kennwert auch jetzt durchschnittlich 35 Prozent erreicht. Die Weltproduktion an glasfaserverstärkter Plaste betrug im Jahre 1966 450000 t und 1969 850000 t.

In der UdSSR wuchs die Produktion glasfaserverstärkter Plaste in den Jahren 1961 bis 1965 um 5,3mal, von 1966 bis 1970 um 3mal oder erhöhte sich zweimal schneller als die Plastproduktion. Von der im Jahre 1970 produzierten Gesamtmenge an glasfaserverstärkter Plaste machte mehr

[3] Prognosen zufolge kann der Umfang der Weltplastproduktion im Jahre 1975 49 Millionen Tonnen erreichen oder den Umfang von 1970 um 1,8mal überschreiten.

[4] Die Entwicklung der Plastproduktion in der UdSSR ist im 1. Abschnitt dieses Kapitels aufgeführt.

Tabelle 14

Zuwachs der Plastproduktion in industriell entwickelten kapitalistischen Ländern (in 1000 t)

Land	Zuwachs im Zeitraum von 5 Jahren 1951–1955	1956–1960	1961–1965	1966–1970
Weltproduktion	1670	3610	7090	14000
USA	704	1103	2454	3596
BRD	271	589	1031	2365
Japan	83	458	1042	3666
Großbritannien	140	270	390	493
Italien	80	352	504	709
Frankreich	91	223	348	854

Land	Zuwachs im Jahresdurchschnitt 1951–1955	1956–1960	1961–1965	1966–1970
Weltproduktion	334	722	1418	2800
USA	141	221	491	719
BRD	54	118	206	473
Japan	16	91	208	733
Großbritannien	28	54	78	99
Italien	16	70	101	142
Frankreich	18	45	70	171

als ein Drittel Walzmaterial aus (vorwiegend auf der Grundlage von zerkleinerten Glasfasern), mehr als ein Fünftel Glastextolit für elektrotechnische und Konstruktionszwecke, ein Viertel Preßstoffe vom Typ AG-4 und mehr als ein Siebentel verschiedenartige geformte Erzeugnisse mit großen Abmessungen. In der Zeit von 1971 bis 1975 werden sich in der Produktionsstruktur der glasfaserverstärkten Plaste Verschiebungen auf Kosten der gewalzten glasfaserverstärkten Plaste und der Preßstoffe des Typs AG-4 und zugunsten geformter und gespulter Erzeugnisse vollziehen. Die rasche Entwicklung der Plastproduktion in allen Ländern ist von progressiven Strukturverschiebungen begleitet. So wurde in den Jahren

	1950	1955	1960	1965	1970
UdSSR	3,05	3,7	5,0	3,4	1,9
USA	1,4	0,7	0,5	0,35	0,3
BRD	1,3	0,85	0,8	0,6	0,5
Japan	11,2	1,8	0,7	0,4	0,3
Großbritannien	2,8	1,1	0,7	0,5	0,4
Italien	5,1	0,7	0,6	0,4	0,3
Frankreich	3,8	0,7	0,4	0,4	0,3

Tabelle 15

Entwicklung der Produktion von glasfaserverstärkten Plasten in industriell entwickelten kapitalistischen Ländern

Land	1956	1960	1965	1969	Produktionszuwachsraten im Jahresdurchschnitt, in % 1961–1965	1966–1969
USA	64,0* / 0,37	115,0 / 0,6	167,3 / 0,9	440,0 / 2,2	7,6	27,5
Frankreich	3,6 / 0,08	17,6 / 0,4	29,3 / 0,6	50,0 / 1,0	10,8	14,4
Großbritannien	3,0 / 0,06	12,5 / 0,2	27,5 / 0,5	42,0 / 0,7	17,1	11,4
BRD	2,0 / 0,04	10,0 / 0,2	30,8 / 0,5	70,0 / 1,2	25,2	22,7
Italien	—	6,0 / 0,1	15,5 / 0,3	25,0 / 0,5	20,9	12,8
Japan	—	4,0 / 0,04	16,0 / 0,2	57,0 / 0,5	32,0	37,4
Kanada	—	4,5 / 0,2	9,5 / 0,5	23,0 / 1,1	16,2	24,8

Zähler: Produktion, in 1000 t
Nenner: Produktion pro Kopf der Bevölkerung, in kg

1950 bis 1970 auf 1 t Polymerisationskunststoffe die folgende Menge (in t) an Polykondensationskunststoffen produziert: (siehe S. 156)

Die wachsende Produktion der Polymerisationskunststoffe (vgl. Tabelle 16) ist durch die großen Vorzüge ihrer technischen Eigenschaften, die Ökonomie der Produktion und der Verarbeitung zu Erzeugnissen, durch die leichte Zugänglichkeit der Rohstoffbasis, durch die Einsatzgebiete usw. verursacht worden.

In der UdSSR verminderte sich im Jahre 1970 in der Produktionsstruktur der Plaste der Anteil der Phenolharze und von Preßpulver gegenüber 1950 auf 30 Prozent, der Anteil von Aminoplasten auf etwa 33 Prozent, der Anteil von Polyvinylchlorid auf etwa 65 Prozent und der Anteil von Polyacrylat auf etwa 33 Prozent. Der Anteil an Karbamidharzen stieg auf das 70fache, der von Polystyrol auf das 5- bis 6fache. Der Anteil bezüglich der neuen Arten polymerer Stoffe (Polyolefine, Polyurethanschaum, Polyester- und Epoxidharze u. a.) erreichte im Jahre 1970 ungefähr ein Fünftel der Gesamtproduktion der Plaste.

Tabelle 16

Struktur der Plastproduktion in industriell entwickelten kapitalistischen Ländern nach einzelnen Jahren (in Prozent)

Plastart	USA			Großbritannien		
	1950	1960	1969	1950	1960	1969
Polykondensationsprodukte	46,6	28,4	20,3	66,2	37,6	27,1
Phenol- und Kresol-Produkte	19,6	9,6	6,3	33,0	14,0	5,4
Harnstoff- u. Melamin-Produkte	9,5	5,9	4,5	24,0	10,7	9,6
Alkyd-Produkte	17,5	8,4	3,6	.	8,9	4,7
Polyester-Produkte	—	2,8	3,5	.	1,6	2,8
Epoxid-Produkte	—	1,0	1,0	.	0,6	0,8
sonstige Produkte	—	0,7	1,4	9,2	1,8	3,8
Polymerisationsprodukte	34,5	62,3	74,7	24,0	57,0	70,6
Polyvinylchlorid	16,6	13,8	14,8	.	21,0	21,6
Derivate des Vinylacetats	—	2,3	4,2	.		2,9
Polystyrol und Mischpolymerisate	15,5	15,8	14,4	.	8,4	12,8
Polyolefine	2,4	20,3	33,3	3,2	22,2	30,5
davon Polyäthylen	2,4	19,7	27,8	3,2	22,2	25,4
Polyurethane	—	.	3,7	—	—	2,8
Polyacrylate	.	1,8	1,9	.	3,6	.
sonstige	.	8,3	2,4	20,8	1,8	—
Plast auf der Grundlage von Zelluloseestern	5,6	2,1	1,0	8,3	2,4	0,9
sonstige	13,3	7,2	4,0	1,5	3,0	1,4

Plastart	Italien			Frankreich		
	1950	1960	1969*	1950	1960	1969*
Polykondensationsprodukte	76,2	32,9	20,3	66,1	24,9	19,3
Phenol- und Kresol-Produkte	26,7	9,6	4,1	14,9	6,3	3,9
Harnstoff- und Melamin-Produkte	36,8	15,0	8,9	2,0	6,5	5,6
Alkyd-Produkte	11,4	4,8	2,6	1,1	7,7	3,9
Polyester-Produkte	1,3	3,2	2,8	.	3,9	3,4
Epoxid-Produkte	—	—	.	.	0,2	.
sonstige Produkte	—	0,3	1,9	.	0,3	2,5
Polymerisationsprodukte	13,6	57,4	77,6	17,4	60,3	67,9
Polyvinylchlorid	7,0	31,7	32,8	13,2	31,8	31,6
Derivate des Vinylacetats	.	.	3,1	3,0	4,1	3,7
Polystyrol und Mischpolymerisate	6,1	9,8	9,9	—	11,8	8,2
Polyolefine	.	15,2	27,2	—	10,3	19,2
davon Polyäthylen	.	14,3	22,5	—	10,3	17,3
Polyurethane	—	.	2,6	—	0,5	2,7
Polyacrylate	0,4	0,6	0,9	1,2	0,8	0,5
sonstige	0,1	0,3	1,1	—	1,0	2,0
Plast auf der Grundlage von Zelluloseestern	9,6	3,8	1,2	14,4	2,6	0,6
sonstige	0,6	5,9	0,9	2,1	12,2	12,2

* Vorläufige Daten für 1970

Tabelle 16 (Fortsetzung)

Plastart	BRD 1950	1960	1969	Japan 1950	1960	1969
Polykondensationsprodukte	47,4	39,1	31,1	65,1	39,1	23,8
Phenol- und Kresol-Produkte	38,8	7,9	4,6	28,5	7,7	4,4
Harnstoff- und Melamin-Produkte	2,3	1,1	.	34,3	25,0	13,7
Alkyd-Produkte	6,3	6,0	2,6	2,3	3,4	2,1
Polyester-Produkte	—	1,4	3,6	—	2,6	2,2
Epoxid-Produkte	—	0,3	.	.	.	.
sonstige Produkte	.	22,4	20,3	.	0,4	1,4
Polymerisationsprodukte	26,0	50,0	65,3	5,8	59,3	76,1
Polyvinylchlorid	16,5	18,8	19,4	5,8	46,4	24,9
Derivate des Vinylacetats	.	4,6	.	.	.	.
Polystyrol und Mischpolymerisate	7,1	10,1	10,1	—	3,9	12,5
Polyolefine	.	8,2	20,8	—	7,4	33,7
davon Polyäthylen	.	7,2	18,9	—	7,4	23,7
Polyurethane	—	1,9	.	—	0,9	1,5
Polyacrylate	1,3	3,4	3,3	.	.	1,0
sonstige	1,1	3,0	11,7	.	0,7	2,5
Plast auf der Grundlage von Zelluloseestern	25,3	9,1	3,6	—	1,4	.
sonstige	1,3	1,8	—	28,4	0,2	0,1

In der UdSSR ist in der Produktionsstruktur der Plaste der Anteil der Phenolharze und -materialien mit 16 Prozent (in den anderen Ländern 4 bis 7 Prozent) und der Harnstoff-Melaminharze und -materialien mit 25 Prozent relativ hoch (in der BRD weniger als 2, in den USA 4–5, in Italien und Frankreich 6–9, in Japan 14 Prozent).

In den letzten Jahren waren die durchschnittlichen Jahreszuwachsraten für die Produktion von Polymerisationskunststoffen in der UdSSR höher als die von Polykondensationskunststoffen:

	1966—1970 (Prozent)	1971—1975 (Plan) (Prozent)
Plaste, insgesamt	15,8	16,1
Polykondensationskunststoffe	12,1	11,1
Phenolharze	7,8	8,6
Phenoplaste	9,2	2,4
Karbamidmaterialien	16,1	15,9
Polymerisationskunststoffe	24,0	20,1
Hochdruckpolyäthylen	42,4	15,7
Niederdruckpolyäthylen	18,3	10,1
Polypropylen	—	38
Polystyrol und Mischpolymerisate des Styrols	23,2	31,7
Polyvinylchlorid	14,6	23,0

In der Gesamtplastproduktion ist der Anteil von Thermoplastarten von 25 Prozent im Jahre 1965 auf 36 Prozent im Jahre 1970 gestiegen (Plan für 1975: 42,6 Prozent).

Es ist somit notwendig, die Struktur der Plastproduktion in der UdSSR durch Vergrößerung des Anteils solcher Polymerisationsthermoplaste wie Polyvinylchlorid, Polyolefine, Polystyrol und Mischpolymerisate des Styrols sowie des Anteils von Polymeren auf der Grundlage von Vinylacetat, Polyurethanen, Polyester- und Epoxidharzen, durch Senkung des Anteils von Polykondensationsduroplasten (Phenol- und Karbamidprodukte) und Zelluloseestern zu vervollkommnen.

Im Zusammenhang mit dem dynamischen Charakter der Plastproduktion gewinnt das Problem der Effektivitätsbewertung von Verschiebungen in der Produktionsstruktur der Hauptplastarten wissenschaftliches und praktisches Interesse.[5]

Die Effektivität der Anwendung von Erzeugnissen und Halbfabrikaten aus Plast und der Grad der Bedarfsbefriedigung in den unterschiedlichen Zweigen der Volkswirtschaft wird in erheblichem Maße durch das technische, ökonomische und organisatorische Niveau der Plastverarbeitungsindustrie bestimmt.[6]

In den letzten Jahren ist in der UdSSR zur Entwicklung der Produktion von Erzeugnissen und Halbfabrikaten aus Plasten eine große Arbeit geleistet worden. Das Sortiment der Preß-, Guß- und vakuumgeformten Erzeugnisse ist bedeutend erweitert worden. Mit der Verarbeitung neuer Thermoplastarten ist begonnen worden. Eine Reihe großer Spezialbetriebe für die Plastverarbeitung ist gebaut und in Betrieb genommen worden. In der Zeit von 1966 bis 1970 sind im Bereich des Ministeriums für chemische Industrie der UdSSR in den bereits in Betrieb befindlichen Werken etwa zwei Fünftel Leistungszuwachs durch Rekonstruktion, Erweiterung und bessere Ausnutzung der Ausrüstungen erzielt worden. Der Produktionsumfang an Plasterzeugnissen wuchs von 1959 bis 1968 auf das 3fache, an Folien auf das 3,3fache und an Thermoplastrohren auf das 12,5fache. Durchschnittlich 31 bis 32 Prozent der Plaste gelangen zur Verarbeitung.

Gegenwärtig sind drei Typen von Produktionsabteilungen in Betrieb: Spezialisierte Plastverarbeitungswerke, die zur chemischen Industrie gehören; große spezialisierte Plastverarbeitungsabteilungen und Betriebsteile in den Werken der Verbraucherzweige.

[5] I. V. Rachlin, E. I. Belikova, Ėkonomičeskaja ocenka strukturnych sdvigov v proizvodstve plastmass, 4. Aufl., Moskau 1969.

[6] A. M. Kogan, I. V. Rachlin, Techniko-ėkonomičeskie voprosy proizvodstva izdelij iz plastmass, Moskau 1969; ders.: Ėkonomika proizvodstva i primenenija stekloplastikov, Moskau 1972.

In den Jahren 1968 bis 1969 wurden im Lande insgesamt mehr als 1500 Plastverarbeitungsabteilungen gezählt, die von 72 Ministerien und Behörden der Union und der Unionsrepubliken geleitet werden. Diese Abteilungen produzieren eine umfangreiche Nomenklatur an Plasterzeugnissen: in der chemischen Industrie 28000, in der Elektroindustrie 80000, in der Flugzeugindustrie 50000 Artikel usw. Auf den Anteil der chemischen Industrie entfielen im Jahre 1965 40 Prozent des Gesamtumfanges der Plastverarbeitung, im Jahre 1970 erhöhte er sich auf 46 Prozent. Der Anteil der spezialisierten Werke an der Gesamterzeugnisproduktion stieg von 31 Prozent im Jahre 1965 auf 34 Prozent im Jahre 1970.

3. Technisch-ökonomische Charakteristika der traditionellen und neuen Werkstoffe

In Abhängigkeit von der Vergrößerung des Produktionsumfanges der traditionellen und neuen Werkstoffe, der Vervollkommnung ihrer Produktionstechnik und -technologie und der Erschließung neuer Ausgangsrohstoffarten für sie erfährt die Ökonomie der Werkstoffherstellung wesentliche Veränderungen. Dies findet in der Dynamik der technisch-ökonomischen Kennziffern (Arbeitsintensität, Selbstkosten, spezifische Investitionen) und in den Großhandelspreisen seinen konkreten Niederschlag.

Die wichtigste Tendenz, die in den Nachkriegsjahren in Erscheinung trat und in vieler Hinsicht das Schicksal der Materialbilanz in den industriell entwickelten Ländern bestimmte, stellt die systematische Preissenkung für neue Werkstoffe (hauptsächlich synthetische) bei Stabilisierung und Erhöhung der Preise für traditionelle Werkstoffe natürlichen Ursprungs dar.

Die Dynamik in der Veränderung der Werkstoffpreise hängt von der Ausarbeitung und Einführung wissenschaftlicher Errungenschaften, von der Veränderung des technischen Produktionsniveaus und schließlich von der Produktivitätserhöhung der gesellschaftlichen Arbeit ab. Mitte des 19. Jahrhunderts erreichte zum Beispiel der Preis für 1 kg Aluminium bei unvollkommenen Produktionsmethoden 450 Rubel. Mit dem Einsatz von Elektroenergie für die Aluminiumverhüttung wurde der Preis im Jahre 1913 bis auf 0,55 Rubel/kg gesenkt. In den USA wurde von 1916 bis 1963 der Preis für 1 Pfund Aluminium (454 g) von 61 auf 23 Cents gesenkt.[7]

Die Großhandelspreise der Industrie (mit Umsatzsteuer) für Chemie-

[7] Ė. Ja. Bregel', Političeskaja ėkonomija kapitalizma, Moskau 1969, S. 24.

erzeugnisse sind in der UdSSR stärker gesunken als für die Erzeugnisse anderer Rohstoffzweige (1949 = 100)[8]:

	1960	1970
Industrie, insgesamt	61	65
davon Erdölverarbeitende Industrie	79	91
Schwarzmetallurgie	60	88
Chemische und petrolchemische Industrie	67	62
Holz- und holzverarbeitende Industrie	107	126
Baustoffindustrie	57	68

Die Großhandelspreisreform im Jahre 1967 hat das Verhältnis der Werkstoffpreise zugunsten der Plaste verändert. So sind die durchschnittlichen Großhandelspreise für Metalle (in Prozent) in folgender Weise geändert worden (das Zeichen + bedeutet Preiserhöhung, — Preissenkung): Roheisen +70,2; Walzgut +43,4; Stahl mittlerer Qualität +60,8; Konstruktionsformstahl +29,1; dünnes Stahlblech +36,7; Hüttenaluminium +31; Kupfer +25,6; Blei —6,9; Zink +63,6; Bronze +9,7; Messing +36; Buntmetallwalzgut: Kupferwalzgut +6,6; Messingwalzgut +11,8; Nickelwalzgut +14,4; Bronzewalzgut —9,8; Aluminiumwalzgut +2,9; Bleiwalzgut —12,3; Zinkwalzgut +53,1. Die Großhandelspreise für Nadelschnittholz stiegen um 39,3 Prozent; für Naturkautschuk um 17,2 und für synthetischen Kautschuk sind sie um 7,2 Prozent gesenkt worden.

Die Großhandelspreise für Plaste und Kunstharze wurden durchschnittlich um 18,2 Prozent gesenkt, dabei die Phenol-Formaldehyd-Harze um 11,9, die Karbamidharze um 9,9, siliziumorganische Verbindungen um 39, Polyacrylate um 27,3, Polyamidharze um 6,9, Epoxidharze um 8,4, Polyesterharze um 14,5, Kunstharz-Ionenaustauscher um 47,6, Derivate des Vinylacetats um 40,7, Polyvinylchlorid um 2,2, Polyolefine um 11,8, Ftoroplast * um 40,2, Polystyrol und Mischpolymerisate des Styrols um 26,9 und Zelluloseesterformmassen um 35,8 Prozent.

Durch die in der UdSSR durchgeführte Großhandelspreisreform für Werkstoffe sind günstige ökonomische Möglichkeiten geschaffen worden, um die Selbstkosten für Erzeugnisse und Halbfabrikate aus Plasten zu senken und die effektiven Einsatzgebiete in der Volkswirtschaft zu erweitern. Bei der Substitution von Metallen durch Plaste haben sich die Kosten stark vermindert (das Zeichen „+" bedeutet Steigerung und „—" Senkung)[9]:

* Russische Bezeichnung für einen Kunststoff aus Polytetrafluoräthylen (Anm. d. Übers.)

8 Narodnoe chozjajstvo SSSR v 1970 godu, S. 177.

9 L. P. Sobol', M. A. Andreeva, Die neuen Großhandelspreise und die Effektivität des Einsatzes chemischer Erzeugnisse, in: Ėkonomika chimičeskoj promyšlen-

	Großhandelspreise bis zum 1. 7. 1967 (in Prozent)	nach dem 1. 7. 1967 (in Prozent)
Metalle, insgesamt	+ 9	— 9
davon unlegierter Stahl	+387	+133
legierter Stahl	— 2	— 46
Gießereiroheisen	+240	+110
Aluminium	+ 11	— 22
Blei (Kabelisolierung)	— 14	— 13
Messing	— 84	— 85
Bronze	— 36	— 56

Die diversen Plast- und Kunstharzarten weisen in der UdSSR verschiedene Großhandelspreise und technisch-ökonomische Produktionskennziffern auf. Die Nomenklatur der produzierten Plaste kann man nach der Höhe der gegenwärtigen Großhandelspreise in der UdSSR bedingt in vier Gruppen einteilen:

Billige Plaste: Durchschnittlich 400–600 Rubel/t (Phenolharze und Preßstoffe, Harnstoffharze und Aminoplaste, Polyvinylchlorid, Polystyrol, Polyolefine);

Plaste mit mäßigen Preisen: Durchschnittlich 900–1200 Rubel/t (Polyesterharze, schlagfestes Polystyrol, Polyacrylat, Asbestfaserstoffe, lichtbogenfeste Preßstoffe, Vinoplast, Kabelplastikat, Nitrozellulose-Formmasse u. a.);

Teure Plaste: Durchschnittlich 1900–3000 Rubel/t (Asbotextolit, Glasfaserstoff AG-4, Schaumstoffe auf der Grundlage von Polyvinylchlorid und Polystyrol, Polyamide auf Basis des Harzes AK-7 und des Polycaprolactams, Polyurethanschaum, Zelluloseacetat-Formmasse u. a. m.);

Sehr teure Plaste: Durchschnittlich 4000 Rubel/t und mehr (Glastextolit, siliziumorganische Stoffe, Polyamid Nr. 68, Epoxidharze, Acetobutyrat-Zellulose-Formmasse, Ftoroplast u. a.).

Eine analoge Gliederung der Plaste nach der Höhe der vollen Investitionsintensität (bei Berücksichtigung der verflochtenen Zweige) ist folgende:

Plaste mit geringer Investitionsintensität: durchschnittlich 500 bis 1200 Rubel/t (Phenolharze und Preßstoffe, Harnstoffharze und Aminoplaste, Blockpolystyrol);

Plaste mit mäßiger Investitionsintensität: durchschnittlich 1300 bis 1800 Rubel/t (Emulsions- und schlagfestes Polystyrol, Mischpolymerisate

nosti, 2/1969, S. 42–46; Ė. Savinskij, L. Sobol', Die Produktion von substitutionsfähigen Werkstoffen und die neuen Preise, in: Planovoe chozjajstvo, 9/1969, S. 14.

des Styrols, Hochdruckpolyäthylen, Polyvinylchlorid, Polyvinylazetatemulsion, Faserstoff u. a.);

Plaste mit hoher Investitionsintensität: durchschnittlich 2000–2700 Rubel/t (Polyesterharze, Polypropylen usw.);

Plaste mit sehr hoher Investitionsintensität: durchschnittlich 3500 bis 4000 Rubel/t und mehr (Polyacrylate, Polyamide, Epoxidharze, siliziumorganische Stoffe, Polyvinylbutyral, Polyvinylalkohol, Zelluloseacetat-Formmasse, Polyformaldehyd u. a.).

Von wesentlicher Bedeutung für Effektivitätsberechnungen der Substitution traditioneller Werkstoffe durch neue ist der Vergleich ihrer Großhandelspreise sowie der technisch-ökonomischen Produktionskennziffern.

Es ist bekannt, daß wegen des Dichteunterschieds der Werkstoffe ein Vergleich der erwähnten Kennziffern, bezogen auf eine Gewichtseinheit, zum Beispiel auf 1 t, nicht gerechtfertigt ist. Die Dichte einiger Werkstoffe beträgt für Stahl 7,8, für Aluminium 2,7, für Hochdruckpolyäthylen 0,92 g/cm^3 usw. Es ist daher günstiger, diese Kennziffern von Gewichtseinheiten der Werkstoffe in Volumeneinheiten, zum Beispiel in m^3, umzurechnen.

Ein Vergleich der Großhandelspreise, der Selbstkosten oder der spezifischen Investitionen für 1 m^3 substitutionsfähiger Werkstoffe ist zuallererst erreichbar, da er nur elementare Informationen verlangt. Er kann unter der Voraussetzung, daß das Dichteverhältnis der traditionellen und neuen Werkstoffe dem Substitutionskoeffizienten gleich oder ähnlich ist, eine recht genaue Vorstellung über die Höhe der Preise und der anderen Kennziffern vermitteln. Das Dichteverhältnis von Stahl (7,85) und Polyformaldehyd (1,4) ist zum Beispiel 5,6. Das bedeutet, daß ein Kennziffernvergleich der erwähnten Werkstoffe, bezogen auf 1 m^3, bei einem Substitutionskoeffizienten von $K_E = 5{,}6$ durchgeführt wird.

Ein Vergleich der geltenden Großhandelspreise pro m^3 Metall mit den analogen Kennziffern für Plast gestattete es, bestimmte Ergebnisse zu erzielen (vgl. Tabelle 17).

Ausgehend von den Daten der Tabelle 17, kann man die Schwarz- und Buntmetalle nach den geltenden Großhandelspreisen etwa in folgende Gruppen einteilen: (siehe S. 166)

Es ist offensichtlich, daß eine solche Ungleichwertigkeit in der Höhe der Großhandelspreise für Schwarz- und Buntmetalle einen entsprechenden Einfluß auf die Effektivitätsberechnungen für den Einsatz polymerer Werkstoffe ausübt.

Es zeigte sich, daß die Großhandelspreise für 1 m^3 Plast (mit Ausnahme der teuren Arten) im Vergleich zu kaltgewalztem Walzgut aus unlegiertem Stahl durchschnittlich 1,1- bis 2,5mal niedriger sind, im Vergleich zu

Tabelle 17

Vergleich der geltenden Großhandelspreise pro m³ von Metallen und Plasten (in Prozent)

	Gießerei-roheisen	Unlegiertes Stahlwalzgut	Legiertes Stahlwalzgut	Hütten-aluminium	Katoden-kupfer	Hütten-blei
Phenolpreßpulver	84	220	1381	296	—	—
Faserstoff	56	146	917	197	—	—
Aminoplast	79	207	—	278	—	—
Polyvinylchlorid	69	180	1129	242	1015	1024
Hochdruckpolyäthylen	99	259	1624	348	1460	1474
Niederdruckpolyäthylen	73	191	1198	257	1077	1087
Polypropylen	65	169	1062	228	954	964
Polystyrol für allgemeine Zwecke	65	170	1067	229	—	—
Mischpolymerisate des Styrols	25	65	410	88	—	—
Zelluloseacetat-Formmasse	13	34	—	46	—	—
Polycaprolactam	23	60	376	81	—	—

	Hütten zink	Aluminiumwalzgut	Kupferwalzgut	Zinkwalzgut	Messingwalzgut	Bronzewalzgut
Phenolpreßpulver	650	449	—	881	1318	2251
Faserstoff	432	298	—	585	875	1495
Aminoplast	—	422	—	—	—	—
Polyvinylchlorid	531	367	1463	720	—	—
Hochdruckpolyäthylen	765	528	2105	1036	1550	2647
Niederdruckpolyäthylen	564	389	1552	764	1143	1953
Polypropylen	500	345	1376	677	1013	1731
Polystyrol für allgemeine Zwecke	502	347	—	681	1018	1740
Mischpolymerisate des Styrols	193	133	—	262	392	669
Zelluloseacetat-Formmasse	100	69	—	136	—	—
Polycaprolactam	177	122	—	240	359	613

Aluminium 2,5- bis 3,5mal niedriger und im Vergleich zu schweren Buntmetallen und nichtrostendem Stahl 5- bis 15mal und noch niedriger sind.

	Rubel pro t	Rubel pro m³
1. Gießereiroheisen, Walzgut aus unlegiertem Stahl	70— 100	500— 800
2. Kaltgewalztes Konstruktionsstahlwalzgut	150— 170	1200— 1440
3. Hüttenaluminium und Walzgut hieraus	650—1000	1700— 2700
4. Schwere Buntmetalle (Kupfer, Blei, Zink und Legierungen) und Walzgut hieraus, kaltgewalztes, legiertes Formstahlwalzgut (nichtrostender Stahl)	600—1200	7000—11000

Der Großhandelspreis für 1 m³ Hochdruckpolyäthylen beispielsweise entspricht etwa dem Preis für 1 m³ Roheisen und ist im Vergleich zu kaltgewalztem Stahlwalzgut 2,59mal und im Vergleich zu Hüttenaluminium 3,48mal niedriger usw. Der Großhandelspreis für 1 m³ an Mischpolymerisaten des Styrols daneben ist um 35 Prozent höher als der von Stahlwalzgut.

Wenn wir zu einem Vergleich der technisch-ökonomischen Kennziffern der Werkstoffproduktion übergehen (Selbstkosten, spezifische Investitionen), ist es notwendig, die Aufmerksamkeit auf folgenden Sachverhalt zu richten: Nach den Einschätzungen der Fachleute wird für die Senkung der laufenden und einmaligen Aufwendungen für die Produktion synthetischer Werkstoffe in der überschaubaren Perspektive (15 bis 20 Jahre) ein höheres Tempo erwartet als für Schwarz- und Buntmetalle.

Im Vergleich zu 1970 können die Selbstkosten für die Produktion der Hauptplastarten zum Beispiel folgendermaßen gesenkt werden: Polyvinylchlorid, Polystyrol und glasfaserverstärkte Plaste um 1,5mal, Hochdruckpolyäthylen und Mischpolymerisate des Styrols um 2mal, Niederdruckpolyäthylen und Polypropylen um 3mal, Polykarbonat um 5mal, Polyformaldehyd um 10 bis 12mal. Die Kosten für die Plastverarbeitung (ohne Berücksichtigung des Plastpreises) werden durchschnittlich um 15 Prozent gesenkt werden, davon die Kosten für Halbfabrikate (Folien, Rohre Platten) um 20 bis 25 Prozent. Gleichzeitig wird die erwartete Selbstkostensenkung für Walzgut und Guß aus Schwarzmetallen in diesem Zeitraum durchschnittlich 10 bis 18 und für Aluminium 5 Prozent betragen. Für schwere Buntmetalle werden sich die Selbstkosten im Vergleich zum Stand von 1970 nicht verändern. Hieraus folgt die Notwendigkeit, nicht nur die laufenden, sondern auch die künftigen technisch-ökonomischen Kennziffern für die Metall- und Plasterzeugung zu vergleichen.

Die unbedeutende Veränderung der Selbstkosten bei Schwarzmetallen und Aluminium zeugt keinesfalls vom Fehlen eines technischen Fortschritts in der Schwarz- und Buntmetallurgie. Im Gegenteil, in den industriell entwickelten Ländern werden wichtige technische Maßnahmen zur Vervollkommnung aller Stufen des metallurgischen Zyklus von der Erzaufbereitung bis zur Produktion der Fertigerzeugnisse aus Stahl durchgeführt. Bemerkenswert ist hier die schnelle Einführung des Sauerstoff-Windfrischverfahrens zur Stahlgewinnung an Stelle des Siemens-Martin-Verfahrens. Eine Richtung des wissenschaftlich-technischen Fortschritts in der Metallurgie ist die Einführung der Vakuumschmelze und der Vakuumierung außerhalb des Ofens als Grundlage für die Erzeugung von Edelstählen.

In der inländischen Schwarzmetallurgie ist im laufenden Jahrfünft der Bau von Aggregaten mit großer Leistung vorgesehen, darunter der Bau eines Hochofens mit einem Volumen von 5000 m^3 und von Sauerstoff-Konvertern mit einer Chargenmasse von 350 t. Zur Qualitätsverbesserung wird die Erzeugung von Stahl, der mit synthetischen Schlacken behandelt worden ist, auf das 3fache, die Erzeugung von Stahl durch Vakuumschmelzung auf das 2fache und von Stahl durch Elektroschlackeumschmelzung auf das 2,5fache erhöht. Der kontinuierliche Stahlguß wird während des laufenden Jahrfünfts auf das 2,8fache steigen. Eine weitere Entwicklung wird die Gewinnung von Stahl erfahren, der außerhalb des Ofens vakuumiert wird. Es werden neue kontinuierliche Blech-, Formstahl- und Drahtwalzwerke, Produktionsabteilungen für das Kaltwalzen, Anlagen für das Vergießen von beruhigtem Kohlenstoffstahl in Kokillen u. a. gebaut werden. Der Anteil des Sauerstoff-Konverterstahls an der Gesamtstahlerzeugung wächst von 17,2 Prozent im Jahre 1970 auf 28,1 Prozent im Jahre 1975 und volumenmäßig um mehr als das Doppelte.[10]

Eine andere Richtung des technischen Fortschritts in der Schwarzmetallurgie ist die Sortimentserweiterung und die Qualitätsverbesserung der Erzeugnisse. Im achten Fünfjahrplan überstieg das inländische Sortiment an warmgewalztem Profilstahl 2200 Profile. Es ist vorgesehen, im laufenden Fünfjahrplan ca. 500 neue warmgewalzte und gekrümmte Profile aus Walzgut einzuführen.

In den Jahren 1962 bis 1964 wurde in der UdSSR die industrielle Versuchsproduktion für Plastikmetall im Werk „Zaporožstal'" eingeführt. In diesen Jahren hat der Werkstoff die umfangreichen industriellen Erprobungen mit positiven Ergebnissen bestanden. Der Volkswirtschaftsbedarf an Blech mit Plast- sowie Lack- und Farbüberzug ist für das Jahr 1975 mit 750000 t ermittelt worden. Es war vorgesehen, eine Produktionsanlage für Plastikmetall mit einer Leistung von 75000 t pro Jahr Ende 1972

[10] Gosudarstvennyj pjatiletnij plan razvitija narodnogo chozjajstva SSSR na 1971–1975 gody, Moskau 1971, S. 84, 112, 113, 339.

im Werk „Zaporožstal'" in Betrieb zu nehmen. Es ist geplant, im Jahre 1975 135000 t (25,5 Millionen m^2) Stahlblech mit Polymerüberzug herzustellen. In der Produktionsstruktur nimmt Blech mit einer Polyvinylchloridbeschichtung einen Anteil von 23 bis 24 Prozent, Blech mit Polyvinylchloridpaste einen Anteil von 18 bis 20, Blech mit Polyäthylenpulver einen Anteil von 6 bis 7 und Blech mit Lack- und Farbüberzug einen Anteil von ungefähr 50 Prozent ein. Der Anteil von plattiertem Walzgut an der Gesamtwalzgutproduktion wird im Jahre 1975 1 Prozent erreichen.

Ungeachtet der Einführung neuer Technik und neuer Technologien in der Schwarz- und Buntmetallurgie wird das Tempo der Kostensenkung bei Metallen im Vergleich zu polymeren Werkstoffen immer noch langsamer sein.[11]

Es muß erwähnt werden, daß auf die Höhe des Koeffizienten für die Substitution eines Werkstoffes durch einen anderen außer dem Dichteverhältnis auch solche Faktoren wie der Verwendungszweck der Erzeugnisse, ihre konstruktiven Besonderheiten, die Technologie der Werkstoffbearbeitung u. a. Einfluß nehmen. Es geht in erster Linie um Objekte, bei denen die physikalisch-mechanischen Werkstoffeigenschaften maximal ausgenutzt werden, beispielsweise bei tragend beanspruchten Baugruppen und Teilen mit großen und mittleren Abmessungen usw.

Wie die Berechnungen zeigen, unterscheiden sich in solchen Fällen der Substitutionskoeffizient und das Dichteverhältnis der Werkstoffe erheblich. So ist das Dichteverhältnis von Stahlwalzgut (7,85) und glasfaserverstärkter Plaste auf der Grundlage von Glasgewebe und Polyesterharz (1,75) 4,5. 1 t glasfaserverstärkte Plaste erlaubt bei der Herstellung von Erzeugnissen mit großen Abmessungen nach dem Kontaktpreßverfahren jedoch nur eine Einsparung von 2,5 bis 3 t Stahlwalzgut. Das Verhältnis der Werkstoffdichten für die Berechnungen anzuwenden und nicht den Substitutionskoeffizienten würde in diesem Falle zu einem überhöhten Ausweis des Nutzens zugunsten der glasfaserverstärkten Plaste führen.

In Tabelle 18 werden die technisch-ökonomischen Kennziffern und die Großhandelspreise verglichen, die sich nicht auf 1 m^3 Metall und glasfaserverstärkten Plast schlechthin beziehen, sondern auf eine ihnen äquivalente Menge (substituierter Metalle bzw. Plaste – d. Bearb.) auf der Grundlage der Substitutionskoeffizienten. Folgende mittlere Koeffizienten für die Substitution von Metallen durch glasfaserverstärkten Plast wurden verwendet: (siehe S.170)

Wie man aus Tabelle 18 sieht, sind die Produktionsselbstkosten und die

[11] Siehe I. V. Rachlin, Technisch-ökonomischer Vergleich von traditionellen Werkstoffen und Plasten, in: Plastičeskie massy, 10/1972.

Tabelle 18

Vergleich der technisch-ökonomischen Produktionskennziffern und der Großhandelspreise für eine äquivalente Menge von Metallen und glasfaserverstärkter Plaste für zwei Perioden (in Prozent) *

		Gießereiroheisen			nichtlegiertes Stahlwalzgut			legiertes Stahlwalzgut			Aluminiumwalzgut		
	Periode	Selbstkosten	Volle spezifische Investitionen	Großhandelspreise	Selbstkosten	Volle spezifische Investitionen	Großhandelspreise	Selbstkosten	Volle spezifische Investitionen	Großhandelspreise	Selbstkosten	Volle spezifische Investitionen	Großhandelspreise
Preßstoff vom	1	11	14	9	9	15	12	—	—	—	58	128	56
Typ AG-4 NS	2	15	15	—	11	16	—	—	—	—	80	139	—
Preßstoff vom	1	16	31	15	14	32	20	—	—	—	85	280	91
Typ Premix	2	19	35	—	15	36	—	—	—	—	102	317	—
Preßstoff vom	1	17	19	17	16	20	22	—	—	—	95	176	99
Typ Prepreg	2	21	22	—	17	22	—	—	—	—	116	199	—
Kontaktpreß-	1	10	19	9	7	16	10	60	55	56	50	160	53
erzeugnisse mit mittleren Abmessungen	2	13	21	—	8	17	—	69	60	—	64	175	—
Kontaktpreß-	1	13	19	12	9	16	12	77	56	71	65	162	67
erzeugnisse für Behälter	2	16	21	—	10	17	—	87	61	—	81	177	—

* Periode 1: gegenwärtige Kennziffern (1970)
Periode 2: Kennziffern für den Perspektivzeitraum von 10 bis 15 Jahren

	Preßstoffe vom Typ AG-4 NS, Premix und Prepreg	Verschiedene Kontaktpreß-erzeugnisse
Gießereiroheisen	4,1	7,1
Unlegiertes Stahlwalzgut	2,2	3,0
Legiertes Stahlwalzgut	—	2,7
Aluminiumwalzgut	1,7	2,7

Großhandelspreise für eine äquivalente Menge von glasfaserverstärktem Plast im Vergleich zu Metallen bis jetzt höher: im Vergleich zu Roheisen und unlegiertem Stahl 7- bis 11mal (Preßstoffe vom Typ AG-4 NS und Kontaktpreßerzeugnisse) und 3- bis 6mal höher (Preßstoffe vom Typ Premix und Prepreg); im Vergleich zu Aluminium 1,5- bis 2- bzw. 0,9- bis 1,1mal höher; im Vergleich zu legiertem Stahlwalzgut 1,5- bis 2mal höher (Kontaktpreßerzeugnisse). Die spezifischen Investitionen für die Erzeugung einer äquivalenten Menge an Aluminiumwalzgut sind jedoch im Mittel schon jetzt 1,3- bis 2,8mal höher als für glasfaserverstärkten Plast. In der Perspektive wird sich das Verhältnis der in Tabelle 18 angeführten Kennziffern zugunsten der glasfaserverstärkten Plaste unwesentlich verändern (durchschnittlich um 15 bis 20 Prozent).

Die Möglichkeiten einer Reduzierung der Produktionskosten für die hauptsächlichen Ausgangskomponenten von glasfaserverstärktem Plast sind in der Zeit von 1971 bis 1975 äußerst begrenzt. Eine merkliche Preisherabsetzung für Kunstharze, die als Bindemittel für glasfaserverstärkten Plast eingesetzt werden, wird nicht erwartet. Es wird vermutet, daß die Durchsetzung einer ganzen Reihe von technisch-organisatorischen Maßnahmen in der Glasfaserindustrie (Einführung von Hochleistungsglasschmelzöfen mit einer großen Anzahl von Glaskugelautomaten, Inbetriebnahme von Glasschmelzbehältern mit erhöhter Düsenfeinheit, die Automatisierung der Arbeitsgänge bei der Glasfaserproduktion, Anwendung einer Einstufentechnologie u. a.) es erlauben wird, die Produktionskosten für glasfaserverstärkten Plast durchschnittlich um 15 bis 20 Prozent zu senken. Der im laufenden Planjahrfünft vorgesehene Masseneinsatz von teuren hydrophob-adhäsiven Schmelzmitteln, die die Qualität der Glasarmierungsstoffe und des glasfaserverstärkten Plastes auf deren Grundlage enorm verbessert, kann zu einer Selbstkostenerhöhung von glasfaserverstärktem Plast von ungefähr 10 bis 15 Prozent führen. Das ist fast der Betrag, um den die Kosten durch eine verbesserte Technologie gesenkt werden könnten.

Die angestellten Berechnungen zur Selbstkostenentwicklung der Glasarmierungs-Füllstoffe, von glasfaserverstärktem Plast und der Erzeugnisse daraus zeigen bei der Bewertung der Roh- und Werkstoffe nach Selbstkosten in jeder Stufe des technologischen Zyklus, daß die Produktionskosten für glasfaserverstärkten Plast (Erzeugnisse) durchschnittlich um 20 bis 30 Prozent niedriger sind als bei der Berücksichtigung des Materialaufwandes nach Großhandelspreisen. Mit anderen Worten, der Gewinn in den Preisen für Rohstoffe, Werkstoffe und Halbfabrikate, die in allen Stufen der Produktion von glasfaserverstärktem Plast und der Erzeugnisse daraus verwendet werden, weicht praktisch vom Durchschnittswert der Industrie insgesamt nicht ab.

Ein wesentlicher Faktor zur Kostensenkung im Stadium der Erzeugnisherstellung besteht darin, daß die Verbraucherzweige in vielen Fällen den Einsatz teurer glasfaserverstärkter Plaste auf der Grundlage von gewebten Glasfüllstoffen aus gezwirnten Fäden vorsehen. Das erlaubt die Gewinnung von Werkstoffen mit hohen physikalisch-mechanischen Eigenschaften, ist technisch aber nicht notwendig. Eine solche Praxis ist das Ergebnis einer schlechten Information der Verbraucher über die vorgesehene Produktion von neuen, billigeren glasfaserverstärkten Plastarten (hauptsächlich auf der Grundlage von nichtgewebtem Material), die in der Herstellung technologiegerecht sind und in ihren Parametern den Anforderungen vieler Zweige der modernen Technik entsprechen. Mit anderen Worten, im Endfertigungsstadium der Erzeugnisse ist die Substitution von unlegiertem Stahl- und Aluminiumwalzgut durch glasfaserverstärkten Plast bis jetzt uneffektiv. Daher müssen die zusätzlichen Kosten im Endfertigungsbereich von Erzeugnissen aus glasfaserverstärktem Plast (zum Beispiel die Karosserie eines Kraftfahrzeuges) durch die Einsparung an laufenden Kosten im Nutzungsprozeß (im Kraftverkehr) wieder hereinkommen.

Ebenfalls von Interesse ist ein Vergleich der Selbstkosten und der spezifischen Investitionen für eine äquivalente Menge unterschiedlicher Bleche für das Jahr 1975. Dank der Einheitlichkeit dieser substitutionsfähigen Werkstoffe wird der Vergleich auf 1 t, 1 m^2 oder andere physikalische Maßeinheiten bezogen. Wie man aus den unten angeführten Daten (in Prozent) ersieht, kostet die Herstellung für 1 t Stahlblech, plattiert mit einer Polyvinylchloridfolie, ungefähr das Doppelte von gewöhnlichem unlegiertem Blech (ohne Überzug), ist aber 4- bis 5mal billiger als Blech aus nichtrostendem Stahl, Aluminium oder Vinoplaste. Man muß auch berücksichtigen, daß die Lebensdauer von plattiertem Walzgut 3- bis 4mal höher ist als die von gewöhnlichem.

Stellen wir die technisch-ökonomischen Produktionskennziffern für eine äquivalente Menge von traditionellen und neuen Elektroisolierstoffen gegenüber (vgl. Tab. 19).

Vergleich technisch-ökonomischer Kennziffern verschiedener Blecharten

Blechart	Selbstkosten	Spezifische Investitionen
Nichtrostendes Stahlblech ohne Überzug	504	236
Unlegiertes Stahlblech ohne Überzug	52	58
mit Dreifachanstrich	82	86
mit Emailleüberzug	89	72
mit Überzug aus PVC-Folie	100	100
mit Überzug aus PVC-Paste	96	84
mit Überzug aus Polyäthylenpulver	75	80
Aluminiumblech, Stärke 2 mm	460	821
Vinoplastblech	426	406

Wie aus Tabelle 19 ersichtlich ist, sind die Selbstkosten für die neuen Getinax-*, Glastextolit- und Lackgewebearten durchschnittlich 10- bis 12mal höher als die der traditionellen Arten. Ihre spezifischen Investitionen sind entsprechend um 2,5- bis 3mal höher. Die Selbstkosten für Kollektormikanit und Glimmerplastschichtstoff sind praktisch dieselben. Die spezifischen Investitionen für die Herstellung des letzteren betragen jedoch knapp 12,5 Prozent. Die überwiegende Anzahl der traditionellen Glimmerplastschichtstoffe und Glimmerplastarten (elastische Mikanite und Glasmikanite, Mikafolium, Glasmikabänder u. a.) ist bedeutend teurer als diese Werkstoffe auf neuer Grundlage (elastische Glimmer- und Glas-Glimmerplastschichtstoffe, Folien und Bänder hieraus usw.): Die Selbstkosten liegen durchschnittlich 3- bis 7mal höher, die spezifischen Investitionen (außer bei elastischem Glas-Glimmerplastschichtstoff) 4- bis 10mal höher.

Ein weiterer Großverbraucher von Kunstharzen und Plasten (insbesondere von Karbamid- und Phenol-Formaldehyd-Harzen) ist die Werkstoffproduktoin auf der Grundlage der chemischen und chemisch-mechanischen Holzverarbeitung. Für den Vergleich der Großhandelspreise und der technisch-ökonomischen Produktionskennziffern von Schnitt- und Nutzholz mit den Werkstoffen der chemisch-mechanischen Verarbeitung sind folgende Substitutionskoeffizienten verwendet worden:

* Getinax (russ. Schreibweise Getinaks) umfaßt eine Gruppe von Werkstoffen, die zu den Phenolharzschichtstoffen gehören. Entspricht dem bekannten Pertinax in der DDR.

Verlag und Bearbeiter danken an dieser Stelle nachfolgenden Instituten, die freundlicherweise bei der richtigen Wiedergabe der deutschsprachigen Bezeichnung einer Reihe von Werkstoffen behilflich waren:
Institut für Polymerenchemie der AdW, Teltow-Seehof, Abt. Information und Dokumentation;
Institut für Leichtbau und ökonomische Verwendung von Werkstoffen, Dresden, Abt. Information und Dokumentation.

Tabelle 19

Entwicklung der technisch-ökonomischen Kennziffern bei Ersatz einer äquivalenten Menge substitutionsfähiger traditioneller Elektroisolierstoffe durch neue (in Prozent)

Stoffgruppe	traditionell	neue	Selbstkosten 1970	Selbstkosten 1975	volle spezifische Investitionen 1970	volle spezifische Investitionen 1975
Getinaxplatten*	Phenol-Formaldehyd-Bindemittel	Epoxid-Phenol-Bindemittel	12	18	38	38
Asbestgetinax	Phenol-Formaldehyd-Bindemittel	Epoxid-Phenol-Bindemittel	32	32	93	93
Glastextolitplatten	Phenol-Formaldehyd-Bindemittel	Epoxid-Phenol-Bindemittel	7	19	9	41
Lackgewebe	Baumwollgewebe auf Öllack	Glasfasergewebe auf Polyester-Epoxid-Bindemittel	9	9	18	18
Glimmer-plastschichtstoff	Elastisches Mikanit** auf Bitumen-Öllack	Elastischer Glimmer-plastschichtstoff auf Polyester-Epoxidlack	600	600	425	425
	Elastischer Glas-Glimmer-Verbundstoff auf Glyptallack	Elastischer Glas-Glimmerplastschicht-stoff auf Polyester-Epoxidlack	353	353	21	21
	Kollektormikanit auf Schellack	Kollektor-Glimmer-plastschichtstoff auf Schellack	95	63	788	788
	Mikanitzwischenschicht auf Glyptallack	Glimmerplastschicht-stoffzwischenschicht auf Schellack	509	509	397	397

* Phenoplastschichtstoff, entspricht Pertinax (Anm. d. Bearb.).
** Mikanit gehört zur Gruppe der Glimmer-Verbundstoffe (Anm. d. Bearb.).

	Schnittholz, m³	Nutzholz, m³
Schnittholz, m³	1,0	1,5
Holzfaserplatten, 1000 m³	13,3	20,0
Holzspanplatten, m³	2,0	3,0
Sperrholz, m³	3,3	5,0
Verpackungskarton, t	8,5	12,7

Das Verhältnis der Großhandelspreise und der technisch-ökonomischen Produktionskennziffern für eine äquivalente Menge von Schnittholz zu den analogen Kennziffern für Holzplatten und andere Materialien ist in Tabelle 20 aufgeführt.

Tabelle 20

Verhältnis der Großhandelspreise und der technisch-ökonomischen Produktionskennziffern für eine äquivalente Menge von substitutionsfähigem Schnittholz und Werkstoffen auf der Grundlage einer chemisch-mechanischen Holzverarbeitung (in Prozent)

Werkstoff	Großhandelspreise	Schnittholz Selbstkosten 1970	Schnittholz Selbstkosten 1980	Spezifische Investitionen 1966–1970	Spezifische Investitionen 1976–1980
Harte Holzfaserplatten (Trockenverfahren)	109	181	210	164	164
Harte Holzfaserplatten (Naßverfahren)	109	119	123	161	161
Harte Holzfaserplatten, emailliert	33	38	38	86	86
Holzspanplatten	83	94	100	159	159
Sperrholz der Sorte FK	86	89	93	103	103
Sperrholz der Sorte BP	20	22	24	92	92
Sperrholz ohne Sortenbezeichnung	91	84	84	102	102
Verpackungskarton	163	191	247	152	162

Rechnet man die teuren Arten dieser Werkstoffe (Holzfaserplatten mit Emailleüberzug, Sperrholz der Sorte BP u. a.) nicht, so sind den Großhandelspreisen zufolge die traditionellen und neuen Werkstoffe praktisch gleichwertig (Verpackungskarton ist 1,6mal billiger). Bei einem Vergleich der Selbstkosten ist aber ein Vorteil bei den nach dem fortschrittlichen Trockenverfahren hergestellten Holzfaserplatten (1,8mal billiger) sowie des Verpackungskartons (1,9mal billiger) festzustellen. Die Investitionen für die Produktion von Holzplatten und Verpackungskarton sind 1,5- bis

Tabelle 21

Großhandelspreisindizes für Erzeugnisse einiger Industriezweige in industriell entwickelten kapitalistischen Ländern (1955 = 100)

Land	Gesamte Industrie		Chemieindustrie		Schwarzmetallurgie		Buntmetallurgie		Plastindustrie	
	1960	1965	1960	1965	1960	1965	1960	1965	1960	1965
USA	110	110	103	101[1]	121	109[2]	97	108[3]	86	79[4]
BRD	106	113	99	98	113	108	78	101	100*	90*
Italien	99	110	92	102	99	89	94	110	77	59
Frankreich	127	142	117	119	143	148	114	147	—	—
Japan	103	105	94	89	109	98	98	108	—	—

* Plastverarbeitungsindustrie [1] 1969 – 101; [2] 1969 – 102; [3] 1969 – 142; [4] 1969 – 91

Quelle: Ceny na chimičeskie tovary v kapitalističeskich stranach, Moskau 1968, S. 114, 188, 696, 758, 828; Chimičeskaja promyšlennost' za rubežom, 8/1971.

Tabelle 22

Großhandelspreisindizes für Metalle in einigen industriell entwickelten kapitalistischen Ländern (1955 = 100)

Land	Stahl		Aluminium		Kupfer		Zink		Blei	
	1960	1965	1960	1965	1960	1965	1960	1965	1960	1965
BRD	113	112	97	97	77	115	125	152	76	116
Großbritannien	—	—	111	117	71	136	98	124	68	109
Frankreich	153	217	133	114	103	107	131	126	91	106

Quelle: Ceny na chimičeskie tovary . . ., Moskau 1968, S. 20, 28, 696, 758

1,6mal niedriger als für Schnittholz (bei Sperrholz gibt es solche Vorzüge nicht). Im nächsten Jahrzehnt wird eine weitere Verbesserung der Selbstkostenrelationen zugunsten der neuen Werkstoffe, insbesondere der harten Holzfaserplatten (Trockenverfahren) und des Verpackungskartons erwartet. Mit anderen Worten, die Substitution von Schnitt- und Nutzholz durch neue Werkstoffe ist äußerst effektiv.

Tabelle 23

Durchschnittspreise für 1 t Metall in entwickelten kapitalistischen Ländern

Metall	USA, Dollar 1955	1965	BRD, Mark 1955	1965	Großbritannien, Pfund Sterling 1955	1965
Stahl	105	124	392	429	40	43
Hüttenaluminium	523	540	2230	2160	164	193
Kupfer	827	772	4273	4433	346	461
Zink	282	331	1048	1243	89	116
Blei	333	353	1229	1266	104	113

Metall	Italien, Lire 1955	1965	Frankreich, Francs 1955	1965	Japan, Yen 1955	1965
Stahl	—	—	302	612	38	51
Hüttenaluminium	393	369	2157	2465	212	203
Kupfer	829	713	4296	4946	—	332
Zink	213	241	1287	1953	139	121
Blei	241	247	1504	2007	134	125

Quelle: Ceny na chimičeskie tovary . . ., a. a. O., S. 29, 114, 189, 697, 759

Die Veränderung der Preisverhältnisse zwischen den traditionellen und neuen Werkstoffen wird durch die Erfahrung der industriell entwickelten Länder ebenfalls bestätigt. In den Jahren 1955 bis 1970 war in diesen Ländern eine systematische Erhöhung und mitunter auch eine Stabilisierung der Preise für Schwarz- und schwere Buntmetalle (Kupfer, Zink, Blei) zu beobachten (vgl. Tabellen 21 und 22). Auf Aluminium, für das sich die Preise in den USA, in Großbritannien und Frankreich etwas erhöht haben, in der BRD, in Italien und Japan aber gesunken sind, bezieht sich dies in geringerem Maße.

Charakteristisch ist, daß die Erhöhung der Großhandelspreise für industrielle Erzeugnisse in all diesen Ländern hauptsächlich durch die Preisentwicklung bei Erzeugnissen der Schwarz- und Buntmetallurgie bedingt war. Die Preise für chemische Erzeugnisse dagegen sind als Gegenfaktor aufgetreten (vgl. Tabelle 24).

Tabelle 24

Durchschnittliche Weltmarktpreise für traditionelle (natürliche) Werkstoffe (in Dollar/t)

Werkstoff	1950	1955	1960	1965	1969
Gießereiroheisen	41,5	60,8	51,6	48,4	45,3
Schwarzmetallwalzgut					
Betonstahl	55	110	100	78	103
starkes Blech	66	116	103	90	138
dünnes Blech	108	150	176	119	150
Hüttenaluminium	314	460	513	540	588
Elektrolysekupfer	493	970	678	1293	1467
Zink	329	250	246	312	286
Zinn	2055	2041	2196	3895	3429
Blei	293	292	199	318	290
Nadelschnittholz[1]	788	1217	1277	1362	1505
Rohhäute					
schwere Bullenhaut	599	—	296	310	312
leichte Rinderhaut	641	—	426	355	418
Naturkautschuk	—	—	786	506	504

Quelle: Rynki syr'evych tovarov kapitalističeskich stran . . ., a. a. O., S. 64, 70, 75, 108, 111–114, 130, 135, 139, 143, 148

1 In schwedischen Kronen für das Standardmaß 2,5 mal 7 Zoll.

Die Großhandelspreise für Plaste sind in den Jahren 1955 bis 1965 beispielsweise um 10 bis 40 Prozent gesunken.

Das allgemeine Niveau der Weltexportpreise für Rohprodukte insgesamt wies eine sinkende und für Fertigerzeugnisse eine steigende Tendenz auf (1963 $\triangleq$ 100):[12]

	1955	1960	1965	1968
Waren insgesamt	99	100	103	105
Fertigerzeugnisse	92	98	103	107
Buntmetalle	120	106	135	142
Chemiewaren		108	99	96
Rohprodukte insgesamt	107	99	103	101
Minerale	103	100	104	103
Metallerze	100	102	114	109
Brennstoffe	103	100	101	101

12 Rynki syr'evych tovarov kapitalističeskich stran, Handbuch, Beilage Nr. 7 zum „Bulletin ausländischer kommerzieller Information", hg. vom NIKI des Ministeriums für Außenhandel der UdSSR, Moskau 1970, S. 85–86.

Im Zeitraum von 1950 bis 1969 sind die durchschnittlichen Weltmarktpreise für Walzgut aus Schwarzmetallen, für Aluminium und Schnittholz auf das 1,5- bis 2fache und Kupfer auf mehr als das 3fache gestiegen (vgl. Tabelle 24). Die Stabilisierung und sogar ein gewisses Sinken der durchschnittlichen Weltmarktpreise für Blei, Rohhäute und Naturkautschuk erklärt sich dadurch, daß diese Materialien allmählich durch synthetische verdrängt werden und sie damit ihre Bedeutung in den Rohstoffbilanzen der Verbraucherzweige (Kabel-, Reifen-, Schuh- und Lederindustrie u. a.) verlieren. Außerdem wird der Einfluß einer systematischen Preissenkung auf die synthetischen Werkstoffe wie Plast, synthetischen Kautschuk, synthetisches Leder und dergleichen mehr fühlbar.

Bei den chemischen Erzeugnissen sind die Weltexportpreise allmählich wie folgt gesunken (1963 = 100): 1960 – 108; 1965 – 101; 1968 – 96[13].

Tabelle 25

Durchschnittspreise für Plaste und Kunstharze in den USA (in Dollar/t)

Plast- und Kunstharzart	1950	1955	1960	1966	1968	1970
Phenol-Formaldehyd-Harze	440	420	460	474	474	474
Harnstoff-Formaldehyd-Harze	727	683	639	705	705	705
Melamin-Formaldehyd-Harze	1110	990	920	926	926	926
Polyesterharze für glasfaserverstärkte Plaste	—	882	620	485	485	.
Epoxidharze (flüssig)	2200	1760	1370	1080	1080	.
Polyvinylchlorid für allgemeine Zwecke	792	770	410	331	331	309
Polyäthylen mit niedriger Dichte (Hochdruck) für Spritzguß	992	903	570	375	247	287
für Folien	—	—	610	430	276	303
als Papierüberzug	—	—	720	423	302	302
Polyäthylen mit hoher Dichte (Niederdruck) für Spritzguß	—	1036	770	375	397	397
für Flaschen	—	—	—	441	441	441
Polypropylen für Spritzguß	—	1433	920	441	463	463
Polystyrol für allgemeine Zwecke	705	660	400	342	342	326
ABS-Mischpolymerisate des Styrols	—	904	860	794	705	.
Polystyrol, schlagfest	914	728	610	397	386	.
Polymethylmethacrylat zum Formen	1540	1300	1200	1000	1003	1091
Polyamide vom Typ Nylon	3300	3150	2227	1962		1984
Polyacetale	—	—	—	1433	1433	1433
Polykarbonate	—	—	2800	1984	1764	1764
Polysulfone	—	—	—	2205	2205	2205
Polyphenylenoxid	—	—	—	2535	2535	2535

Quelle: Chimičeskaja promyšlennost' za rubežom, Moskau 9/1969, S. 88–89; 6/1971, S. 90–92, 8/1971, S. 9–10

[13] Ebenda, S. 166.

Eine Analyse der Veränderung der Durchschnittspreise für Plaste in den letzten 20 bis 30 Jahren in den USA (vgl. Tabelle 25) und in anderen Ländern zeigte ein widerspruchsvolles Bild, das durch verschiedene Faktoren bedingt ist. Für ein und denselben Werkstoff ist in verschiedenen Ländern eine starke Senkung, Stabilisierung oder mitunter auch eine Erhöhung der Preise zu beobachten.

Man muß die gesamte Nomenklatur der Plaste und Kunstharze vom Standpunkt der Preisentwicklung im Ausland in vier Gruppen einteilen.

1. Traditionelle Duroplastarten (Phenol-Formaldehyd-Plaste, Harnstoff-Melamin-Formaldehyd-Plaste u. a.), deren Produktion vor relativ langer Zeit eingeführt worden war. Die Preise für diese Kunstharze und Plaste haben sich hauptsächlich stabilisiert oder tendierten zu einer gewissen Senkung. So blieben in den Jahren 1960 bis 1966 in der BRD, in Großbritannien und Italien die Preise für diese Harze und Preßstoffe unverändert, und in Japan sind sie um durchschnittlich 20 Prozent gesunken.

2. Großtonnagige Hauptduroplastarten (Polyolefine, Polyvinylchlorid, Polystyrolplaste sowie Polymethylmethacrylat). Ihre Preise sind in den letzten Jahren stark gesunken. In den Jahren 1960 bis 1968 beispielsweise sind die Preise für Polyolefine und Polystyrolmaterialien in den USA, in Italien und Japan um durchschnittlich 2- bis 2,5mal und in Großbritannien und Frankreich in den Jahren 1963 bis 1966 um 30 bis 40 Prozent gesunken. In geringerem Maße wurden in diesen Ländern (außer in Großbritannien und Frankreich) die Preise für solche relativ „alten" Thermoplaste wie Polyvinylchlorid und Polymethylmethacrylat (durchschnittlich um 30 Prozent) gesenkt.

3. Mitteltonnagige Plastarten, die vor relativ kurzer Zeit unter weitgehend industriellen Bedingungen nutzbar gemacht wurden (Polyester- und Epoxidharze, Polyamide sowie Polyformaldehyd und Polykarbonat). Ihre Preise sind in den Jahren 1960 bis 1968 in den USA und in Japan durchschnittlich um 1,3- bis 1,7mal und in der BRD, Großbritannien und Italien um 15 bis 25 Prozent gesunken.

4. Neue Plastarten (Polyacetale, Polysulfone, Polyphenylenoxid u. a.), deren industrielle Produktion in kleinem Umfang in den Jahren 1966 bis 1969 in Gang gebracht worden war. Daß ihre Preise bis jetzt stabil und gegenüber den großtonnagigen Plastarten relativ hoch sind (in den USA durchschnittlich 3- bis 5mal höher), ist selbstverständlich.

Durch die Analyse in- und ausländischer Daten sind somit die wesentlichen ökonomischen Vorteile der neuen Werkstoffe gegenüber den alten gezeigt worden.

Fünftes Kapitel

Progressive Strukturverschiebungen und die Effektivität des Verbrauchs neuer Werkstoffe

1. Allgemeine Tendenzen des Werkstoffverbrauchs

Die rasche Vergrößerung der Maßstäbe der gesellschaftlichen Produktion erfordert die Einbeziehung neuer Roh- und Werkstoffquellen. Das Verhältnis der verbrauchten Rohstoff- und Werkstoffarten im Wirtschaftsleben eines Landes hängt von vielen Faktoren ab: vom industriellen Entwicklungsniveau des Landes, vom Produktionsumfang dieser Werkstoffe, von der Export- und Importlage, von der Volkswirtschaftsstruktur, von den angewandten technologischen Prozessen und anderem.

Im Jahre 1970 waren in der UdSSR die Hauptverbraucher an Werkstoffen: der Maschinenbau (33 Prozent des Schwarzmetallwalzguts, 40 Prozent des Roheisengusses, 27 Prozent der Plaste); das Bauwesen (53 Prozent der Stahlrohre, 18 Prozent des Schwarzmetallwalzguts, 22 Prozent des Holzes) und die Verpackungsindustrie (48 Prozent des Papiers, 60 Prozent der Pappe, 16 Prozent des Holzes).

Das allmähliche Zurückbleiben der Werkstoffverbrauchsraten hinter dem Entwicklungstempo der industriellen Produktion ist eine der Entwicklungsgesetzmäßigkeiten der gesellschaftlichen Produktion. So stieg in den USA im Zeitraum von 1937 bis 1968 bei einer Vergrößerung des industriellen Produktionsvolumens auf das 4,17fache und des Investitionsbaus auf das 3,01fache der Verbrauch an Hauptkonstruktionswerkstoffen gewichtsmäßig auf das 2,74fache und wertmäßig auf das 3,42fache.[1]

Mit anderen Worten, die Verbrauchsindizes dieser Werkstoffe stiegen nur um etwa 60 Prozent gegenüber den Indizes der industriellen Produktion. Für einzelne Werkstoffarten jedoch fiel die Verbrauchsentwicklung unterschiedlich aus. Insgesamt verminderte sich der spezifische Werkstoffverbrauch (gewichtsmäßig) in diesem Zeitraum um 42 Prozent, dabei der Verbrauch an Walzgut um 1,7mal; an Schwarzmetallguß um 2,9mal, an Kupfer und Zink um die Hälfte, an Blei auf etwa 33 Prozent und an Zinn

[1] A. D. Grigor'ev, SŠA: Naučno-techničeskij progress i ispol'zovanie promyšlennych konstrukcionnych materialov, Moskau 1972, S. 29, 30.

auf etwa 25 Prozent. Der spezifische Verbrauch an Aluminium dagegen stieg auf das 4,6fache und an Plaste auf das 19,7fache.

In allen industriell entwickelten Ländern sind die jährlichen Durchschnittsraten für den Plastverbrauch in den Jahren 1961 bis 1970 im Mittel 2- bis 4mal höher als bei Stahl und schweren Buntmetallen und 1,5- bis 2,5mal höher als bei Aluminium (außer Japan) (vgl. Tabelle 26).

Die Verbrauchsentwicklung der Hauptkonstruktionswerkstoffe in der Volkswirtschaft der UdSSR ist wie folgt (1960 = 100).

	1965	1970	1975 (Schätzung)
Schwarzmetalle	138	189	258
Stahlwalzgut	141	199	275
Stahlguß	128	162	205
Roheisenguß	124	157	198
Aluminium	171	304	540
Schwere Buntmetalle	123	173	262
Holz (Rundholz)	112	135	172
Plast	225	457	937

Die jährlichen Durchschnittsraten für den Verbrauch an Buntmetallen in der UdSSR waren gegenüber denen von Stahl in den Jahren 1961 bis 1970 folgende: bei Kupfer und Zink auf gleicher Höhe, bei Blei um 2- bis 2,5mal niedriger, bei Leichtmetallen um 2- bis 3mal höher. Der Bedarf der Volkswirtschaft an Aluminium und an Legierungen auf der Grundlage von Titan und Magnesium wird besser befriedigt als der an Kupfer und Blei.

Zink als Antikorrosions- und Dekorationsmaterial findet in Form von Legierungen breite Anwendung beim Spritzgießen, bei der Herstellung von verzinkten Erzeugnissen, Messing, Zinkweiß und chemischen Spannungsquellen (Trockenbatterien). Infolge der Konkurrenz seitens anderer Metalle und Plaste sind die Zinkverbrauchsraten im Ausland mäßig, sie sind in den letzten Jahren unter dem Einfluß der Automobil- und Stahlgießereiindustrie jedoch von 3 Prozent in den Jahren 1951 bis 1960 auf 4,9 Prozent in den Jahren 1961 bis 1967 und auf 9 Prozent von 1968 bis 1969 gestiegen. Unentwegt wächst der Anteil des Zinkverbrauchs bei der Herstellung von Legierungen für das Spritzgießen; bei der Produktion verzinkter Erzeugnisse ist er etwas gesunken (in Prozent der Gesamtproduktion dieser Erzeugnisse): (siehe S. 183, oben)

In der inländischen Verbrauchsstruktur für Zink erreicht der Anteil an Zinkoxid (für Zinkweiß) 25 Prozent (in den USA 2 Prozent). Es findet eine allmähliche Verdrängung des metallischen Zinks durch Titandioxid, einen vollwertigen Ersatzstoff für Zinkweiß, statt. In der Perspektive wächst der

Tabelle 26

Verbrauchsentwicklung von Konstruktionswerkstoffen in industriell entwickelten kapitalistischen Ländern (1960 = 100)

	Stahl		Hütten-aluminium		Hüttenkupfer		Hüttenzink		Hüttenblei		Plast	
	1965	1970	1965	1970	1965	1970*	1965	1970*	1965	1970	1965	1970
USA	141	140	151	296	141	150	153	170	136	179	209	396
BRD	109	137*	115	192*	134	160	134	160	92	106	200	340
Großbritannien	113	130	142	151*	115	98	106	110	145	129	164	244
Frankreich	116	173	106	192	108	126	103	136	112	123	203	404
Italien	100	200*	103	254	146	117	133	191	154	198	247	615
Japan	148	364	178	610	128	241	154	290	120	156	243	405

* 1969

	USA	BRD	Großbritannien	Japan
Legierungen				
1960	34,6	8,9	17,5	10,7
1969	38,9	16,4	20,1	20,2
Verzinkte Erzeugnisse				
1960	38,8	26,5	27,3	60,3
1969	31,4	29,6	26,3	53,3

Anteil des Zinks bei der Herstellung von Legierungen für die Automobilindustrie.

Der Verbrauch an *Kupfer* stieg von 1961 bis 1969 in den kapitalistischen Ländern durchschnittlich um 4 Prozent pro Jahr. Auf die USA entfiel in diesen Jahren ein Drittel des gesamten Kupferverbrauchs. Der Anteil Japans am Weltverbrauch (bei einer Jahresdurchschnittsrate von 13 Prozent) erhöhte sich von 8 Prozent im Jahre 1960 auf 14 Prozent im Jahre 1969. In der Struktur des Weltkupferverbrauchs entfallen 40 bis 50 Prozent auf die Elektrotechnik, 10 bis 12 auf das Bauwesen und ungefähr 10 Prozent auf den Automobilbau. In der UdSSR werden zwei Fünftel des Kupfers für die Produktion von Kupferwalzgut und Legierungen und mehr als ein Drittel in der Kabelindustrie eingesetzt, wo der Stand der Substitution von Kupfer durch Aluminium 61 Prozent erreicht hat.

Die geringe Verbrauchsrate an *Blei* in der ganzen Welt ist durch die Konkurrenz seitens des Aluminiums und des Plastes bedingt. Der Zweig des Bleiverbrauchs mit der größten Perspektive ist die Herstellung von Akkumulatorenbatterien für Kraftfahrzeuge. Der Anteil des Bleiverbrauchs für Bleitetraäthyl (Zusatz für Kraftfahrzeugbenzin) ist noch hoch, obwohl die Abgase demzufolge Bleiverunreinigungen enthalten, die für die Menschen gesundheitsschädlich sind. In der Kabelindustrie vermindert sich unter dem Einfluß von Plast nicht nur der Anteil, sondern auch der absolute Verbrauch an Blei. Der Anteil der aufgeführten Objekte am Gesamtbleiverbrauch in den industriell entwickelten kapitalistischen Ländern ist folgender (in Prozent):

	USA	BRD	Großbritannien	Japan
Akkumulatorenbatterien				
1960	34,9	26,0	19,8	25,1
1969	41,9	31,2	27,0	51,8
Bleitetraäthyl				
1960	16,1	—	6.3	—
1969	20,3	—	10,8	
Kabelisolierung				
1960	4,8	29,8	25,5	31,4
1969	4,1	25,2	18,1	14,3

In der UdSSR wird der Bleianteil zur Herstellung von Kraftfahrzeugakkumulatorenbatterien auf die Hälfte des Gesamtbleiverbrauchs steigen. Der Anteil der Kabelindustrie dagegen wird von einem Drittel auf ein Siebentel sinken.

Analysiert man die Tendenzen des Verbrauchs an Konstruktionswerkstoffen unter den gegenwärtigen Bedingungen, so ist es notwendig, auch die schnell zunehmende Rolle der leichten Buntmetalle wie Aluminium, Magnesium, Titan und der Legierungen auf der Grundlage dieser Metalle bei der Beschleunigung des wissenschaftlich-technischen Fortschritts, insbesondere bei der Schaffung leichter Maschinenkonstruktionen und Ausrüstungen, hervorzuheben.

So gelangte das *Aluminium* dem Produktions- und Verbrauchsumfang nach in den kapitalistischen Ländern auf den ersten Platz unter den anderen Buntmetallen (Anfang der 50er Jahre nahm es den vierten Platz nach Kupfer, Zink und Blei ein). Die Struktur des Weltaluminiumverbrauchs war im Jahre 1969 im Schnitt folgende: Transportmaschinenbau 20 bis 30 Prozent (davon Automobilbau 15 Prozent), Bauwesen 17 bis 18 (in den USA 30 bis 32 Prozent), Elektrotechnik 10 bis 12, Verpackungsmittelproduktion 9 bis 10, langlebige Konsumgüter 9 bis 10, Teile des allgemeinen Maschinenbaus 8 bis 9 Prozent.

In der UdSSR wird mehr als ein Fünftel des Aluminiums in der Kabelindustrie verbraucht. Der Anteil des Elektromaschinenbaus und des Bauwesens an der Gesamtverbrauchsstruktur des Aluminiums steigt allmählich (bei einer gewissen Senkung des Anteils des Automobilbaus sowie der Schwarz- und Buntmetallurgie). Entscheidenden Einfluß auf die Verschiebungen in der Verbrauchsstruktur der Konstruktionswerkstoffe übt der mögliche Umfang der Substitution von Werkstoffen aus. Diese Kennziffer spiegelt die technisch-ökonomischen Vorzüge und Mängel der Werkstoffe, das Wachstumstempo ihres Verbrauchs und andere Faktoren wider.

Die Vorzüge und Mängel, die den Konstruktionswerkstoffen eigen sind, beeinflussen die Richtungen und den Nutzeffekt ihres Einsatzes bei Maschinenkonstruktionen und Ausrüstungen. Infolgedessen sind historisch bestimmte Bereiche und Objekte der Werkstoffanwendungen entstanden. Je nach der Erhöhung der technischen (Geschwindigkeit, Belastung, Temperatur, Massekennzahl, Aggressivität des Mediums u. dgl. m.) und ökonomischen Anforderungen (Senkung der Herstellungs- und Betriebskosten) entsteht die Notwendigkeit, in einigen Einsatzbereichen die traditionellen durch neue Werkstoffe teilweise zu ersetzen.

Das schnelle Wachstum der Produktionsmaßstäbe und der Erweiterung des Plastsortiments, die Modifikation der Eigenschaften existierender und die Entwicklung neuer Plastarten mit vorgegebenen Eigenschaften, die

Ausarbeitung fortschrittlicher technologischer Prozesse und Ausrüstungen für deren Verarbeitung zu Erzeugnissen, die Senkung der Plastpreise und der Herstellungs- und Nutzungskosten für Plasterzeugnisse, die Beschränktheit der Vorräte an einigen traditionellen Werkstoffen (insbesondere an schweren Buntmetallen) und andere Faktoren haben dazu geführt, daß sich allmählich die technischen und ökonomischen Möglichkeiten für den Einsatz von Plasten als substitutionsfähige Werkstoffe herauszubilden begannen. Daraufhin begann die Verdrängung bestimmter Schwarz- und Buntmetalle sowie Holz aus ihren traditionellen Einsatzgebieten und deren Substitution durch Plaste. Gleichzeitig sah die Entwicklung von Mitteln der neuen und neuesten Technik (Weltraum-, Atom-, Flug- und Funktechnik, Elektronik u. a.) sowie neuer technischer Modelle (Kraftfahrzeuge, Waggons, Traktoren, Pumpen u. a.) eine breite Anwendung von Plasten in diesen Konstruktionen vor, jedoch ohne Substitution traditioneller Werkstoffe.

Vom Standpunkt der inneren Bedingungen der Wirtschaft eines Landes ist die Berücksichtigung der Substituierbarkeit von Konstruktionswerkstoffen für die richtige Aufdeckung des Bedarfs der Volkswirtschaftszweige an diesen Werkstoffen, ihrer effektivsten Einsatzrichtungen sowie zur Fundierung der Entwicklungsperspektiven der Produktion von Schwarzmetallen, Aluminium, schweren Buntmetallen, Plasten und anderen Werkstoffen notwendig. Die Berücksichtigung von Substitutionsmöglichkeiten von Metallen durch Plaste wird zu einem Faktor bei der Senkung der Materialintensität der Produktion.[2]

In den letzten Jahren sind im Ausland auf diesem Gebiet einige interessante Untersuchungen angestellt worden. Zur Veranschaulichung kann auf den Bericht von Experten des Komitees für Schwarzmetallurgie bei der Europäischen Wirtschaftskommission (ECE) der UNO verwiesen werden, der der Bewertung von Substitutionsmöglichkeiten des Stahls durch andere Werkstoffe gewidmet ist.[3] In dem Bericht sind Angaben der westeuropäischen Länder (Großbritannien, BRD, Frankreich u. a.) verwendet worden.

Die Experten unterscheiden eine potentielle und eine tatsächliche Substitution von Stahl durch andere Werkstoffe. Unter potentieller Substitution versteht man den Ersatz von Roheisen- und Stahlerzeugnissen durch konkurrenzfähige Werkstoffe vor allem in denjenigen Zweigen und

[2] Siehe z. B.: A. M. Poljak, Razvitie sortamenta černych metallov SSSR, Moskau 1965, S. 84–93; P. A. Širjaev, A. M. Poljak Potreblenie černych metallov v SSSR, Moskau 1970, S. 91–97.

[3] Europäische Wirtschaftskommission (Komitee für Schwarzmetallurgie), Expertenbericht (in russischer Sprache), New York, Verlag der UNO (ST/ECE/STEEL/17), 1966.

Objekten (Automobilbau, Eisenbahntransport, Rohrleitungen, Verpakkung, Baustoffe u. dgl. m.), wo die technischen Daten von Roheisen und Stahl keine wesentliche Bedeutung haben oder nicht voll genutzt werden können. Eine tatsächliche Substitution hingegen tritt nach Auffassung der Experten dann ein, wenn die Preise für die Konkurrenzwerkstoffe (bei gleicher oder höherer Qualität) sinken oder wenn der Aufwand für den Einsatz dieser Werkstoffe ihren höheren Ankaufpreis rechtfertigen kann.

Entsprechend diesem Bericht haben die Plaste bei der Substitution bestimmter Erzeugnisse der Schwarzmetallurgie folgenden Anteil (in Prozent):

	Potentielle Substitution	Tatsächliche Substitution
Wirtschaft des Landes insgesamt	8,34	6,38
davon		
Maschinenbau	1,05	0,75
Produktion und Reparaturen von Transportausrüstungen	0,4	0,36
Haushaltsausstattung	1,0	0,74
Produktion von Verpackungsmaterialien und Containern	1,5	1,1
Bauwesen	1,8	1,5

Der Anteil der freigesetzten Schwarzmetalle am Gesamtumfang der verbrauchten Erzeugnisse der Schwarzmetallurgie ist folgender (in Prozent):

	Potentielle Substitution	Tatsächliche Substitution
Mögliche Substitution, insgesamt	7,5	5,1
davon durch		
Aluminium	2,8	1,8
Glas	1,0	0,5
Papier und Pappe	0,6	0,3
Holz	0,7	0,7
Plast	1,9	1,4

Nach Auffassung der Experten bedeutet der Anteil der Substitution von Schwarzmetallen (5,1 Prozent), daß bei einer fehlenden Konkurrenz seitens anderer Werkstoffe der Verbrauch an Roheisen und Stahl höher gewesen wäre als diese Größe.

Eine ausführlichere Einsichtnahme in den Expertenbericht zeigt, daß er ein für die westlichen Länder prinzipiell richtiges Vorgehen bei der Bewertung der Substitutionsmöglichkeiten von Schwarzmetallen durch andere Werkstoffe enthält. Nach unserer Auffassung sind aber in dem Bericht die schnell anwachsenden Möglichkeiten des Einsatzes von Plasten unzureichend berücksichtigt worden, da sich die Experten in ihren Schlußfolgerungen auf die in den Jahren 1960 bis 1964 tatsächlich erreichten Angaben stützten. Indessen haben sich in den Jahren 1965 bis 1970 die technischen und ökonomischen Faktoren, die die Substituierbarkeit der Werkstoffe bestimmen, wesentlich zugunsten der Plaste verändert. Von 1967 bis 1968 erreichte die Substitution von Schwarzmetallen durch Plaste in den Ländern Westeuropas durchschnittlich 2,5 bis 3,5 Prozent. Mit anderen Worten, die Schätzung der Experten erwies sich im Durchschnitt als um die Hälfte zu gering.

Diese Schlußfolgerung wird durch die Ergebnisse anderer Untersuchungen bestätigt. In den USA beispielsweise sind im Zeitraum von 1937 bis 1965 (nach Berechnungen von A. D. Grigor'ev) durch Plaste bedeutende Mengen an traditionellen Werkstoffen freigesetzt worden: 1,5 Millionen t Stahlwalzgut (4,2 Prozent des Gesamtverbrauchs), 0,5 Millionen t Gußeisen und Stahlguß (2,4 Prozent), 140000 t Kupfer (10 Prozent), 180000 t Zink (21 Prozent), 400000 t Blei (42 Prozent). Schätzungen zufolge wird sich der Absatz für alle Metallarten durch den Einsatz von Plasten in den USA in den Jahren 1966 bis 1975 gegenüber 1937 bis 1965 um ein Drittel verringern.

Mit anderen Worten, der Einsatz von Plasten spielte bei der jährlichen Reduzierung der Absatzmärkte für Blei, Zink und Kupfer die führende Rolle, hatte aber auch bei der Freisetzung von Schwarzmetallen einen bedeutenden Anteil. Im Jahre 1965 wurden in den USA zum Beispiel ca. 400000 t Plast an Stelle von Stahl eingesetzt, insbesondere in der Produktion von Elektrohaushaltswaren (Kühlschränke, Waschmaschinen, Staubsauger), Chemieausrüstungen, Rohren, Containern und anderen Erzeugnisarten. Die Freisetzung von nichtrostendem Stahl, Kupfer, Messing und Bronze durch Plast ist zum Zwecke der Verbilligung der Erzeugnisse und der Erzielung höherer Gewinne durchgeführt worden.

Im Jahre 1969 wurden in den USA an Stelle von Schwarz und Buntmetallen ca. 1,5 Millionen t Plast eingesetzt. Das entspricht fast einem Fünftel des inländischen Verbrauchs an Plasten (vgl. Tabelle 27). Die überwiegende Menge an Hochdruckpolyäthylen wurde der Draht- und Kabelisolierung, an Polypropylen der Herstellung von Teilen für Kraftfahrzeuge, Geräte und Rechenmaschinen, an Polyvinylchlorid der Herstellung von Rohren und Profilen, der Draht- und Kabelisolierung, an glasfaserverstärkter Plaste dem Maschinen- und Schiffsbau zugeführt usw.

In der UdSSR beträgt der Anteil der Schwarzmetalle, die jährlich durch Plaste freigesetzt werden, weniger als 1 Prozent ihres Verbrauchsumfanges.

Tabelle 27

Menge und Einsatzrichtungen von wichtigen Plastarten zur Substitution von Schwarz- und Buntmetallen in den USA im Jahre 1969 (in 1000 t)

Einsatzrichtungen der Plaste	Hochdruck-polyäthylen	Niederdruck-polyäthylen	Polypropylen	Polyvinylchlorid	Polystyrol	ABS-Mischpolymerisate des Styrols	Polyacetale	Glasfaserverstärkte Plaste	Phenolharze	Polyamide	übrige Plaste	insges.
Rohre, Fittings, Profile	29,5	40,8	7,7	172,4	27,2	38,6	—	50,0	—	5,9	4,8	376,9
Draht- und Kabelisolierung, Teile für die Elektro- und Funktechnik	188,2	18,1	3,7	188,2	—	—	3,6	—	9,5	4,5	10,0	425,8
Teile für Kraftfahrzeuge, Geräte, Rechenmaschinen	—	—	74,0	—	63,1	60,3	9,2	103,4	60,7	15,9	16,2	402,8
Teile für Kühlschränke und Waschmaschinen	—	—	—	—	36,3	28,6	—	—	4,1	—	—	69,0
Schiffskörper	—	—	—	—	—	—	—	99,8	—	—	—	99,8
Flugzeug- und Raketenteile	—	—	—	—	—	—	—	13,6	—	—	—	13,6
Maschinenteile für den allgemeinen Maschinenbau	—	—	—	8,1	—	—	6,8	43,1	4,1	3,2	4,0	69,3
Übrige Richtungen	—	—	—	—	—	—	3,6	—	—	—	2,7	6,3
insgesamt	217,7	58,9	85,4	368,7	126,6	127,5	23,2	309,9	78,4	29,5	37,7	1463,5

Berechnet nach: Chimičeskaja promyšlennost' za rubežom, 8/1971, S. 5–6.

Es könnte den Anschein haben, als würde ein solch unbedeutender Umfang der Substitution von Schwarzmetallen durch Plaste keinen wesentlichen Einfluß auf die Senkung der Materialintensität der Erzeugnisse ausüben. Man muß jedoch berücksichtigen, daß die Möglichkeiten einer solchen Substitution mit jedem Jahr anwachsen. Außerdem werden für die Substitution von Schwarz- und Buntmetallen ungefähr ein Viertel der Plaste eingesetzt. Sie sparen die sehr verknappten und teuren Arten der schweren Buntmetalle und nickelhaltigen Metalle, Stahlrohre usw. ein.

Unter dem Einfluß der Erweiterung der Bereiche und des Umfangs des Einsatzes von Plasten in der modernen Technik und der teilweisen Substitution traditioneller Werkstoffe durch sie vollziehen sich in der Struktur der Rohstoffbilanz der Industrie wesentliche Verschiebungen. Dieser Prozeß setzte sofort nach dem zweiten Weltkrieg ein. Die Verbrauchsstruktur der Werkstoffe veränderte sich in der Welt (gewichtsmäßig) in folgender Weise (in Prozent):[4]

	1939	1950	1960
Schwarzmetalle	92,5	88,5	81,2
Buntmetalle	5,8	6,2	6,0
Plaste	1,7	5,3	12,8

In der Rohstoffbilanz von sechs kapitalistischen Ländern (USA, BRD, Großbritannien, Frankreich, Japan, Kanada) vollzogen sich wesentliche Veränderungen, von denen die Angaben in Tabelle 28[5] zeugen:

Tabelle 28

Veränderung der Werkstoffbilanz in ausgewählten Ländern (1937—1958)

Werkstoff	1937		1950		1958	
	a	b	a	b	a	b
Stahl	93,6	91,4	92,6	87,7	91,0	79,2
Buntmetalle	6,2	7,4	6,6	7,8	6,7	8,5
davon						
schwere Buntmetalle (Kupfer, Zink, Zinn, Blei)	5,1	5,1	4,8	4,0	4,2	3,3
leichte Buntmetalle (Aluminium, Magnesium, Titan, Beryllium)	0,5	1,7	1,7	3,0	1,8	4,6
Plaste	0,2	1,2	0,8	4,5	2,3	12,3

a: nach Gewicht, b: nach Volumen

4 Konjunktura osnovnych tovarnych rynkov kapitalističeskich stran v 1960 godu, Moskau 1961.

5 A. Grigor'ev, Strukturveränderungen der Rohstoffproduktion in den kapitalistischen Ländern, in: Mirovaja ėkonomika i meždunarodnye otnošenija, 11/1960, S. 52.

Tabelle 29

Veränderung des anteiligen Plastverbrauchs je Einheit traditioneller Werkstoffe in industriell entwickelten kapitalistischen Ländern

Land	Stahl		Hüttenaluminium		Hüttenkupfer		Hüttenblei		Hüttenzink	
	a	b	a	b	a	b	a	b	a	b
USA										
1950	0,011	0,067	1,01	2,10	0,75	4,97	1,21	10,55	1,06	5,78
1969	0,056	0,337	1,81	3,76	4,02	26,59	6,67	58,39	5,74	31,35
BRD										
1950	0,006	0,038	1,52	3,13	0,42	2,74	0,58	5,04	0,58	3,12
1969	0,073	0,443	4,58	9,50	4,48	29,76	0,93	8,08	7,35	40,39
Großbritannien										
1950	0,010	0,047	0,61	1,28	0,28	1,82	0,48	4,18	0,47	2,56
1969	0,050	0,301	2,26	4,70	2,24	14,78	4,37	38,79	4,20	22,71
Frankreich										
1950	0,006	0,036	0,60	1,24	0,27	1,78	0,44	3,85	0,34	1,88
1969	0,054	0,328	3,24	6,75	3,61	23,87	6,05	51,72	4,94	26,60
Italien										
1950	0,008	0,050	0,39	0,82	0,26	1,72	0,41	3,60	0,56	3,04
1969	0,066	0,397	4,57	9,46	5,17	33,78	8,20	72,77	7,23	39,41
Japan										
1950	0,004	0,021	0,89	1,86	0,27	1,76	1,00	6,65	0,33	2,86
1969	0,027	0,167	2,10	4,37	2,11	13,91	8,90	76,94	2,81	15,38

a – nach Gewicht b – nach Volumen

In den USA stieg der Plastanteil am Gesamtverbrauch von Schwarz- und Bundmetallen (ohne Holz) von 1929 bis 1966 in folgender Weise: Gewichtsmäßig von 0,1 auf 3,4 Prozent, volumenmäßig von 0,2 auf 15,2 Prozent. Dabei verminderte sich der Anteil des Verbrauchs an Stahlwalzgut (volumenmäßig) entsprechend von 73,5 auf 67,5 Prozent, an Schwarzmetallguß von 21,8 auf 9,1 Prozent, und der Anteil an Aluminium stieg von 0,6 auf 5,6 Prozent (bei einer gewissen Senkung des Kupfer- und Zinkanteils).[6]

Im Zeitraum von 1950 bis 1969 veränderte sich der spezifische Werkstoffverbrauch stark zugunsten der Plaste. Im Jahre 1969 wurden an

Tabelle 30

Verbrauchsstruktur von Konstruktionswerkstoffen
in industriell entwickelten kapitalistischen Ländern im Jahre 1969
(in Prozent zu insgesamt)

	Stahl	Aluminium	Hüttenkupfer	Blei	Hüttenzink	Schnittholz	Plast
USA							
a	61,4	1,9	0,9	0,5	0,6	31,3	3,4
b	13,9	1,2	0,2	0,1	0,2	79,7	4,7
c	58,0	7,8	5,0	1,4	1,5	11,9	14,4
BRD							
a	74,2	1,3	1,2	0,6	0,7	16,6	5,4
b	24,8	1,1	0,4	0,2	0,3	62,2	11,0
c	60,1	4,8	10,2	1,4	1,7	7,3	14,5
Großbritannien							
a	71,5	1,6	1,6	0,8	0,8	20,2	3,5
b	21,9	1,4	0,4	0,2	0,3	69,2	6,6
c	53,3	5,3	12,7	1,6	1,6	16,6	8,9
Frankreich							
a	70,9	1,2	1,1	0,6	0,8	21,6	3,8
b	20,7	1,0	0,3	0,1	0,3	70,8	6,8
c	57,2	3,9	6,9	1,7	2,0	13,8	14,5
Italien							
a	73,8	1,1	1,1	0,6	0,7	17,9	4,8
b	23,8	1,0	0,3	0,1	0,2	65,0	9,6
c	59,4	5,1	8,8	1,9	2,1	9,7	13,0
Japan							
a	64,9	0,9	0,9	0,2	0,6	30,7	1,8
b	15,2	0,6	0,2	0,03	0,2	81,2	2,6
c	67,9	3,5	5,8	0,5	1,6	13,5	7,2

Zur wertmäßigen Beurteilung der Werkstoffe sind die mittleren Verkaufspreise von 1965 in den angeführten Ländern benutzt worden
a – nach Gewicht, b – nach Volumen, c – nach Wert

6 A. Grigor'ev: Veränderungen in der Produktion von Konstruktionswerkstoffen in den USA, in: Mirovaja ėkonomika i meždunarodnye otnošenija, 12/1968, S. 110.

Stelle von 1 m³ Stahl durchschnittlich 0,3 bis 0,4 m³ Plast benötigt und für 1 m³ Aluminium 4 bis 9 m³. Bei den schweren Buntmetallen erreichte diese Kennziffer bereits einige Dutzend Kubikmeter (vgl. Tabelle 29).

Die 1969 erreichten Proportionen im Verbrauch der Hauptkonstruktionswerkstoffe in den industriell entwickelten kapitalistischen Ländern sind in Tabelle 30 gezeigt. Die angeführten Daten zeugen von einem recht stabilen Verhältnis der Konstruktionswerkstoffe, die in diesen Ländern verbraucht werden. Der Unterschied im Verhältnis der eingesetzten Werkstoffe, gemessen nach dem Gewicht und dem Volumen zwischen den USA und Japan einerseits und den westeuropäischen Ländern andererseits ist durch die relativ kleinen Verbrauchsmaßstäbe an Schnittholz, in der BRD, in Großbritannien, Italien und Frankreich bedingt. Die bestehenden Abweichungen in der Wertdimension sind hauptsächlich durch das erreichte Niveau der durchschnittlichen Verkaufspreise für Konstruktionswerkstoffe in den erwähnten Ländern bedingt.

Die für die UdSSR angestellten Berechnungen für die Jahre 1960 bis 1975 (vgl. Tabelle 31) zeugen von einer Erhöhung des Anteils von Plast und Hüttenaluminium am Gesamtwerkstoffverbrauch.

Tabelle 31

Verbrauchsstruktur der Hauptkonstruktionswerkstoffe
in der Volkswirtschaft der UdSSR (in Prozent zu insgesamt)

Werkstoff	1960			1965		
	a	b	c	a	b	c
Schwarzmetalle	47,8	8,0	56,5	54,0	10,0	59,7
Hüttenaluminium	0,5	0,3	3,8	0,8	0,4	5,0
Schwere Buntmetalle	1,2	0,2	9,2	1,2	0,2	8,7
Schnittholz	50,2	91,2	28,3	43,4	88,7	22,8
Plast	0,3	0,3	2,2	0,6	0,7	3,8

Werkstoff	1970 (Berechnung)			1975 (Schätzung)		
	a	b	c	a	b	c
Schwarzmetalle	60,3	12,8	61,1	65,4	16,0	59,4
Hüttenaluminium	1,1	0,7	6,6	1,6	1,1	8,3
Schwere Buntmetalle	1,4	0,3	9,1	1,7	0,4	9,9
Schnittholz	36,2	84,9	17,2	29,4	79,7	12,5
Plast	1,0	1,3	6,0	1,9	2,8	9,9

Quelle: I. V. Rachlin, Haupttendenzen der Strukturveränderung des Verbrauchs an Konstruktionswerkstoffen, in: Izvestija AN SSSR, Reihe Ökonomie, 4/1970, S. 51.

a – nach Gewicht, b – nach Volumen, c – nach Wert.

Für die wertmäßige Beurteilung der Werkstoffe sind die mittleren Großhandelspreise benutzt worden, die mit dem 1. 7. 1967 wirksam wurden.

In der Perspektive muß man eine weitere Vervollkommnung der Materialverbrauchsstruktur in Richtung auf eine bedeutende Erhöhung des Anteils neuer Werkstoffarten erwarten.

Vorläufigen Prognosen zufolge kann der Plastanteil in der Inlandsbilanz der Konstruktionswerkstoffe, die verbraucht werden, in der überschaubaren Perspektive in folgenden Größen zum Ausdruck gebracht werden: gewichtsmäßig 6 bis 7 Prozent, volumenmäßig 10 bis 11 Prozent, wertmäßig 28 bis 29 Prozent. Somit wird eine der Thesen des Programms der KPdSU, daß „Metall, Holz und andere Werkstoffe zunehmend durch wirtschaftliche, praktische und leichte synthetische Stoffe ersetzt werden"[7], realisiert.

Tabelle 32

Verbrauchsstruktur von Konstruktionswerkstoffen in den USA (in Prozent zu insgesamt)

	Stahl	Aluminium	Kupfer	Blei	Zink	Schnittholz	Plast
1950							
a	57,1	0,6	1,4	0,8	0,7	38,7	0,7
b	11,6	0,3	0,2	0,1	0,1	87,0	0,7
c	62,8	2,9	9,6	2,4	1,9	17,2	3,2
1960							
a	58,4	1,0	1,3	0,7	0,7	35,9	2,0
b	12,3	0,7	0,2	0,1	0,1	84,2	2,3
c	59,5	5,0	8,0	2,0	1,9	14,8	8,8
1970							
a	58,0	1,6	1,3	0,6	0,7	34,8	3,0
b	12,3	1,0	0,3	0,08	0,2	82,6	3,5
c	56,1	6,5	7,8	1,6	1,7	13,5	12,8
1980							
a	58,0	2,2	1,3	0,6	0,7	33,0	4,2
b	12,7	1,4	0,3	0,06	0,2	80,3	5,0
c	52,2	8,5	7,5	1,5	1,6	12,0	16,7
1990							
a	57,9	2,7	1,4	0,6	0,7	31,3	5,4
b	12,9	1,8	0,3	0,1	0,2	78,0	6,7
c	48,9	9,9	7,4	1,3	1,6	10,7	20,2
2000							
a	57,3	3,2	1,5	0,6	0,8	30,0	6,6
b	13,0	2,1	0,3	0,07	0,2	76,0	8,3
c	45,7	11,2	7,4	1,1	1,6	9,7	23,3

Quelle: Berechnet nach: G. G. Landsberg, L. L. Fishman, J. Fisher, Resursy SŠA v buduščem, Moskau 1965.

a – nach Gewicht, b – nach Volumen, c – nach Wert

Zur wertmäßigen Beurteilung der Werkstoffe sind die mittleren Verkaufspreise in den USA von 1965 benutzt worden.

[7] Programm und Statut der Kommunistischen Partei der Sowjetunion, Berlin 1961, S. 66.

In der ausländischen ökonomischen Literatur trifft man oft auf alle möglichen Prognosen über den Materialverbrauch in den nächsten 20 bis 30 Jahren. Ohne im einzelnen die Richtigkeit und Stichhaltigkeit solcher Prognosen zu prüfen, führen wir zur Veranschaulichung der wachsenden Maßstäbe und Verschiebungen in der Struktur des Weltmaterialverbrauchs zwei Berechnungen an.

So sind die Ergebnisse der Berechnungen für die strukturellen Verschiebungen im Verbrauch der Konstruktionswerkstoffe in den USA für eine lange Periode – für 50 Jahre – zweifellos von Interesse (vgl. Tabelle 32).

Diese Angaben unterstreichen klar die Tendenz einer allmählichen Erhöhung des Anteils der Plaste (wertmäßig von 3,2 auf 23,3 Prozent) und des Aluminiums (von 2,9 auf 11,2 Prozent) bei wesentlicher Verminderung des Anteils anderer Werkstoffe, insbesondere von Holz. Die von amerikanischen Ökonomen angestellte Prognose für den Plast- und Aluminiumverbrauch erwies sich schon für die Bedingungen des Jahres 1980 als ungefähr um die Hälfte zu niedrig.

Weite Verbreitung im Ausland erlangte eine Prognose, der zufolge der Weltverbrauch an Grundmaterialien im Jahre 2000 folgende Größen erreichen wird (in Millionen t)[8]:

	1970	1980	1990	2000
Stahl	560	900	1400	2250
Aluminium	11,3	32	90	250
Kupfer	6,2	9,2	13,5	20
Zink	5,0	7,2	10,4	15
Plast	27,0	105	420	1700

Der Plastverbrauch wächst dann, bezogen auf eine Gewichts- bzw. Volumeneinheit von Stahl, fast um 16mal, von Kupfer und Zink um 20mal, von Aluminium fast um 3mal. Davon zeugen folgende Angaben:

	Stahl	Aluminium	Kupfer	Zink
Auf 1 t, Plast in t				
1970	0,048	2,389	4,354	5,40
2000	0,755	6,800	85,000	113,33
Auf 1 m^3, Plast in m^3				
1970	0,29	4,24	28,88	29,71
2000	4,53	12,03	561,20	622,60

Stützt man sich auf die angeführten Daten, denen zufolge der Umfang des Weltverbrauchs an Plast in jedem Jahrzehnt auf das 4fache anwächst, so muß der Anteil der Plaste unter den anderen Werkstoffen im Vergleich

[8] Chimičeskaja promyšlennost' za rubežom, 8/1971, S. 7.

zu 1970 im Jahre 2000 gewichtsmäßig von 4,4 auf 40,2 Prozent und volumenmäßig von 23,3 auf 79,4 Prozent ansteigen (vgl. Tabelle 33).

Tabelle 33

Verbrauchsstruktur der Hauptkonstruktionswerkstoffe (ohne Holzwerkstoffe) in der Welt (in Prozent zu insgesamt)

	Stahl	Aluminium	Kupfer	Zink	Plaste
1970					
a	91,9	1,9	1,0	0,8	4,4
b	71,1	4,2	0,7	0,7	23,3
1980					
a	85,4	3,1	0,8	0,7	10,0
b	56,7	5,9	0,5	0,5	45,0
1990					
a	72,4	4,7	0,7	0,5	21,7
b	30,8	5,7	0,3	0,3	62,9
2000					
a	53,1	5,9	0,5	0,3	40,2
b	15,4	4,9	0,2	0,2	79,4

Quelle: Berechnet auf der Grundlage der Daten in: Chimičeskaja promyšlennost za rubežom. 8/1971, S. 7
a – nach Gewicht, b – nach Volumen

Eine solche Steigerung des Plastverbrauchs ist kaum wahrscheinlich. Vor allem ist es äußerst schwierig, die hohen stabilen Wachstumsraten des Plastverbrauchs für die Dauer von 30 Jahren aufrechtzuerhalten, denn die absolute Zunahme steigt stark an (von 1971 bis 1980 78 Millionen t, von 1981 bis 1990 315 Millionen t, von 1991 bis 2000 1280 Millionen t).

Der Anteil des Plastverbrauchs in den industriell entwickelten kapitalistischen Ländern, zum Beispiel in den USA, muß wesentlich höher sein als im Weltmaßstab. Bringt man aber die Verbrauchsstruktur der Werkstoffe in den USA (vgl. Tabelle 32) in eine mit dem Weltverbrauch vergleichbare Form (vgl. Tabelle 33), d. h., eliminiert man den Einfluß von Zink und Schnittholz, so wird der Plastanteil (gewichtsmäßig) betragen (in Prozent):

	1970	1980	1990	2000
Weltverbrauch	4,4	10,0	21,7	40,2
USA	4,6	6,3	7,9	9,5

Ohne die Tatsache zu ignorieren, daß die Prognose des Plastverbrauchs in den USA zu niedrig angesetzt ist, muß man eine außerordentlich optimistische Langzeitprognose des Weltverbrauchs dieser Werkstoffe konstatieren.

Die angeführten Ist- und Prognosedaten des Plastverbrauchs zeugen von der wachsenden Rolle der Plaste bei der Vervollkommnung der Rohstoffbilanz aller industriell entwickelten Länder.

Der Substitutionsprozeß der traditionellen Werkstoffe durch neue (zum Beispiel durch Plaste) ist jedoch nicht eindeutig. Er vollzieht sich im Konkurrenzkampf, in dessen Verlauf radikale Maßnahmen zur Sortimentserweiterung und Qualitätsverbesserung der Metalle durchgeführt werden. Die Entwicklung von hochproduktiven kontinuierlichen Walzstraßen für breite Flachstähle sowie die Einführung wirtschaftlicher Prozesse zum Auftragen von Schutzüberzügen (Verzinkung, Aluminierung, Plattierung, Emaillierung und dergleichen mehr) trugen beispielsweise zu einem schnellen Wachstum des Verbrauchs an kaltgewalztem Stahlblech bei. Es ist offensichtlich, daß die Vervollkommnung der Rohstoffbilanz aller Länder allmählich verlaufen wird und von einer Spezialisierung einiger Werkstoffe der Hauptverbraucherbereiche begleitet ist.

Eine solche allgemeine Analyse muß durch eine konkretere Untersuchung der Richtungen und der Effektivität des Einsatzes von Konstruktionswerkstoffen, Elektroisolierstoffen, Verpackungsmitteln, Baustoffen und anderen Werkstoffen ergänzt werden, was im vierten Kapitel bereits geschehen ist.

2. Die Hauptrichtungen des Plastverbrauchs

Die bedeutenden Errungenschaften auf dem Gebiet der Produktionstechnologie und der Verarbeitung von Plasten (Verbesserung ihrer Qualität, Eigenschaftsmodifikation der Polymeren, Produktivitätserhöhung der Ausrüstungen, Prozeßautomatisierung), die großen bewilligten Summen für wissenschaftliche Forschungsarbeiten, die Erhöhung der Konkurrenzfähigkeit der Plaste gegenüber anderen Werkstoffen (durch Senkung und Stabilisierung der Verkaufspreise) und das damit verbundene tiefere Eindringen der Plaste in bereits früher erschlossene und neue Bereiche, die Erweiterung der Forschungen und die Verstärkung der Kontrolle über die Lage der Absatzmärkte für Rohstoffe und Fertigerzeugnisse seitens der Plasterzeuger riefen ein schnelles Wachstum des Umfanges des Weltplastverbrauchs hervor (vgl. Tabelle 34). So wurde im Jahre 1970 18mal mehr an Plast verbraucht als 1950, und 1975 wird sich der erwartete Verbrauch im Vergleich zu 1970 um fast 1,5mal erhöhen. Auf Hochdruckpolyäthylen, Polyvinylchlorid und Polystyrolplaste wird ungefähr die Hälfte des Gesamtverbrauchs entfallen.

Tabelle 34

Weltverbrauch an Plast (in 1000 t)

	1950	1955	1960	1965
Verbrauch insgesamt	1500	3100	6900	12800
davon:				
Hochdruckpolyäthylen	30	224	796	2260
Niederdruckpolyäthylen	—	—	172	685
Polypropylen	—	—	22	310
Polyvinylchlorid	220	520	1450	3100
Polystyrol und Mischpolymerisate des Styrols	136	384	820	1700
Plast auf der Grundlage von Zelluloseestern	—	—	—	—

	1970 (Schätzung)	1975 (Schätzung)	1980 (Prognose)
Verbrauch insgesamt	27000	49000	105000
davon:			
Hochdruckpolyäthylen	5750	8500— 8600	23000 (Hochdruckpolyäthylen, Niederdruckpolyäthylen, Polypropylen zusammen)
Niederdruckpolyäthylen	1620	2750	
Polypropylen	1000—1280	2300— 2750	
Polyvinylchlorid	5500—6000	9000—10000	15100
Polystyrol und Mischpolymerisate des Styrols	2850	5000	—
Plast auf der Grundlage von Zelluloseestern	578	785	—

Quelle: Rev. Gèn. caoutshouc et plast, 4/1967.

Dabei veränderte sich die Struktur des Weltplastverbrauchs wesentlich. Besonders stark verringerte sich der Anteil der USA (in Prozent zu insgesamt):

	1955	1960	1965	1970 (Schätzung)	1975 (Schätzung)
USA	55,5	35,7	38,5	33,0	26,5
BRD	12,3	12,5	13,5	12,8	8,0
Großbritannien	8,6	8,3	6,3	4,9	.
Frankreich	3,5	5,0	5,5	4,7	.
Italien	—	7,1	4,8	5,3	.
Japan	—	8,2	10,7	8,4	.

Die Erweiterung der Einsatzmaßstäbe von Plast in der Volkswirtschaft der UdSSR erfolgt in zwei Hauptrichtungen: eine in die Breite gehende Richtung durch Vergrößerung der Erzeugnisproduktion, in der die Plaste bereits Anwendung gefunden haben (zum Beispiel Kühlschränke, Telefonapparate, Erzeugnisse für Elektroanlagen, Fernsehapparate u. a.) und eine in die Tiefe gehende Richtung durch Einführung der Plaste in neue Bereiche bei bedeutenden und speziellen Maschinenkonstruktionen, Ausrüstungen und Erzeugnissen (zum Beispiel die Karosserie eines Personenkraftwagens aus glasfaserverstärkter Plaste an Stelle von Stahl u. a.). Berechnungen haben gezeigt, daß im Jahre 1970 auf die extensive Richtung (in die Breite) ungefähr zwei Drittel und auf die intensive Richtung (in die Tiefe) ein Drittel des Umfanges der Plaste entfallen, die verbraucht werden.

Der Umfang des Plastverbrauchs in der Volkswirtschaft betrug (in 1000 t): 1960: 350, 1965: 865, 1970: 1760, 1975 (Schätzung): 3607. Mit anderen Worten, in den Jahren 1961 bis 1965, 1966 bis 1970 und 1971 bis 1975 (Schätzung) vergrößert er sich um mehr als das Doppelte (vgl. Tabelle 35). Das beschleunigte Tempo des Verbrauchs an solchen groß-

Tabelle 35

Verbrauchsentwicklung und -struktur der hauptsächlichen Plast- und Kunstharzarten in der Volkswirtschaft der UdSSR

Plastart	Verbrauchs-entwicklung (1965 = 100)		Verbrauchsstruktur (in Prozent)		
	1970	1975*	1965	1970	1975*
Phenol-Formaldehyd-Harze	145	233	10,9	7,7	6,1
Phenol-Preßpulver	157	175	9,1	7,1	3,8
Karbamidharze	201	395	19,4	19,2	18,4
Karbamidpreßstoffe	143	227	2,4	1,7	1,3
Hochdruckpolyäthylen	557	1190	4,3	11,7	12,2
Niederdruckpolyäthylen	139	400	3,2	2,2	3,1
Polypropylen	5000	25000	.	0,6	1,4
Polyvinylchlorid und Mischpolymerisate des Vinylchlorids	204	425	15,4	15,4	15,7
Polystyrol und Mischpolymerisate des Polystyrols	250	809	4,9	6,0	9,4
Polyamidharze	1200	2000	0,1	0,7	0,6
Polyesterharze	357	711	0,8	1,4	1,4
Epoxidharze	300	700	0,5	0,7	0,8
Phenolpolyurethan	200	400	0,7	0,7	0,7
Polymethacrylat	157	220	2,4	1,9	1,3
Harze für Lacke und Farben	149	202	10,2	7,4	4,9
Harze für Chemiefasern	308	653	8,4	12,8	13,2
Übrige Arten	79	329	7,3	2,8	5,7
Insgesamt	203	417	100,0	100,0	100,0

Quelle: Plastičeskie massy, 1/1972, S. 4.
* Schätzung

tonnagigen Plastarten wie Hochdruckpolyäthylen, Polypropylen, Polystyrol und die Mischpolymerisate des Styrols, an mitteltonnagigen Arten (Polyamid- Polyester- und Epoxidharze) sowie an Harzen für Chemiefasern führte zu einer wesentlichen Vergrößerung ihres Anteils an der Gesamtverbrauchsstruktur von Plast. Dabei verminderte sich der Anteil der Phenolharze und Preßstoffe, der Karbamid-Preßstoffe, des Polymethacrylats, der Harze für Anstrichstoffe bei Stabilisierung des Anteils an Karbamidharzen, Polyvinylchlorid, Niederdruckpolyäthylen und Polyurethanschaum.

Aus der Sicht einzelner Industriezweige und der Volkswirtschaft insgesamt (vgl. Tabelle 36) sind die Raten des Plastverbrauchs in der Nahrungsmittelindustrie, in der Landwirtschaft, im Meliorationsbau, in der Baustoffindustrie und im Wohnungsbau sowie in der Chemiefaserindustrie besonders hoch. Das ist unmittelbar mit der Verstärkung der sozialen Aspekte der Chemisierung im laufenden Planjahrfünft verbunden. Dadurch wird der Anteil der erwähnten Zweige in der Verbrauchsstruktur der Plaste über 10 Jahre (1966 bis 1975) wesentlich ansteigen: in der Nahrungs-

Tabelle 36

Verbrauchsentwicklung und -struktur von Plasten und Kunstharzen in den Volkswirtschaftszweigen der UdSSR (in Prozent)

Zweig	Verbrauchsentwicklung (1965 = 100) 1970	1975* (Vorräte)	Verbrauchsstruktur 1965	1970	1975*
Maschinenbau insgesamt	202	365	27,7	27,6	24,3
Chemische Industrie					
darunter:					
Lack- und Farbenindustrie	149	266	10,2	7,4	6,5
Chemiefaserindustrie	304	645	8,6	12,8	13,2
holzverarbeitende Industrie sowie Zellulose- und Papierindustrie	210	405	17,7	18,2	17,2
Leichtindustrie und Massenbedarfsgüterproduktion	207	317	10,4	10,6	7,9
Nahrungsmittelindustrie	2500	5900	0,4	4,3	4,9
Bauwesen und Baustoffindustrie	226	725	9,2	10,3	16,1
Landwirtschaft und Melioration	450	3400	0,5	1,0	3,8
Transportwesen	311	511	1,0	1,6	1,3
Übrige Zweige	88	141	14,3	6,2	4,8
Insgesamt	203	417	100,0	100,0	100,0

Quelle: Plastičeskie massy, 1/1972, S. 5.

* Schätzung

mittelindustrie auf das 12fache, bei Landwirtschaft und Melioration auf das 7fache, im Bauwesen und in der Chemiefaserindustrie auf das 1,5fache, bei Stabilisierung des Anteils der holzverarbeitenden und der Zellulose- und Papierindustrie und bei einer gewissen Reduzierung des Anteils des Maschinenbaus, der Leicht- sowie Lack- und Farbenindustrie.

Im Jahre 1970 wurden die Hauptplastarten in folgenden Zweigen verbraucht: Phenolformaldehyd-Harze in der holzverarbeitenden Industrie, in der Baustoffproduktion und in der Elektrotechnik; Phenolpreßpulver in der Elektrotechnik; Karbamidharze in der Spanplattenproduktion; Niederdruckpolyäthylen in der Elektrotechnik, in der Nahrungsmittelindustrie (Leergut, Verpackung und Umhüllung), im Bauwesen (Sanitärtechnik, Rohre), in der Leichtindustrie (Folien, Haushaltswaren); Polyvinylchlorid in der Elektrotechnik (Kabelisolierung), in der Leichtindustrie (Kunstleder, Folien), im Bauwesen (Fußbodenbelag, Rohre, Profile u. a.); Polystyrolplaste im Maschinenbau (Haushaltskühlschränke, Funktechnik u. a.), im Bauwesen (Verkleidungsplatten, Wärme- und Schallisolierung) usw. (vgl. Tabelle 37).

Der Umfang des Verbrauchs an glasfaserverstärkter Plaste in der Volkswirtschaft der UdSSR wächst ebenfalls in schnellem Tempo. So stieg er im Vergleich zu 1960 im Jahre 1965 auf das 5fache, im Jahre 1970 fast auf das 15fache und 1975 (Schätzung) wird er auf das 31fache steigen. Die Verbrauchsstruktur der glasfaserverstärkten Plaste nach Zweigen ist wie folgt (in Prozent)[9].

	1960	1965	1967	1970	1975 (Schätzung)
Transportmaschinenbau	3,7	3,1	4,6	4,3	15,7
Bauwesen	—	39,8	36,8	34,3	22,4
Schiffsbau, (Kutter, Boote u. a.)	—	0,8	4,9	9,1	11,4
Elektrotechnik	33,6	27,4	21,7	21,4	16,0
Rohre, Behälter, Reservoire	—	—	—	—	2,7
Gerätebau	3,7	2,3	2,6	2,5	3,7
Konsumgüter	—	0,8	0,7	0,8	2,9
sonstiger Verbrauch	59,0	25,8	28,7	27,6	25,2

In der gegenwärtigen Verbrauchsstruktur der glasfaserverstärkten Plaste in der UdSSR herrscht der Anteil solcher Zweige wie des Bauwesens und der Elektrotechnik vor. Gleichzeitig wird in den nächsten Jahren eine Vergrößerung des Anteils des Transportmaschinenbaus, des Schiffsbaus, der

9 Ėkonomika proizvodstva i primenenija stekloplastikov, Moskau 1972, S. 210.

Tabelle 37

Verbrauchsstruktur der hauptsächlichsten Plast- und Kunstharzarten in den Volkswirtschaftszweigen der UdSSR im Jahre 1970 (in Prozent)

Zweig	Phenol-Formaldehyd-Harze	Phenolpreßpulver	Karbamidharze	Hochdruckpolyäthylen	Niederdruckpolyäthylen	Polyvinylchlorid	Polystyrol und Mischpolymerisate des Styrols	Polyesterharze	übrige	insgesamt
Maschinenbau, insgesamt	36,6	86,5	0,5	32,1	7,7	38,2	60,2	46,6	15,3	27,6
darunter:										
Elektrotechnik	12,8	45,7	0,1	26,7	—	27,1	9,1	11,2	8,2	14,6
Werkzeugmaschinenbau	4,7	0,9	—	0,05	—	0,04	0,3	0,4	0,2	0,5
Schwer-, Energie- und Transportmaschinenbau	1,2	1,0	—	0,1	0,5	0,3	1,5	9,6	0,3	0,6
Chemie- und Erdölmaschinenbau	—	0,3	—	0,1	0,8	0,04	0,1	1,6	0,02	0,1
Automobilbau	3,3	2,5	—	0,3	2,0	2,03	2,3	4,0	1,4	1,4
Traktoren- und Landmaschinenbau	0,5	0,9	—	0,5	0,3	0,07	0,2	0,4	0,2	0,3
Bau-, Straßenbau- und kommunaler Maschinenbau	0,4	0,4	—	0,2	—	0,04	0,4	—	0,1	0,2
Gerätebau	0,4	8,6	—	0,1	0,3	0,2	4,9	—	0,3	1,1
Maschinenbau für die Leicht- und Nahrungsmittelindustrie und für Haushaltsgeräte	0,6	3,4	—	0,7	1,5	1,1	12,5	0,8	0,8	1,5
Übriger Maschinenbau	12,7	22,8	0,4	3,4	2,3	7,3	29,2	18,6	3,8	7,3
Chemische Industrie										
darunter:										
Lack- und Farbenindustrie	—	—	—	—	—	—	—	—	25,3	7,4
Chemiefaserindustrie	—	—	—	—	—	—	—	—	43,6	12,8
Holzverarbeitende Industrie sowie Zellulose- und Papierindustrie	26,1	4,5	74,6	4,9	—	1,1	3,9	—	2,2	18,3
Leichtindustrie und Produktion von Massenbedarfsgütern	0,9	6,6	0,6	13,6	54,4	25,4	16,9	1,2	7,0	10,6
Nahrungsmittelindustrie	—	—	—	24,0	—	5,1	1,7	—	2,0	4,3
Bauwesen und Baustoffindustrie	25,7	—	5,9	8,2	11,5	26,5	14,2	36,5	1,7	10,3
Landwirtschaft und Melioration	—	—	—	3,9	21,4	0,5	—	1,2	—	1,0
Transportwesen	4,1	1,4	0,2	3,9	—	1,2	1,1	13,3	0,8	1,6
Übrige Verbraucher	6,6	1,0	18,2	9,4	—	2,0	2,0	1,2	2,1	6,2

Produktion von Ausrüstungen der Chemie- und Erdölindustrie und von Konsumgütern zu Lasten des Bauwesens und der Elektrotechnik erwartet.

Der Bedarf der Volkswirtschaftszweige der UdSSR an den hauptsächlichen Plast- und Kunstharzarten im Jahre 1975 wird in der Perspektive auf 4,9 bis 5 Millionen t geschätzt. Durch ausführlichere ökonomische Berechnungen ist ein Bedarf in Höhe von 4,1 bis 4,2 Millionen t nachgewiesen worden, der auch in der vorliegenden Arbeit zur reelleren Ermittlung des möglichen Nutzens aus dem Einsatz von Plast in der Volkswirtschaft verwendet worden ist (vgl. die Tabellen 38, 39, 40, 41).

Tabelle 38

Plast- und Kunstharzbedarf der Volkswirtschaft der UdSSR (in Prozent)

Plast- und Kunstharzarten	Erschlossene Bereiche		Neue Bereiche		insgesamt
	Stand der Basisperiode	Produktionszuwachs	Technisch notwendiger Bedarf	für die Substitution traditioneller Werkstoffe	
Phenol-Formaldehyd-Harze	7,7	4,4	19,6	18,3	10,2
Phenol-Preßpulver	7,0	6,0	2,2	1,2	5,1
Karbamidharze	19,2	8,6	10,8	38,5	19,7
Karbamidpreßstoffe	1,7	1,7	.	.	1,2
Hochdruckpolyäthylen	11,7	17,3	1,4	7,1	11,5
Niederdruckpolyäthylen	2,2	4,2	0,6	3,6	2,9
Polypropylen	0,6	0,4	0,7	1,7	0,7
Polyvinylchlorid und Mischpolymerisate des Vinylchlorids	11,6	5,2	19,1	18,2	14,2
Polystyrol und Mischpolymerisate des Styrols	6,0	10,6	23,5	3,1	8,2
Polyamidharze	0,7	0,3	0,6	0,4	0,5
Polyesterharze	1,4	0,1	3,1	4,5	1,8
Epoxidharze	0,7	0,6	0,6	0,6	0,7
Polyurethanschaum	0,7	1,4	—	—	0,7
Polymethylmethacrylat	7,9	1,2	1,8	0,1	1,3
Harze für Lacke und Farben	7,4	12,0	—	—	6,5
Harze für Chemiefasern	12,8	19,1	—	—	10,8
Übrige	6,7	6,9	16,0	2,7	4,0

In der Bedarfsstruktur machen die Karbamidharze (insbesondere für die holzverarbeitende Industrie sowie für die Baustoffindustrie), das Polyvinylchlorid und die Mischpolymerisate (für die Elektrotechnik, die Baustoffindustrie, die Leichtindustrie und für die Produktion von Massen-

Tabelle 39

Bedarf an hauptsächlichen Plast- und Kunstharzarten im Jahre 1975 (in Prozent des Zweigbedarfs)

Zweig	Phenol-Formal-dehyd-Harze	Phenol-preß-pulver	Karbamid-harze	Hochdruck-polyäthylen	Nieder-druckpoly-äthylen	Polyvinyl-chlorid	Polystyrol und Mischpolymeri-sate des Styrols	übrige
Maschinenbau, insgesamt	8,5	18,1	0,2	11,5	1,0	23,0	16,1	21,0
darunter:								
Elektrotechnik	4,6	17,9	—	19,4	—	34,0	7,2	16,9
Werkzeugmaschinenbau	61,0	12,3	—	0,5	—	0,5	2,7	23,0
Schwer-, Energie- und Transportmaschinenbau	10,8	6,3	—	0,6	0,9	12,1	41,9	27,4
Chemie- und Erdölmaschinenbau	—	12,8	—	10,6	21,3	4,3	6,4	44,6
Automobilbau	19,4	6,6	—	1,3	5,2	18,8	9,6	39,1
Traktoren- und Landmaschinenbau	17,4	17,4	—	24,2	3,8	3,1	6,1	28,0
Bau-, Straßenbau- und kommunaler Maschinenbau	18,7	14,7	—	13,3	—	2,7	17,3	33,3
Gerätebau	3,4	51,2	—	1,4	2,0	3,4	25,2	13,4
Maschinen für die Leicht- und Lebensmittelindustrie und für Haushaltsgeräte	3,2	15,2	—	3,9	3,8	12,0	44,3	17,6
Übriger Maschinenbau	9,2	20,4	0,9	4,8	0,5	13,8	26,1	24,3
Chemische Industrie								
darunter:								
Lack- und Farbenindustrie	3,3	—	—	—	—	11,6	—	85,1
Chemiefaserindustrie	—	—	2,9	—	—	0,5	—	96,6
Holzverarbeitende Industrie sowie Zellulose- und Papierindustrie	16,4	0,9	76,9	1,6	—	0,5	1,3	2,4
Leichtindustrie und Produktion von Massenbedarfsgütern	0,5	4,4	0,9	12,4	10,2	30,6	22,4	18,6
Nahrungsmittelindustrie	—	—	—	74,6	—	10,0	8,2	7,2
Bauwesen und Baustoffindustrie	22,9	—	13,7	3,3	4,5	25,5	8,7	21,4
Landwirtschaft und Melioration	—	—	—	64,5	33,9	1,3	—	0,3
Transportwesen	16,2	3,9	—	37,2	—	14,9	8,0	19,8
Übrige Zweige	8,7	0,9	47,5	19,6	—	4,5	7,5	11,3
Insgesamt	10,2	5,1	19,7	11,5	2,9	14,2	8,2	28,2

Quelle: Plastičeskie massy, 1/1972, S. 6.

Tabelle 40

Bedarf der Volkswirtschaft der UdSSR an Plasten und Kunstharzen (in Prozent zum Gesamterzeugnisbedarf)

Plast- und Kunstharzart	Erschlossene Bereiche: Stand der Basisperiode	Erschlossene Bereiche: Produktionszuwachs	Neue Bereiche: technisch notwendiger Bedarf	Neue Bereiche: für die Substitution traditioneller Werkstoffe
Phenol-Formaldehyd-Harze	32,9	12,4	17,2	37,5
Phenol-Preßpulver	58,3	33,1	3,7	4,9
Karbamidharze	41,9	12,5	4,9	40,7
Karbamidpreßstoffe	59,7	40,3	—	—
Hochdruckpolyäthylen	43,4	42,8	1,0	12,8
Niederdruckpolyäthylen	32,5	40,4	1,7	25,4
Polypropylen	31,7	13,4	7,8	47,1
Polyvinylchlorid und Mischpolymerisate des Vinylchlorids	48,8	11,0	12,4	27,8
Polystyrol und Mischpolymerisate des Styrols	30,9	36,3	25,0	7,8
Polyamidharze	56,5	15,9	10,8	16,8
Polyesterharze	32,8	2,1	14,8	50,3
Epoxidharze	46,0	26,0	8,5	19,5
Polyurethanschaum	43,3	56,7	—	—
Polymethylmethacrylat	61,4	25,4	12,1	1,1
Harze für Lacke und Farben	48,2	51,8	—	—
Harze für Chemiefasern	50,2	49,8	—	—
Übrige	23,6	38,3	27,2	10,9
Insgesamt	42,5	28,2	8,7	20,6

Quelle: Plastičeskie massy, 1/1972, S. 7.

bedarfsgütern), das Hochdruckpolyäthylen (für die Nahrungsmittelindustrie, für die Elektrotechnik, für die Landwirtschaft und den Meliorationsbau), die Phenol-Formaldehyd-Harze (für die Baustoffindustrie, für die Holzverarbeitung, für den Maschinenbau) den größten Anteil aus.[10]

Der ökonomisch begründete Bedarf an glasfaserverstärktem Plast im Jahre 1975 muß gegenüber 1970 auf das 2,7fache ansteigen und vier Fünftel des technisch möglichen Bedarfs ausmachen. Die größten Verbraucher von

[10] Ausführlicher siehe: I. V. Rachlin; L. I. Koškin, Die Effektivität der Anwendung von Plasten in der Volkswirtschaft, in: Plastičeskie massy, 1/1972.

Bedarfsstruktur der Volkswirtschaft an den hauptsächlichen Plast- und Kunstharzarten (in Prozent zum Gesamtbedarf)

Zweig	Phenol-Formaldehyd-Harze	Phenolpreßpulver	Karbamidharze	Hochdruckpolyäthylen	Niederdruckpolyäthylen	Polyvinylchlorid	Polystyrol und Mischpolymerisate des Styrols	übrige	insgesamt
Maschinenbau, insgesamt	21,0	88,7	0,3	25,2	8,7	40,5	49,1	19,3	25,1
darunter:									
Elektrotechnik	5,4	42,3	—	20,4	—	28,8	10,5	7,2	12,1
Werkzeugmaschinenbau	2,7	1,1	—	—	—	—	0,2	0,4	0,5
Schwer-, Energie- und Transportmaschinen	0,9	1,0	—	0,1	0,3	0,7	4,1	0,8	0,8
Chemie- und Erdölmaschinenbau	—	0,3	—	0,1	0,8	—	0,1	0,2	0,1
Automobilbau	4,2	2,8	—	0,3	3,9	2,9	2,6	3,0	2,2
Traktoren- und Landmaschinenbau	0,5	1,1	—	0,7	0,4	0,1	0,2	0,3	0,3
Bau-, Straßenbau- und kommunaler Maschinenbau	0,3	0,5	—	0,2	—	—	0,4	0,2	0,2
Gerätebau	0,3	8,4	—	0,1	0,6	0,2	2,5	0,4	0,8
Maschinenbau für die Leicht- und Nahrungsmittelindustrie und für Haushaltsgeräte	0,4	3,6	—	0,4	1,5	1,1	6,6	0,8	1,2
Übriger Maschinenbau	6,3	27,6	0,3	2,9	1,2	6,7	21,9	6,0	6,9
Chemische Industrie									
darunter:									
Lack- und Farbenindustrie	2,1	—	—	—	—	5,3	—	19,8	6,5
Chemiefaserindustrie	—	—	1,6	—	—	0,3	—	37,2	10,8
Holzverarbeitende Industrie sowie Zellulose- und Papierindustrie	31,2	3,4	75,4	2,7	—	0,8	3,0	1,7	19,4
Leichtindustrie und Produktion von Massenbedarfsgütern	0,4	6,2	0,3	8,0	25,3	15,3	19,6	4,8	7,2
Nahrungsmittelindustrie	—	—	—	29,4	—	3,3	4,5	1,2	4,5
Bauwesen und Baustoffindustrie	39,8	—	12,4	5,1	27,7	31,8	18,8	13,5	17,8
Landwirtschaft und Melioration	—	—	—	18,6	38,3	0,3	—	—	3,3
Transportwesen	2,0	0,9	—	4,0	—	1,3	1,2	0,9	1,2
Übrige Zweige	3,5	0,8	10,0	7,0	—	1,3	3,8	1,6	4,2

glasfaserverstärktem Plast sind die Elektro- und die Automobilindustrie sowie der Eisenbahntransport (ungefähr die Hälfte des Gesamtbedarfs). Berechnet man den Gesamtbedarf der Industrie, des Bauwesens und des Verkehrswesens an glasfaserverstärktem Plast nach Arten, so werden im Jahre 1975 auf einen Teil glasfaserverstärkten Plastes auf der Grundlage von Harz für das Niederdruckverfahren (vorwiegend Polyesterharze) drei Fünftel, an Preßstoffen vom Typ AG-1 ein Fünftel und an Glastextolit etwa ein Zehntel entfallen. Der Rest entfällt auf den Anteil der glasfaserverstärkten Plaste, die für die Elektroisolation sowie für Plattenmaterialien auf der Grundlage von Phenolharzarten und Thermoplast mit Glasfüllstoffen bestimmt sind. Bei dem Gesamtverbrauch an glasfaserverstärktem Plast machen die bereits erschlossenen Bereiche 42 Prozent und die neuen Bereiche 58 Prozent aus. Trotz des schnellen Wachstums der Produktionsmaßstäbe für Plast im laufenden Planjahrfünft wird der Bedarf nicht vollständig befriedigt (1970: 78 und 1975: 84 Prozent).

Dies erklärt sich durch zwei Umstände: Einerseits muß der Bedarf an neuen Werkstoffen, bedingt durch das Entstehen neuer Zweige für ihren technisch zweckmäßigen und ökonomisch effektiven Einsatz, die Möglichkeit, eine industrielle Produktion dafür in Gang zu bringen, immer übersteigen, da ohne ein neu entstandenes Bedürfnis keine Notwendigkeit besteht, die vorhandene Produktion zu erweitern oder die Produktion eines neuen Werkstoffes zu entwickeln. In diesem Falle besteht die Aufgabe darin, die Dauer des Zyklus „Wissenschaft-Technik-Produktion" entscheidend zu verringern. Andererseits ist die unvollständige Befriedigung des Plastbedarfs durch eine Reihe von Beschränkungen bedingt wie durch das Investitionslimit, durch die Verknappung einiger Rohstoffarten (beispielsweise Styrol, Diisocyanate u. a.) und chemischen Ausrüstungen, durch den Mangel an Betrieben für den Produktionsvorlauf usw.

In den industriell entwickelten kapitalistischen Ländern stieg die absolute Zunahme des Plastverbrauchs in den Jahren 1966 bis 1970 durchschnittlich auf das 1,5 bis 2,5fache gegenüber den Jahren 1961 bis 1965 (vgl. Tabelle 42).

Auch die Veränderungen in der Export- und Importstruktur übten auf die Maßstäbe des Plastverbrauchs im Ausland einen Einfluß aus. So stieg der Plastanteil an der Exportstruktur der Chemieerzeugnisse in den kapitalistischen Ländern von 6,1 Prozent im Jahre 1950 auf 13,6 Prozent im Jahre 1960 und auf 17,4 Prozent im Jahre 1968. Im Zeitraum von 1960 bis 1969 stieg der Werkstoffexport folgendermaßen: Roheisen und Stahl auf das 1,8fache; Aluminium auf das 1,6fache; Zink auf das 1,5fache und Plast fast auf das 5fache.

In den letzten 10 bis 15 Jahren sind in der Welt bei der Anwendung von

Tabelle 42

Zunahme des Plastverbrauchs in industriell entwickelten kapitalistischen Ländern (in 1000 t)

Land	Zunahme in fünf Jahren 1961–1965	1966–1970	Mittlere Jahreszunahme 1961–1965	1966–1970
USA	2460	3974	492	795
BRD	871	1719	174	344
Großbritannien	233	517	47	103
Frankreich	357	565	71	113
Italien	129	802	26	160
Japan	807	910	161	182

Plast in verschiedenen Bereichen und Zweigen der Wirtschaft bedeutende Erfahrungen gesammelt worden. Die Statistik erlaubt es, in den industriell entwickelten kapitalistischen Ländern die Verbrauchstendenzen der Hauptplastarten von verschiedenen Gesichtspunkten her zu analysieren:

a) Nach ihrer Herstellungstechnologie (Polykondensations-, Polymerisationsplast und dergleichen mehr);

b) nach dem Einsatz für die nachfolgende Verarbeitung (eine solche Erfassung wird vorwiegend bei den Thermoplasten durchgeführt);

c) nach dem Einsatz in verschiedenen Zweigen und Objekten.

Wie man aus Tabelle 43 sieht, verändert sich neben der Vergrößerung des Verbrauchsumfanges der Plaste in den industriell entwickelten kapitalistischen Ländern die Struktur ihres Einsatzes zugunsten der Polymerisationsplaste. Verfolgen wir diese Tendenz am Beispiel der USA (in Prozent zu insgesamt): (siehe S. 210, oben)

Somit hat sich der Anteil der Polymerisationsplaste in 20 Jahren von zwei Fünfteln auf sieben Fünftel des Gesamtplastverbrauchs erhöht. Schnell wächst die Bedeutung der Polyolefine (ein Drittel des Gesamtverbrauchs) bei Stabilisierung des Polyvinylchloridanteils, bei einer gewissen Senkung des Anteils an Polystyrolplast und bei starker Reduzierung dieser Kennziffer für Phenol- und Karbamiderzeugnisse und für Plast auf der Grundlage von Zelluloseestern. Auf die sieben aufgezählten Plastarten (Phenol- und Karbamidplast, Polyvinylchlorid, Polystyrol, Hochdruckpolyäthylen, Niederdruckpolyäthylen, Polypropylen) entfallen mehr als zwei Drittel des Plastverbrauchs. Solche Tendenzen mit einer gewissen Schwankung in der Verbrauchsstruktur der Plaste sind für alle industriell entwickelten kapitalistischen Länder charakteristisch.

Da in der Verbrauchsstruktur der Plaste im Ausland die Thermoplaste die Hauptrolle spielen, ist in Tabelle 44 der Versuch unternommen worden, die verschiedenartigen und manchmal widerspruchsvollen Informationen

Tabelle 43

Plast- und Kunstharzbedarf (nach Arten) in industriell entwickelten kapitalistischen Ländern (in 1000 t)

Plastart	USA 1955	1960	1965	1970 (Schätzung)	1975 (Prognose)	1980 (Prognose)	BRD 1960	1965	1970
Plaste und Kunstharze, insgesamt	1720	2466	4695	8400	13000	20100	800	1731	3450
davon									
Polykondensationsprodukte	721,0	844,8	1188,4	1489,7	2077,3	2934,0	.	.	.
Phenol- und Kresolharze und -preßpulver	318,7	300,0	406,0	478,2	657	960	.	35,0	.
Harnstoff- und Melaminharze und -preßpulver	136,5	181,0	254,0	317,5	441	586	.	.	.
Alkydharze	225,8	258,0	290,0	274,2	290,0	300,0	.	.	.
Polyesterharze	27,9	64,0	148,0	282	467	744	.	32,0	.
Epoxidharze	9,9	23,0	49,5	63,0	115,0	165,0	.	.	.
Polykarbonate	.	1,8	6,9	18,1	29	48	.	.	.
Polyamidprodukte	.	1,0	27,0	46,7	77,0	115,0	.	.	.
Siliziumorganische Produkte	2,2	6,0	7,0	10,0	13,0	16,0	.	.	.
Polymerisationsprodukte	710,9	1344,3	3335,6	5619,4	9423,0	14271			
Polyvinylchlorid	236,3	399,0	836,0	1288,2	1995	2955	185,1	397,0	800
Polyvinylacetat	33,1	80,0	127,0	215,0	250,0	310	...	60,0	85
Polystyrol und Mischpolymerisate	259,0	418,3	726,0	1107,5	1426	2095	87,0	114,0	207
Polyolefine, insgesamt	182,5	406,2	1340,0	2502,0	4483,0	6977,0	73,0	242,0	661
davon									
Hochdruckpolyäthylen	158,8	322,2	888,9	1560	2596	3907	50,0	153,0	420
Niederdruckpolyäthylen	23,7	69,0	299,3	547	1065	1670	20,0	72,0	191
Polypropylen	.	15,0	151,9	395	822	1400	3,0	17,0	50
Polyurethanschaum									
weicher	.	.	100,0	296,1	404	623	.	35	66
harter	.	.	23,6	114,1	164	264	.		
ABS-Harze	.	.	73,0	219,6	463	725	.	9,0	35,0
Polyacrylharze	.	40,8	109,6	176,9	238	322	.	.	.
Plast auf der Grundlage von Zelluloseestern	62,4	64,7	74,0	79,5	109	145	.	.	.
Übrige Arten	225,7	212,2	97,4	1211,4	1390,7	2750	.	.	.

Tabelle 43 (Fortsetzung)

Plastart	Großbritannien 1960	1965	1970	Frankreich 1960	1965	1970	Italien 1960	1965	1970	Japan 1960	1965	1970
Plaste und Kunstharze, insgesamt	570,7	804,0	1321	346,0	703,0	1268–1330	489	618	1295	563	1370	2280
davon												
Polykondensationsprodukte	214	240,3	306,2	112,9	224,0	.	.	.	.	.	.	.
Phenol- und Kresolharze und -preßpulver	20,1	57,0	64	37,7	64,1	.	.	.	.	.	84,3	.
Harnstoff- und Melaminharze und -preßpulver	60,9	100,0	129	36,5	80,8	.	.	77	.	.	276,1	.
Alkydharze	50,0	52,0	60,0	21,4	43,8	.	.	.	.	.		.
Polyesterharze	8,5	25,3	43	17,3	23,3	.	.	.	.	.	30,8	.
Epoxidharze	.	6,0	10,2	.	.	.	.	.	.	.	6,0	16,0
Polykarbonate	.	.	.	.							4,0	10,0
Polyamidprodukte	.	.	.	.	10,0	.	.	.	.	.	4,1	.
Siliziumorganische Produkte	.	.	.	.	2,0	.	.	.	.	.	.	.
Polymerisationsprodukte	343,0	515,5	992,8	195,4	469,9	.	.	.	.	.	.	.
Polyvinylchlorid	105,0	211,0	335	87,8	181,4	360	59	169		364	494	774
Polyvinylacetat	14,8	23,0	40	14,0	35,5	82,5	12	26	50–62,5	.	.	.
Polystyrol und Mischpolymerisate	43,5	60,9	157	39,8	65,0	.	22	63	145	28,7	108,4	374
Polyolefine, insgesamt	108,4	189,1	410,5	48,0	153,0	.	47	108	360	77,0	463,0	1587,0
davon												
Hochdruckpolyäthylen	58,0	143,2	266,2	48,0	19,0	.	42	75	220	58,7	237,7	759,6
Niederdruckpolyäthylen	7,1	28,5	55,9		128,0	245	2	14	70	18,3	72,3	258,0
Polypropylen	0,8	17,0	88,4		6,0	45,0	3	19	70	.	57,0	396,0
Polyurethanschaum												
weicher	} 20	} 24	} 30	} 2,0	20,5	.	.			.	} 39**	} 70
harter					2,0	.	.			.		
ABS-Harze		7,5	20,3	.	6,0	20,0	.	5,0	1,8	.	12,9	55
Polyacrylharze				3,8	6,5	.	.	.	.	.	12,3	27
Plast auf der Grundlage von Zelluloseestern	13,7	13,0	13,9	9,6	9,1	9,0	.	.	.	.	4,1*	
Übrige Arten	.	35,2	8,1	28,3	.	.	.	.	.	.	235,9	

Quellen: Chimičeskaja promyšlennost' za rubežom, 3/1967; Chimičeskaja promyšlennost' za rubežom, 4/1968; Chimičeskaja promyšlennost' za rubežom, 8/1969; Chimičeskaja promyšlennost' za rubežom, 5/1970 u. 7/1970; Chimičeskaja promyšlennost' za rubežom, 1/1971, 4/1974, 6/1974. Modern Plastics, 4/1966, Nr. 9; Modern Plastics, 6/1967, 8/1967; Modern Plastics, 4/1970, 47, * 1968; ** 1966

	1955	1960	1965	1970 (Schätzung)	1975 (Schätzung)
Polykondensationsprodukte	41,9	34,3	25,3	17,7	16,0
darunter					
Phenol- und Kresolprodukte	18,5	12,2	8,6	5,7	5,1
Harnstoff- und Melaminprodukte	7,9	7,3	5,4	3,7	3,4
Polymerisationsprodukte	41,3	54,5	71,0	66,8	72,5
darunter					
Polyvinylchlorid	13,7	16,2	17,8	15,3	15,3
Polystyrol und Mischpolymerisate	15,1	17,0	13,0	13,1	11,0
Polyolefine, insgesamt	10,6	16,5	28,5	29,8	34,5
darunter					
Hochdruckpolyäthylen	9,2	13,1	18,9	18,6	20,0
Niederdruckpolyäthylen	1,4	2,8	6,3	6,5	8,1
Polypropylen	–	0,6	3,2	4,7	6,3
Plast auf der Grundlage von Zelluloseestern	3,6	2,6	1,6	0,9	0,8
Übrige	13,2	8,6	2,1	14,4	10,7

über die Haupteinsatzgebiete für die anschließende Verarbeitung dieser Werkstoffe in den industriell entwickelten kapitalistischen Ländern zu verallgemeinern.

Im Ergebnis ist festgestellt worden, daß die Hauptmenge an Hochdruckpolyäthylen auf die Verarbeitung zu Folien und Gußerzeugnissen (ungefähr zwei Drittel des Verbrauchsumfanges), an Niederdruckpolyäthylen zu Guß- und Hohlkörpern (ungefähr drei Viertel), an Polypropylen zu Gußerzeugnissen, Folien, Platten und Fasern (ca. neun Zehntel), an Polyvinylchlorid zu Folien, Platten, Rohren, Profilen, Kabelummantelung, Materialien für den Fußbodenbelag (ungefähr vier Fünftel), an Polystyrol und den Mischpolymerisaten zu Platten und Gußerzeugnissen (ungefähr drei Viertel des Verbrauchsumfanges) gerichtet ist.

Bestimmte Anwendungsgebiete sind auch für Duroplast charakteristisch. So werden Phenolharze in folgender Weise eingesetzt: für die Produktion von Preßstoff 30 bis 35 Prozent, von Schichtpreßstoff 10 bis 25, von Furnier 5 bis 15, in der Gußproduktion 7 bis 9 Prozent, die restliche Menge als Klebe- und Bindemittel in der Produktion von Schleif- und Reibmaterialien, Holzspanplatten, glasfaserverstärktem Plast, Wärmedämmstoffen sowie in Form von Schutzüberzügen. Unter Berücksichtigung der Schichtpreßstoffe kann man annehmen, daß mehr als die Hälfte der Phenolharze durch das Preßverfahren zu Erzeugnissen verarbeitet wird.

Eine Analyse der Entwicklung von Umfang und Struktur des Plastverbrauchs in den führenden Zweigen und Objekten des Auslandes ist in

Tabelle 44

Annähernde Verbrauchsstruktur von hauptsächlichen Thermoplastarten in industriell entwickelten kapitalistischen Ländern im Jahre 1970 (in Prozent zu insgesamt für jede Art)

Materialart	Folien und Platten	Rohre und Profile	Gußerzeugnisse	Hohlerzeugnisse	Kabelummantelung und Kabelerzeugnisse	Überzüge und Imprägnierung für Gewebe und Papier
Hochdruckpolyäthylen	49—64 *	1— 4	10—25	3—12	3—11	5—15
Niederdruckpolyäthylen	4—10 **	2— 4	21—45	18—50	4— 5	1—2
Polypropylen	15—24	1— 5	35—50	2— 4	0,2— 1	4—14
Polyvinylchlorid und Mischpolymerisate	15—40	12—36	2— 3	3— 8	8—20	6—16 ***
Polystyrol und Mischpolymerisate des Styrols	15—50[2]	1— 2	40—50	—	—	5— 8

Materialart	Linoleum, Platten und andere Fußbodenmaterialien	Monofilfäden	Schallplatten	Erzeugnisse aus Schaumstoffen	übrige Bereiche
Hochdruckpolyäthylen	—	—	—	—	1 — 6
Niederdruckpolyäthylen	—	0,5—10	—	—	1 — 3
Polypropylen	—	20 —30	—	—	0,5— 2
Polyvinylchlorid und Mischpolymerisate	10—30	1 — 2	5—6	0,2— 3	5 —35[1]
Polystyrol und Mischpolymerisate	—	1— 2	—	6 —10	3 —30[3]

Quelle: A. M. Kogan, I. V. Rachlin, Techniko-ėkonomičeskie voprosy proizvodstva izdelij iz plastmass, Moskau 1969, S. 75

* In Japan 65; ** in Japan 21; *** hauptsächlich Lederaustauschstoffe; [1] Klebemittel, Lack- und Farberzeugnisse, Antikorrosionsüberzüge u. a. m.; [2] hauptsächlich Bleche zur Herstellung von Kühlschränken, Waschmaschinen und Verpackungsmitteln; [3] Emulsionsfarben, Binde- und Klebemittel, Sohlenerzeugnisse u. a. m.

Tabelle 45

Plast- und Kunstharzverbrauch der Zweige in industriell entwickelten kapitalistischen Ländern (in 1000 t)

Zweig	USA 1960	USA 1965	USA 1970	BRD 1960	BRD 1966	BRD 1970
Maschinenbau	600	1066	2140	177	230	382
darunter:						
Elektrotechnik und Funkelektronik	459	680	1147	107	130	164 *
Transportmaschinenbau	104	277	800		61	120
Lack- und Farbenindustrie	263	187	171	106	160	230
Papier- und Textilindustrie	110	206	310	.	.	.
Möbelindustrie	72	144	334	.	.	.
Leichtindustrie	338	590	1090	108 ****	220	450 ****
Verpackungs- und Umhüllungsmittelproduktion	272	887	1809	75	220	470
Bauwesen	635	1315	2155	154	470	828
Landwirtschaft	34	50	89		20	
Produktion von Klebe- und Bindemitteln	126	234	209	168	255	350
Übrige Zweige	16	16	93	72	265	740
Insgesamt	2466	4695	8400	860	1840	3450

Zweig	Großbritannien 1960	Großbritannien 1966	Frankreich 1966	Frankreich 1970	Italien 1960	Italien 1966	Italien 1970	Japan 1965
Maschinenbau	135	166	142	182	70	134	184	210
darunter:								
Elektrotechnik und Funkelektronik	87	113	80	59 *	37	92	71 *	152 **
Transportmaschinenbau		49	49	65	20	34	55	28 ***
Lack- und Farbenindustrie	82	100	76	119	83	99	137	68
Papier- und Textilindustrie	.	.	.	.	.	.	.	59
Möbelindustrie	.	.	.	.	.	.	.	—
Leichtindustrie	74 ****	143	137	312	67 ****	132	342 ****	230
Verpackungs- und Umhüllungsmittelproduktion	86	199	158	280	48	136	196	300
Bauwesen	60	130	148	187	64	113	175	286
Landwirtschaft		16	21			21		44
Produktion von Klebe- und Bindemitteln	50	62	111	137	73	99	135	173
Übrige Zweige	84	6	20	51	84	29	126	—
Insgesamt	571	822	813	1268	489	763	1295	1370

Quelle: Chimičeskaja promyšlennost' za rubežom, 1/1970, * ohne elektrische Haushaltsgeräte; ** Elektronik; *** Automobilbau; **** einschließlich elektrische Haushaltsgeräte

Tabelle 46

Verbrauchsstruktur von Plasten und Kunstharzen (nach Zweigen) in industriell entwickelten kapitalistischen Ländern (in Prozent)

Zweig	USA 1960	USA 1965	USA 1970	BRD 1960	BRD 1966	BRD 1970
Maschinenbau	24,3	22,7	25,4	21,6	12,5	11,1
davon:						
Elektrotechnik und Funkelektronik	18,6	14,4	13,6	12,7	7,1	4,8*
Transportmaschinenbau	4,2	5,9	9,5	.	3,3	3,5
Lack- und Farbenindustrie	10,7	4,0	2,0	12,7	8,7	6,3
Papier- und Textilindustrie	4,5	4,3	3,6	.	.	.
Möbelindustrie	2,9	3,1	4,0	.	.	.
Leichtindustrie	13,7	12,5	12,9	13,0***	12,0	13,0
Verpackungs- und Umhüllungsmittelproduktion	11,0	18,9	21,5	9,0	12,0	13,6
Bauwesen	25,7	28,0	25,6	18,5	25,5	20,3
Landwirtschaft	1,4	1,1	1,1	.	1,1	.
Produktion von Klebe- und Bindemitteln	5,1	5,0	2,5	20,2	13,9	10,1
Übrige Zweige	0,4	0,4	1,4	5,0	14,3	25,6

Zweig	Großbritannien 1960	Großbritannien 1966	Frankreich 1966	Frankreich 1970	Italien 1960	Italien 1966	Italien 1970	Japan 1965
Maschinenbau	23,4	20,2	17,5	14,4	14,3	17,6	14,2	15,4
davon:								
Elektrotechnik und Funkelektronik	15,2	4,1	9,8	4,6*	7,6	12,1	5,5	11,2*
Transportmaschinenbau	.	4,8	6,0	5,1	4,1	4,5	4,2	0,2***
Lack- und Farbenindustrie	14,4	12,1	9,3	9,4	17,0	13,0	10,6	5,0
Papier- und Textilindustrie	.	.	.	.	.	.	.	4,4
Möbelindustrie	.	.	.	.	.	.	.	.
Leichtindustrie	13,0****	17,4	16,9	24,6	13,7	17,3	26,4	16,8
Verpackungs- und Umhüllungsmittelproduktion	15,2	24,2	19,4	22,1	9,8	17,8	15,1	21,9
Bauwesen	10,5	15,8	18,2	14,7	13,1	14,8	13,5	20,9
Landwirtschaft	.	1,8	2,5	.	.	2,8	.	3,0
Produktion von Klebe- und Bindemitteln	8,8	7,5	13,7	10,8	14,9	13,0	10,6	12,6
Übrige Zweige	14,7	1,0	2,5	4,0	17,2	3,7	9,6	—

* ohne elektrische Haushaltsgeräte ** Elektronik
*** Automobilbau **** einschließlich elektrische Haushaltsgeräte

den Tabellen 45 und 46 durchgeführt worden. Es ist festgestellt worden, daß zu den Hauptobjekten des Plastverbrauchs in den angeführten Ländern der Maschinenbau (durchschnittlich 11 bis 15, in den USA 25,4 Prozent), die Leichtindustrie (12 bis 17, in Frankreich und Italien 25 bis 26 Prozent), die Produktion von Verpackungs- und Umhüllungsmitteln (22 bis 24, in der BRD und in Italien 14 bis 15 Prozent) und das Bauwesen (21 bis 26, in Großbritannien, Frankreich und Italien 14 bis 16 Prozent) gehören. Beim Maschinenbau werden in der Elektrotechnik und in der Funkelektronik die Hälfte bis zu zwei Dritteln der Plaste eingesetzt. Mehr als ein Fünftel der Gesamtplaste (außer den USA) findet nicht in Form von Konstruktionswerkstoffen, sondern als Lacke und Farben, Klebe- und Bindemittel Anwendung.

Für den Verbrauch von glasfaserverstärktem Plast sind andere Tendenzen charakteristisch. Das Tempo seines Einsatzes in den industriell entwickelten kapitalistischen Ländern war noch höher als bei Plast insgesamt. So ist in den USA im Zeitraum von 1957 bis 1970 der Einsatz von glasfaserverstärktem Plast auf das 6,8fache, in Frankreich von 1964 bis 1970 auf das 2,6fache, in Großbritannien von 1963 bis 1970 auf das 3,1fache, in der BRD in den gleichen Jahren auf das 5,1fache und in Italien auf das 3fache vergrößert worden (vgl. die Tabellen 47, 48). Ein so hohes Tempo ist durch die intensive Einführung von glasfaserverstärktem Plast in den Zweigen der neuen und neuesten Technik bedingt.

Unter den gegenwärtigen Bedingungen stellen die Hauptgebiete des Verbrauchs an glasfaserverstärktem Plast in allen wirtschaftlich entwickelten kapitalistischen Ländern die Land- und Lufttransportmittel (Kraftwagen, Autobusse, Flugzeuge, Raketen u. a.), der Schiffsbau und das Bauwesen dar, auf die durchschnittlich 65 bis 75 Prozent des Einsatzes dieser Werkstoffe entfallen. In den USA beispielsweise ist der Verbrauch an glasfaserverstärktem Plast in den Hauptzweigen durch die folgenden Angaben gekennzeichnet (in Prozent zu insgesamt):

	1957	1967	1975 (Schätzung)
Transportmittel	20	21	31
Luftfahrt und Raketentechnik	15	8	4
Schiffsbau	15	20	15
Bauwesen	15	19	9
Elektrotechnik	3	4	8
Rohre, Behälter	2	7	20
Übrige	30	21	13

Eine Analyse der in- und ausländischen Erfahrungen gestattet den Nachweis der rationellsten Objekte und der rationellsten Verbrauchsstruktur für die begrenzten Plastressourcen.

Tabelle 47

Verbrauch an glasfaserverstärktem Plast in den USA (in 1000 t)

Verbrauchsgebiet	1957	1961	1965	1967	1969	1970	1975 (Schätzung)
Transportmittel	15,2	22,7	34,0	49,9	101,2	131,2	450,7
Luftfahrt- und Raketentechnik	11,5	13,7	17,0	21,3	19,5	22,7	56,6
Schiffbau	11,5	26,6	32,0	49,9	117,1	127,2	224,2
Bauwesen	11,5	27,9	33,0	47,6	58,1	64,6	130,0
Elektrotechnik	2,3	5,8	8,0	11,3	38,1	46,5	110,9
Gerätebau	2,3	—	6,0	9,1	15,9	20,0	74,3
Rohre, Behälter	1,5	5,2	10,0	18,6			
Container, Gehäuse	2,3	11,0	7,0	10,0	49,5	50,4	291,2
Haushaltswaren	11,5	4,8	12,0	20,4	29,5	30,2	66,1
Übrige Bereiche	6,9	5,2	7,0	13,6	25,0	26,7	47,1
Insgesamt	76,5	122,9	166,0	254,0	454,0	519,5	1451,1

Tabelle 48

Verbrauch an glasfaserverstärktem Plast in den Ländern Westeuropas (in 1000 t)

Verbrauchsgebiet	Großbritannien			Frankreich			BRD			Italien		
	1963	1965	1970	1964	1965	1970	1963	1965	1970	1963	1965	1970
Transportmittel	5,3	6,1	16,2	3,8	4,5	8,6	0,5	1,6	7,6	0,5	1,2	5,5
Schiffbau	3,4	5,6	13,4	5,6	6,0	10,0	0,6	1,5	5,5	1,0	1,1	2,7
Bauwesen	4,7	6,8	11,5	8,9	12,0	21,8	7,9	16,5	23,5	8,4	10,0	16,5
Rohre, Behälter	—	2,5	5,0	2,2	2,5	7,5	1,6	4,2	16,0	0,2	0,7	4,8
Elektrotechnik	1,7	1,6	3,0	0,7	1,2	4,2	2,0	4,7	14,0 }		0,8	3,6
Industrieerzeugnisse, Sportinventar, Haushalts- und andere Waren	1,9	3,0	4,1	1,1	4,1	8,8	3,9	5,5	18,5 }	2,0	1,7	3,9
Insgesamt	17,0	25,6	53,2	22,3	29,3	60,9	16,5	34,0	85,1	12,1	15,5	37,0

3. Die Verwendung von Sekundärrohstoffen

Im Zusammenhang mit der Knappheit von Plasten gewinnt die Suche nach Wegen zur Vergrößerung der Ressourcen an Aktualität. Eine Möglichkeit ist die Wiederverwendung von Plast als Sekundärrohstoff.

Eine Hauptquelle für polymere Sekundärrohstoffe stellen die technologischen Abfälle (Anguß, Späne, Grat, Bart, Schnitzel) bei der Verarbeitung der Plaste und der mechanischen Bearbeitung der Erzeugnisse sowie verschlissene Erzeugnisse und Halbfabrikate (Folien, Teile für technische und Haushaltszwecke, Verpackungsmaterialien u. a.) dar. Können die Abfälle bei der Verarbeitung der Plaste sofort erneut eingesetzt werden, so fallen verschlissene Erzeugnisse erst in den nachfolgenden Jahren je nach der Beendigung der Nutzung an.

In der inländischen Praxis wird sekundäres Polyäthylen zur Herstellung von Rohren, Folien, Spielzeug und Haushaltserzeugnissen eingesetzt; sekundäres Polyvinylchlorid als Lederersatz für Sitze, Möbelbezug, für die Herstellung von Mänteln, Tischdecken, Pelerinen; sekundäres Polystyrol und sekundäre Polyamide für Haushalts- und Kurzwaren. Für die Produktion einer umfassenden Nomenklatur von Maschinenbauteilen wird sekundäres Capronharz, das aus Abfallprodukten der Synthesefaserkombinate Klin, Kiew und Barnau hergestellt wird, angewandt. Der polymere Sekundärrohstoff wird auch als Zusatz zum Primärrohstoff oder zum Spritzgießen von wenig beanspruchten Teilen ohne spezifischen Bestimmungszweck eingesetzt. Der Prozentanteil für den Zusatz zum Primärrohstoff ist in vielen Betrieben nicht geregelt und schwankt in den Grenzen von 10 bis 15 und bis zu 50 Prozent.

In der UdSSR und im Ausland werden wissenschaftliche Grundlagen für die sekundäre Verarbeitung solcher Thermoplaste wie Polyamide, Polyäthylen, Polyvinylchlorid und Polystyrol erarbeitet. Es sind jetzt recht effektive Methoden zur primären Verarbeitung von polymeren Sekundärrohstoffen entwickelt worden, und es wird an verschiedenen Verfahren zur Regenerierung von Abfällen und verschlissenen Thermoplasterzeugnissen gearbeitet.

In der UdSSR sind bei der Verarbeitung von Produktionsabfällen, von Ausschuß und verschlissenen Erzeugnissen aus Capron Erfahrungen gesammelt worden. Die Autoklavmethode zur Verarbeitung des sekundären Capronrohstoffes erhielt trotz der geringen Produktivität die größte Verbreitung, insbesondere bei der Instandsetzung von Kraftfahrzeugen und Schiffen. Große Bedeutung gewinnt die Regenerierung von Caprolactam aus Capronabfällen. Die industriellen Methoden zur Erzeugung von Primärcaprolactam basieren auf dem Einsatz von Engpaßprodukten auf Benzolgrundlage (Cyclohexan, Phenol, Anilin). Die laufenden Produktionskosten für sekundäres Caprolactam sind dagegen geringer, da sie nur Aufwendungen für die Beschaffung, das Sortieren, die Lagerung und die Regenerierung des polymeren Rohstoffs einschließen. Unter diesen Umständen kann man in den Folgeinvestitionen zur Schaffung von Kapazitäten für das sekundäre Produkt die Investitionen für die Ausgangsrohstoffbasis nicht erfassen. Im Vergleich zu den Angaben im Zweigdurchschnitt liegen die technisch-ökonomischen Kennziffern für sekundäres Caprolactam daher niedriger als für Primärcaprolactam: Die Selbstkosten sind um 15 bis 20 Prozent, die spezifischen Investitionskosten um 90 Prozent geringer. Für 1 t Caprolactam erreicht die Einsparung an reduzierten Aufwendungen 1200 Rubel.

Durch die günstigeren Kennziffern des Ausgangsrohstoffes sind die Selbstkosten und die spezifischen Investitionen für die Erzeugung der sekundären Thermoplaste etwas niedriger als für Primärthermoplaste. Das muß sich im Verhältnis der Großhandelspreise für diese Materialien niederschlagen und muß beim Verbraucher eine materielle Interessiertheit am Einsatz sekundärer Kompositionen entwickeln. In der UdSSR indessen fehlen vorläufig die Allunions-Aufkaufpreise für polymeren Rohstoff und die Großhandelspreise für sekundäre Plaste. Die geltende Praxis der Preisbildung erfordert für einige sekundäre Kompositionen eine Vervollkommnung. In vielen Fällen legt man infolge des Mangels an polymeren Stoffen für nicht kontingentierbare sekundäre Polymere die Preise in Höhe der Primärpolymere oder sogar höher fest.

Die erzielten vorläufigen Daten zeugen von der Effektivität des Einsatzes sekundärer Plaste an Stelle von Primärplasten in der Technik und im Alltag. Die Anwendung von sekundären Polyamiden beispielsweise im Maschinen-, Automobil- und Gerätebau als Dichtungsmittel, Lagerschalen und Gleitmaterialien in Baugruppen mit Reibung und in anderen Bereichen gestattet es, eine bedeutende Menge an Buntmetallen freizusetzen, den Aufwand für die Herstellung der Erzeugnisse zu senken, deren Masse zu reduzieren, die Nutzungsdauer und die Zuverlässigkeit bei der Nutzung zu erhöhen.

Sekundäre Plaste werden hauptsächlich in der Elektrotechnik verbraucht. Die Kabelwerke haben Planauflagen, Erzeugnisse aus Thermoplastabfällen zu produzieren und den Ausschuß von Kabelerzeugnissen den Erfassungs- und Aufkaufbetrieben für Metallaufbereitung abzuliefern. Hierbei werden Plastikate nicht verwertet. Die Thermoplastabfälle in der elektrotechnischen Industrie betragen durchschnittlich 8 bis 9 Prozent, wovon 5 Prozent in den Werken dieses Zweiges wieder verarbeitet und 3 Prozent der Organisation „Glavvtorsyr'ja“ (Hauptverwaltung Erfassung und Verarbeitung von Altstoffen im Ministerium für Leichtindustrie der UdSSR) übergeben werden. Im Zusammenhang damit, daß die Regenerierung der Thermoplaste in der Regel mit dem Verlust einer Reihe für die Elektrotechnik wichtiger Eigenschaften verbunden ist, wird der überwiegende Teil zur Produktion von Erzeugnissen des Massenbedarfs eingesetzt (Hüllen für Fernsehantennen, Haushaltsgarnituren, kleine Teppiche, Sättel für Kinderfahrräder, Schläuche usw.).

Pulverförmiges sekundäres Capron wird zum Wiedereinsatz für Personenkraftfahrzeugteile, zum Auftragen von Gleitüberzügen und zu anderen Zwecken verwandt. Der Einsatz von sekundärem Capron an Stelle von Buntmetallen für Teile wie Büchsen, Lager und Scheiben gewährleistet die Senkung der Selbstkosten der Erzeugnisse auf 50 bis 12 Prozent und des Arbeitsaufwandes für die Herstellung auf 60 bis 12 Prozent sowie eine Erhöhung des Materialausnutzungskoeffizienten von 50 bis 70 auf 98 Prozent. In der Volkswirtschaft insgesamt ersetzt eine Tonne sekundärer Plast durchschnittlich 0,9 t primären Polymerrohstoff, senkt die laufenden Kosten um 1700 Rubel und die Investitionskosten um 700 Rubel. Die mittlere Einsparung an reduzierten Aufwendungen bei Einsatz einer Tonne sekundären Caprons beträgt 1500 Rubel, bei einer Tonne sekundären Polyäthylens 3000 Rubel.

Bei der Ermittlung der Ressourcen von sekundären Plasten (Sekundärrohstoffen) müssen folgende Faktoren berücksichtigt werden: der Produktionsumfang an Primärmaterialien und Erzeugnissen daraus; die Höhe der möglichen Abfälle bei der Plastverarbeitung; die Haupteinsatzrichtungen für Plaste und Erzeugnisse daraus in den verschiedenen Zweigen; der Sättigungsgrad dieser Zweige mit Plasten und anderen polymeren Stoffen; die Nutzungsdauer der Erzeugnisse aus polymeren Stoffen; der Erfassungskoeffizient für sekundäre Polymere (Verhältnis der tatsächlich erfaßten Materialmenge zur möglichen Erfassung in der Volkswirtschaft).

Eine Schätzung der Polymerrohstoffe für die Produktion von sekundären Thermoplasten im Jahre 1970 ist in Tabelle 49 angeführt (in 1000 t)[11].

Die Abfallprodukte und verschlissenen Duroplasterzeugnisse betrugen in den letzten Jahren 90000 t.

Im Jahre 1975 werden die Mengen an tatsächlich erfaßbaren und der Erfassung unterliegenden polymeren Sekundärrohstoffen zur Herstellung von sekundären Thermoplasten in der UdSSR auf 260000 t anwachsen, davon Capron auf 145000 t. Die Verarbeitung von sekundären Thermoplasten aber erreicht, bezogen auf die Ressourcen, lediglich 3 bis 4 Prozent.

Der Einsatz von sekundären Thermoplasten kann die vorhandenen

[11] Plastičeskie massy, 3/1969, S. 36.

Tabelle 49
Geschätzte Rohstoffe für die Produktion von sekundären Thermoplasten

Thermoplaste	potentielle Ressourcen	Menge an tatsächlich erfaßbaren Polymerrohstoffen Technologische Abfälle	Rücklauf verschlissener Erzeugnisse	insgesamt
Capron	176,0	39,8*	48,8**	88,6
Polyäthylen	183,0	2,3	23,3	25,6
Polystyrol	29,0	4,1	1,4	5,5
Polyvinylchlorid	80,0	2,2	11,2	13,4
insgesamt	468,0	48,4	84,7	133,1

* Davon 28000 t Abfälle der Capronfaserproduktion
** Davon 23000 t Caproncordabfälle aus der Verarbeitung verschlissener Reifen und 6000 t an verschlissenen Fanggeräten und Netzen

Ressourcen an Primärmaterial mindestens um 8 bis 10 Prozent erhöhen. Dazu ist es notwendig, die Ablieferung, die Beschaffung und die Regenerierung aller Thermoplastarten in Form von Industrieabfällen und verschlissenen Erzeugnissen richtig zu organisieren, eine fortschrittliche Technologie für die Regenerierung des sekundären Polymerrohstoffes und für dessen Verarbeitung zu Erzeugnissen zu entwickeln, die notwendigen Produktionskapazitäten für sekundäre Thermoplaste in Granulat- und Pulverform in Betrieb zu nehmen usw. Diese und andere Maßnahmen sind durch den Beschluß des Ministerrates der UdSSR „Über Maßnahmen zur Verbesserung des Einsatzes sekundärer polymerer Materialien“[12] vorgesehen. Die Durchführung dieser Maßnahmen wird den Plastmangel in der Volkswirtschaft wesentlich verringern.

4. Die Effektivität des Einsatzes von Plast in der Volkswirtschaft der UdSSR

Die Anwendung von Plast als Material für einen breiten Bereich ist durch die technischen und ökonomischen Grenzen seines Einsatzes beschränkt. Die technischen Grenzen hängen von einem Komplex physikalisch-mechanischer, chemischer und anderer Eigenschaften des Plastes, vom Bestimmungszweck und den Betriebsbedingungen der herzustellenden Erzeugnisse ab. Beispielsweise wird es selbst in der fernen Perspektive kaum technisch zweckmäßig sein, Eisenbahngleise, tragende Baukonstruktionen, Brückenjoche und andere Objekte aus Plast herzustellen, da für diese Zwecke erfolgreich Stahl eingesetzt wird. Die ökonomischen Grenzen des Plasteinsatzes hängen dagegen von ihren Produktionsmaßstäben, den

[12] Izvestija, vom 6. April 1970.

Tabelle 50

Durchschnittliche Einsparungen durch Einsatz substituierbarer Werkstoffe (berechnet auf 1 t Plast) in der Volkswirtschaft der UdSSR im Jahre 1975

Substituierbarer Werkstoff	Voller Arbeitsaufwand (in Akh)	Selbstkosten (in Rubeln)	Volle Investitionskosten (in Rubeln)	Jährliche Betriebskosten (in Rubeln)	reduzierte Gesamtaufwendungen (in Rubeln)
Gewöhnlicher Stahl (im Durchschnitt)	1095	572	+ 151	186	2098
davon bei Substitution durch:					
Phenol-Formaldehyd-Harze	1391	2175	2054	430	5990
Phenol-Preßpulver	3769	2303	729	32	2656
Karbamid-Preßstoffe	3900	6325	1175	—	6466
Hochdruckpolyäthylen	+ 1309	+ 11	+ 725	802	6558
Niederdruckpolyäthylen	876	2587	+ 443	34	2816
Polypropylen	117	532	24	39	858
Polyvinylchlorid und Mischpolymerisate	123	184	+ 10	33	882
Polystyrol und Mischpolymerisate des Styrols	436	641	2422	219	2750
Polyamidharze	43077	7485	+ 926	1006	75721
Polyesterharze	240	117	+ 928	231	1921
Epoxidharze	3938	5500	1777	42	6062
Nichtrostender Stahl (im Durchschnitt)	670	2396	3703	73	3448
davon bei Substitution durch:					
Phenol-Formaldehyd-Harze	1460	870	+ 465	860	7952
Hochdruckpolyäthylen	769	3458	762	421	7043
Niederdruckpolyäthylen	497	770	+ 93	—	759
Polypropylen	390	2548	644	94	3405
Polyvinylchlorid	371	2731	4840	1	3320
Polystyrol und Mischpolymerisate des Styrols	1458	941	2681	72	1861
Polyamidharze	3444	2410	439	865	9643

Roheisen (im Durchschnitt)	419	754	98	109	1672
davon bei Substitution durch:					
Phenol-Formaldehyd-Harze	1028	1777	266	102	2656
Phenol-Preßpulver	1337	1344	1096	199	3128
Hochdruckpolyäthylen	319	1099	+ 84	93	1860
Niederdruckpolyäthylen	1797	1130	+ 276	—	1097
Polypropylen	149	346	+ 49	71	927
Polyvinylchlorid	112	363	60	20	536
Polystyrol und Mischpolymerisate des Styrols	3647	2568	690	1522	15284
Polyamidharze	4318	4259	+ 490	1076	13133
Polyesterharze	932	889	+ 307	2036	17751
Epoxidharze	360	+ 761	1863	6842	56252
Aluminium (im Durchschnitt)	629	1186	1673	96	2184
davon bei Substitution durch:					
Phenol-Formaldehyd-Harze	1248	1579	3703	539	6497
Phenol-Preßpulver	249	365	144	1	390
Karbamid-Preßstoffe	1761	1159	—	—	1159
Hochdruckpolyäthylen	2882	2820	6734	—	3628
Niederdruckpolyäthylen	+ 149	268	34	—	272
Polypropylen	180	1906	2019	5	2190
Polyvinylchlorid	246	502	1974	31	996
Polystyrol und Mischpolymerisate des Styrols	452	1078	701	37	1469
Polyamidharze	2470	1237	492	173	2732
Polyesterharze	345	283	1674	95	1272
Zink (im Durchschnitt)	669	3275	1802	552	8078
davon bei Substitution durch:					
Phenol-Formaldehyd-Harze	160	1950	3410	4	2392
Phenol-Preßpulver	1492	2014	4812	58	3072
Niederdruckpolyäthylen	646	6527	7735	340	10277
Polypropylen	198	3155	1847	—	3377

Substituierbarer Werkstoff	Voller Arbeitsaufwand (in Akh)	Selbstkosten (in Rubeln)	Volle Investitionskosten (in Rubeln)	Jährliche Betriebskosten (in Rubeln)	reduzierte Gesamtaufwendungen (in Rubeln)
Polystyrol und Mischpolymerisate des Styrols	622	1988	+ 1060	4	1894
Polyamidharze	3004	7942	3563	8487	78812
Kupfer (im Durchschnitt)	5876	6965	14685	30	8980
davon bei Substitution durch:					
Polyvinylchlorid	4390	5645	14685	30	7659
Polyamidharze	7422	6605	—	—	6605
Blei (im Durchschnitt)	63	+ 58	1084	—	72
davon bei Substitution durch:					
Hochdruckpolyäthylen	1792	8863	4335	—	9383
Polypropylen	1939	14794	36695	—	19197
Polyvinylchlorid	63	+ 61	1078	—	68
Bronze (im Durchschnitt)	7685	20176	8958	1017	96807
davon bei Substitution durch:					
Phenol-Formaldehyd-Harze	3070	4075	6525	1640	18479
Phenol-Preßpulver	3121	12116	+ 625	2333	31375
Polypropylen	5907	10779	34519	4527	52495
Polystyrol und Mischpolymerisate des Styrols	7850	10875	+ 3350	9000	85173
Polyamidharze	9053	24717	8887	12967	133411
Messing (im Durchschnitt)	1410	1032	1437	138	2346
davon bei Substitution durch:					
Phenol-Formaldehyd-Harze	1468	885	—	—	885
Phenol-Preßpulver	3782	4298	—	—	4298
Hochdruckpolyäthylen	1261	513	—	—	513
Niederdruckpolyäthylen	3964	9964	36214	1000	22610
Polypropylen	25	80	—	10	163

Polyvinylchlorid	8433	8433	12200	—	9798
Polystyrol und Mischpolymerisate des Styrols	860	1955	+ 465	—	1899
Polyamidharze	9450	5148	10969	1062	15279
Holz (im Durchschnitt)	462	701	892	23	999
davon bei Substitution durch:					
Phenol-Formaldehyd-Harze	373	422	1968	—	654
Karbamid-Harze	192	58	139	0,4	77
Hochdruckpolyäthylen	—	523	+ 248	45	867
Polypropylen	1149	2467	766	—	2559
Polyvinylchlorid	3296	5415	4648	260	8133
Polystyrol und Mischpolymerisate des Styrols	13	380	64	3358	28259

Quelle: Plastičeskie massy, 1/1972, S. 8.
Das Zeichen „+" bedeutet Mehraufwand.

technisch-ökonomischen Kennziffern (Arbeitsintensität, Selbstkosten, Investitionskosten u. a.), den Großhandelspreisen, dem Grad der Knappheit, dem Bestimmungszweck und den Betriebsbedingungen der Erzeugnisse und insgesamt von der Konkurrenzfähigkeit gegenüber den substituierbaren traditionellen (natürlichen) Werkstoffen ab.

In den letzten Jahren ist unter der wissenschaftlich-methodischen Leitung der Sektion „Ökonomische Probleme der Chemisierung der Volkswirtschaft" (des Wissenschaftlichen Rates für das komplexe Problem „Optimale Planung und Leitung der Volkswirtschaft" der Abteilung Ökonomie der Akademie der Wissenschaften der UdSSR) und des Forschungsinstituts für technische und experimentelle Chemie des Ministeriums für chemische Industrie der UdSSR ein breiter Kreis von ökonomischen Untersuchungen auf dem Gebiet der Erzeugung, Verarbeitung und des Einsatzes von Plasten durchgeführt worden.[13] Im Endergebnis sind einige Gesetzmäßigkeiten des Nutzeffekts aufgedeckt worden, die eine unmittelbare Beziehung zur Begründung der Perspektiven für die Erzeugung und den Verbrauch von Plasten haben.

Es ist festgestellt worden, daß zahlreiche Varianten der Substitution traditioneller Werkstoffe durch Plast nach der erreichbaren Einsparung nicht gleichwertig sind (vgl. Tabelle 50). Unter dem Einfluß solch verschiedenartiger Fak-

[13] Die Ergebnisse dieser Untersuchungen spiegeln sich in den Tabellen wider, die in diesem Abschnitt angeführt sind.

toren wie der Kombination substituierbarer Werkstoffe, der Verwendung und des Kompliziertheitsgrades der Erzeugnisse, der Serienmäßigkeit der Produktion, des Niveaus der Spezialisierung, der Betriebsbedingungen und anderes mehr schwanken sogar die mittleren Effektivitätskennziffern der einzelnen Plastarten und der Einsatzobjekte beträchtlich.

Bei der Substitution von Stahl gewöhnlicher Qualität durch verschiedene Plastarten beispielsweise schwankt die mittlere Einsparung durch Selbstkostensenkung (bezogen auf 1 t Plast) von 0 bis 7500 Rubel. Die Einsparung an Gesamtkosten bei der Substitution von Aluminium schwankt zwischen 300 bis 6500 Rubel usw.

Die starke Schwankung der Effektivitätskennziffern macht es erforderlich, die Einführung der Plaste in jedem konkreten Falle, unabhängig von einem günstigen Verhältnis der durchschnittlichen Kennziffern, sorgfältig ökonomisch zu begründen. Die unterschiedliche Effektivität kann die Verbrauchsstruktur der Plaste in der Volkswirtschaft bei einem unterschiedlichen Niveau der Bedarfsdeckung beeinflussen.

Am effektivsten ist die Substitution von schweren Buntmetallen, nichtrostendem Stahl und wertvollen Holzsorten durch Plaste in allen technisch möglichen Bereichen. Bei der Fertigung von Erzeugnissen, insbesondere komplizierter, arbeitsintensiver Erzeugnisse mit kleinen Abmessungen, die in großen Serien produziert werden, ist die Substitution von Schwarzmetallen und Aluminium durch billige Plastarten (Polyäthylen, Polyvinylchlorid, Phenoplast u. a.) effektiv. Bei der Substitution dieser Metalle durch teurere Plastarten hingegen (Mischpolymerisate des Styrols, Polyamide, glasfaserverstärkter Plast u. a.) setzt der in einer Reihe von Fällen entstandene Mehraufwand an Mitteln im Fertigungsprozeß eine entsprechende Einsparung in der Nutzungssphäre der Erzeugnisse voraus. Vom volkswirtschaftlichen Standpunkt aus sind die Varianten effektiv, bei denen die Einsparung von Nutzungskosten den bei der Erzeugnisherstellung entstandenen Mehraufwand an Mitteln bei Einsatz von Plast übersteigt (bei Erzielung der normativen Rückflußdauer).

In Abhängigkeit von den Kombinationen substituierbarer Werkstoffe kann man die Plaste bedingt nach der Höhe des vergleichbaren Nutzeffektes gruppieren. So betragen reinen Durchschnittsangaben zufolge die Einsparungen an Gesamtkosten durch den Einsatz von einer Tonne Plast an Stelle von Schwarzmetallen 1500 bis 3500 Rubel, an Stelle von Aluminium 2200 Rubel und an Stelle von Buntmetallen 800 bis 10000 Rubel. Eine Ausnahme stellt die Substitution von Blei durch Polyvinylchlorid in der Kabelindustrie dar, wo die mittlere Einsparung an Gesamtkosten 72 Rubel/t beträgt. Im Vergleich zu dem Nutzen aus der Substitution von

Schwarz- und Buntmetallen ist der Umfang der Einsparungen durch den Einsatz von Plast an Stelle von Holz etwas geringer. So erreicht die Einsparung an Gesamtkosten durch den Einsatz einer Tonne Polyvinylchlorid bzw. Polystyrolplast im Bauwesen, in der Möbelindustrie und in anderen Industriezweigen 1000 Rubel.

Was jedoch den Einsatz von Karbamidharzen für die chemische und chemisch-mechanische Holzverarbeitung betrifft, so vermindert sich hier die Einsparung an Gesamtkosten auf 77 Rubel/t.

Die mittlere Einsparung an Gesamtkosten durch den Einsatz einer Tonne Plaste in der Volkswirtschaft im Jahre 1975 wird auf 1144 Rubel geschätzt (vgl. Tabelle 51). Diese Größe schwankt bei den einzelnen Plastarten beträchtlich. Am höchsten ist sie bei solchen großtonnagigen Arten wie Polystyrol und den Mischpolymerisaten des Styrols, Polyvinylchlorid und Phenolpreßpulvern. Von den einzelnen Verbraucherzweigen erzielen das Bauwesen und die Baustoffindustrie den größten Nutzen aus der Plastanwendung.[14]

In Tabelle 52 ist die Gesamteinsparung an Gesamtkosten durch den Einsatz von 773000 t Plast als Ersatz für traditionelle Werkstoffe aufgeführt. Wie man sieht, kann die Einsparung, ohne Berücksichtigung des Nutzens durch den Einsatz von Kunstharzen zur Erzeugung von Chemiefasern sowie Anstrichstoffen, 0,9 Milliarden Rubel erreichen. Beim Zustandekommen dieser Einsparung haben die einzelnen Positionen folgenden Anteil: Selbstkosten für die Herstellung der Erzeugnisse – 50 Prozent, volle Investitionskosten – 8 Prozent, laufende Ausgaben für die Nutzung dieser Erzeugnisse – 42 Prozent.

Eine Analyse der zusammengefaßten Daten hat die ökonomische Zweckmäßigkeit bestätigt, für die Berechnung der volkswirtschaftlichen Effektivität des Plasteinsatzes solche Kennziffern wie den vollen Arbeitsaufwand und die vollen Investitionskosten zu nutzen. Die Einsparung für den vollen Arbeitsaufwand ist tatsächlich um 41 Prozent höher als für den Aufwand der Hauptproduktion und liegt entsprechend um 6 Prozent höher auch bei den Investitionskosten.

Durch die Verwendung dieser Kennziffern ergibt sich die Möglichkeit, den notwendigen Arbeits- und Investitionsaufwand für die Produktion, die Verarbeitung und den Einsatz von Plast an Stelle von traditionellen Werkstoffen in der Volkswirtschaft insgesamt und nicht nur innerhalb eines einzelnen Zweiges zu berechnen.

Berechnungen haben gezeigt, daß der tatsächliche Einsatz der Plaste, bezogen auf die technischen Möglichkeiten im Maschinenbau, nur 70 und

[14] Die Effektivität der Anwendung von Plast in den führenden Verbraucherzweigen wird ausführlich im sechsten Kapitel behandelt.

Tabelle 51

Durchschnittliche Einsparung durch den Einsatz von 1 t Plast in der Volkswirtschaft der UdSSR im Jahre 1975 (in Rubeln)

Kennziffer	Arbeitsaufwand (in Akh) Voller A.	Arbeitsaufwand (in Akh) davon in der Hauptproduktion	Selbstkosten	Investitionskosten Volle I.	Investitionskosten davon in der Hauptproduktion	jährliche Betriebskosten	gesamte reduzierte Aufwendungen
Nach Plastarten							
Phenol-Formaldehyd-Harze	351	400	740	1562	1920	11	1015
Phenol-Preßpulver	2055	1775	1654	870	632	102	2610
Karbamidharze	192	+ 18	58	139	399	0,4	77
Hochdruckpolyäthylen	2102	2026	174	1124	2070	104	1173
Niederdruckpolyäthylen	+ 139	36	425	23	36	149	1666
Polypropylen	427	325	1351	430	250	85	2106
Polyvinylchlorid	884	523	1372	1584	119	69	2134
Polystyrol und Mischpolymerisate des Styrols	611	672	734	840	162	1081	9906
Polyamidharze	4756	4314	6982	1009	482	1907	22929
Polyesterharze für glasfaserverstärkte Plaste	227	200	738	+ 501	+ 198	174	2246
Epoxidharze	5630	6024	10504	1535	1842	543	15197
durchschnittlich insgesamt	531	374	573	749	707	58	1144
Nach Volkswirtschaftszweigen							
Maschinenbau	363	305	528	715	147	62	1125
Holzbearbeitende sowie Zellulose- und Papierindustrie	245	109	118	551	977	.	185
Bauwesen und Baustoffindustrie	706	391	1494	1096	164	86	2344
Transport (Eisenbahn-)	90	477	703	– 64	13	727	6671
Übrige Zweige (Kohleindustrie)	17292	16908	+ 215	4538	17800	815	7415
durchschnittlich insgesamt	531	374	573	749	707	58	1144

Quelle: Plastičeskie massy, 1/1972, S. 9. Das Zeichen „+" bedeutet Mehraufwand.

Tabelle 52

Mögliche Gesamteinsparung durch den Einsatz von Plast an Stelle von traditionellen Werkstoffen in der Volkswirtschaft im Jahre 1975 (in Millionen Rubel)

Werkstoff bzw. Zweig	Arbeitsaufwand (in Millionen Akh) Voller Aufwand	davon in der Hauptproduktion	Selbstkosten	Investitionskosten Volle I.	davon in der Hauptproduktion	jährliche Betriebskosten	reduzierte Gesamtaufwendungen
	nach Plastarten						
Phenol-Formaldehyd-Harze	49,9	56,9	105,3	222,5	273,4	1,5	144,5
Phenol-Preßpulver	5,9	5,1	4,2	2,2	1,6	0,3	6,6
Karbamidharze	62,9	+ 5,8	18,9	45,6	131,0	0,1	25,4
Hochdruckpolyäthylen	120,7	116,3	11,9	64,0	117,9	5,9	67,0
Niederdruckpolyäthylen	+ 4,2	1,1	12,8	0,7	1,1	4,5	50,0
Polypropylen	6,3	4,8	19,4	6,2	3,6	1,2	30,3
Polyvinylchlorid	136,9	81,0	212,6	239,8	18,0	10,7	332,2
Polystyrol und Mischpolymerisate des Styrols	6,0	6,6	7,2	8,3	1,6	10,7	97,8
Polyamidharze	10,7	9,8	15,7	2,3	1,1	4,3	51,6
Polyesterharze und glasfaserverstärkte Plaste	6,8	6,0	22,0	+ 14,4	+ 5,7	5,2	63,3
Epoxidharze	7,1	7,6	13,3	2,0	2,4	0,7	19,3
Insgesamt	409,0	289,4	443,2	579,2	546,2	45,1	888,0
	nach Volkswirtschaftszweigen						
Maschinenbau	62,0	52,2	90,3	122,2	25,2	10,6	192,2
Holzbearbeitende sowie Zellulose- und Papierindustrie	93,6	41,7	45,1	210,2	372,2	—	70,4
Bauwesen und Baustoffindustrie	140,6	77,8	297,4	218,9	32,7	17,2	466,4
Transport (Eisenbahn-)	0,4	7,8	11,8	+ 0,7	0,4	11,6	108,2
Übrige Zweige (Kohleindustrie)	112,4	109,9	+ 1,4	29,5	115,7	5,7	50,6
Insgesamt	409,0	289,4	443,2	579,2	546,2	45,1	888,0

Quelle: Plastičeskie massy, 1/1972, S. 9. Das Zeichen „+" bedeutet Mehraufwand.

im Bauwesen nur 50 Prozent beträgt (dies ist durch den Einsatz billigerer traditioneller Werkstoffe wie Holz, Verkleidungsplatten, Stahlrohre u. a. bedingt).

Der Einsatz von glasfaserverstärktem Plast an Stelle von Kohlenstoffstahl und Aluminium ist im Fertigungsstadium verschiedener Erzeugnisse (Maschinen, Ausrüstungen u. a.) in vielen Fällen uneffektiv (vgl. Tabelle 53). Vom volkswirtschaftlichen Standpunkt wird dabei jedoch insgesamt eine mittlere Einsparung an Gesamtkosten in Höhe von 1500 bis 3000 Rubel erzielt.

Wie Berechnungen gezeigt haben, übersteigen die reduzierten Aufwendungen bei der Herstellung von Erzeugnissen aus glasfaserverstärkten Polyesterplasten die bei der Herstellung aus Stahl im Durchschnitt um 1700 bis 2100 Rubel, bezogen auf 1 t glasfaserverstärkten Plast. Das bedeutet, daß der Einsatz glasfaserverstärkter Plaste zur Erzeugnisproduktion vom volkswirtschaftlichen Standpunkt aus ökonomisch erst effektiv wird, wenn die Einsparung durch Senkung der jährlichen Betriebskosten nicht weniger als 250 bis 310 Rubel (je t glasfaserverstärkten Plastes – Anm. d. Bearb.) beträgt. Die Höhe der jährlichen Einsparungen durch Senkung der laufenden Aufwendungen für die Nutzung industrieller Erzeugnisse, bei denen an Stelle von Kohlenstoffstahl Plast eingesetzt wurde, beträgt im Durchschnitt 350 bis 600 Rubel (bezogen auf 1 t glasfaserverstärkten Plast).

Mit anderen Worten, die Höhe des vergleichbaren Nutzeffektes aus dem Einsatz von glasfaserverstärktem Plast an Stelle von Kohlenstoffstahl wird in der Perspektive durch die Höhe der Einsparungen an Betriebskosten bedingt sein. Die Grenzwerte solcher Kennziffern können für eine vorläufige Begründung bei der Einführung von glasfaserverstärktem Plast in die Konstruktion von Maschinen, Ausrüstungen und anderen Objekten als Orientierungsgröße dienen.

Durch eine Analyse ist festgestellt worden, daß die glasfaserverstärkten Plaste selbst bei einem unbedeutenden Produktionsvolumen und bei Einsatz von teuren Ausgangsrohstoffen sowie bei anderen ungünstigen Faktoren im Vergleich zu Stahl über eine relativ hohe Konkurrenzfähigkeit verfügen. Hierbei ist die technische Möglichkeit des Einsatzes glasfaserverstärkter Plaste im Durchschnitt 1,5- bis 2mal größer als die ökonomische.

Es besteht eine direkte Abhängigkeit zwischen den Nutzungsbedingungen von Konstruktionen und dem Effektivitätsgrad glasfaserverstärkter Plaste. Je höher die Effektivität ist, desto kleiner ist das Intervall zwischen den technischen und ökonomischen Grenzen. In Zweigen mit schwierigen Nutzungsbedingungen wie in der Kohleindustrie, dem Chemie- und Erdölmaschinenbau und dem Eisenbahntransport stimmen diese Grenzen für den

Durchschnittliche Einsparung in der Industrie durch den Einsatz von 1 t glasfaserverstärktem Plast an Stelle von Stahl und Aluminium in den Jahren 1971–1975 (in Rubeln)

Verbraucherzweig	Mittlerer Substitutions-koeffizient	Erzeugnisproduktion Arbeitsaufwand (in Akh)	Selbstkosten	Investitionen	Gesamtaufwand	Nutzung der Erzeugnisse laufende Kosten (im Zeitraum Tn)	reduzierte Gesamtaufwendungen
	Glasfaserverstärkter Polyester-Kohlenstoffstahl						
Automobilbau	3,2	183	+ 11	+ 797	+ 130	1850	1720
Traktorenbau	4,6	1524	867	290	925	1070	1995
Landmaschinenbau	5,2	+ 174	+ 498	220	+ 456	2730	2274
Diesellokbau	3,7	715	+2890	+3960	+3484	3690	206
Elektrolokomotivbau	3,4	667	+3010	+3010	+3620	3780	250
Waggonbau	3,1	348	+1263	+2678	+1644	2120	476
Schiffbau	1,8	461	+ 667	+ 130	+ 686	1630	943
Erdölmaschinenbau	4,3	1340	863	+ 370	810	7210	8020
Kohlemaschinenbau	3,3	769	+1284	+5538	+2110	14520	12410
Werkzeugmaschinenbau	5,7	697	+1470	+2960	+1900	3750	1850
Schmiede- und Preßmaschinenbau	7,2	87	+ 119	333	+ 70	2540	2440
Textilmaschinenbau	3,5	2302	2033	+1048	1876	—	1876
Erdbaumaschinenbau	3,3	+ 142	1610	+ 974	1464	—	1465
Elektroindustrie	5,5	418	1100	+2300	755	2071	2826
Kohleindustrie	2,5	+ 88	+2056	+2604	+2446	3690	1244
Eisenbahntransport	2,2	386	+2382	+ 346	+2434	4740	2306
	Glasfaserverstärktes Polyester-Aluminium						
Automobilbau	2,0	+ 9	121	2903	553	1200	1752
Schiffbau	2,0	798	1049	1830	1322	1630	2952
Erdölmaschinenbau	1,7	1106	470	2766	880	6800	7680
Werkzeugmaschinenbau	6,9	1600	3500	2410	3860	—	3860
Textilmaschinenbau	6,2	515	46	281	88	1610	1698
Elektroindustrie	2,6	+ 539	+ 800	2540	+ 425	4540	4125
Eisenbahntransport	3,7	105,6	2452	4236	3087	4680	7767
	Preßstoff des Typs AG-4 – Kohlenstoffstahl						
Traktorenbau	4,7	4430	1990	2090	2300	—	2300
Erdölmaschinenbau	9,6	6255	5568	3859	6140	24300	30440
Werkzeugmaschinenbau	10,1	5010	3410	+4550	2730	—	2730
Elektroindustrie	4,0	1270	+ 30	+8600	+1390	2590	1200
Kohleindustrie	2,2	28	+2122	+2713	+2540	3621	1081

Das Zeichen „+" bedeutet Mehraufwand.

Einsatz glasfaserverstärkter Plaste praktisch überein. Hieraus folgt, daß eine weitere Ausdehnung der ökonomischen Einsatzgrenzen für glasfaserverstärkten Plast in erster Linie mit ihrem Einsatz in solchen Objekten und Konstruktionen verbunden ist, die im Nutzungsprozeß hohen Belastungen, Temperaturen, Geschwindigkeiten, aggressiven Medien usw. ausgesetzt sind.

Die Erweiterung der ökonomischen Grenzen für den Einsatz glasfaserverstärkter Plaste in der Industrie ist in den nächsten Jahren neben der Erzielung einer maximalen Einsparung an laufenden Kosten im Nutzungsbereich der Maschinen, Ausrüstungen und anderen industriellen Erzeugnisarten auch mit der Mobilisierung von Reserven in der Industrie der glasfaserverstärkten Plaste selbst verbunden.

Durch die angestellten Berechnungn für die gesamte Volkswirtschaft sind folgende für das Jahr 1975 zu erwartende Proportionen zwischen dem Bedarf an Plast und der möglichen Substitution traditioneller Werkstoffe festgestellt worden (in 1000 t):

Traditioneller Werkstoff	Plastbedarf für die Substitution traditioneller Werkstoffe	Freisetzung traditioneller Werkstoffe	Substitutionskoeffizient
Kohlenstoffstahl	51,9	252,3	4,9
Nichtrostender Stahl	1,59	6,3	4,0
Roheisen	17,4	153,3	8,8
Aluminium	7,6	18,6	2,4
Blei	24,2	67,5	2,8
Zink	1,0	3,2	3,2
Messing	1,26	12,0	9,5
Bronze	0,22	2,07	9,4
Kupfer	0,02	0,12	6,0
Holz	460,0	7278,5	15,8
Übrige Werkstoffe	207,8	1536,1	7,4
Insgesamt	772,99	9329,99	12,1

Analoge Substitutionsmöglichkeiten traditioneller Werkstoffe (nach den einzelnen Plastarten und Volkswirtschaftszweigen) sind in Tabelle 54 gezeigt. Wie man sieht, kann die höchste Menge an Schwarzmetallen im Jahre 1975 durch Anwendung von Polyvinylchlorid, Polyesterharzen für glasfaserverstärkten Plast und Polypropylen freigesetzt werden; Aluminium durch Niederdruckpolyäthylen, Polystyrol und die Mischpolymerisate des Styrols; schwere Buntmetalle durch Anwendung von Polyvinylchlorid; Holz durch den Einsatz von Karbamid- und Phenolharzen. Innerhalb der Zweige wird die Einsparung von Schwarzmetallen hauptsächlich im Maschinenbau und im Bauwesen, die Einsparung von Buntmetallen besonders im Maschinenbau und die Einsparung von Holz hauptsächlich in der holzverarbeitenden Industrie und im Bauwesen erzielt.

Die Möglichkeiten der Substitution traditioneller Werkstoffe durch neue sind nicht unbegrenzt. Sie sind durch einen Komplex technischer (Charakter der Konstruktion, deren Verwendung, Herstellungstechnologie, Betriebsbedingungen und dergleichen mehr) und ökonomischer Ursachen (Herstellungs- und Einsatzkosten, Grad der Werkstoffverknappung u. a.) bestimmt. Die Plaste verdrängen die Metalle in der Regel aus denjenigen traditionellen Objekten, wo die Anwendung von Metallen nicht den gestellten Anforderungen entspricht, sowie aus neuen Objekten, in denen der Einsatz von Plast notwendig ist.

Zur Ermittlung der Höhe der Substitution traditioneller Werkstoffe durch Plast werden zwei Kennziffern vorgeschlagen: eine Jahreskennziffer (Verhältnis der Einsparung traditioneller Werkstoffe im Laufe eines Jahres zu den Ressourcen dieses Jahres) und eine Gesamtkennziffer (Verhältnis der Einsparung traditioneller Werkstoffe für eine bestimmte Periode zu den Ressourcen im letzten Jahr der Periode).

Die erste Kennziffer charakterisiert die reale Substitution bestimmter Ressourcen traditioneller Werkstoffe durch Plast für ein Jahr und ist von praktischer Bedeutung, da sie zur Planung der Werkstoffverteilung zwischen den Industrie- und Volkswirtschaftszweigen benutzt werden kann. Die berechnete potentielle Höhe der Substitution traditioneller Werkstoffe durch Plast beträgt im Jahre 1975 (in Prozent); für Schwarzmetallwalzgut 0,2; für Gußeisen 0,7, für Buntmetalle (durchschnittlich) 2,3, davon für Blei 12,5 und für Holz (Holzplatten und Sperrholz umgerechnet auf Rundholz) 3 Prozent. Ausgehend von den vorhandenen zusammengefaßten Daten über den Verbrauch von Werkstoffen, kann man die Schlußfolgerung ziehen, daß die Höhe der Substitution von Holz real, von Schwarz- und Buntmetallen aber (insbesondere von schweren Buntmetallen) viel zu niedrig angesetzt ist.

Die zweite Kennziffer charakterisiert in gewissem Sinne eine imaginäre Einsparung (insbesondere an Werkstoffen mit begrenzten Ressourcen), zeigt aber, welche Ressourcen an traditionellen Werkstoffen aufgewandt werden müßten, wenn keine Plaste eingesetzt würden. Die Summierung der Angaben über die jährliche Einsparung an traditionellen Werkstoffen durch Plaste (in den neuen Einsatzgebieten letzterer) ist für einen langfristigen Zeitraum gerechtfertigt, da sie keine Doppelerfassung enthält. Es wurde bereits hervorgehoben, daß in den USA in den letzten 30 Jahren durch den Einsatz von Plasten traditionelle Werkstoffe wie folgt eingespart

Tabelle 54

Mögliche Freisetzung traditioneller Werkstoffe durch den Einsatz von Plast in der Volkswirtschaft im Jahre 1975 (nach unvollständigen Angaben; (in 1000 t)

Kennziffer	Gewöhnlicher Stahl	Nicht-rostender Stahl	Roheisen	Aluminium	Schwere Buntmetalle	Holz	übrige Werkstoffe	ins-gesamt
	nach Plastarten							
Phenol-Formaldehyd-Harze	6,7	0,1	12,1	2,0	0,2	2455	206	2682
Phenol-Preßpulver	4,9	—	5,3	1,0	0,5	—	0,2	11,8
Karbamidharze	—	—	—	—	—	4231	—	4231
Hochdruckpolyäthylen	15,1	0,1	11,5	0,8	0,1	7,6	833,6	869
Niederdruckpolyäthylen	12,1	0,2	0,1	4,3	0,9	—	57,3	75
Polypropylen	34,5	0,6	34,5	3,1	10,7	11,4	19,2	114
Polyvinylchlorid und Mischpolymerisate des Vinylchlorids	119,2	4,2	86,0	1,1	68,6	567,9	359,1	1206
Polystyrol und Mischpolymerisate des Styrols	9,6	0,7	0,2	3,9	1,1	5,5	21,3	42,3
Polyamidharze	12,0	0,4	3,0	0,9	2,3	—	0,2	18,8
Polyesterharze	35,4	—	0,1	1,5	—	—	32,7	69,7
Epoxidharze	2,1	—	0,4	—	0,2	—	6,3	9,0
Insgesamt	252,2	6,3	153,3	18,6	84,9*	7278	1536	9330
	nach Volkswirtschaftszweigen							
Maschinenbau	120,2	6,3	22,7	18,6	75,2	3,4	123,8	370,3
Holzverarbeitende sowie Zellulose- und Papierindustrie	—	—	—	—	—	6286	—	6286
Bauwesen und Baustoffindustrie	123,2	—	130,6	—	9,6	975	605	1744,1
Transport (Eisenbahn-)	2,2	—	—	—	0,1	13,5	7,2	23,0
Übrige Zweige (Kohlenindustrie)	6,6	—	—	—	—	—	800	806,6
Insgesamt	252,2	6,3	153,3	18,6	84,9*	7278	1536	9330

Quelle: Plastičeskie massy, 1/1972, S. 10;

* davon (in 1000 t): Blei 67,5; Zink 3,2; Messing 12,0; Bronze 2,07; Kupfer 0,12

wurden (in Prozent zu insgesamt): Stahl – 3,5 bis 4; Zinn – 8; Kupfer – 10; Zink – 21; Blei – 42.

Auf Grund der vorhandenen Erfahrungen und der angestellten Untersuchungen kann man behaupten, daß die Plaste bereits unter den heutigen Voraussetzungen im Vergleich zu solchen traditionellen Werkstoffen wie Schwarzmetallen, Aluminium und Schnittholz über eine recht hohe Konkurrenzfähigkeit verfügen, von den schweren Buntmetallen ganz zu schweigen.

Bedeutende Reserven bei der Effektivitätserhöhung der Anwendung von Plasten können durch eine optimale Verteilung dieser Ressourcen erschlossen werden. Die Auswahl der effektivsten Varianten zur Einführung von Plasten verspricht zusätzliche Einsparungen. Die Möglichkeiten jedoch, solche Varianten lediglich vom Effektivitätskriterium ausgehend zu realisieren, sind durch die Menge an „freien" Ressourcen begrenzt, daß heißt durch die Differenz zwischen dem oberen (maximale Ressourcen am Ende der Planperiode) und dem unteren Niveau des Verbrauchs (Istverbrauch zu Beginn der Planperiode).

Unter den gegenwärtigen Bedingungen beträgt der Umfang an „freien" Ressourcen von Plast durchschnittlich 20 bis 25 Prozent der Gesamtressourcen, und 75 bis 80 Prozent entfallen auf jene Bereiche, deren Bedarf unabhängig von der dabei erzielten Einsparung unbedingt befriedigt werden muß (technisch unumgängliche Objekte; Entwicklung von Neukonstruktionen; Erzeugnisarten, die faktisch erschlossen sind, soziale Maßnahmen u. a.). Dieser Umstand schränkt einstweilen die Möglichkeiten eines effektiven Einsatzes der Plaste wesentlich ein. Je nach Vergrößerung der Ressourcen werden diese Möglichkeiten erweitert.

Es ist jedoch nicht gerechtfertigt, eine rationelle Ressourcenverteilung von Plast allein mit dem zu erzielenden ökonomischen Nutzeffekt zu verbinden. In einer Reihe von Zweigen (Leicht-, holzverarbeitende und chemische Industrie, Landwirtschaft u. a.) ist die Zweckmäßigkeit des Plasteinsatzes weniger durch das Verhältnis der technischen und ökonomischen Grenzen als durch die begrenzten Ressourcen an Naturrohstoffen (Häute, Fasern, Holz) sowie an Nahrungsmitteln diktiert. Da die Bevölkerungsentwicklung die Erzeugnismöglichkeiten von Naturrohstoffen übersteigt, muß man die Planung der Produktion von Kunstleder, Sohlengummi, Lederaustauschstoffen, Folienmaterial, Holzplatten, Möbeln, anderen Erzeugnisarten und Ausgangsplasten mit einem gewissen Vorlauf vornehmen und das dazu notwendige Investitionslimit bereitstellen. Weiterhin gibt es eine Reihe von Objekten (Verteidigung, Gesundheitsschutz, neue Technik, soziale Belange u. a.), wo die Ermittlung der technischen und ökonomischen Grenzen im allgemeinen erschwert ist. Mit anderen Worten, die Feststellung der Entwicklungsperspektiven für die Produktion und den Einsatz der Plaste darf nicht nur die ökonomischen, sondern muß auch die strategischen, sozialen und politischen Faktoren einschließen.

Es ist eine der wichtigsten Aufgaben der ökonomischen Wissenschaft, Empfehlungen über den rationellsten Einsatz der begrenzten Plastressourcen auszuarbeiten. Man kann folgende technische Politik zur Verteilung der Plastressourcen empfehlen: Vorrangige Sicherung des Bedarfs für die Landesverteidigung, die Bereiche der neuen und neuesten Technik, die sozialen Maßnahmen; Bereitstellung des erforderlichen Umfangs für die früher erschlossenen effektiven Plasteinsatzgebiete (zum Zwecke der Aufrechterhaltung der Proportionalität in der Volkswirtschaft), für die Substitution von verknappten schweren Buntmetallen, nichtrostendem Stahl und wertvollen Holzsorten in allen technisch möglichen Objekten und für die Vergrößerung der Ressourcen für Nahrungsmittel; Sicherstellung der Produktion verschiedenartiger Massenbedarfsgüter und Ersatzmittel für Naturrohstoffe (Kunstleder, Holzplatten, Pflanzenöl usw.); Auslastung der vorhandenen Produktionskapazitäten zur Verarbeitung von Plast, insbesondere in den technisch am besten ausgerüsteten Werken, die bei minimalen Rohstoffkosten Erzeugnisse von hoher Qualität produzieren; Einsatz des restlichen Teils der Plaste für die Substitution von Schwarzmetallen, Aluminium, Holz und Papier in den effektiven Bereichen des Maschinenbaus, des Bauwesens, der Produktion von Verpackungs- und Umhüllungsmitteln und anderer Volkswirtschaftszweige.

Einige Ökonomen meinen, daß die Ressourcenverteilung der Plaste operativen Charakter trägt und hauptsächlich eine Aufgabe der materiell-technischen Versorgung darstellt. Bei einer solchen Fragestellung wird jedoch die Notwendigkeit nicht berücksichtigt, eine entsprechende wissenschaftlich-technische Basis zu schaffen: Durchführung eines Komplexes an wissenschaftlichen Forschungs-, Konstruktions-, technologischen und anderen Arbeiten, ohne deren Realisierung es undenkbar ist, die Anwendungsgebiete der Plaste in der Volkswirtschaft einigermaßen wirksam zu erweitern und zur Beschleunigung des wissenschaftlich-technischen Fortschritts beizutragen.

Man muß daher die Dienste, die für die Einführung von Plast in die Verbraucherzweige verantwortlich sind, allseitig stärken, die erforderlichen wissenschaftlichen Untersuchungen durchführen, die Reihenfolge für eine wissenschaftlich begründete Einführung der Plaste ermitteln und die Ressourcen für einige Jahre im voraus bis zum geplanten Zeitraum ihrer Einführung zwischen den Zweigen aufteilen, was den Zweigen unter anderem erlaubt, den Plasteinsatz zielstrebig vorzubereiten usw. Nur unter diesen Voraussetzungen kann man die hohe potentielle Effektivität des Plasteinsatzes in der Volkswirtschaft auch praktisch verwirklichen.

Sechstes Kapitel

Ökonomische Analyse des Verbrauchs neuer Werkstoffe und Materialien in den wichtigsten Zweigen und Objekten

1. Konstruktionswerkstoffe im Maschinenbau

Bei der technischen Neuausrüstung aller Zweige der Volkswirtschaft kommt dem Maschinenbau die führende Rolle zu. Es ist im laufenden Planjahrfünft vorgesehen, in diesem Zweig ungefähr 25000 neue Maschinen-, Ausrüstungs- und Gerätearten zu entwickeln und von mehr als 19000 die Produktion aufzunehmen. Dabei wird der Verbesserung der technisch-ökonomischen Parameter wie der Produktivität, der Wirtschaftlichkeit in der betrieblichen Nutzung, der Zuverlässigkeit und der Verminderung der Materialintensität besondere Aufmerksamkeit geschenkt.[1]

Die wichtigsten Voraussetzungen für einen umfassenden Einsatz von Plasten im Maschinenbau bestehen in der Verbilligung der Produktion von Maschinen und Ausrüstungen (Senkung des Arbeitsaufwands, der Selbst- und Investitionskosten für ihre Herstellung), in der Verbesserung ihrer technisch-ökonomischen Parameter (Verminderung des Gewichts, des Arbeitskräftebedarfs, Erhöhung der Nutzungsdauer, der Zuverlässigkeit, der Produktivität) und der damit verbundenen Einsparung an laufenden Aufwendungen in der Nutzungssphäre der Maschinenbauerzeugnisse sowie in der Freisetzung von Ressourcen an Metall, Holz und anderen traditionellen Werkstoffen. Beispielsweise erhöht die Substitution von Metall und Holz durch Plast die Lebensdauer vieler Baugruppen und Teile von Eisenbahnwaggons (Wände und Böden, Zwischenwände, Roste, Gestelle, Fensterbretter, Liegen, Naben für das Bremssystem, Gleitbahnen an den Trägern des Waggonaufbaus u. a.)[2]

Es ist errechnet worden, daß der mittlere Nutzungskoeffizient bei Metallen für Gesenkschmiedeteile 0,33–0,38 und bei Stanzteilen 0,44–0,52 beträgt. Für Plast beträgt die analoge Kennziffer dagegen 0,9–0,95. Jähr-

[1] A. N. Kossygin, O gosudarstvennom plane razvitija narodnogo chozjajstva SSSR na 1971–1975 gody i o gosudarstvennom plane razvitija narodnogo chazjajstva SSSR na 1972 god, Moskau 1971, S. 9.

[2] I. P. Sitkovskij, Plaste im Eisenbahntransport, in: Plastičeskie massy, 6/1972.

lich fallen mehr als 7 Millionen t Roheisen- und Stahlspäne in der Volkswirtschaft an.

Von 1965 bis 1970 erreichten die jährlichen Metallabfälle (in Prozent) bei der Bearbeitung im Maschinenbau 28 bis 30, davon allein 14 bis 15 Späne, im Schwermaschinenbau 21 bis 25 bzw. 11 bis 13, im Werkzeugmaschinenbau 32 bzw. 22 bis 24, im Automobilbau 32 bis 34 bzw. 16, in der Landwirtschaft 25 bis 27 bzw. 13 bis 14 usw.[3] Durch eine solche Nutzung der Metalle entstehen erhebliche Verluste, da die durchschnittlichen reduzierten Aufwendungen zur Herstellung einer Tonne Späne im Maschinenbau insgesamt 159 Rubel, wovon die laufenden Kosten 129 Rubel und die Investitionskosten 250 Rubel betragen.[4]

Die wichtigste Entwicklungstendenz im Maschinenbau ist die Reduzierung des Metallaufwandes für die Erzeugnisse. So verminderte sich der spezifische Verbrauch an Schwarzmetallwalzgut bei Traktoren (pro PS-Leistung) im Jahre 1970 gegenüber 1960 um 26,4 Prozent, bei Getreidevollerntemaschinen (pro Produktivitätseinheit) um 20,6 Prozent und bei Eisenbahnwaggons (pro t Ladefähigkeit) um 12,2 Prozent. Im Maschinenbau insgesamt ist aber in der UdSSR der spezifische Metallaufwand für die Erzeugnisse um 25 und bei Berücksichtigung der Austauschstoffe für Schwarzmetalle um 18 Prozent noch höher als in den USA.[5]

Durch das beschleunigte Produktionstempo und den breiten Einsatz von Plasten erhöht sich der Stand der Chemisierung des Maschinenbaus und ändert sich dessen Rohstoffbilanz.

So stieg in den Jahren von 1959 bis 1965 die Bruttoproduktion des Maschinenbaus auf das 2,5fache und der Plastverbrauch auf das 3,2fache, in den Jahren 1966 bis 1970 auf das 1,7fache bzw. auf das Doppelte.

Bei der Analyse dieses Problems muß man berücksichtigen, daß der Maschinenbau in allen wirtschaftlich entwickelten Ländern einen Großverbraucher an Konstruktionswerkstoffen darstellt.

So sind im Jahre 1970 im inländischen Maschinenbau 485000 t Plast verbraucht worden, davon 50000 t Phenolharz, 107000 t Phenol-Preßstoff, 66000 t Hochdruckpolyäthylen, 104000 t Polyvinylchlorid und 64000 t Polystyrol. Unter den gegenwärtigen Bedingungen werden zur Herstellung und für die Nutzung im inländischen Maschinen- und Aus-

[3] A. M. Poljak, Uluč̌senie ispol'zovanija metalla v narodnom chozjajstve SSSR, Moskau 1971, S. 35, 79.

[4] L. L. Zusman, A. V. Petergova, Der ökonomische Nutzeffekt im Maschinenbau bei der Reduzierung der Bearbeitung von Walzgut durch Zerspanung im Zusammenhang mit einer Verbesserung seiner Qualität, in: Stal', 5/1970, S. 472.

[5] P. Širjaev, A. Poljak, Potreblenie černych metallov v SSSR, Moskau 1970, S. 115.

rüstungspark zwei Fünftel der Plaste, drei Viertel der Ressourcen an synthetischem Kautschuk, ein Viertel der Chemiefasern und ein Drittel der Anstrichstoffe eingesetzt. Im laufenden Planjahrfünft wächst die Anzahl der im Maschinenbau verwendeten Teile aus Plast auf das 1,6fache und der Teile aus Metallkeramik auf das 3,3fache.

Plaste haben bei der Herstellung beanspruchter und nicht beanspruchter Baugruppen und Teile verschiedener Abmessungen (Gehäuseteile, gleitende, reibende Teile, elektrische Isolierteile, chemisch beständige Teile, Hilfsteile u. a.), als Kleber, Bindemittel und Beläge und für technologische Ausrüstungen (Gießformen, Gesenke, Modelle u. a.) breite Anwendung gefunden. In den Jahren 1960 bis 1970 ist der Anteil der Elektrotechnik an der Gesamtmenge der vom Maschinenbau verbrauchten Plaste von drei Vierteln auf zwei Drittel gesunken. Dies spiegelt die zunehmende Tendenz des Einsatzes von Plast als Konstruktionswerkstoff wider.

Für die im Maschinenbau eingesetzten Plaste ist das Verhältnis etwa folgendermaßen: als Konstruktionswerkstoffe ungefähr 60 Prozent, als Elektroisolierstoffe (Kabel- und Drahtisolierung, Isolierstoffe u. a.) mehr als 30 Prozent, für technologische Ausrüstungen, Schleifmittel und Schleifscheiben 10 Prozent.

Berechnungen zur Verbrauchsstruktur der Konstruktionswerkstoffe in den führenden Zweigen des inländischen Maschinenbaus haben gezeigt (vgl. Tabelle 55), daß die Plaste dazu geeignet sind, im Gerätebau, im Handel, im Nahrungsmittelmaschinenbau, im Waggonbau und im Automobilbau eine bedeutende Rolle zu spielen. In den übrigen Zweigen übersteigt ihr Anteil innerhalb der Struktur der Werkstoffe, die verbraucht werden (gewichtsmäßig), nicht 1 Prozent.

Wie Berechnungen gezeigt haben, betrug der Arbeitsaufwand für Plast am Gesamtarbeitsaufwand für die Herstellung von Erzeugnissen der Maschinenbauzweige im Jahre 1966 (in Prozent)[6]: bei Kabelerzeugnissen ungefähr 6, in der Elektroindustrie 2, bei Chemieausrüstungen 1, bei Haushalts- und Kulturwaren sowie bei Ausrüstungen der Leichtindustrie 0,7, bei metallzerspanenden Werkzeugmaschinen, Werkzeugen, Förder- und Transportausrüstungen 0,2, bei Energie-, Schmiede- und Pressen-, Gießerei-, Erdöl- und Metallurgieausrüstungen, Ausrüstungen für die Nahrungsmittelindustrie, Kraftfahrzeuge, Traktoren, Landmaschinen u. a. 0,1.

Eine Analyse der Konstruktionen für die wichtigsten Maschinen-, Ausrüstungs-, Geräte- und Konsumgüterarten hat gezeigt, daß im Maschinenbau gewaltige ungenutzte Möglichkeiten vorhanden sind, die technisch-

[6] Berechnet nach Narodnoe chozjajstvo SSSR v 1968 godu, Moskau 1969, S. 74–121.

Tabelle 55

Anteil von Plast in der Verbrauchsstruktur der Konstruktionswerkstoffe des Maschinenbaus der UdSSR (in Prozent)

Zweige des Maschinenbaus	1965			1970 (Schätzung)		
	a	b	c	a	b	c
Kohlemaschinenbau	0,09	0,46	0,7	0,39	2,5	5,9
Diesellokomotivbau	0,1	0,2	1,8	1,2	4,1	10,9
Waggonbau	0,57	1,6	4,8	2,0	5,3	8,4
Förder- und Transportmaschinenbau	0,41	0,29	0,17	0,6	3,54	0,86
Energiemaschinenbau	—	—	—	0,16	0,6	3,5
Dieselmotorenbau	0,01	0,04	0,6	0,02	1,2	4,0
Straßenbaumaschinenbau	0,3	0,5	0,9	1,0	2,1	2,0
Gerätebau	4,5	16,7	11,4	6,6	31,0	20,0
Traktorenbau	0,1	0,3	1,6	0,2	12,1	6,6
Landmaschinenbau	0,06	0,33	0,25	1,01	6,77	6,67
Automobilbau	0,3	0,8	2,0	1,2	3,1	7,5
Erdölmaschinenbau	0,05	0,4	0,5	0,07	0,5	0,65
Chemiemaschinenbau	0,06	0,61	0,14	0,18	0,85	0,42
Pumpenbau	0,002	0,1	0,02	0,5	0,3	4,4
Nahrungsmittelmaschinenbau	0,03	0,18	0,23	1,65	11,3	2,19
Maschinenbau im Handelsbereich	0,2	0,4	0,8	4,4	8,3	12,5

a – nach Gewicht, b – nach Volumen, c – nach Wert

ökonomischen Parameter der Erzeugnisse zu vervollkommnen, den Arbeitsaufwand und die Selbstkosten für deren Herstellung zu senken sowie Engpaßmetalle und andere Werkstoffe auf der Grundlage einer stärkeren Anwendung und der Vervollkommnung der Struktur von Plast einzusparen.

Die Sättigung neuer Zweige des Maschinenbaus mit Plasten kann am Beispiel der Automobilindustrie veranschaulicht werden. Im inländischen Automobilbau hatte der Plastverbrauch für ein Kraftfahrzeug im Jahre 1969 durchschnittlich 9 bis 10 kg erreicht, für die Konstruktion des Kleinwagens WAS-2101 z. B. 28 kg (hier werden 400 verschiedene Teile aus 65 Plastarten verwendet).

Die technischen Möglichkeiten des Plasteinsatzes in den inländischen Automobilkonstruktionen sind vorläufig durchschnittlich 1,3- bis 2mal größer als die ökonomisch effektiven Möglichkeiten, was aus folgenden Angaben ersichtlich ist (in kg, bezogen auf ein Kraftfahrzeug): (Siehe S. 239)
Von den Plasten, die zur Einführung in die inländischen Kraftfahrzeugkonstruktionen vorgeschlagen werden, entfällt der Hauptanteil auf die glasfaserverstärkten Plaste (durchschnittlich 60 bis 80 Prozent des technisch möglichen und 40 bis 60 Prozent des ökonomisch effektiven Bedarfs).

	technisch möglicher Bedarf	ökonomisch effektiver Bedarf		technisch möglicher Bedarf	ökonomisch effektiver Bedarf
LKW			*PKW*		
SIL-130	61,4	34,4	GAS-69	8,1	7,7
MAS-500	70,1	34,3	*Autobusse*		
Ural-375	48,8	15,7	LAS-695 E	435,4	338,5
BelAS-540	112,7	81,1	LiAS-677	321,3	214,1
KrAS-255 B	162,9	158,1	PAS-672	183,7	161,7

In den USA veränderte sich der durchschnittliche Plastverbrauch für ein Kraftfahrzeug wie folgt: 1940 – 1,8 kg; 1945 – 2,7 kg; 1950 – 3,6 kg; 1955 – 5,0 bis 6,0 kg; 1961 – 9,0 bis 10,0 kg; 1963 – 13,0 bis 14,0 kg; 1965 – 15,9 kg; 1968 – 37,2 kg; 1975 (Prognose) – 45 kg. Die Effektivität des Plasteinsatzes im Automobilbau der USA kann man auf Grund folgender Angaben beurteilen: Die Verringerung der Nettomasse des Kraftfahrzeuges um 1 kg erlaubt eine Reduzierung der jährlichen Betriebskosten um durchschnittlich 2 Dollar.

Durch Untersuchungen ist der vergleichbare Nutzeffekt des Einsatzes von Plast an Stelle von traditionellen Werkstoffen in einzelnen Objekten, in den Zweigen des Maschinenbaus und im Maschinenbau insgesamt sowohl für verschiedene Kombinationen substitutionsfähiger Werkstoffe als auch für einzelne Plastarten ermittelt worden.[7] So gewährleistet die Freisetzung schwerer Buntmetalle durch substitutionsfähige Plastarten sowie die Freisetzung von Stahl und Roheisen durch Faserstoff, Polypropylen und Mischpolymerisate des Styrols (vgl. Tabelle 56) die höchste Einsparung durch Senkung der Selbstkosten im Herstellungsprozeß von Maschinenbauerzeugnissen. Aus der Sicht der Einsparung von jährlichen Betriebskosten ist die Substitution von Schwarz- und Buntmetallen durch Capron, glasfaserverstärkten Plast, Faserstoff und Polyäthylen effektiv.

Die mittlere berechnete Einsparung durch den Einsatz einer Tonne Plast ist nach Arten und Maschinenbauzweigen in den Tabellen 57 und 58 gezeigt.

Der umfassende Einsatz von Plast im Maschinenbau (nach dem ökonomisch effektiven Bedarf sind es 1041000 t) gestattet es, den Arbeitsaufwand, die Selbstkosten, die Investitionskosten im Zweig selbst und die Betriebskosten beim Nutzer der Erzeugnisse wesentlich zu senken.

[7] In den Tabellen 57 bis 60 sind zur Veranschaulichung Daten angeführt, die von entsprechenden Zweigorganisationen in den Jahren 1968 bis 1969 ausgearbeitet und von der Forschungsabteilung „Entwicklungsperspektiven der Erzeugung und des Einsatzes von Polymerstoffen" des „NIITÉchim" im Jahre 1970 für den gesamten Maschinenbau verallgemeinert worden sind.

Tabelle 56

Einsparung durch den Einsatz von Plast an Stelle traditioneller Werkstoffe im Maschinenbau (ohne Elektrotechnik) im Jahre 1975 (bezogen auf 1 t Plast, in 1000 Rubel)

Substitutionsfähiger Werkstoff	Substitutionskoeffizient	Arbeitsaufwand (in 1000 Akh) voller Aufwand	Arbeitsaufwand davon für die Hauptproduktion	Selbstkosten	Investitionsaufwand voller Aufwand	Investitionsaufwand davon für die Hauptproduktion	Jährliche Betriebskosten	gesamte reduzierte Aufwendungen
Stahl *-Phenoplast	5,4	3,92	3,90	2,38	0,74	0,90	0,03	2,72
Stahl-Faserstoff	5,8	3,07	3,25	4,15	2,63	1,90	0,30	6,96
Stahl-Holzpreßstoffschnitzel	5,9	1,14	1,18	2,15	1,36	0,81	.	2,31
Stahl-Glasfaserstoff	5,6	1,55	1,59	+ 0,89	0,70	1,78	0,30	1,68
Stahl-glasfaserverstärkter Plast auf Harzen für das Niederdruckverfahren	3,4	0,44	0,07	+ 0,11	+ 0,75	+0,36	0,28	2,13
Stahl-Hochdruckpolyäthylen	5,7	0,92	1,22	1,55	1,03	1,25	0,15	2,87
Stahl-Niederdruckpolyäthylen	7,2	0,87	0,88	2,56	+ 0,09	0,61	.	2,55
Stahl-Polypropylen	13,1	1,50	1,47	15,1	1,19	1,11	0,27	17,48
Stahl-Polystyrol	4,4	0,43	0,57	0,65	4,04	6,56	0,01	1,21
Stahl-Mischpolymerisate des Styrols	3,4	2,6	1,91	4,47	0,42	1,49	0,15	5,76
Stahl-Polyvinylchlorid	2,1	0,35	0,27	0,02	1,94	1,19	1,18	1,74
Stahl-Capron	10,9	3,72	3,79	3,54	+ 0,52	0,73	0,47	7,38
Gußeisen-Phenoplast	5,8	1,31	1,48	1,35	0,58	0,61	0,84	8,39
Gußeisen-Faserstoff	4,9	0,95	1,04	1,72	0,39	0,21	0,10	2,6
Gußeisen-Holzpreßstoffschnitzel	5,8	0,63	0,87	1,13	0,07	0,16	.	1,14
Gußeisen-glasfaserverstärkter Plast auf Harzen für das Niederdruckverfahren	6,2	0,82	0,67	0,69	+ 0,69	0,29	.	0,68

Gußeisen-Hochdruckpoly-äthylen	7,3	1,84	1,87	1,18	+ 2,10	+0,50	1,15	10,47
Gußeisen-Polypropylen	9,8	2,31	2,64	2,42	+ 1,79	+0,43	1,31	13,08
Gußeisen-Mischpolymerisate des Styrols	7,6	5,35	1,81	2,95	+ 0,62	0,81	2,45	23,21
Gußeisen-Capron	10,7	4,39	3,90	1,75	0,74	2,94	0,84	8,80
Aluminium-Phenoplast	1,4	0,20	0,19	0,32	0,07	+0,08	.	0,33
Aluminium-Faserstoff	2,0	0,67	0,60	2,12	5,47	1,21	0,02	2,93
Aluminium-glasfaserverstärkter Plast auf Harzen für das Niederdruckverfahren	3,7	0,35	0,33	0,29	1,68	0,31	0,10	1,32
Aluminium-Hochdruck-polyäthylen	3,0	3,29	2,92	2,88	4,74	1,20	.	3,45
Aluminium-Polypropylen	2,0	0,18	0,20	1,31	2,02	1,77	.	1,55
Aluminium-Polystyrol	1,8	0,54	0,60	1,27	0,60	1,23	0,01	1,42
Aluminium-Capron	2,8	2,17	2,05	1,24	0,57	0,27	0,19	2,89
Messing-Phenoplast	5,6	3,78	2,53	4,30	.	.	.	4,30
Messing-Glasfaserstoff	4,7	4,19	3,25	2,53	.	.	.	2,53
Messing-Polystyrol	4,6	4,11	3,01	5,40	5,97	0,95	.	6,11
Messing-Polyformaldehyd	6,8	5,71	4,47	8,56	20,49	5,94	0,01	11,09
Bronze-Capron	8,6	4,40	2,34	8,20	2,38	0,85	3,31	38,53
Bronze-Polyformaldehyd	9,0	3,51	1,23	2,36	30,48	0,21	.	6,02
Zink-Polypropylen	3,1	0,20	0,44	3,15	1,85	1,69	.	3,37
Zink-Polystyrol	2,0	0,51	0,51	1,86	+ 1,24	+1,24	.	1,72

Das Zeichen „+“ bedeutet Mehrausgaben

* Hier und im folgenden Stahl gewöhnlicher Qualität

Tabelle 57

Berechnete mittlere Einsparung im Jahre 1975 durch den Einsatz einer Tonne Plast im Maschinenbau (in Rubel)

Zweig des Maschinenbaus	Arbeitsaufwand (AW) in AKh voller AW	davon für Hauptproduktion	Selbstkosten	Investitionskosten (IK) volle IK	davon für Hauptproduktion	Jährliche Betriebskosten
Schwer-, Energie- und Transportmaschinen	1287	1067	456	+ 511	+ 522	347
Chemie- und Erdölmaschinen	1620	1342	1591	625	166	180
Werkzeugmaschinen und Werkzeug- und Vorrichtungsbau	2130	2146	3865	1524	1162	461
Gerätebau	1133	1124	672	382	187	.
Traktoren- und Landmaschinenbau	1564	1160	2185	1071	640	56
Automobilindustrie	492	552	1193	432	+ 33	254
Bau-, Straßenbau- und kommunaler Maschinenbau	1297	1279	795	2092	2000	96
Maschinenbau für Leicht- und Nahrungsmittelindustrie sowie für Haushaltsgeräte	1312	1202	1662	630	510	416
Maschinenbau im engeren Sinne insgesamt	986	939	1404	582	251	235
Elektroindustrie	186	49	+ 199	792	108	469
übrige Zweige	465	497	1449	1452	2250	466
durchschnittlich im Maschinenbau	410	319	421	850	480	416

Die mögliche Einsparung an Mitteln durch Selbstkostensenkung der Maschinen und Ausrüstungen wird für das Jahr 1975 auf 155 Millionen Rubel und an jährlichen Betriebskosten (unvollständigen Informationen zufolge) auf 153 Millionen Rubel geschätzt (vgl. Tabelle 59).

Die potentiellen Möglichkeiten für die Substitution von Metallen (unvollständigen Angaben zufolge) sind, bezogen auf den ökonomisch begründeten Bedarf an Plast, im Jahre 1975 folgende (in 1000 t):
(siehe S. 245)

Aus den angeführten Berechnungen ist ersichtlich, daß der Verbrauch an Grundmaterialien im Maschinenbau in den Jahren 1961 bis 1975

Tabelle 58

Durchschnittliche errechnete Einsparung durch den Einsatz einer Tonne Plast im Maschinenbau im Jahre 1975 (ohne Elektrotechnik, in 1000 Rubeln)

Plastarten	Substitutionskoeffizient	Arbeitsaufwand (in 1000 Akh)		Selbstkosten	Investitionsaufwand		Jährliche Betriebskosten	gesamte reduzierte Aufwendungen
		voller Aufwand	davon für die Hauptproduktion		voller Aufwand	davon für die Hauptproduktion		
Phenoplast	4,2	2,07	2,06	1,65	0,74	0,45	.	1,74
Faserstoff	4,0	1,24	1,27	2,26	2,64	0,85	0,10	3,41
Holzpreßstoffschnitzel	5,6	0,87	1,03	1,29	+0,04	0,02	—	1,28
Schichtkunstholz	4,9	1,01	0,93	2,05	1,30	0,61	0,95	10,09
Glasfaserstoff	4,5	2,41	2,47	0,18	0,42	1,12	0,80	6,87
Glasfaserverstärkter Plast auf Harzen für das Niederdruckverfahren	2,7	0,40	0,16	0,07	+0,91	+0,47	0,26	2,22
Hochdruckpolyäthylen	4,2	1,52	1,58	1,44	0,64	0,68	0,03	1,69
Niederdruckpolyäthylen	5,0	0,99	0,80	2,41	0,44	0,39	0,01	2,54
Polypropylen	3,4	0,74	0,75	2,88	2,08	1,43	0,08	3,78
Polystyrol	2,8	0,77	0,84	1,27	1,79	3,03	0,01	1,56
Mischpolymerisate des Styrols	3,5	1,00	0,79	1,23	0,36	0,78	0,12	2,27
Polycaprolactam (Capron)	7,7	3,37	3,14	2,87	0,27	1,00	0,90	10,37
Polyformaldehyd	6,5	4,63	3,54	+0,02	6,79	0,77	0,35	3,70
Polyvinylchlorid	1,8	0,52	0,35	0,04	0,14	0,81	0,12	1,06

Das Zeichen „+“ bedeutet Mehrausgaben

Tabelle 59

Gesamteinsparung durch den Einsatz von Plast im Maschinenbau im Jahre 1975 (bezogen auf den ökonomisch begründeten Verbrauch; in Millionen Rubel)

Zweig des Maschinenbaus	Arbeitsaufwand (in Mio Akh)		Selbstkosten	Investitionsaufwand		Jährliche Betriebskosten
	voller Aufwand	davon für die Hauptproduktion		voller Aufwand	davon für die Hauptproduktion	
Schwer-, Energie- und Transportmaschinenbau	7,7	6,4	2,7	+ 3,1	+ 3,1	2,1
Chemie- und Erdölmaschinenbau	4,0	3,4	4,0	1,6	0,4	0,5
Werkzeugmaschinenbau sowie Werkzeug- und Vorrichtungsbau	10,6	10,7	19,3	7,6	5,8	2,3
Gerätebau	8,2	8,1	4,8	2,8	1,4	—
Automobilindustrie	19,2	21,5	46,5	16,8	+ 1,3	8,6
Traktoren- und Landmaschinenbau	10,6	7,9	14,9	7,3	4,3	0,4
Bau-, Straßenbau- und kommunaler Maschinenbau	4,4	4,3	2,7	7,1	6,8	0,3
Maschinenbau für die Leicht- und Nahrungsmittelindustrie sowie für Haushaltsgeräte	16,4	15,0	20,8	7,9	6,4	5,2
Maschinenbau im eigentlichen Sinne, insgesamt	81,1	77,3	115,7	48,0	20,7	19,4
Elektroindustrie	42,4	11,1	+ 45,4	180,1	24,7	106,7
übrige Zweige	27,1	29,0	84,6	84,8	131,4	27,2
Maschinenbau, insgesamt	150,6	117,4	154,9	312,9	176,8	153,3

Das Zeichen „+" bedeutet Mehrkosten

	Schwarz-metalle	Schwere Buntmetalle	Aluminium
Maschinenbau insgesamt	428,1	154,0	43,7
davon			
Schwer-, Energie- und Transportmaschinenbau	14,6	0,7	0,6
Chemie- und Erdölmaschinenbau	7,1	0,3	0,2
Werkzeugmaschinenbau und Werkzeug- und Vorrichtungsbau	33,9	0,8	1,6
Gerätebau	6,8	0,7	0,8
Automobilbau	85,0	18,8	4,5
Traktoren- und Landmaschinenbau	26,8	1,2	2,1
Bau-, Straßen- und kommunaler Maschinenbau	9,7	1,7	0,3
Maschinenbau für die Leichtindustrie und für Haushaltsgeräte	32,0	2,9	15,2
Elektroindustrie	184,3	122,3	16,3

folgendermaßen wachsen muß (1960 = 100): Schwarzmetalle auf 224 Prozent (davon Stahlwalzgut auf 241), Aluminium auf 400 Prozent, schwere Buntmetalle (Kupfer, Zink, Blei, Messing, Bronze) auf 219 Prozent, Holz auf 120, Kautschuk auf 366 (davon synthetischer Kautschuk auf 600), Plast auf 876 Prozent.

Im Maschinenbau der UdSSR insgesamt wird bei gleichbleibenden Mengen an Stahlwalzgut und schweren Buntmetallen (insbesondere Messing und Bronze) und bei Senkung des Anteils an Schwarzmetallguß, Blei, Kupfer, Naturkautschuk und Holz im Zeitraum von 1960 bis 1975 eine Erhöhung des Plastverbrauchs (gewichts-, volumen- und wertmäßig) auf das 4- bis 5fache, des Verbrauchs an synthetischem Kautschuk auf das Doppelte und an Aluminium auf das 1,5- bis 2fache erwartet (vgl. Tabelle 60).

Die Entwicklung des Plastverbrauchs im Maschinenbau der USA ist durch die auf S. 247 angegebenen Werte (in 1000 t) gekennzeichnet.[8]

Im Jahre 1965 fanden im Maschinenbau der USA ca. 30 Prozent aller Plaste in Form von Konstruktionswerkstoffen Anwendung (vorwiegend in langlebigen Haushaltswaren, wie Kühlschränken, Staubsaugern, Waschmaschinen, Klimaanlagen und dergleichen mehr).

Der Anteil von Plast, Aluminium, Titan, Magnesium und neuen Legierungen wächst ständig bei etwa gleichbleibendem Stahlwalzgutanteil und bei Verminderung des Anteils von Schwarzmetallguß sowie schweren Buntmetallen (vgl. Tabelle 61).

[8] Chimičeskaja promyšlennost' zu rubežom, 8/1971, S. 16–17.

Tabelle 60

Verbrauchsstruktur der Hauptkonstruktionswerkstoffe im Maschinenbau der UdSSR (in Prozent zu insgesamt)

Werkstoff	1960			1965			1970 (Berechnung)			1975 (Schätzung)		
	a	b	c	a	b	c	a	b	c	a	b	c
Schwarzmetalle	75,13	24,4	62,3	77,0	27,47	60,0	79,0	31,12	58,7	80,0	34,0	55,3
Stahlwalzgut	52,6	16,9	49,5	57,2	20,2	49,6	59,1	23,0	48,8	60,0	25,36	46,2
Stahlguß	6,53	2,04	4,0	6,0	2,05	3,4	6,0	2,32	3,3	6,0	2,44	3,0
Eisenguß	16,0	5,46	8,8	13,8	5,22	7,0	13,9	5,80	6,6	14,0	6,2	6,1
Aluminium	0,88	0,85	4,5	1,2	1,27	5,6	1,47	1,71	6,5	1,68	2,14	6,9
Schwere Buntmetalle	2,49	0,69	13,8	2,63	0,72	13,2	2,63	0,89	12,9	2,6	0,95	11,9
Holz	19,55	70,0	4,4	16,40	64,46	3,3	13,61	58,86	2,6	11,2	52,5	2,0
Plast	0,32	0,62	1,8	0,63	1,33	2,8	0,99	2,32	4,3	1,56	3,92	6,3
Kautschuk	1,60	3,44	13,2	2,14	4,75	15,1	2,30	5,1	15,0	2,96	6,49	17,6
davon												
Synthetischer Kautschuk	0,97	—	7,1	1,44	—	10,0	1,95	—	12,4	2,79	—	16,4

Quelle: I. V. Rachlin, Effektivnost' primenenija plastmass v mašinostroenii, Moskau 1971, S. 161.
Für die wertmäßige Beurteilung der Werkstoffe sind die Großhandelspreise vom 1. VII. 1967 benutzt worden.
a — nach Gewicht, b — nach Volumen, c — nach Wert

	1960	1965	1969	1970 (Schätzung)	1975 (Prognose)	1980 (Prognose)
Maschinenbau insgesamt	600	1066	1885	2140	5150	10000
davon						
Elektrotechnik und Elektronik	459	680	1037	1147	2090	3670
Transport-maschinenbau	104	277	658	800	2750	6800
davon						
Automobilbau[1]	61	189	377	419	910	4080
Schiffsbau	23	47	109	132	210	260
Flugzeugbau	13	20	34	43	70	140

[1] Nur Personenkraftwagen

2. Elektroisolierstoffe

Die Elektroindustrie ist einer der größten Verbraucher von Kunstharzen und Plasten. Sie werden in diesem Zweig zur Elektroisolierung eingesetzt.

Die Hauptcharakteristika und Parameter einer elektrotechnischen Ausrüstung (Gewicht, Abmessungen, Betriebssicherheit, Lebensdauer) werden durch die Qualität der angewandten Elektroisolierstoffe bestimmt. Die technischen Möglichkeiten der elektrischen Isolation sind bezüglich solcher Faktoren wie Durchschlagfestigkeit, zulässige Arbeitstemperaturen, Betriebssicherheit und Lebensdauer in vielen Fällen schon ausgeschöpft. Ein weiterer Fortschritt in der Elektrotechnik kann nur durch einen umfassenden Einsatz synthetischer und polymerer Werkstoffe realisiert werden. Dies wird es gestatten, das technische Niveau zu heben und die Produktionstechnologie zu vervollkommnen, die Qualität der Erzeugnisse zu erhöhen, deren Arbeitsaufwand zu reduzieren und Pflanzenöle, Seidengewebe, Papier, Garn und andere Produkte für den Bevölkerungsverbrauch freizusetzen.[9]

Elektrotechnische Werkstoffe müssen neben guten dielektrischen Eigenschaften eine hohe thermische Stabilität zur Gewährleistung des Dauerbetriebs der Elektroausrüstung bei Nennstrom und -spannung, bei großen Überbelastungen und bei Temperaturerhöhung besitzen.

Eine unzureichende thermische Stabilität der Elektroisolation ist für solche Industriezweige wie die Kohleindustrie, die metallurgische und chemische Industrie, den Maschinenbau sowie für das Transportwesen

[9] Ju. V. Korickij, S. G. Trubačev, Polymerstoffe im Elektromaschinen- und Apparatebau, in: Plastičeskie massy, 6/1972.

Tabelle 61

Verbrauchsstruktur von Konstruktionswerkstoffen im Maschinenbau der USA (in Prozent zu insgesamt)

Werkstoff	1947		1955		1965		1975 (Schätzung)	
	a	b	a	b	a	b	a	b
Stahl	68,1	65,1	75,2	70,2	75,1	66,1	74,3	62,3
Schwarzmetallguß	24,0	24,9	17,1	17,3	15,3	14,6	14,2	12,4
Aluminium	1,2	3,2	1,8	5,0	2,9	7,5	4,0	10,2
Kupfer	3,57	3,0	2,6	2,2	2,7	2,2	2,8	2,1
Zink	1,3	1,4	1,4	1,4	1,4	1,4	1,7	1,4
Blei	1,5	1,0	1,24	0,8	1,18	0,6	0,8	0,5
Zinn	0,1	0,1	0,09	0,1	0,06	0,07	0,05	0,04
Magnesium	0,03	0,1	0,07	0,3	0,09	0,4	0,10	0,5
Titan	—	—	—	—	0,01	0,02	0,03	0,04
Neue Spezial-legierungen	.	.	.	.	0,01	0,01	0,02	0,02
Plast	0,2	1,1	0,5	2,7	1,3	7,1	2,0	10,5

Quelle: Berechnet nach Angaben von A. D. Grigor'ev
a — nach Gewicht, b — nach Volumen

charakteristisch, wo infolge der spezifischen Arbeitsbedingungen und des äußeren Milieus die Isolierung der Elektroausrüstung infolge Erwärmung über die zulässigen Grenzen hinaus einer teilweisen Überbeanspruchung unterworfen ist. In solchen Fällen vermindert sich die Nutzungsdauer der Elektroausrüstung erheblich.

Wie Untersuchungen gezeigt haben, verfügt ein Teil der gegenwärtig hergestellten Elektroausrüstungen über keine ausreichende Betriebssicherheit.

Die Einführung von Chemieerzeugnissen in die Elektroindustrie ist auf die Entwicklung von Konstruktionen mit verbesserten technisch-ökonomischen Parametern sowie auf die Freisetzung von Bunt- (Blei, Kupfer) und Schwarzmetallen, Naturprodukten, insbesondere Baumwoll- und Seidengeweben, von Pflanzenölen, Gummi auf der Basis von Naturkautschuk, Papier und dergleichen mehr gerichtet.

Ohne Vervollkommnung der Elektroisolation auf der Grundlage von Polymeren, die über thermische Stabilität, hohe elektrische und mechanische Belastbarkeit und ein geringes Gewicht verfügen, können solche Aufgaben wie die Entwicklung von Höchstleistungsturbo- und -wasserkraftgeneratoren, Hochspannungsapparaturen und Transformatoren für Überland-Hochspannungsleitungen für Gleich- und Wechselstrom, Hochspannungs-, Bahn- und Niederspannungsmotoren mit erhöhten technischen Parametern (geringe Abmessungen, große spezifische Leistung, hohe Zuverlässigkeit und Lebensdauer) nicht gelöst werden. Der Fortschritt aller Zweige der Elektroindustrie hängt vom technischen Stand der Elektroisolation ab, der in bedeutendem Maße durch die Eigenschaften der zu ihrer Herstellung eingesetzten Polymere bestimmt ist.

Gegenwärtig werden in der inländischen Elektroindustrie mehr als 10000 Teilearten aus Polymerstoffen eingesetzt. Von 1960 bis 1970 ist das Sortiment der in diesem Zweig verbrauchten Plaste und anderen synthetischen Werkstoffe von 20 bis 24 auf 54 bis 56 Positionen erweitert worden. Zwei Drittel der in der Elektrotechnik angewandten Kunstharze und Plaste sind für die Elektroisolierung vorgesehen. Der Anteil der Erzeugnisse, zu deren Herstellung chemische Werkstoffe eingesetzt werden, steigt systematisch an und hat bei vielen Erzeugnissen 100 Prozent erreicht (vgl. Tabelle 62).

Der Anteil der chemischen Werkstoffe am Gesamtmaterialverbrauch des Zweiges Elektrotechnik stieg im Jahre 1970 im Vergleich zu 1965 in folgender Weise: gewichtsmäßig von 8,2 auf 8,9 Prozent und wertmäßig von 14,4 auf 17,8 Prozent.

Die größten Verbraucher an Polymerstoffen in der Elektrotechnik sind die Kabelindustrie und die Herstellung von Elektroisolierstoffen.

Kabelindustrie

Das Problem, den wachsenden Bedarf der Volkswirtschaft an Kabelerzeugnissen zu befriedigen, kann nur durch den Übergang zur Produktion neuer Leiter- und Kabelkonstruktionen unter Einsatz moderner synthetischer Isolierstoffe gelöst werden.

So sind durch den Einsatz dieser Werkstoffe, die über hohe technische Kennziffern verfügen, Hochfrequenzfunkleitungen, ohne die die Funkortung und die moderne Funkverbindung nicht möglich sind, See- und Überseefernmeldekabel in großen Längen, koaxiale Hochfrequenzfernsehkabel zwischen den Städten, leistungsstarke Hochfrequenzspeisekabel u. a. gefertigt worden.

Eine Weiterentwicklung des Zweiges ist unmöglich, ohne in ständig zunehmendem Maße chemische Werkstoffe an Stelle des äußerst knappen Blei, von Naturkautschuk, Baumwollgarn, Pflanzenölen, Naturfasern u. a. einzusetzen.

Die synthetischen Werkstoffe in der Produktion von Kabelerzeugnissen stellen keinen einfachen Ersatz für die traditionellen Materialien dar. Sie verleihen den Kabelerzeugnissen eine Reihe neuer Eigenschaften: Leich-

Tabelle 62

Anteil elektrotechnischer Erzeugnisse, zu deren Herstellung chemische Produkte und Werkstoffe eingesetzt werden (in Prozent)

Erzeugnis	1965	1970	1975
Elektroindustrie	51,6	65,1	75,2
davon			
große Gleichstrommaschinen	21,4	100,0	100,0
große Wechselstrommaschinen	68,4	70,0	85,0
explosionsgeschützte Elektromotoren	100,0	100,0	100,0
elektrische Kran- und Bahnmotoren	100,0	100,0	100,0
Leistungstransformatoren	—	6,0	65,9
Hochspannungsapparaturen	71,4	68,0	66,7
Niederspannungsapparaturen	30,6	34,1	37,5
Elektrolokomotivbau	100,0	100,0	100,0
Elektroisolierstoffe	100,0	100,0	100,0
Kabelerzeugnisse	48,2	59,3	70,8
Elektroschweißausrüstungen	54,3	71,4	95,7
Elektrowärmeausrüstungen	36,8	49,1	48,1
Akkumulatoren und Spannungsquellen	100,0	100,0	100,0
Elektrotiefbohrgeräte mit im Bohrkopf eingebautem Motor	100,0	100,0	100,0
lichttechnische Erzeugnisse	19,3	84,2	92,4

Quelle: Ch. R. Parkšejan; A. M. Chajkin, Ėkonomika primenenija polimernych materialov v ėlektrotechnike, Moskau 1972, S. 50.

tigkeit, Elastizität, Feuchtebeständigkeit, Beständigkeit gegenüber Vibrationen und aggressiven Medien. Die Polyvinylchlorid-Plastikate beispielsweise werden dank der hohen Elastizität, der Beständigkeit gegenüber aggressiven Medien und Wärme- und Lichtalterung, der Antikorrosionseigenschaften und der Oxydationsbeständigkeit für die meisten Kabelerzeugnisse eingesetzt.

Im Jahre 1965 sind in der Kabelindustrie 37 Prozent allen Polyäthylens und 21 Prozent des Polyvinylchlorids (in Form von Kabelplastikat) verbraucht worden. Im Jahre 1970 war der Verbrauch an diesen Plastarten auf 17 bzw. 18 Prozent gebracht worden. Der Anteil der Erzeugnisse, in denen synthetische Materialien Anwendung fanden, stieg in der gesamten Erzeugnisproduktion von 24 im Jahre 1965 auf 37 Prozent im Jahre 1970, und 1975 soll er 47 Prozent erreichen.

Der Einsatz synthetischer Materialien an Stelle von Blei für die Schutzummantelung erwies sich in fast allen Kabelerzeugnisgruppen als effektiv. Eine solche Substitution ermöglichte die Senkung des Anteils von Kabeln mit Bleimantel in der Produktion von Starkstromkabeln für eine Spannung von 1 bis 35 kV und 500 V, von Kontroll-, Schiffs-, Ortsfernsprech-, Fern- sowie Signal- und Verriegelungskabeln.

Berechnungen haben gezeigt, daß, wenn im Jahre 1965 die Verbrauchsstruktur von Blei des Jahres 1958 aufrechterhalten worden wäre, zur Produktion der gleichen Mengen an Kabelerzeugnissen doppelt so viel Blei verbraucht worden wäre. In den Jahren 1959 bis 1965 sind 495000 t Blei im Industriezweig eingespart worden.

Die größte Einsparung wurde in der Gruppe der Starkstromkabel für eine Spannung von 1 bis 35 kV sowie der Kontroll- und Fernmeldekabel erzielt.

Durch den Einsatz synthetischer Materialien für Schutzummantelungen verringerte sich bei einer Reihe von Kabeln der Anteil der Erzeugnisse mit Bleimantel stark (in Prozent zur Gesamtproduktion):

	1960	1965	1970	1975 (geplant)
Starkstromkabel für eine Spannung				
von 1—10 kV	76	52	30	13
500 V	20	0,5	0,5	0,5
Kontrollkabel	49	2,5	1	1
Schiffskabel	6	3	4	4
Ortsfernsprechkabel	98	58	40	28
Fernkabel	96	41	38	27
Signal- und Verriegelungskabel	46	6,3	5	4

Der Übergang zur Herstellung von Starkstromkabeln für eine Spannung von 500 V, für Kontroll-, Schiffs- sowie Signal- und Verriegelungskabel mit einer Isolierung aus Polymerstoffen ist somit vollzogen. Der Plastanteil bei der Herstellung von Fernmelde-, Ortsfernsprech- und Starkstromkabeln für eine Spannung von 1 bis 10 kV erhöht sich. Es ist vorgesehen, 90 Prozent der Gesamtproduktion an Emailledrähten und 50 Prozent der Spulendrähte mit synthetischer Isolierung zu produzieren. Im Jahre 1975 wird der Anteil der Bleimantelkabel an der gesamten Erzeugnisproduktion des Zweiges auf 22 Prozent sinken. Der Bleibedarf des Industriezweiges wird daher nur unbedeutend steigen.

Die synthetischen Werkstoffe werden zugleich in der Produktion von Installationsleitungen und -schnüren nicht genügend eingesetzt. Es gibt Erzeugnisgruppen (Schiffs- und Schlauchkabel), bei denen infolge der spezifischen Betriebsbedingungen eine Substitution der traditionellen Werkstoffe erst nach der Schaffung einer chemischen Industrie für neue synthetische Werkstoffe, die den nötigen Komplex von Eigenschaften besitzen, möglich ist. Zur Herstellung von Isoliergummi wird ungefähr die Hälfte des Naturkautschuks, der von der Kabelindustrie verbraucht wird, aufgewandt. Der restliche Teil des Naturkautschuks kann durch synthetische Werkstoffe ersetzt werden, wenn die Kabelindustrie voll mit Plast versorgt sein wird. Bei Installationsleitungen können 75 Prozent des vom Industriezweig verbrauchten Baumwollgarns bei Substitution von Gummi durch Plast freigesetzt werden.

Die Berechnungsergebnisse des vergleichbaren Nutzeffektes bei Einsatz von Plast haben gezeigt (vgl. Tabelle 63), daß die größte Einsparung an Blei in den Gruppen Starkstromkabel für Hochspannungen und Fernleitungen erzielt wird.[10]

Für Installationsleitungen und Lichtschnüre erhöhen sich bei der Substitution von Gummi und Baumwollgarn die Selbstkosten um 10 Prozent, was durch eine wesentliche Einsparung an Arbeits- und Investitionsaufwand, durch Verkürzung des Produktionszyklus und durch Verbesserung der Arbeitsbedingungen der Arbeiter kompensiert wird.

Die Verbrauchsentwicklung für die Hauptarten synthetischer Werkstoffe in der Kabelindustrie ist durch folgende Angaben (in 1000 t) gekennzeichnet[11]:

	1960	1965	1970	1975 (Schätzung)
Polyvinylchlorid-Plastikat	24,9	63,4	128,8	262,1
davon für Substitution traditioneller Werkstoffe	—	—	60,6	144,4
Polyäthylen	6,7	30,3	62,2	96,6
davon für Substitution traditioneller Werkstoffe	—	—	17,7	38,1
Lavsan	0,14	0,17	1,8	3,9
Synthetische Lacke	5,6	7,2	18,1	37,6

Als ein Ergebnis synthetischer Werkstoffe tritt eine Strukturveränderung der Rohstoffbilanz in der Kabelindustrie zutage. Ausgehend von der Spezifik dieses Zweiges ist die Strukturveränderung der Erzeugnisproduktion und nicht der Verbrauchsnormen der Hauptfaktor, der den Umfang des Materialverbrauchs bestimmt.

Die Erhöhung des Anteils von Kabeln mit Plast führt zu einer Veränderung des Absolutverbrauchs und der Struktur des Materialverbrauchs. Bezogen auf den Produktionsumfang an Kabelerzeugnissen ist die Ent-

[10] Die Einsparungen verteilen sich proportional der in der Konstruktion enthaltenen synthetischen Stoffe; diese Aufteilung ist nur bedingt, da die Spezifik des Zweiges die Substitution der Konstruktion insgesamt vorsieht und nicht die einzelner Materialien.

[11] I. D. Troickij, Plaste in der Kabelindustrie, in: Plastičeskie massy, 6/1972, S. 44.

Tabelle 63

Mittlere Einsparung durch den Einsatz einer t Plast in der Kabelindustrie im Jahre 1970 (in Rubeln)

Erzeugnis	Freigesetzte traditionelle Werkstoffe	Arbeitsaufwand (in Akh)		Selbst-kosten-senkung	Investitionsaufwand	
		voller Aufwand	davon für die Haupt-produktion		voller Aufwand	davon für die Haupt-produktion
Kabel						
Starkstromkabel für 1 kV Hochspannung	Blei, Kabelpapier	145,3	2,1	123	2583	70
Ortsfernsprechkabel	Blei, Kabelpapier	196,6	11,5	594	3411	127
Fernkabel	Blei, Kabelpapier	136,4	16,2	200	2731	120
Starkstromkabel für eine Spannung von 500 V	Gummi	242,0	42,6	574	2839	310
Kontrollkabel	Gummi	308,9	36,1	224	1631	282
Installationsleitungen	Gummi, Baumwollgarn	230,2	48,4	+ 277	691	213
Lichtschnüre	Gummi	286,6	53,8	+ 148	863	115
Emaillelackdrähte	Öllack, Baumwollgarn	963,6	815,5	838	1039	24
Emaille für Spulen	Baumwollgarn	2823,0	2895,0	1971	2347	185
Emaille für Spulen	Naturseide	7913,6	+ 32,0	68334	54319	450

Das Zeichen „+“ bedeutet Mehrausgaben

wicklung des Materialverbrauchs im Jahre 1975 in Abhängigkeit von der Struktur der Erzeugnisproduktion im Jahre 1965 z. B. wie folgt (in 1000 t):

	1965	1975	Differenz
Buntmetalle	516	481	– 35
Kabelpapier	145	57	– 88
Webware und Garn	45	28	– 17
Plaste	204	316	+112
Chemiefasern	38	42	+ 4
Synthetischer Kautschuk	22,5	27	+ 4,5
Anstrichstoffe	34,6	37	+ 2,4

Infolgedessen wird sich in der Struktur des Materialverbrauchs der Anteil der synthetischen Werkstoffe auf Kosten der traditionellen vergrößern.

In der Kabelbranche insgesamt ist der Anteil der chemischen Rohstoffe (wertmäßig) am gesamten Rohstoff- und Materialverbrauch von 22,7 Prozent im Jahre 1965 auf 28,2 Prozent im Jahre 1970 gestiegen und wird sich 1975 auf 33,6 Prozent erhöhen (vgl. Tabelle 64).

Tabelle 64

Struktur des Materialverbrauchs in der Kabelindustrie der UdSSR (in Prozent zu insgesamt)

Werkstoff	1965		1970		1975 (Schätzung)	
	a	b	a	b	a	b
Metalle	53,3	54,6	53,2	49,6	50,0	46,4
Schwarzmetalle	6,1	3,5	6,1	3,4	6,0	3,3
Buntmetalle	47,2	51,1	47,1	46,2	44,0	43,1
Chemische Werkstoffe	27,2	22,7	32,6	28,2	38,8	33,6
Plast	18,8	13,9	23,6	18,9	29,0	23,8
Chemiefasern	3,2	2,6	3,4	2,9	3,9	3,3
Synthetischer Kautschuk	2,1	4,1	2,3	4,2	2,5	4,2
Anstrichstoffe	3,1	2,1	3,3	2,2	3,4	2,3
Papier	13,4	1,2	8,2	0,9	5,2	0,7
Webware und Garn	4,0	4,1	2,6	3,9	2,6	3,8
Übrige Werkstoffe	2,1	17,4	3,4	17,4	3,4	15,5

a – nach Gewicht, b – nach Wert

Dabei werden die Plaste ungefähr ein Viertel der Werkstoffe (wertmäßig) ausmachen.

Die Produktion von Elektroisolierstoffen

Gegenwärtig werden mehr als 2000 Typengrößen und Hunderte von Elektroisolierstoffsorten produziert. Die Chemisierung übt auf den Zuwachs des Volumens und auf die Strukturveränderung der Elektroisolierstoffproduktion einen entscheidenden Einfluß aus.

Die Veränderung der Produktion dieser Materialien in der UdSSR ist durch folgende Angaben gekennzeichnet (1960 = 100):

Werkstoff	1965	1970	1975 (Schätzung)
Getinax	136	176	220
Textolit und Glastextolit	194	364	542
Lackgewebe	207	234	303
Gewickelte Erzeugnisse	158	258	332
Mikanite und Glimmerplastschichtstoff	135	113	127
Insgesamt	152	204	266

Die Erhöhung der Produktion wird von bedeutenden Strukturverschiebungen in der Elektroisolierstoffproduktion begleitet sein (vgl. Tabelle 65).

Tabelle 65

Entwicklung der Produktionsstruktur von Elektroisolierstoffen (in Prozent zu insgesamt)

Werkstoff	1960		1965		1970		1975 (Schätzung)	
	a	b	a	b	a	b	a	b
Getinax	44,0	6,2	39,2	5,5	37,9	7,3	36,3	8,8
Textolit und Glastextolit	15,8	11,7	20,1	16,2	28,4	20,3	32,2	22,8
Lackgewebe	7,4	7,8	10,1	10,3	8,6	10,0	8,4	11,7
Gewickelte Erzeugnisse	9,8	3,5	10,1	3,5	12,3	4,3	12,1	5,3
Mikanite und Glimmerplastschichtstoff	23,0	70,8	20,5	64,5	12,8	58,1	11,0	51,4

a – in natura, b – nach Wert

Wie man sieht, wird der Anteil an Textolit und Glastextolit auf Kosten von Mikanit und Glimmerplastschichtstoff in den nächsten Jahren wesentlich ansteigen.

Betrachten wir die Veränderungen, die sich in jeder dieser Gruppen unter dem Einfluß des Einsatzes neuer Werkstoffe vollziehen.

In der Gruppe der Schichtelektroisolierstoffe gewinnt ungeachtet des absoluten Zuwachses aller Arten nach Getinax das Glastextolit besondere Bedeutung (in Prozent zu insgesamt, in natura): (Siehe S. 256)

Diese Angaben charakterisieren in einem gewissen Umfange auch die Proportionen im Verbrauch von Papier (für Getinax), von Baumwoll-

	1960	1965	1970	1975 (Schätzung)
Getinax	62,3	59,4	55,4	57,1
Blattextolit	13,0	11,2	10,0	6,7
Formtextolit	3,0	2,6	2,2	1,7
Glastextolit	6,5	10,8	15,9	18,0
Getinax Marke PGT *	—	1,3	1,1	1,1
Gewickelte Erzeugnisse	13,8	13,0	13,2	12,0
Asbobumalitplatten**	1,4	1,7	2,2	3,4

* Getinax Marke PGT ist ein im Warmpreßverfahren hergestellter Werkstoff auf Formaldehydharz und Baumwollgewebe, der zur Isolation im Traktorenbau verwendet wird. (Anm. d. Bearb.)

** Asbobumalit (russ. Bezeichnung panel'nyj elektronit) gehört zur Gruppe der Phenolharzschichtstoffe Getinax (entspricht Pertinax) Anm. d. Bearb.

geweben (für Textolit) und von Glasgeweben (für Glastextolit). Die Baumwollgewebe treten in der Produktion von Schichtmaterialien und Lackgeweben den Platz allmählich an die Glasgewebe ab.

Der Anteil der verschiedenen Füllstoffe an der Produktion von Blatttextolit wird sich im Jahre 1975 im Vergleich zu 1970 in folgender Weise (in Prozent) verändern: Baumwollgewebe – 24,3 (44), Glasgewebe 75,7 (56).

Würde im Jahre 1975 der Anteil der Füllstoffe auf dem Niveau von 1970 verbleiben, so würden zusätzlich 18,5 Millionen Meter Baumwollgewebe benötigt werden. In der Lackgewebeproduktion wird sich der Anteil auf der Grundlage von Baumwollgeweben von 45,5 Prozent im Jahre 1960 auf 12,5 Prozent im Jahre 1975 verringern, und der Anteil auf der Grundlage von Glasgeweben wird entsprechend von 30 auf 66,2 Prozent ansteigen.

Es wird eine allmähliche Substitution der traditionellen Bindemittel auf Formaldehydharzbasis durch neue, fortschrittlichere Bindemittel (Epoxid-Phenol-Lacke) erreicht. Der Anteil an Isolierstoffen auf der Grundlage dieser Lacke wird in folgender Weise ansteigen: Getinaxfolie (Gesamtproduktion) von 0,5 Prozent im Jahre 1965 auf 10 Prozent im Jahre 1975, Glastextolit (ebenfalls in der Produktion) von 8 Prozent im Jahre 1960 auf 10,9 Prozent im Jahre 1975, gewickelte Erzeugnisse entsprechend von 0,4 auf 1,4 Prozent.

In der Gruppe der Schichtstoffe insgesamt wird sich der Anteil an Formaldehydbindemitteln von 94,7 im Jahre 1965 auf 78 Prozent im Jahre 1975 vermindern, und der Anteil dieser Materialien an Epoxid-Phenol-Lacken wird entsprechend von 4,6 auf 20 Prozent ansteigen. Durch den Einsatz von Polyester-Epoxid-Bindemitteln sollen im Jahre 1975 ca. 1000 t Pflanzenöl freigesetzt werden.

Der Verbrauch an Spaltglimmer zur Herstellung von Glimmerstoffen verändert sich wesentlich (in Prozent): (Siehe S. 257)

	1970	1975
Isolation auf Spaltglimmerbasis	71,9	39,5
Isolation auf der Grundlage von Spaltglimmer-Ersatzstoffen (Glimmerplastschichtstoff und Glimmerplastpapier)	28,1	60,5

Hierdurch verändern sich der Absolutverbrauch und die Struktur der in der Elektroisolierstoffproduktion verbrauchten Rohstoffe. Auf das Produktionsvolumen des Jahres 1975 bezogen, verändert sich der Absolutverbrauch einiger Ausgangsrohstoffarten in Abhängigkeit von der Struktur der Erzeugnisproduktion der Jahre 1965 und 1975 wie folgt (in 1000 t):

	1965	1975	Differenz
Papier	53,0	42,2	−10,8
Pflanzenöl	19,1	12,0	− 7,1
Plaste	28,8	35,3	+ 6,5
Synthetischer Kautschuk	1,3	0,8	− 0,5
Anstrichstoffe	8,5	9,5	+ 1,0
Schwarzmetalle	3,8	2,1	− 1,7
Buntmetalle	12,9	11,3	− 1,6
Glimmer und Glimmerplastschichtstoff *	3,8	5,8	+ 2,0
Webwaren (einschließlich Glasgewebe) *	21,2	41,0	+19,8

* Der steigende Verbrauch erklärt sich bei einer gleichzeitigen Einsparung an Glimmer und an Baumwollgeweben durch den erhöhten Einsatz von Glimmerplastschichtstoff und Glasgewebe.

In der Rohstoffbilanz der Elektroisolierstoffproduktion (vgl. Tabelle 66) wird der Anteil von chemischen Werkstoffen, insbesondere von Plasten (gewichtsmäßig) führend, der Anteil von Naturprodukten jedoch, besonders von Papier und Webwaren (gewichtsmäßig) sowie Glimmer (wertmäßig), bleibt weiterhin hoch.

Die mittlere Einsparung an reduzierten Aufwendungen durch den Einsatz einer Tonne Plast und Kunstharz wird durch folgende Angaben charakterisiert: siliziumorganische Lacke und Harze – 9000 Rubel, Kabel-Weich-PVC und Polyäthylen – 1100 Rubel, glasfaserverstärkter Plast – ca. 4000 Rubel (davon blattförmiger glasfaserverstärkter Plast – 3500 Rubel, aufgespulte Glasfasererzeugnisse – ca. 2200 Rubel, Verbundwerkstoffe – 5000 Rubel, Glasfaserstoffe – 4500 Rubel).

Die Einsparung in der Elektroindustrie, bezogen auf 1 Tonne Plast und Erzeugnisse hieraus, ist im Durchschnitt wie folgt: Arbeitsaufwand – 20 Akh, Mehraufwand an Selbstkosten – 18 Rubel, Einsparung an vollen

Tabelle 66

Verbrauchsstruktur verschiedener Rohstoffarten in der Elektroisolierstoffproduktion (in Prozent zu insgesamt)

Werkstoff	1965		1970		1975 (Schätzung)	
	a	b	a	b	a	b
Metalle	10,0	1,8	8,3	2,8	8,0	2,9
Schwarzmetalle	2,3	0,2	1,5	0,2	1,2	0,2
Buntmetalle	7,7	1,6	6,8	2,6	6,8	2,7
Chemische Werkstoffe	25,6	33,2	26,8	43,0	29,2	49,0
Plast	17,3	8,3	18,7	11,7	21,3	13,2
Chemiefasern	2,5	13,6	1,9	18,2	1,7	20,7
Synthetischer Kautschuk	0,7	1,0	0,6	0,9	0,4	0,8
Anstrichstoffe	5,1	10,3	5,6	12,2	5,8	14,3
Glimmer und Glimmerplastschichtstoff	2,3	45,4	3,1	37,7	3,5	35,8
Papier	31,8	4,1	25,8	4,2	25,2	4,3
Webwaren (einschließlich Glasgewebe)	12,7	12,3	22,8	9,7	24,8	6,1
Pflanzenöl	11,2	1,6	9,8	1,1	7,3	0,6
Übrige Werkstoffe	6,4	1,6	3,4	1,5	2,0	1,3

a – nach Gewicht, b – nach Wert

Investitionskosten – 400 Rubel, an Betriebskosten (in den Verbraucherzweigen) – 240 Rubel.

Der Verbrauch von Plast und anderen Polymerstoffen auf deren Grundlage hat sich in der Elektroindustrie der UdSSR in folgender Weise verändert (in 1000 t):

	1960	1965	1970	Zunahme (in Prozent)
Insgesamt	74,3	154,4	373,3	504
davon				
Kabelindustrie	30,4	83,0	182,1	606
Lichttechnik	9,2	16,1	47,1	512
Niederspannungsapparaturen	21,2	31,0	57,1	270
Elektroisolierstoffe	4,6	7,2	15,6	338

Der Gesamtbedarf der inländischen Elektroindustrie an Kunstharzen und Plasten, der von 16 Zweigen berechnet worden ist, die mehr als 75 Prozent der Produktion elektrotechnischer Erzeugnisse umfassen, ist in Tabelle 67 gezeigt.

Tabelle 67

Bedarf der Elektroindustrie an Kunstharz und Plast (umgerechnet auf 100 Prozent des Grundstoffes)

Verbraucherbereich	1970	1975	1980
insgesamt	400,6 / 100,0	733,7 / 100,0	1279,6 / 100,0
davon:			
Kabeltechnik	213,8 / 53,3	405,5 / 55,2	752,3 / 58,8
Niederspannungsapparaturen	72,7 / 18,2	135,8 / 18,5	270,4 / 21,1
Lichttechnische Erzeugnisse	64,4 / 16,1	114,0 / 15,5	140,8 / 11,0
Isoliermittelproduktion	30,8 / 7,6	44,7 / 6,1	61,1 / 4,8
Übrige Zweige	18,9 / 4,8	33,7 / 4,7	55,0 / 4,3

Zähler in 1000 t, Nenner in Prozent

Auf vier Zweige entfallen 95 Prozent des Gesamtbedarfs an Kunstharz und Plast.

Die Bedarfsstruktur der Elektroindustrie nach Kunstharz- und Plastarten ist in Tabelle 68 angeführt.

Aus der Tabelle ist ersichtlich, daß die Hälfte des Bedarfs der Elektroindustrie auf Polyvinylchlorid und Polyäthylen entfällt.

Die wirtschaftlichen Folgen einer umfassenden Chemisierung der Elektroindustrie durch den Einsatz von Plast und Kunstharz kann man für 1975 durch folgende Werte charakterisieren: Die Einsparung an vollem Arbeitsaufwand kann 42,4 Millionen AKh (davon 11 Millionen AKh im Zweig selbst) betragen. Der Mehraufwand an Selbstkosten erreicht 46 Millionen Rubel, wird jedoch durch die Einsparung an vollen Investitionskosten in Höhe von 16,8 Millionen Rubel (davon 24,7 Millionen Rubel im Zweig selbst) und durch die Einsparung von Betriebskosten in Höhe von 107 Millionen Rubel (hauptsächlich durch Niederspannungs-Elektromotoren, explosionsgeschützte Maschinen und Akkumulatoren) übertroffen.

Folgende potentielle Freisetzung an traditionellen Werkstoffen ergibt sich in der Elektroindustrie (bezogen auf den ökonomisch begründeten Plastbedarf für 1975) (in 1000 t):

	Kabel-industrie	Elektro-isolier-mittel-industrie	Elektro-maschinenbau-industrie	Insgesamt
Stahlwalzgut	34	—	150	184
Aluminium	—	—	16,3	16,3
Kupfer	—	—	11,4	11,4
Blei	110,6	—	—	110,6
Kabelgarn	8,4	—	—	8,4
Baumwollgarn	3,9	—	—	3,9
Baumwollgewebe, in Millionen m^2	—	74,1	—	74,1
Seidengewebe, in Millionen m^2	—	9,3	—	9,3
Kabelpapier	15,6	—	—	15,6

Tabelle 68

Bedarf der Elektroindustrie an Kunstharz- und Plastarten (umgerechnet auf 100 Prozent des Grundstoffes)

Kunstharz und Plast	1970	1975	1980
insgesamt	400,6	733,7	1279,9
	100,0	100,0	100,0
davon:			
Polyvinylchlorid	133,1	267,4	502,2
	32,2	36,4	39,2
Phenolformaldehydharze	92,6	172,0	310,2
	23,1	23,4	24,2
Polyäthylen	64,1	100,4	172,3
	16,0	13,7	13,5
Polymethylmethacrylat	16,3	22,7	28,4
	4,1	3,1	2,2
Polystyrol	11,6	23,5	29,4
	2,9	3,2	2,3
Polyvinylacetate	10,8	19,9	50,5
	2,7	2,7	4,0
Epoxidharze	10,0	23,3	35,1
	2,5	3,2	2,7
Polykarbonat	9,2	12,7	24,6
	2,3	1,7	1,9
Übrige Harze und Plaste	52,9	91,8	126,9
	13,2	12,6	9,9

Zähler in 1000 t
Nenner in Prozent

Die allseitige Chemisierung der Produktion, insbesondere der umfassende Einsatz von Kunstharzen und Plasten, wird somit zu einem entscheidenden Faktor für eine wesentliche Umgestaltung der Rohstoffbilanz der Elektroindustrie.

3. Werkstoffe auf der Basis der chemischen und chemisch-mechanischen Holzverarbeitung

Unter den gegenwärtigen Bedingungen bleibt das Holz weiterhin einer der führenden Werkstoffe, der in allen Zweigen der Volkswirtschaft breite Anwendung findet und als Rohstoff zur Herstellung einer Reihe neuer und modifizierter Werkstoffe dient.

Die Hauptrichtung des Holzverbrauchs in allen industriell entwickelten Ländern ist die komplexe Holzverarbeitung einschließlich der Holzabfälle, des Brennholzes und des weichen Laubholzes auf der Grundlage einer weitgehenden chemischen (Papier, Pappe) und chemisch-mechanischen Verarbeitung (Furnier, Holzspan- und Holzfaserplatten) des Holzes.

Diese Tendenz ist durch die Spezifik der Verarbeitung dieses Rohstoffes bedingt.

Bei der mechanischen Bearbeitung des Holzes entsteht eine ungeheure Menge von Abfällen. In der UdSSR zum Beispiel fielen bei der Aufbereitung von 380 Millionen m^3 Holz ca. 60 Millionen m^3 Abfälle (in Form von Gipfeln und Geäst) und 70 bis 80 Millionen m^3 Abfälle in Form von Baumstümpfen und Wurzeln in den Holzgewinnungsbetrieben, 85 Millionen m^3 Abfälle (Schalbretter, Schnittabfälle, Kanten, Sägemehl, Späne u. a.) in den Säge- und Holzbearbeitungskombinaten und Bauhöfen, insgesamt also mehr als 200 Millionen m^3 Abfälle pro Jahr an.[12] Mit anderen Worten, setzt man die gesamte Holzmasse an Wurzeln, einschließlich Baumstümpfen, Rinde, Geäst, Zweige und dergleichen mehr gleich 100, so gehen in allen Bearbeitungsstufen des Holzes, vom Holzeinschlag bis zur Erzeugnisfertigung, 65 bis 70 Prozent der Holzmasse verloren.

Die mittlere Ausbeute an Schnittholz aus Rundholz beträgt augenblicklich 54 bis 65 Prozent. Dabei werden 50 bis 52 Prozent vollwertiges Schnittholz und 15 bis 18 Prozent kleine Sortimente gewonnen, die nicht genügend effektiv genutzt werden. Bei einer komplexen Verarbeitung des Holzes ist die Schnittholzausbeute ebenfalls 50 bis 52 Prozent, der ganze

[12] A. G. Želudkov, Ispol'zovanie i ėkonomija drevesiny v narodnom chozjajstve SSSR, Moskau 1968; D. A. Skoblov, Primenenie drevesiny v sovremennom stroitel'stve, Moskau 1962; Pravda, vom 17. November 1963 u. a.

übrige Teil des Holzrohstoffes aber wird chemisch und chemisch-mechanisch verarbeitet, wodurch die Holzausnutzung 85 bis 90 Prozent erreicht. Die ökonomischen Vorteile der Verarbeitung des Holzes durch chemische und chemisch-mechanische Verfahren bestehen somit in folgendem: vollständige Ausnutzung des Rohstoffes; Möglichkeit der Herstellung hocheffektiver Werkstoffe aus geringwertigem Rohstoff und aus Abfällen; Erhöhung der Ausbeute an Warenprodukten je Einheit des aufzubereitenden Holzes; Einsparung von Nutzholz.[13]

Infolgedessen kann das Entwicklungstempo der Produktion von Werkstoffen auf der Grundlage der chemischen und der chemisch-mechanischen Holzverarbeitung bedeutend höher sein als das von Rohholz. Nach den Angaben der FAO (Organisation für Ernährung und Landwirtschaft der UNO) stieg der Umfang der Holzgewinnung in der Welt im Jahre 1964 gegenüber 1913 auf das 1,75fache, die Erzeugung von Sperrholz auf das 73fache, von Holzfaserplatten auf das 7,3fache (gegenüber dem Stand von 1938), von Holzspanplatten auf das 9fache (gegenüber dem Stand von 1950) und von Papier und Pappe auf das 7,7fache.[14] Nach den Einschätzungen, die 1966 auf dem VI. Weltholzkongreß in Madrid von den Spezialisten gegeben worden sind, wird sich der Weltverbrauch an Holzerzeugnissen im Jahre 1975 gegenüber 1961 folgendermaßen erhöhen: Holz (umgerechnet auf Rundholz) auf das 1,26fache, davon Schnittholz auf das 1,23fache, Papier und Pappe auf das 2,09fache, Furniere auf das 2,48fache, Holzfaserplatten auf das 2,41fache und Holzspanplatten auf das 5,7fache.[15] Die Produktionsentwicklung der erwähnten Werkstoffe in den industriell entwickelten kapitalistischen Ländern ist in Tabelle 69 gezeigt.

Es ist dabei wichtig hervorzuheben, daß die Holzplattenproduktion in bedeutendem Maße auf der Ausnutzung von Holzabfällen basiert. Die Struktur des Verbrauchs von Holzrohstoff für diese Zwecke im Ausland ist für das Jahr 1965 wie folgt (in Prozent zu insgesamt)[16]: (Siehe S. 264, oben)

Die UdSSR nimmt nach dem Umfang der Holzgewinnung und der Schnittholzproduktion den ersten Platz in der Welt ein. In Tabelle 70 ist

[13] Als einer der ersten lenkte Akademiemitglied A. E. Fersman die Aufmerksamkeit auf die ökonomischen Vorteile einer komplexen Rohstoffausnutzung, die es gestattet, die Naturreichtümer des Landes vollständig zu verwerten (A. E. Fersman, Kompleksnoe ispol'zovanie iskopaemogo syr'ja, Leningrad 1932, S. 19).

[14] Yearbook of Forest Products Statistics, 1960, 1965; World Forest Products Statistics, 1946–1955.

[15] Faipar, 12/1966, S. 376–381.

[16] A. G. Želudkov, Ispol'zovanie i ėkonomija drevesiny v narodnom chozjajstve SSSR, Moskau 1965, S. 57.

Tabelle 69

Produktion der wichtigsten Materialien auf Basis chemischer und chemisch-mechanischer Holzverarbeitung in industriell entwickelten kapitalistischen Ländern

Material	USA	BRD	Großbritannien	Frankreich	Italien	Japan
Sperrholz, in 1000 m^3						
1960	7910	665	52	390	150	1286
1965	12810	670	44	477	300	2627
1969	13955	630	35	595	385	—
Papier, in 1000 t						
1960	10945	1145	1903	1057	466	689
1965	18768	3036	3268	2734	1828	4226
1969	22895	3984	3542	3481	2722	6146
Pappe, in 1000 t						
1960	10062	421	717	259	72	184
1965	19062	1004	1283	432	380	3073
1969	23310	1198	1434	515	708	5163
Holzfaserplatten, in Mill. m^2						
1960	495	55	23	32	14	37
1965	640	65	23	54	13	75
1969	714	62	12	85	.	.
Holzspanplatten, in 1000 m^3						
1960	480	874	54	142	46	70
1965	1395	1655	231	557	370	194
1969	2464	3143	297	907	.	.

	Rundholz	Industrieabfälle	Holzfasermaterial
Holzfaserplatten			
Weltverbrauch	48	35	17
USA	53	14	33
Westeuropa	40	58	1
Holzspanplatten			
Weltverbrauch	45	44	11
USA	52	48	—
Westeuropa	49	37	14

die Produktionsentwicklung der wichtigsten Erzeugnisarten auf der Grundlage von Holz in den letzten 20 bis 25 Jahren gezeigt. Bei einer bedeutenden Gesamtzunahme der Erzeugnisproduktion verlief der Entwicklungsprozeß der Holz-, holzverarbeitenden und Zellulose- und Papierindustrie in den letzten Jahren nicht einheitlich. So stiegen in den Jahren 1951 bis 1960 die Holzräumung und die Schnittholzproduktion in relativ hohem Tempo, wodurch der Tempounterschied zwischen diesen Materialien und den fortschrittlichen Erzeugnisarten (Platten, Zellulose, Papier, Pappe) geringfügig war. In den Jahren 1961 bis 1970 dagegen verringerte sich das Tempo der Holzräumung und der Schnittholzproduktion stark, die Produktionsraten der fortschrittlichen Erzeugnisarten aber stiegen auf 8 bis 12 Prozent höher. Der Anteil der UdSSR an der Weltproduktion von Holz (Räumung) schwankte in den Jahren 1950 bis 1965 von 19 bis 21 Prozent.

Im Einsatz von Nutzholz zur Herstellung von Erzeugnissen werden in der UdSSR allmähliche progressive Verschiebungen beobachtet (in Prozent zu insgesamt):

	1940	1950	1960	1965
Schnittholz und Schwellen	50,8	53,5	64,6	64,0
Zellulose, Papier, Pappe, Furnier, Platten, Zündhölzer	5,3	5,2	6,9	8,3
Rundholzsortimente	43,9	41,3	28,5	27,7

Die Unterschätzung der ökonomischen Vorteile einer komplexen Holzverarbeitung in den 50er Jahren (das äußerte sich konkret in der Erhöhung und dann in der Stabilisierung des Schnittholzanteils bei einer langsamen Erhöhung des Materialanteils auf der Grundlage der chemischen und der chemisch-mechanischen Holzverarbeitung) führte dazu, daß im Jahre 1965 für die chemische Verarbeitung ca. 4 Prozent der Sägewerk- und Holzverarbeitungsabfälle sowie Brennholz eingesetzt wurden. Der Einsatz von Holz, das für die mechanische Bearbeitung untauglich ist, sowie von minderwertigem Holz und Abfälle (Geäst, Rinde, Baumstümpfe, Späne, Sägemehl u. a.) war ebenfalls gering.

Der ungenügende Einsatz von Holz, das zur mechanischen Bearbeitung nicht taugt, sowie eines großen Teils an minderwertigem Holz und an Abfällen führte zu einer nicht gerechtfertigten Steigerung der Holzgewinnung und zu einem unerwünscht hohen Holzeinschlag.

Das Verhältnis der Produktion bei den Hauptarten von Holzmaterialien der UdSSR gegenüber den USA veränderte sich allmählich zugunsten der UdSSR (insbesondere bei Holzplatten), was aus folgenden Angaben ersichtlich ist (in Prozent):

	1950	1960	1965	1969
Räumung von Nutz- und Brennholz	94	120	119	111
Schnittholz (einschließlich Schwellen)	61	142	138	132
Sperrholz	20	17	14	14
Holzfaserplatten	2	14	22	26
Holzspanplatten	—	32	56	70
Zellulose	10	12	12	14
Papier	12	17	19	18
Pappe	13	6	8	10

Im laufenden Planjahrfünft sind reale Maßnahmen zur Verbesserung der komplexen Ausnutzung des Holzes vorgesehen. Die Direktiven des XXIV. Parteitages der KPdSU sehen vor, den Einsatz von Abfällen, von Laub- und minderwertigem Nadelholz als technologischen Rohstoff für die Zellulose- und Papierindustrie wesentlich zu erweitern. Die Produktion von Nutzholz ist auf 87 Prozent des gesamten Volumens der Holzräumung zu erhöhen. Der Anteil der Holzverwertung auf der Grundlage seiner komplexen chemischen und chemisch-mechanischen Verarbeitung soll von 69 Prozent im Jahre 1965 auf 82 Prozent im Jahre 1975 erhöht werden.[17]

In dem Planjahrfünft von 1971 bis 1975 soll die Erzeugnisproduktion folgendermaßen erhöht werden (vgl. Tabelle 70): Holzplatten auf das 2,7- bis 2,8fache, Zellulose auf das 1,7fache, Pappe auf das 1,8fache (davon Verpackungskarton, Pappfaltschachteln und Wellpappe auf das 2,5fache), Papier auf das 1,3fache (davon Papier für Päckchen und Schachteln zum automatischen Abpacken der Produkte auf das 2,5fache). Von der gesamten Plattenproduktion werden bis zu 20 bis 25 Prozent der Holzspanplatten und bis zu 10 Prozent der Holzfaserplatten mit veredelter Oberfläche hergestellt. Die Holzgewinnung steigt insgesamt um 3,9 Prozent, davon die von Nutzholz um 11,4 Prozent.

Die Verwirklichung der vorgesehenen Maßnahmen erlaubt es, auf der Grundlage der Einbeziehung von Laubholzarten, von Brennholz und Ab-

17 Direktiven zum Fünfjahrplan ..., in: XXIV. Parteitag der KPdSU, Dokumente, Moskau-Berlin 1971, S. 67/68.

Tabelle 70

Produktion der wichtigsten Erzeugnisarten der Holz- und holzverarbeitenden Industrie sowie der Zellulose- und Papierindustrie der UdSSR

Erzeugnisart	1950	1960	1965	1970	1975 (Plan)	Produktionszuwachsraten im Jahresdurchschnitt, in Prozent 1951/1960	1961/1970	1971/1975
Holzräumung, insgesamt, in Millionen m³	266,0	369,5	378,9	385,1	—	3,3	0,42	—
davon: durch staatliche Betriebe	—	—	—	344,6	358,2	—	—	0,75
darunter: Nutzholz	161,0	261,5	273,8	298,6	—	5,0	1,33	—
davon: durch staatliche Betriebe	—	—	—	278,1	309,9	—	—	2,2
Schnittholz, insgesamt, in Millionen m³	49,5	105,6	111,0	116,4	—	7,9	1,0	—
davon: durch staatliche Betriebe	—	—	—	89,1	92,1	—	—	0,7
Sperrholz, in 1000 m³	657,5	1353,5	1756,1	2045,1	2650	7,45	4,21	5,3
Zellulose (verkocht), in 1000 t	1099,8	2281,6	3234,3	5109,5	8490	7,55	8,4	10,7
Papier, in 1000 t	1180,3	2333,7	3230,7	4185,3	5563,7	7,05	6,0	5,85
Pappe, in 1000 t	304,8	893,1	1449,2	2516,0	4460,3	11,35	10,9	12,1
Holzfaserplatten, in Millionen m²	6,2	67,6	138,3	208,3	572,1	27,0	11,9	22,0
Holzspanplatten, in 1000 m³	—	160,8	798,4	1994,5	5657	—	28,6	22,9

Quellen: Narodnoe chozjajstvo SSSR v 1970, Moskau 1971, S. 222, 226, 227, 229; Gosudarstvennyj pjatiletnij plan razvitija narodnogo chozjajstva SSSR na 1971–1975 gg., Moskau 1972, S. 135–136.

fällen der Holzgewinnung und -bearbeitung (die im Jahre 1970 ca. 290 Millionen m³ betrugen) die Rohstoffbasis wesentlich zu erweitern. Das entspricht etwa dem Jahresvolumen an aufzubereitendem Nutzholz. Der Einsatz von Abfällen der Holzgewinnung und -bearbeitung sowie von Brennholz für den technologischen Bedarf entwickelt sich folgendermaßen (in Millionen m³):

	1965	1970	1975 (Schätzung)
Brennholz	6,7	16	36
Verfügbare Abfälle der Holzbearbeitung	8,3	11	23
Verfügbare Abfälle der Holzgewinnung	—	0,4	4

Man muß berücksichtigen, daß eine Erweiterung der Holzgewinnung nicht unbegrenzt möglich ist. Sie wird durch einen Komplex von natürlichen, technischen, ökonomischen und sozialen Faktoren begrenzt. Nach den Einschätzungen der Spezialisten wird bei Aufrechterhaltung der bestehenden Produktionsstruktur und der entstandenen Verbrauchsnormen der Perspektivbedarf an Holz (umgerechnet auf Rundholz) 667 Millionen m³ erreichen, davon für das Bauwesen 215 Millionen m³, für die Verpackungsmittelindustrie 88 Millionen m³, für die Papier- und Zelluloseindustrie 81 Millionen m³, für die Hydrolyse 48 Millionen m³, für Reparaturzwecke 40 Millionen m³ und für die Möbelproduktion 26 Millionen m³. Indes ist es unrationell, das Jahresvolumen der Holzgewinnung in der UdSSR über eine Höhe von 450 bis 500 Millionen m³ hinaus zu steigern. Befriedigt man den gegenwärtigen Bedarf durch einen komplexen Einsatz des Holzes, so kann die Investitionseinsparung 6 bis 7 Milliarden Rubel erreichen.

Verfolgen wir zur Ermittlung des ökonomischen Nutzeffektes einer komplexen Holzverarbeitung die Tendenzen des Verbrauchs an Holzmaterialien in der UdSSR und im Ausland.

Im Weltmaterialverbrauch auf der Grundlage von Holz haben sich bestimmte Proportionen herausgebildet (umgerechnet auf Rundholz):
(Siehe S. 268, oben)

Wie man sieht, wird der Anteil des Verbrauchs von Erzeugnissen auf der Grundlage der chemischen und der chemisch-mechanischen Holzverarbeitung (Platten, Furniere, Papier, Pappe) möglicherweise auf nahezu die Hälfte des Weltgesamtverbrauchs an Holzmaterialien gebracht werden.

Als Hauptverbraucher von Schnittholz und Holzmaterialien in der UdSSR treten das Bauwesen, die Instandsetzung von Gebäuden und Ausrüstungen und die Verpackungsmittelindustrie auf (nach Angaben für das Jahr 1965, in Prozent): (Siehe S. 268, Mitte)

	1965	1975 (Schätzung)	1985 (Prognose)
Verbrauch, insgesamt	1106 / 100,0	1488 / 100,0	1978 / 100,0
davon			
Schnittholz	645 / 58,3	730 / 49,1	868 / 43,9
Papier und Pappe	240 / 21,7	443 / 29,8	696 / 35,3
Holzplatten und Furniere	60 / 5,4	130 / 8,7	208 / 10,4
Sonstiges	161 / 14,6	185 / 12,4	206 / 10,4

Zähler: in Millionen m^3, Nenner: in Prozent

	Holzmaterialien, insgesamt	Schnittholz
Bauwesen	34,1	39,8
Instandsetzung von Gebäuden und Ausrüstungen	13,9	17,0
Verpackungsmittelindustrie	8,0	18,1
Erzbergbau	7,4	4,3
Zellulose- und Papierindustrie	5,9	—
Möbelproduktion	5,2	4,4
Maschinenbau und Transportwesen	5,2	3,8
Sonstige	20,3	12,6

Die Verbrauchsentwicklung für Holzplatten und Furniere ist in Tabelle 71 gezeigt.

Tabelle 71

Weltverbrauch an Holzplatten und Furnieren, bezogen auf 1000 Einwohner (in m^3)

	Sperrholz			Holzspanplatten			Holzfaserplatten		
	1955	1960	1965	1955	1960	1965	1955	1960	1965
Weltverbrauch	3,8	5,1	7,1	0,2	0,6	1,6	1,1	1,4	1,8
UdSSR	5,2	5,9	6,8	—	0,5	2,1	0,3	1,0	1,7
USA	3,4	48	69	0,8	1,9	4,9	9,1	9,9	11,4
Westeuropa	4,9	6,5	8,3	0,8	3,1	8,2	2,6	3,6	5,3

Quelle: Holz, 1969, 95, Nr. 55

Vor einigen Jahren fanden die Holzspanplatten hauptsächlich in der Möbelindustrie Anwendung. Ihre Einsatzgebiete haben sich jetzt wesentlich erweitert, vor allem durch das Bauwesen sowie den Waggon- und Schiffsbau (vgl. Tabelle 72). Einschichtige Platten aus Nadel- und Laubholzarten werden zur Innenverkleidung von Wänden, für Einbau- und transportable Möbel, Türflügel, Paneele, zur Einfassung von Decken usw., dreischichtige Platten (aus Nadelholzarten) für den Bau von Fußböden von Wohn- und Gesellschaftsbauten verwendet.

Tabelle 72

Verbrauchsstruktur von Holzplatten und Furnieren in der Volkswirtschaft der UdSSR im Jahre 1975 (in Prozent)

Zweig bzw. Objekt	Sperrholz	Holzspanplatten	Holzfaserplatten	davon Isolierplatten	Hartplatten ohne Überzug	Hartplatten mit Emailleüberzug
Bauwesen	15,9	32,5	42,6	71,5	38,0	47,2
Möbel	27,8	57,5	17,4	—	21,0	7,3
Verpackungs- und Umhüllungsmittel	11,9	—	4,8	—	6,0	—
Maschinenbau	21,0	6,4	4,0	7,1	3,0	9,1
Bedarf für Instandsetzung und Betrieb	2,0	2,2	6,1	7,1	6,0	5,5
Sonstige	21,4	1,4	25,1	14,3	26,0	30,9

Holzfaserplatten werden im inländischen Bauwesen in folgenden Objekten in breitem Umfange eingesetzt: Isolierfaserplatten als wärme- und schalldämmendes Material; Hartfaserplatten zur Herstellung von Türen aus Tischlerplatten, Einbaumöbeln (an Stelle von Furnier), Wand- und Deckenverkleidungen und Fußbodenvertäfelung; Faserplatten mit Emailleüberzug als Ersatz für Keramikplatten bei der Verkleidung von Küchen und Sanitärzellen.

Die holzverarbeitende Industrie ist Großverbraucher von Kunstharzen, hauptsächlich von Karbamid- (neun Zehntel) und Phenolharzen. Der überwiegende Teil der Harnstoff-Formaldehyd-Harze wird in der Produktion von Holzspanplatten, Furnieren und Türelementen, der überwiegende Teil der Phenol-Formaldehyd-Harze zur Produktion von wasserbeständigen Furnieren, Holzspanplatten (für Fußböden) und Holzfaserplatten (nach dem Trockenverfahren), Fensterelementen und Schichtholzpreßstoffen eingesetzt. So sind im Jahre 1965 154000 t Karbamidharz eingesetzt worden, davon 110000 t in der Holzspanplattenproduktion,

44000 t für die Herstellung von Möbeln, Furnieren, Skiern und anderen Erzeugnissen. In der Sperrholzproduktion sind mehr als 17000 t Phenol-Formaldehyd-Harz verbraucht worden.

Der Bedarf der Holz-, der holzverarbeitenden und der Zellulose- und Papierindustrie der UdSSR an Plasten, Kunstharzen und Gummi ist weiter unten angegeben (umgerechnet auf 100 Prozent des Grundstoffes, in 1000 t).

Der Nutzeffekt der Erhöhung der chemischen und der chemisch-mechanischen Holzverarbeitung kann wie folgt veranschaulicht werden: Die mittleren Koeffizienten für die Substitution von Holz durch verschiedene modifizierte Werkstoffe sind (nach Angaben des Allunionsinstituts für Leitung und Ökonomie der Holzindustrie) folgende: 1000 m² Holzfaserplatten ersetzen durchschnittlich 15,5 m³ Schnittholz, dabei im Bauwesen 16,8 m³ und in der Möbelproduktion 13,2 m³; 1 m³ Holzspanplatten entspricht 2,5 m³ Schnittholz, darunter 2,2 m³ im Bauwesen und 2,6 m³ in der Möbelproduktion; 1 m³ Sperrholz setzt 4 m³ Schnittholz frei; 1 t Packpappe zur Herstellung von Kartons entspricht 16,9 m³ und bei Berücksichtigung des Umschlags von Kisten (bei Holzkisten 1,5mal, bei Pappkartons 1,25mal) 14 m³ Nutzholz.

Plast- und andere Werkstoffarten	Einsatzobjekt	
Harnstoff-Formaldehyd-Harz, insgesamt		620,0
	Möbel	106,4
	Furniere (Produktion)	60,7
	Furniere (Besatz)	6,3
	Holzspanplatten (Produktion)	401,9
	Türelemente	31,8
Phenol-Formaldehyd-Harz, insgesamt		114,1
	Schichtholzpreßstoffe	2,5
	Fensterelemente	10,3
	Furniere	23,2
	Holzspanplatten	31,5
	Holzfaserplatten	24,7
Polyurethanschaum, elastisch auf der Basis von		
Polyestern	Möbel	39,6
Polyäthern		39,6
Schaumgummi	Möbel	53,4
Polystyrol, schlagfest	Möbel	12,1
Polypropylen	Möbel	5,1
Papierschichtpreßstoff	Möbel	57,9
Polyvinylchlorid	Papier	2,2
Polyäthylen	Papier	19,0

Im Jahre 1967 wurden durch Erweiterung der Packpappe- und Holzplattenproduktion (umgerechnet auf Rundholz) 13 Millionen m^3 freigesetzt. 1970 erreichte diese Einsparung 39 Millionen m^3, was der Erhaltung von 400000 Hektar an verkaufsfähigem Waldbestand äquivalent ist.

Bei einer Erhöhung der Nutzholzräumung in den staatlichen Betrieben um 12,8 Millionen m^3 werden die Holzressourcen im laufenden Planjahrfünft um 70,9 Millionen m^3 steigen; mit anderen Worten, 58,1 Millionen m^3 des Zuwachses an Ressourcen werden durch die Verwendung von Holzplatten, Packpappe und durch den Einsatz von technologischen Spänen aus den Abfällen der Holzverarbeitung, von Brennholz und Papierabfällen erzielt werden. Außerdem wird der Einsatz von Rücklaufverpackung verbessert.

In Tabelle 73 ist die berechnete Einsparung an Schnittholz sowie an laufenden und einmaligen Aufwendungen durch Erhöhung der Produktion von Packpappe, Holzplatten und Sperrholz angeführt. Bezogen auf die Rundholzressourcen von 1970 (332 Millionen m^3) und 1975 (365 Millionen m^3), beträgt diese Einsparung (unvollständigen Angaben zufolge) 3,1 bzw. 6,8 Prozent.

Von der Gesamtsumme der Kosteneinsparung entfallen ca. zwei Fünftel auf den Bereich der Materialherstellung und drei Fünftel auf den Anwendungsbereich (hauptsächlich durch Senkung des Arbeitsaufwands in der Industrie und im Bauwesen).

Zwischen den Großhandelspreisen, den Selbstkosten und den vollen spezifischen Investitionskosten[18] für eine äquivalente Menge an Schnittholz und den angeführten Materialien ergibt sich auf der Grundlage der weiter oben genannten Substitutionskoeffizienten folgender Unterschied (in Rubeln): (Siehe S. 273, oben)

Wie man sieht, ist die Produktion fast aller Erzeugnisarten als Ersatz für Schnittholz durch eine hohe Effektivität gekennzeichnet. Die größte Einsparung wird bei Holzfaserplatten und Pappe erzielt. Der Einsatz von Hartfaserplatten mit Emailleüberzug an Stelle des gewöhnlichen Schnittholzes ist uneffektiv. Nimmt man jedoch als traditionelle Variante Keramikplatten, so wird bei der Verkleidung von Küchen und Sanitärzellen hiermit der reduzierte Aufwand durchschnittlich auf 33 und der Arbeitsaufwand auf 20 Prozent gesenkt. Pappkartons mit einem Volumen von 0,45 m^3 sind nach den Großhandelspreisen und den Investitionen 2,7mal billiger, nach den Selbstkosten 4mal billiger und bei Berücksichtigung des unterschiedlichen Umschlags 2,2- bzw. 3,3mal billiger als Holzkisten.

[18] In den Investitionskosten für Holz ist der Aufwand für die Arbeiten zur Wiederaufforstung des Waldes und für den Transport zu den Verbraucherpunkten erfaßt; in der analogen Kennziffer für Platten, Furniere und Pappe sind die Aufwendungen für die verflochtenen Zweige enthalten.

Tabelle 73

Errechnete Einsparung durch Erhöhung der Produktion einiger Materialien auf Basis chemischer und chemisch-mechanischer Holzverarbeitung in der UdSSR

Material	Produktionszuwachs in natura		Substitutionskoeffizient für Schnittholz	Einsparung an Schnittholz in 1000 m³		Einsparung durch Selbstkostensenkung (in Millionen Rubel)		Einsparung bei Investitionskosten (in Millionen Rubel)	
	1966—1970	1971—1975		1966—1970	1971—1975	1966—1970	1971—1975	1966—1970	1971—1975
Packpappe	711000 t	1269000 t	8,46	6015	10736	204,5	365,0	763,9	1363,5
Holzspanplatten	1,126 Mio m^3	3,662 Mio m^3	2,0	2392	7325	81,3	249,0	303,8	930,8
Holzfaserplatten	70 Mio m^2	364 Mio m^2	13,3	931	4839	31,7	164,5	118,2	208,9
Sperrholz	0,289 Mio m^3	0,605 Mio m^3	3,3	954	1997	32,4	67,8	121,2	253,6
Insgesamt	—	—	—	10292	24897	349,9	846,3	1307,1	2756,8

Material	Großhandelspreise	Selbstkosten	Spezifische Investitionen
Holzfaserplatten (1000 m²)			
Isolierfaserplatten	322	284	1415
Hartfaserplatten ohne Überzug (Naßverfahren)	172	193	1089
Hartfaserplatten ohne Überzug (Trockenverfahren)	172	330	1103
Hartfaserplatten mit Emailleüberzug	+878	+587	182
Holzspanplatten (1 m³)	3	13	155
Sperrholz (1 m³)	13	2	84
Packpappe (1 t)	127	182	559

Das Zeichen „+" bedeutet Mehrkosten

In der gegenwärtigen Planungspraxis verwendet man zur Messung des Niveaus der chemischen und chemisch-mechanischen Holzverarbeitung zwei Kennziffern.

Die erste kennzeichnet das Produktionsniveau der verschiedenen Erzeugnisse aus Holzrohstoff, bezogen auf 1000 m³ geräumtes Holz. Wie Berechnungen gezeigt haben (vgl. Tabelle 74), wächst in der UdSSR die Produktion von Erzeugnissen auf der Grundlage der chemischen und der chemisch-mechanischen Verarbeitung planmäßig. Dadurch wird die Ausbeute an Holzerzeugnissen, bezogen auf 1000 m³ geräumtes Holz (im Wertausdruck), von 19500 Rubel im Jahre 1965 und 23500 Rubel im Jahre 1970 auf 30600 Rubel im Jahre 1975 (Plan) ansteigen.

Tabelle 74

Produktion verschiedener Erzeugnisse aus Holzrohstoffen, umgerechnet auf 1000 m³ geräumten Holzes in der UdSSR

Holzerzeugnisse	1950	1960	1965	1970	1975 (Plan)
Nutzholz, in m³	605,3	707,7	722,7	775,4	–
Schnittholz und Schwellen in m³	207,0	299,5	305,3	313,0	326
Sperrholz, in m³	2,47	3,66	4,63	5,31	6,9
Holzfaserplatten, in m²	23,3	183,0	365,7	541,0	1494
Holzspanplatten, in m³	–	0,44	2,11	5,18	14,8
Holzstoff, in t	1,64	2,52	3,47	4,17	27,2 (Holzstoff und Zellulose)
Zellulose, in t	4,13	6,17	8,54	13,27	
Papier, in t	4,44	6,32	8,53	10,87	26,2 (Papier und Pappe)
Pappe, in t	1,15	2,42	3,82	6,53	

Die Tabelle ist berechnet worden nach: Narodnoe chozjajstvo SSSR v 1970 godu, S. 222–229; Gosudarstvennyj pjatiletnij plan razvitija narodnogo chozjajstva SSSR na 1971–1975, a. a. O., S. 136.

Die zweite Kennziffer ist eine zusammengefaßte Größe. Sie ist durch das Verhältnis des in einem bestimmten Zeitraum der chemischen und der chemisch-mechanischen Verarbeitung zugeführten Holzes zum Volumen des aufbereiteten Holzes im Lande insgesamt gekennzeichnet. Zu diesem Zweck wird das als Rohstoff in der Zellulose- und Papierindustrie, in der holzchemischen, Hydrolyse-, Holzplatten- und in der Furnier- und Sperrholzindustrie eingesetzte Holz erfaßt.

Nach Schätzungen des Unionsforschungsinstituts für Leitung und Ökonomie der Holzindustrie steigt das Niveau der chemischen und der chemisch-mechanischen Holzverarbeitung in der UdSSR in folgender Weise an: 1965 um 9 Prozent, 1970 um 14 und 1975 (Plan) um 23 bis 24 Prozent. Die Proportion (wertmäßig) zwischen der Aufbereitung von Holz und der Produktion von Schnittholz einerseits sowie der Platten-, Zellulose-, Papier-, Holzchemie- und Möbelproduktion andererseits wird sich daraufhin folgendermaßen ändern (in Prozent: 1965 – 60 : 40; 1970 – 50 : 50 und 1975 (Schätzung) – 41 : 59.

Die genannten Kennziffern bestimmen den Stand der Chemisierung der Produktionsprozesse für Erzeugnisse aus Holz. Der Stand der Chemisierung dieser Produktion vermag auch die Maßstäbe und die Verhältnisse der eingesetzten Materialien zum Ausdruck zu bringen. Zu diesem Zweck muß man die Kennziffer des spezifischen Verbrauchs an chemischen Stoffen in physischen (1 m^2, 1 m^3 u. dgl. m.) oder aggregierten Einheiten (1 Million Rubel Wert) der Erzeugnisse berechnen. In der UdSSR zum Beispiel beträgt der spezifische Verbrauch an Plast sowie Gummi für die Warenproduktion von 1 Million Rubel in der Möbelindustrie (in t):

	1970	1975 (Schätzung)
Polyurethanschaum, elastisch		
auf der Basis von Polyestern	7,3	8,6
auf der Basis von Polyäthern	7,3	8,6
Karbamidharze	26,3	22,6
Polystyrol, schlagfest	1,9	2,0
Polystyrolplatten, poliert	0,7	0,7
Polypropylen	0,7	1,1
Niederdruckpolyäthylen	0,3	0,3
Papierschichtstoff	3,0	3,0
Polyvinylacetat-Emulsion	1,0	2,0
Zelluloseacetat-Formmasse	0,2	0,7
Schwammgummi auf der Grundlage von Natur- und Synthesekautschuk	3,3	11,6

Zur Einschätzung des Chemisierungsniveaus eines Zweiges kann auch eine Kennziffer in Form des Anteils der chemischen Stoffe (gewichts- oder wertmäßig) am Gesamtmaterialaufwand verwendet werden. So betrug in den Jahren 1968 bis 1970 der Plast- und Kunstharzanteil an der Rohstoffbilanz der Furnier- und Sperrholz-, Platten- und Möbelindustrie gewichtsmäßig 3 und wertmäßig 19 Prozent.

Als die am stärksten verallgemeinernde Kennziffer des Chemisierungsniveaus eines Zweiges gilt schließlich die Verbrauchsbilanz von Werkstoffen auf der Grundlage von Holz (umgerechnet auf Rundholz). Unter dem Einfluß der unterschiedlichen Wachstumsraten entstehen progressive Verschiebungen in der Verbrauchsstruktur dieser Werkstoffe. Als Kennziffer des Chemisierungsniveaus kann daher der Anteil von Werkstoffen auf der Grundlage einer komplexen Holzverarbeitung am Gesamtholzverbrauch (umgerechnet auf Rundholz) gelten.

Wie aus den Angaben der Tabelle 75 zu erkennen ist, beginnen die Holzplatten und die Packpappe eine immer bedeutendere Rolle zu spielen.[19] Der Anteil der Holzplatten (in natura) wird von 0,36 Prozent im Jahre 1960 auf 8,3 Prozent im Jahre 1975 (Plan) anwachsen und der Anteil der Packpappe entsprechend von 0,95 auf 7,2 Prozent. Somit stellt die wesentliche Erhöhung des Niveaus der chemischen und der chemisch-mechanischen Holzverarbeitung eines der Kardinalprobleme für eine weitere Steigerung des Nutzeffekts der Produktion von Holzerzeugnissen in unserem Lande dar.

4. Werkstoffe und Materialien für Verpackungs- und Umhüllungsmittel

Die rationelle Lösung des Problems der Warenverpackung ist in der UdSSR von besonderer Bedeutung, da bisher der Aufwand an Materialressourcen für diese Zwecke erheblich ist. In Abhängigkeit von der Verwendung unterscheidet man Transportverpackung (für produktionstechnische Zwecke) und Verbraucherverpackung (Einzelhandelsverpackung). Die jährlichen Ausgaben für die Herstellung und den Einsatz von Verpackungsmitteln haben 10 Milliarden Rubel erreicht, das heißt sie haben das Volumen der Bruttoproduktion vieler Unionsindustrieministerien überschritten. Die Verbrauchsentwicklung an Nutzholz zur Herstellung von Verpackungsmitteln in den Nachkriegsjahren ist folgende (in Millionen m^3): 1950 –

[19] Die Umrechnungskoeffizienten der in der Tabelle aufgezählten Erzeugnisarten (in natura), die von den Planungsorganen angesetzt worden sind, sind folgende: 1 m^3 Holzspanplatten entspricht 3,6 m^3 Nutzholz, 1 m^2 Holzfaserplatten ≙ 0,02 m^3, 1 t Packpappe ≙ 12,7 m^3; 1 m^3 Sperrholz ≙ 5 m^3 und 1 m^3 Schnittholz ≙ 1,5 m^3 Nutzholz (Metodičeskie ukazanija po sostavleniju gosudarstvennogo plana razvitija narodnogo chozjajstva SSSR, Moskau, 1969, S. 638.

Tabelle 75

Entwicklung des Aufkommens und der Strukturverschiebungen bei Holzmaterialien (umgerechnet auf Rundholz, in Prozent)

	Zuwachsraten (1960 = 100)			Struktur der Ressourcen in natura				wertmäßig			
	1965	1970	1975 (Schätzung)	1960	1965	1970	1975 (Schätzung)	1960	1965	1970	1975 (Schätzung)
Ressourcen, insgesamt	112	128	140	100	100	100	100	100	100	100	100
Nutzholzräumung	105	106	112	92,41	86,3	77,1	68,0	86,7	81,8	73,3	65,1
Holzspanplatten	668	1420	4060	0,19	1,1	2,1	5,6	0,2	1,3	2,9	5,7
Holzfaserplatten	344	913	2183	0,17	0,5	1,3	2,7	0,2	0,6	1,6	3,3
Technologische Späne für die Zellulose- und Papierindustrie	400	2170	2851	0,18	0,64	2,9	3,0	0,2	0,6	2,8	3,9
Brennholz für die Zellulose- und Papierindustrie	424	2340	4000	0,18	0,74	3,2	3,3	0,03	0,1	0,6	0,7
Packpappe für die Außenverpackung	179	393	1072	0,95	1,5	2,9	7,2	0,7	1,4	4,7	5,2
Rücklaufverpackung	158	187	231	0,37	5,2	5,2	5,5	2,4	3,4	2,3	2,5
Sonstige Quellen	—	—	—	5,55	4,02	5,3	4,7	—	—	—	—
davon:											
Sperrholz	128	288	367	2,22	2,6	3,2	3,7	9,57	10,8	11,8	13,6

12,9; 1955 – 24,3; 1960 – 35,2; 1965 – 45,9; 1970 – 48,1; 1975 (Schätzung) – 50. Dabei steigt der Anteil an Rücklaufverpackung (1950 – 8, 1965 – 30,2 Prozent). 1970 wurden 21,5 Millionen m^3 Holz in Form von Verpackungsmitteln wiederholt eingesetzt, und 1975 werden es bereits 26 Millionen m^3 sein. Als wichtigste Massenverpackungsmittel dienen Bretterkisten und Fässer (42 Prozent des gesamten Verpackungsholzes). Zur Herstellung von Verpackungsmitteln wird auch die Hälfte des Papiers und der Pappe des Landes verbraucht.

Ein wichtiges Objekt für den Einsatz von Einzelhandelsverpackung und -umhüllung stellen die Nahrungs- und Genußmittel dar, die in der Fleisch-, Milch- und Fischbranche und in anderen Zweigen der Nahrungsmittelindustrie produziert werden.

Der Anteil der Produktion und des Verkaufs von Lebensmitteln in fabrikmäßigen Kleinabfüllungen und -verpackungen an der Gesamtmenge der in das Einzelhandelsnetz gelangenden Waren steigt systematisch an, was aus folgenden Angaben zu ersehen ist (in Prozent):

	1950	1960	1970		1950	1960	1970
Zucker	2,6	6,4	7,5	Butter	—	1,0	4,2
Süßwaren	14,0	33,1	55,2	Salz	3,8	22,6	48,8
Pflanzenöl	2,4	6,1	12,4	Wein	66,0	84,0	72,0
Teigwaren	1,3	6,9	11,9	Bier	16,5	43,0	48,0
Fleisch	—	1,3	2,2				

Im Durchschnitt betrug diese Kennziffer für alle Nahrungsgüter im Jahre 1965 27 Prozent, im Jahre 1970 35 Prozent, und im Jahre 1975 wird sie 55 Prozent erreichen. Die Verluste an Nahrungsmitteln beim Transport und bei der Lagerung sowie der Aufwand für das Abpacken der Waren sind infolgedessen noch groß. Die effektive Lösung dieses Problems ist mit einem stärkeren Verkauf der Waren über Selbstbedienung verbunden.

Der Handel mit abgepackten Waren hat gegenüber dem mit nicht abgepackten Waren wesentliche Vorteile. So vergrößert sich die mittlere Arbeitsleistung der Verkäufer auf das 2,6fache, davon der Verkauf von Fleisch auf das 4- bis 5fache und der Verkauf von Tafelbutter auf das 3- bis 4fache. Der Arbeitsaufwand beim Verkauf einer Tonne abgepackter Waren wird in folgendem Umfang gesenkt (in Akh): Zucker – 0,8; Graupen – 0,9; Fleisch – 10; Pflanzenöl – 1,9.[20] Nach Angaben des Forschungsinstituts für Handel und Gaststättenwesen wird im Jahre 1975

[20] Ja. I. Tarasjuk, Torgovlja fasovannymi prodovol'stvennymi tovarami, Moskau 1967; A. L. Makarova, Opredelenie izderžek obraščenija, po tovarnym gruppam, Moskau 1964.

die Senkung der Warenverluste, die Verminderung der Ausgaben für Gehälter des Verkaufspersonals und anderer Kosten im Zusammenhang mit dem Verkauf von abgepackten Waren auf 340 Millionen Rubel geschätzt.

Das Netz der Lebensmittelgeschäfte mit Selbstbedienung dehnt sich in der UdSSR und im Ausland schnell aus. Zur Veranschaulichung führen wir Zahlen über den Bestand solcher Geschäfte in einigen Ländern (in 1000 Stück) an:

	1960	1969		1960	1969
BRD	17,1	85,4	Frankreich	1,7	18,2
Großbritannien	6,3	20,5	Japan	1,0	8,4

Eine grundsätzliche Lösung des Problems der Versorgung mit Verpackungs- und Umhüllungsmitteln erfordert grundlegende Veränderungen in der Struktur der Rohstoffbilanz dieses Zweiges zugunsten von Plast, Aluminium und anderen progressiven Werkstoffen. Der Einsatz von Plast und anderen Polymerstoffen für das Verpacken von Nahrungsgütern ist von großer wirtschaftlicher Bedeutung, da er es erlaubt, den Aufwand für die Verpackungsmittel zu reduzieren, die Verluste beim Abpacken, Lagern und Transportieren der Produkte zu senken, die Haltbarkeitsdauer zu verlängern, den Einlagerungsfaktor und die Durchsatzleistung der Industriekühlanlagen zu erhöhen, den Verkauf der Waren zu beschleunigen, bedeutende Ressourcen an Glas, Blech, Holz und Papier freizusetzen, die Erfüllung der sanitären und hygienischen Anforderungen im Handel zu verbessern, effektive Lebensmittelkonservierungsverfahren (aseptisches Abpacken, chemische Konservierung, Sublimationstrocknung, Tieffrieren) einzuführen sowie die äußere Aufmachung und die Werbung für die Waren zu verbessern.

Die Polymerstoffe besitzen eine Reihe von Eigenschaften, die zur Verpackung der Nahrungsgüter notwendig sind: gute Elastizität, Eignung zum thermischen Schweißen, Feuchtebeständigkeit und Dampfundurchlässigkeit bei der Verpackung hygroskopischer Produkte, Gas- und Aromaundurchlässigkeit bei der Verpackung im Vakuum, Schrumpfungsfähigkeit für ein dichtes Anschließen bei Erzeugnissen mit komplizierter äußerer Form und dergleichen mehr.[21] In einer Reihe von Fällen trägt der Einsatz von Polymerstoffen, zum Beispiel von Folien, zur Beschleunigung der

21 Primenenie polimernych materialov dlja upakovki prodovol'stvennych tovarov, hrsg. vom Zentralbüro für wissenschaftlich technische Information (CBNTI) des Ministeriums für Handel der UdSSR, Moskau 1972.

technologischen Prozesse in der Lebensmittelindustrie (Reifung von Käsesorten ohne Rinde) bei.

Der Verbrauch an den Hauptplastarten (ohne Berücksichtigung der Polyäthylenfolie) zur Verpackung von Erzeugnissen, hauptsächlich von Lebensmittelerzeugnissen („Tetra-Pack"-Pakete, Pfropfen, Milchflaschen), sowie für Düngemittelsäcke und zur Verpackung von Waschmitteln stieg in der UdSSR von 6000 t im Jahre 1965 auf 75000 t im Jahre 1970.[22] Der Plastbedarf der Lebensmittelindustrie für diese Zwecke wird im Jahre 1975 187000 t betragen.

Auf dem Gebiet des Einsatzes von Polymerstoffen zur Herstellung von Verpackungsmitteln für Konserven sind gewisse Erfolge erzielt worden. So stellen die Betriebe der Fischindustrie, beginnend mit den Jahren 1966 bis 1967, jährlich 30000 bis 50000 Dosen mit einer Verpackung aus Polymeren statt aus Blech her, und 1970 hat auch die Gesamtproduktion an Konserven und an Salzhering in Dosen aus Polymeren 171 Millionen Einheitsdosen erreicht, was eine Einsparung von 2,1 Millonen Rubel erbrachte. Nach Berechnungen des Unionsforschungsinstituts „VNIIKOP" soll der Anteil aller Arten von Konservenerzeugnissen mit einer Verpackung aus Polymeren in den nächsten Jahren 5 bis 6 Prozent der gesamten Konservenproduktion erreichen. Im Jahre 1970 hat die Produktion von 300 Millionen Einheitskonservendosen aus Polymeren den Engpaß an Blech und Glas wesentlich überwinden helfen.

Unter vergleichbaren Bedingungen erlaubt die Aufbewahrung der Lebensmittel in einer Verpackung aus Polymeren gegenüber der traditionellen Verpackung, die Verluste (bezogen auf 1 t des Produktes) wesentlich zu senken: Fleisch – 75 kg, Fisch – 15 kg, Käse ohne Rinde – 60 kg, Tomatenmark – 48 kg und Äpfel – 27 kg.[23] Die Verpackung von Süßwaren in Pappkisten mit luftdicht schließenden Einlagen aus Polyäthylenfolie für die Bezirke des hohen Nordens und der Arktis erhöht die Haltbarkeitsdauer der Erzeugnisse von 2 bis 6 auf 6 bis 12 Monate.[24]

22 Die Inlandserfahrung im Einsatz polymerer Verpackungsmittel in der Lebensmittelindustrie ist dargelegt in: V. V. Larionov, Polimernaja tara i upakovka v rybnoj promyšlennosti, Moskau 1971; V. E. Gul', O. N. Beljackaja, Plenočnye polimernye materialy dlja upakovki piščevych produktov, Moskau 1968 u. a.

23 Chranenie plodov v polimernych upakovočnych materialach, Sammelband, hrsg. vom Zentralinstitut für wissenschaftlich-technische Information der Lebensmittelindustrie (CINTIpiščeprom), Moskau 1966; Primenenie polimernych materialov dlja upakovki prodovol'stvennych tovarov, Moskau 1965.

24 V. E. Gul', O. N. Beljackaja, Plenočnye polimernye materialy dlja upakovki piščevych produktov, Moskau 1968, S. 230.

Die hohe Effektivität des Einsatzes von Plast in Form von Folien, Paketen, Fässern und anderen Mitteln zur Verpackung von Nahrungsgütern ist auf der Grundlage zahlreicher Untersuchungen gezeigt worden.[25] Bezogen auf 1 t des Produktes beträgt die Einsparung an reduzierten Aufwendungen:[26] Bei der Verpackung von Kühlfleisch (in Polyäthylenfolie) 20 bis 30 Rubel; von Geflügelfleisch: bei Gänsen 7 Rubel, bei Enten 13 bis 21 Rubel, bei Puten 20 bis 24 Rubel; von ausgenommenem Dorsch (in PC-2-Folie) in Kleinpackungen (bis zu 1 kg) 49 Rubel und in Großpakkungen 2 bis 5 Rubel; von Milch, Frucht- und Beerensäften (Verpackung in Form von Tetraedern aus polyäthylenbeschichtetem Papier) 10 bis 13 Rubel; saure Sahne (in Vinoplastfolie) 50 Rubel; von Mayonnaise 24 Rubel; von Margarine 65 Rubel; von Frucht- und Beerensäften, Wein, Pflanzenöl (in Flaschen und Fläschchen aus Hartpolyvinylchlorid) 30 bis 35 Rubel; von Honig, Marmelade, Eingemachtem, mit Zucker durchgeschlagenen Beeren, Butter, Schmelzkäse (in Dosen aus Hartpolyvinylchlorid) 28 bis 65 Rubel; von Eingesalzenem, Eingesäuertem, Salzlakenfischprodukten, Marmelade, Tomatenmark (in Trockenfässern und Sperrholztrommeln mit Sack-Einlagen aus Polyäthylenfolie) 20 bis 25 Rubel; von Äpfeln (in Polyäthylenbeuteln) bei Lagerung ohne künstliche Kühlung 72 Rubel und mit Kühlung 45 Rubel.

Die Verpackungskosten für 1 t Süßwaren sind dank des Ersatzes der traditionellen Materialien (Blech, Pappe) durch Polymerstoffe in folgender Weise gesenkt worden: Bei Karamelbonbons von 700 auf 16 Rubel, bei Zuckerdrageesorten von 57 auf 35 Rubel, bei Schokoladedrageesorten von 320 auf 137 Rubel, bei Erzeugnissen für den hohen Norden und die Arktis von 150 auf 37 Rubel.[27]

Die Einsparung an reduzierten Aufwendungen bei der Substitution von Verpackungsmitteln aus traditionellen Materialien durch solche aus Polymerstoffen (bezogen auf 1000 Stück) kommt in folgenden Angaben zum Ausdruck: Bei der Substitution von Holzkisten durch Polyäthylenkisten

[25] Die Effektivität der Verpackungsmittel ist in Verbindung mit den Erzeugnissen, die verpackt worden sind, ermittelt worden. Dabei wurden die Verpackungsmittelkosten und die Verluste an Erzeugnissen, die Investitionen in der Zirkulationssphäre der Verpackungsmittel (Zusammenbau, Reparatur), die Umschlagszahl der Verpackungsmittel und dergleichen mehr erfaßt.

[26] Chranenie plodov v polimernych upakovočnych materialach, Moskau 1966; Primenenie polimernych materialov dlja upakovki prodovol'stvennych tovarov, Moskau 1965; N. N. Znamenskij, Polimernye materialy v moločnoj promyšlennosti, Moskau 1967.

[27] V. E. Gul', O. N. Beljackaja, Plenočnye polimernye materialy dlja upakovki piščevych produktov, Moskau 1968, S. 229–230.

für Wurstwaren 1300 Rubel und für Fleischhalbfabrikate 1700 Rubel, bei Substitution der Metallkörbe für den Transport von Milch durch Polyäthylenkörbe 13000 Rubel.

Der reduzierte Aufwand zur Herstellung von 1000 Einheitskonservendosen aus verschiedenen Materialien beträgt nach Berechnungen des Unionsforschungsinstituts „VNIIKOP“ und des Zentralen Forschungsinstituts für Eisenmetallurgie „CNIIčermet“ (in Rubel):

	Fischdosen	Fleischdosen	Milchdosen	Frucht- und Gemüsedosen
Verpackungsglas	156	54	34	47
Metallverpackung aus				
feuerverzinntem Blech	152	68	55	47
elektrolytisch verzinntem Blech	130	51	40	36
verchromtem und lackiertem Blech	120	43	33	32
aluminiertem und lackiertem Blech	121	44	34	32
Blech mit Polyäthylenüberzug	122	44	34	32

Die Einsparung an reduzierten Aufwendungen bei der Lebensmittelverpackung beträgt, bezogen auf 1 t Folie aus Polymerstoffen: bei Käse in Polyäthylen-Zellophan 15700 Rubel, bei Fleisch in Polyäthylenfolie 8200 Rubel, bei Quark in derselben Folie 8600 Rubel, bei Quark in polyäthylenbeschichtetem Papier 700 Rubel.[28]

Den Angaben der Verbraucherzweige zufolge wird der ökonomische Nutzeffekt des Einsatzes von Folien aus Polymerstoffen zur Verpackung unterschiedlicher Erzeugnisse im Jahre 1975 wie folgt sein:

	Einsparung, bezogen auf 1 t Folie, in Rubel	Bedarf an Folien, in 1000 t	Gesamteinsparung in Millionen Rubel
Düngemittel (Säcke)	3390	25	84,75
Gemüselagerung (Säcke)	4400	0,6	2,64
Milch	1500	2,4	3,60
Fleischhalbfabrikate	2475	3,3	8,17
Fischprodukte	9500	2,3	21,90
Käse ohne Rinde	81600	0,6	48,96
Saure Sahne	33	1,6	0,05
Insgesamt	—	35,8	170,07

[28] Ėkonomičeskaja ėffektivnost' ispol'zovanija upakovočnych plenočnych materialov v piščevoj promyšlennosti, hrsg. von „NIITĖchim“, Moskau 1969, S. 24, 39–41.

Nach Berechnungen des Forschungsinstituts für Handel und Gaststättenwesen betrug im Jahre 1970 durch den Einsatz von Polymerstoffen für die Verpackung von Fleisch- und Molkereierzeugnissen allein die Einsparung an Arbeitsaufwand 2,5 Millionen Akh, die Einsparung durch die Senkung der natürlichen Verluste an Erzeugnissen bei der Lagerung 18,6 Millionen Rubel und die Einsparung durch Reduzierung des Verbrauchs an Verpackungspapier im Handelsnetz 4,6 Millionen Rubel.

Es ist vorgesehen, im laufenden Planjahrfünft auf der Grundlage von Polymerstoffen die Verpackung von Nahrungsgütern in Schachteln und Folien, von Obstkonserven (Konfitüre, Marmelade, Früchte) in Polystyroldosen, von Säften in Polyvinylchloridflaschen, von Lebensmittelkonzentrat in Paketen aus thermogeschweißten Materialien, von Kühlfleisch-Halbfabrikaten in Päckchen und Paketen aus durchsichtigen und dublierten Materialien, von leicht gesalzenen Heringen in Dosen aus Polymerstoffen usw. stark zu erweitern.

Es ist beabsichtigt, die Produktion von Konserven in Polymerverpackung auf den Linien „Form-Sil" (Konfitüre, Marmelade, Früchte), „Reno-Pack" (Abfüllen von Frucht- und Beerensäften in Flaschen), „Expresso" (Produktion von Feinfrostfertiggerichten in Pappschachteln mit Polyäthylenüberzug), „Tetra-Pack aseptic" (Produktion von Säften in Tetraedern) sowie durch den Einsatz von Folieneinlagen in Fässern und Trommeln (für Tomatenmark und Marmelade) und die Einführung von Kisten aus Polyäthylen mit hoher Dichte und aus Polypropylen mit einem Fassungsvermögen von 16 kg für Rohprodukte voranzutreiben. Dies wird es gestatten, eine beträchtliche Menge an Blech- und Glasverpackung, Papier, Fässern für Flüssigkeiten und Schnittholz freizusetzen, das Sortiment der Konservenproduktion zu erweitern und deren Qualität zu verbessern.

In allen industriell entwickelten kapitalistischen Ländern machte das beträchtliche Ausmaß an Arbeiten zur Verpackung der Erzeugnisse einen speziellen Industriezweig erforderlich. So betrug in den USA das Bruttoproduktionsvolumen der Verpackungsmittelindustrie im Jahre 1968 17 Milliarden Dollar, und im Jahre 1975 wird es (Schätzungen zufolge) 30 Milliarden Dollar erreichen. Jährlich werden für Verpackungs- und Umhüllungsmittel einschließlich des Abpackens der Erzeugnisse, für die Aufmachung der Verpackung, für Forschungsarbeiten, für Gehälter des Forschungspersonals in den Betrieben 23 Milliarden Dollar bewilligt. In der Verpackungsmittelindustrie der USA sind mehr als eine Million Menschen beschäftigt. Zur Herstellung von Verpackungs- und Umhüllungsmitteln werden jährlich 50 Prozent der Ressourcen an Papier und Pappe, 99 Prozent der Aluminiumfolie, 96 Prozent des Glases (außer Tafelglas), 99 Prozent des Zellophans, 20 Prozent des Holzes und eine beträchtliche Menge an Stahlwalzgut verbraucht.

In Japan erreichte die Bruttoproduktion der Verpackungsmittelindustrie (einschließlich der Durchführung wissenschaftlicher Forschungs- und experimenteller Arbeiten sowie der Betreuung) im Jahre 1965 2,6 Milliarden Dollar (2,3 Prozent der Bruttoproduktion der gesamten Industrie).

In Großbritannien entfielen auf die Verpackungsmaterialien im Verlaufe der letzten 5 Jahre 2 bis 3 Prozent des Bruttosozialprodukts. Im Jahre 1965 machten diese Aufwendungen 670 Millionen und 1969 800 Millionen Pfund Sterling aus, wovon ein Drittel für elastische Verpackung verbraucht worden ist. Die Verpackungskosten im Lande nehmen jährlich um 7 Prozent zu.

In der BRD sind die Ausgaben für die Verpackung von 5,6 Milliarden DM im Jahre 1960 auf 7,3 Milliarden DM im Jahre 1965 und auf 11,4 Milliarden DM im Jahre 1970 angestiegen.

Die wesentlichen ökonomischen Vorteile der Verpackung aus Polymerstoffen gegenüber der aus traditionellen Materialien führten dazu, daß erhebliche Mengen an Plast verbraucht wurden. So war der Anteil der Plaste für Verpackungs- und Umhüllungsmittel an der Gesamtmenge des Plastverbrauchs im Jahre 1966 folgender (in Prozent): in den USA 19, in Großbritannien 26, in Italien 21, in Frankreich 19, in der BRD 12 und in Japan 24. Die Hauptbedeutung für diese Zwecke erlangten das Polyäthylen (durchschnittlich zwei Fünftel), die Vinylharze (im Mittel ein Viertel bis ein Fünftel, außer den USA) und das Polystyrol (im Durchschnitt ein Siebentel bis ein Zehntel, außer Japan).

Der Umfang des Einsatzes von Plasten und Kunstharzen zur Verpackung der Waren wächst in den USA, in Großbritannien und den anderen Ländern schnell.

Im Jahre 1970 stieg der Anteil des Polyäthylens auf drei Fünftel und der des Polystyrols auf ein Fünftel des Gesamtverbrauchs an Plasten für die Verpackung, wovon die folgenden Angaben zeugen (in 1000 t):[29] (Siehe S. 284)

In der modernen Verpackungstechnik haben die Plaste bei der Herstellung weicher und harter Verpackungsmittel, bei der kombinierten Verpackung und für andere Zwecke Anwendung gefunden. Eine Analyse der Hauptrichtungen des Einsatzes von Plasten in Form von Verpackungsmaterialien im Ausland hat gezeigt, daß den Folien und Platten (im Durchschnitt 40 bis 60 Prozent) die führende Rolle zukommt, dann den Verpackungsmitteln mit großen Abmessungen – den Kisten, Containern und Gefäßen (insbesondere in der BRD und den USA – 20 bis 22 Prozent) sowie

[29] Chimičeskaja promyšlennost' zu rubežom, 8/1971, S. 48.

Verbrauch an Kunstharzen und Plasten in den USA	1965	1970	1975 (Prognose)	1980 (Prognose)
Insgesamt	886,5	1809	3175	4500–5900
davon				
Polyäthylen	459	1059	1860	3580
Polypropylen	31,8	64	147	281
Polyvinylchlorid	33,0	125	240	367
Polystyrol	143,3	348	576	885
ABS-Mischpolymerisate	6,8	20	34	64
Phenolharze	4,5	7	10	14
Polyesterharze	4,1	7	15	36
Anteil der Plaste für die Verpackung am Gesamtplastverbrauch, in Prozent	19	21,5	20	16,5–22

Verbrauch an Kunstharzen und Plasten in Großbritannien	1966	1970
Insgesamt	158	356,5
davon		
Polyäthylen	107	217
Polypropylen	6	32,5
Polystyrol	25	63
Polyvinylchlorid	4	29,5
Polyvinylidenchlorid	3	5,5
Duroplast	11	7
sonstige	2	2
Anteil der Plaste für die Verpackung am Gesamtplastverbrauch, in Prozent	15,3	24,6

Flaschen und Fläschchen (insbesondere in Großbritannien, Italien und Frankreich – 19 bis 26 Prozent). In den USA ist der Anteil der Plaste hoch, die als Überzug für Papier, Pappe und Folien benutzt werden. Der Verbrauch an Plastfolien (ohne Zellophan) hat in der Produktion elastischer Verpackungsmittel den Verbrauch an Aluminiumfolie um mehr als das Doppelte übertroffen.

Da die Zuwachsraten des Plastverbrauchs in den aufgezählten Richtungen nicht dieselben sind, vollziehen sich allmählich Verschiebungen in der Verbrauchsstruktur der Verpackungs- und Umhüllungsmittel. In den USA beispielsweise stieg in den letzten fünf Jahren der Anteil der Folien und Platten sowie der Flaschen und Tuben zuungunsten der Schutzbeläge, Pfropfen und Bindemittel bei Aufrechterhaltung des Anteils der Container merklich an (vgl. Tabelle 76).

Analoge Tendenzen wurden in den letzten Jahren auch in der BRD

Tabelle 76

Tempi und Struktur des Plastverbrauchs für Verpackungsmittel in den USA in den Jahren 1965 bis 1970 (in Prozent)

Erzeugnisart	Zunahme des Verbrauchs im Jahre 1970 gegenüber 1965	Mittlere Jahreszuwachsrate für die Jahre 1966—1970	Verbrauchsstruktur 1965	1967	1970 (Schätzung)
Folien und Platten	216,2	16,7	37,8	39,4	40,0
Schutzbeläge	140,5	7,1	21,8	18,1	15,0
Geblasene und gegossene Behälter und Deckel	239,2	19,05	19,2	20,7	22,5
Flaschen und Tuben	228,1	17,9	15,9	15,8	17,7
Pfropfen und Zwischenlagen	215,4	16,6	2,7	3,7	2,9
Bindemittel und Leime	141,7	7,2	1,8	1,6	1,3
Sonstige	148,5	8,2	0,8	0,7	0,6
Insgesamt	204,0	15,3	100,0	100,0	100,0

sichtbar, wo sich bei einer bedeutenden Produktionszunahme der Verpackungsmittel aus Plast der Anteil der Verpackungsmittel mit großen Abmessungen (Kisten, Fässer, Container) und der Flaschen bei einer Senkung des Anteils an Kartons, Deckeln und Folien vergrößert hat (vgl. Tabelle 77). Gleichzeitig werden in der BRD sowie in den USA hauptsächlich Folien und Erzeugnisse daraus eingesetzt.

Als eine der charakteristischen Tendenzen der Chemisierung der Verpackungsmittelproduktion im Ausland wird der zunehmende Einsatz von Biplastfolien (von Folien mit unterschiedlichem Bestimmungszweck), von eßbaren Folien, von sich verkürzenden (schrumpfenden) Folien (der Anteil letzterer am Gesamtverbrauch der Verpackungsfolien erreichte 1970 in den USA 8 Prozent) angesehen.

Die Plaste werden in der Produktion von Konserven, Eimern, kleinen Behältern, Kanistern, Containern und anderen Erzeugnissen allmählich zu einem Konkurrenten für Blech. Die Hauptmenge an Weißblech wird in der Konservenindustrie verbraucht (in den USA 85 bis 90 Prozent und in Großbritannien, Frankreich und Japan 70 bis 80 Prozent). In der UdSSR werden ca. 400000 t Blech für diese Zwecke verbraucht.

An Stelle der Glasverpackung haben im Ausland alle möglichen Plastflaschen und -fläschchen weite Verbreitung erlangt. In den USA zum Beispiel stieg die Produktion von Plastflaschen von einer Milliarde Stück im

Tabelle 77

Technisch-ökonomische Kennziffern der Produktion von Verpackungsmitteln aus Plast in der BRD (in Prozent)

Art der Verpackungsmittel	Zunahme des Produktionsumfanges an Verpackungsmitteln im Jahre 1966 im Vergleich zu 1959		Verpackungsmittel aus Plast zu insgesamt				Senkung des Wertes einer Tonne Plastverpackung im Jahre 1966 im Vergleich zu 1959
	a	b	a 1959	a 1966	b 1959	b 1966	
Pakete, Taschen, Säcke	388	248	40,33	31,52	39,10	27,6	35,5
Flaschen	1138	790	3,75	8,67	5,19	11,7	32,5
Schachteln, Dosen usw.	616	457	13,13	16,43	13,11	17,1	25,2
Kisten und andere Transportbehälter	4100	2740	0,94	7,81	1,23	9,5	37,0
Fässer, Container	970	706	3,12	6,14	3,44	6,9	27,0
Deckel, Pfropfen	333	278	10,69	7,24	12,56	9,9	17,0
Plastfolien	421	254	25,58	21,9	22,54	16,3	39,5
Sonstige Arten	60	121	2,46	0,3	2,83	1,0	.
Insgesamt	500	341	100,0	100,0	100,0	100,0	28,7

a – nach Gewicht, b – nach Wert

Jahre 1960 auf 6 Milliarden Stück im Jahre 1971 und kann 1980 (der Prognose zufolge) 15 Milliarden Stück erreichen. Der Umfang des Plastverbrauchs zur Herstellung von Flaschen kann von 320000 t im Jahre 1970 auf 680000 t im Jahre 1980 und der Anteil der Plastflaschen an der gesamten Flaschenproduktion von 4 auf 50 Prozent anwachsen.

Von Interesse ist auch die Erfahrung der USA in der Herstellung von Großcontainern (mit einem Fassungsvermögen von 4 m^3) und Plastkisten (an Stelle von Holzkisten).

Im Jahre 1965 wurden ca. 150 Millionen Kisten eingesetzt, darunter 1 Million Plastkisten. Allein in zwei Jahren – 1969 und 1970 – stieg der Verbrauch an Plast (wertmäßig) zur Herstellung harter Container von einer Milliarde auf drei Milliarden Dollar und ihr Anteil an den anderen Materialien für ähnliche Zwecke von 8 auf 15 Prozent.

Polymerstoffe werden im Ausland zur Verpackung von Brot in breitem Umfange eingesetzt. Dies gestattet, die sanitären und hygienischen Verkaufsbedingungen zu verbessern, das Brot zwischen Herstellung und Verkauf frisch zu halten und die Verluste durch Masseschwund zu senken. In den USA beispielsweise sind in den letzten Jahren 80 Prozent der Backwaren in Plastfolien verpackt worden.

In Abhängigkeit von der Zunahme der Verpackungsmittel für den einmaligen Gebrauch gewinnen die Probleme der Sammlung, Verarbeitung und Verwertung zum Schutz des Territoriums vor Verunreinigung sowie des sekundären Einsatzes der Materialressourcen an Aktualität. In den USA zum Beispiel wurden im Jahre 1966 zur Beseitigung von Müll und Abfällen, einschließlich 46 Millionen t Verpackungsmaterial, 2,8 Milliarden Dollar verausgabt. Der Materialwert für Verpackungs- und Umhüllungsmittel erreichte 16,2 Milliarden Rubel, davon waren 90 Prozent unwiederbringlich verloren, was teilweise durch die Kompliziertheit eines wiederholten Einsatzes der Verpackungsmittel (Sortierung, Reinigung, Rohstoffverarbeitung) bedingt war. Verpackungsmittel aus Polymerstoffen zerfallen unter natürlichen Bedingungen langsam, und bei ihrer Verbrennung werden giftige Gase frei. Ihr Anteil an den festen Abfällen nimmt daher systematisch zu. Gegenwärtig sind bei der Entwicklung von Plasten, die unter dem Einfluß von Sonnenstrahlen, Regen und Wind abgebaut werden, gewisse Erfolge erzielt worden.

Zur Kennzeichnung der Bedeutung dieses oder jenes Materials in der Verpackungsmittelproduktion muß man die Struktur (das Verhältnis) der zu diesem Zweck erforderlichen Materialien in natura (Gewicht, Volumen) und im Wertausdruck benutzen.

In den führenden kapitalistischen Ländern waren die Jahresdurchschnittszuwachsraten der Produktion von Verpackungs- und Umhüllungsmaterialien aus Plast in den letzten 5 bis 7 Jahren bedeutend höher als bei denen aus anderen Materialien (in Prozent):

	USA	BRD	Frankreich
Metalle	4,0	6,2	6,2
Holz	4,0	5,5	5,0
Papier und Pappe	6,8	7,0	13,0
Glas	13,6	10,3	7,5
Plast	17,9	20,7	15,9

Die Bedeutung verschiedener Materialien in der Produktion von Verpackungs- und Umhüllungsmitteln in den USA kann man für einen längeren Zeitraum ebenfalls an folgenden Daten veranschaulichen (in Prozent zur wertmäßigen Gesamtproduktion):

Verpackungsmittel	1939	1959	1963	1965
Papier- und Papp-Verpackungsmittel	37,8	42,7	46,0	52,5
Metallische Verpackungsmittel	25,2	21,2	19,0	24,2
Holz-Verpackungsmittel	11,4	4,1	3,0	4,0
Glas-Verpackungsmittel	8,0	8,3	8,0	7,0
Textile Verpackungsmittel (Säcke)	5,8	1,8	1,0	1,8
Plast-Verpackungsmittel	} 11,8	1,2	10,0	10,2
Sonstige Verpackungsmittel		20,7	13,0	0,3

Der Anteil der Plastverpackungsmittel an der Warenverpackung wird in den USA in der Perspektive kontinuierlich ansteigen. Davon zeugen die folgenden Daten:[30]

	1970	1975 (Prognose)	1980 (Prognose)
Papier und Pappe	6614 / 45,7	8185 / 42,1	10195 / 38,7
Metalle	4469 / 30,3	6200 / 31,9	8430 / 32,0
Plaste	1670 / 11,5	2575 / 13,2	4350 / 16,5
Glas	1815 / 12,5	2500 / 12,8	3400 / 12,8

Zähler: in Millionen Dollar; Nenner: in Prozent zu insgesamt

30 Chimičeskaja promyšlennost' za rubežom, 8/1971, S. 47.

In der BRD zeigen die Verschiebungen in der Verbrauchsstruktur der Verpackungsmaterialien (wertmäßig) ebenfalls die zunehmende Bedeutung der Plaste (in Prozent):

	1963	1965	1967
Papier und Pappe	49,1	48,9	47,5
Metalle	23,5	22,7	22,5
Plast	9,5	8,9	17,5
Holz	3,9	3,6	2,9
Gewebe	0,6	0,5	0,3
Glas und sonstige	13,4	15,4	9,3

In Großbritannien entfielen auf Plaste 10 bis 11 Prozent des Wertes der gesamten Verpackungsmaterialien.

Die von uns angestellten Berechnungen zeigen (vgl. Tabelle 78), daß die Plaste schon im Jahre 1965 unter den anderen Verpackungsmaterialien einen festen dritten Platz eingenommen haben (gewichtsmäßig 3 bis 5 Prozent, volumenmäßig 2 bis 4 und wertmäßig 11 bis 17 Prozent). Dabei war im Zeitraum von 1960 bis 1965 in diesen Ländern die Tendenz einer Erhöhung des Plastanteils durchschnittlich auf das 1,3- bis 1,5fache zu beobachten, was zu einer teilweisen Substitution von Blech, Holz und Glas führte. Einen vorrangigen Platz unter den Verpackungsmaterialien nehmen Papier und Pappe ein.

Im Zeitraum von 1960 bis 1970 (Schätzung) vergrößerte sich der Verbrauch an Hauptmaterialien für die Produktion von Verpackungs- und Umhüllungsmitteln in unserem Lande folgendermaßen: Stahlwalzgut auf das 2,2fache, Weißblech auf das 1,4fache, Verpackungspapier auf das 2fache, Verpackungskarton auf das 5,5fache (davon Packpappe auf das 9fache), alle Holzarten auf das 1,3fache und Plast auf das 12fache. Es ist offensichtlich, daß die höheren Verbrauchsraten der Plaste strukturelle Verschiebungen zu ihren Gunsten herbeiführen.

Die Berechnung von Proportionen für die in den Jahren 1965 bis 1968 zur Herstellung von Verbraucher- und Transportverpackungsmitteln eingesetzten Materialien haben folgendes gezeigt (in Prozent): (Siehe S. 290)

Man kann einen Vergleich zwischen der Struktur des Verpackungsmittelverbrauchs der UdSSR und dem Ausland an Hand der Verbrauchsverpackungsmittel anstellen (vgl. die Tabellen 78 und 79), obwohl die Angaben nicht vollkommen vergleichbar sind.

Wie man erkennt, sind die Anteile des Blech-, Glas-, Papier- und Kartonverbrauchs (bei allerdings vermindertem Plastanteil) in der UdSSR ähnlich.

Tabelle 78

Struktur des Verpackungsmitteleinsatzes im Ausland in den Jahren 1960 und 1965 (in Prozent zu insgesamt)

	Blech	Aluminium	Glas	Papier und Pappe	Plast	Holz
1960						
USA						
a	13,53	0,75	14,67	56,06	2,28	12,71
b	1,7	0,3	5,5	74,2	1,5	16,8
c	26,5		13,7	45,2	10,0	4,6
BRD						
a	12,3	1,76	34,2	42,84	2,92	5,98
b	1,8	0,7	15,8	69,4	2,60	9,70
c	26,6		10,1	48,6	10,0	4,7
Frankreich						
a	10,17	0,91	27,69	39,13	2,27	19,83
b	1,3	0,3	11,5	56,4	1,8	28,7
c	18,0		11,0	49,0	3,5	18,5
1965						
USA						
a	12,65	0,84	16,48	55,62	2,76	11,65
b	1,6	0,3	6,3	17,4	1,8	15,6
c	24,0		12,5	46,5	13,6	3,4
BRD						
a	10,0	1,73	31,87	47,15	4,68	4,57
b	1,4	0,7	14,0	72,9	3,9	7,1
c	24,8		9,7	44,8	16,8	3,9
Frankreich						
a	8,62	0,69	25,58	46,10	3,06	15,95
b	1,2	0,2	10,1	64,0	2,3	22,2
c	18,0		7,0	52,0	11,0	12,0

a – nach Gewicht, b – nach Volumen, c – nach Wert

	nach Gewicht	nach Volumen	nach Wert
Holz	87,6	91,2	39,8
Verpackungspapier	5,0	5,6	27,9
Verpackungskarton	2,0	2,0	9,7
Glas	3,1	0,9	4,2
Plaste*	0,04	0,02	0,6
Sonstige	2,26	0,28	17,8

* Im Jahre 1970 entsprechend 0,3, 0,2 und 2,9 Prozent

Tabelle 79

Verbrauchsstruktur der Verpackungs- und Umhüllungsmittel für Konsumgüter in der UdSSR in den Jahren 1960 bis 1975 (in Prozent zu insgesamt)

	Blech	Aluminium-folie	Glas	Verpackungs-papier	Verpackungs-karton	Plast
1960						
a	13,8	0,7	25,4	49,0	10,6	0,5
b	1,7	0,2	10,1	73,9	13,7	0,4
c	34,1	4,2	6,2	45,8	8,6	1,1
1965						
a	9,2	0,6	33,3	44,8	11,6	0,5
b	1,1	0,2	13,6	69,2	15,5	0,4
c	26,3	4,2	9,0	48,5	10,8	1,2
1970 (Berechnung)						
a	7,1	0,5	40,3	37,6	12,4	2,1
b	1,0	0,2	17,6	61,8	17,7	1,7
c	22,2	3,8	11,8	43,4	12,7	6,1
1975 (Schätzung)						
a	6,3	0,4	43,5	31,4	15,5	2,9
b	0,9	0,2	19,7	53,8	23,0	2,4
c	20,2	3,5	13,1	38,2	16,4	8,6

Quelle: I. V. Rachlin; E. I. Belikova, Ökonomische Probleme des Einsatzes von Plasten als Verpackungsmaterialien, in: Plastičeskie massy, 8/1969, S. 26.
a – nach Gewicht, b – nach Volumen, c – nach Wert

Die Analyse hat somit gezeigt, daß man den Umfang des Plastverbrauchs für Verpackungs- und Umhüllungsmittel in der UdSSR wesentlich erhöhen muß. In den nächsten Jahren muß daher ein Komplex von technischen, ökonomischen und organisatorischen Maßnahmen zur Entwickung neuer Polymerenarten und Kompositionen auf deren Grundlage, zur Strukturveränderung der Plastverarbeitung zugunsten von Folien, Platten, vakuumgepreßten und gegossenen Erzeugnissen, zur Ermittlung der effektivsten Einsatzbereiche der Polymerstoffe in den Zweigen der Lebensmittelindustrie, zur Vorbereitung dieser Zweige auf den umfassenden Einsatz von Plasten usw. durchgeführt werden. Die Erhöhung des Anteils der Plaste in der Rohstoffbilanz der Verpackungs- und Umhüllungsmittel stellt ein aktuelles technisch-ökonomisches Problem dar.

5. Werkstoffe und Materialien für die Leichtindustrie[31]

Die Leichtindustrie ist ein Großverbraucher an Naturleder, Plast, Chemiefasern, synthetischem Kautschuk und einem breiten Sortiment von Materialien und Kompositionen auf deren Grundlage. Hier haben Polyvinylchlorid (weiches Kunstleder für Schuhe, Kurzwaren, Bekleidung, Haushaltswaren u. a.), Polyäthylen (Folien, Spielzeug, Haushaltsartikel u. a.), Polystyrol (Spielzeug, kunstgewerbliche Erzeugnisse , Knöpfe, Zahnbürsten usw.), Polyurethanschaum (Futterstoff in der Konfektionsindustrie, kleine Teppiche, Matratzen, Polster) Anwendung gefunden. Bedeutende Mengen an synthetischem Kautschuk werden zur Herstellung von Schuhsohlengummi eingesetzt.

Der Verbrauch an den Hauptplastarten in der Leichtindustrie der UdSSR (einschließlich der Produktion von Massenbedarfsgütern und Spielzeug) stieg von 1966 bis 1970 auf das Doppelte (von 90000 t im Jahre 1965 auf 186000 t im Jahre 1970). Der Bedarf an Plast für diese Zwecke wird im Jahre 1975 jedoch 300000 t erreichen. Der überwiegende Anteil entfällt auf folgende Plastarten (in 1000 t):

	1970*	1975
Hochdruckpolyäthylen	28,0	37,9
Niederdruckpolyäthylen	23,3	30,6
Polyvinylchlorid	69,0	90,5
Polystyrol und Mischpolymerisate	17,8	66,8

* Verbrauch

Es ist allgemein bekannt, daß die Ressourcen an Rohleder in allen Ländern der Welt, darunter auch in der UdSSR, äußerst begrenzt sind. Der Viehbestand wächst langsamer als der Bevölkerungsbedarf an Schuhen und anderen Lederwaren. Im Jahre 1970 stieg in der UdSSR die Naturlederproduktion gegenüber 1960 auf das 1,44fache, die Schuhproduktion auf das 1,71fache und die Produktion an Kunstleder und Folienmaterial auf das 2,26fache.[32]

Die Notwendigkeit, den schnell wachsenden Bedarf der Bevölkerung an Schuhen, Kurzwaren, an Waren des kulturellen Bedarfs und langlebigen Konsumgütern zu befriedigen, ihr Sortiment zu erweitern und die Qualität zu verbessern, führte bei den begrenzten Ressourcen an Materialien natür-

[31] In diesem Abschnitt werden die Tendenzen und die Effektivität der Produktion und des Einsatzes hauptsächlich von Kunstleder und Folienmaterialien untersucht.

[32] Narodnoe chozjajstvo SSSR v 1970 godu, Moskau 1971, S. 93, 236.

licher Herkunft (besonders an Leder) in der UdSSR zu hohen durchschnittlichen Zuwachsraten pro Jahr in der Produktion von weichem Kunstleder, Polymerfolien und anderen Werkstoffen auf synthetischer Grundlage (in Prozent):

	1961 bis 1965	1966 bis 1970	1971 bis 1975 (Plan)
Naturleder	– 1,7*	4,75	2,9
Leichtlederwaren	0,8	4,4	3,75
aus Chromleder	2,8	3,8	4,2
aus Juchtenleder	– 8,2*	8,1	1,75
Hartlederwaren	– 1,6*	5,6	0,8
Weiches Kunstleder	9,9	7,8	9,2
Folienmaterial	71,9	12,8	19,0
Tafelwachstuch	2,0	7,5	8,3
Buchbindereibedarf	–	2,0	6,8
Schuhsohlengummi	0,7	8,2	6,2

* Verringerung der Produktionszuwachsraten

Auf eine Einheit Naturleder sind an Kunstleder produziert worden: 1940 – 0,07 Einheiten; 1960 – 0,49 Einheiten; 1965 – 0,85 Einheiten; 1970 – 0,98 Einheiten und 1975 (Plan) – 1,31 Einheiten. Mit anderen Worten, das Verhältnis hat sich in einem kurzen historischen Zeitraum (30 bis 35 Jahre) zugunsten des Kunstleders verändert. In der UdSSR ist die Produktion eines breiten Sortiments an Kunstleder mit Polyvinylchlorid-, Nitro-, Kautschuk-Polyamidüberzug und anderem angelaufen. Weiche Leichtleder stellt man auf der Grundlage von gewebten und ungewebten Stoffen sowie Faserstoffen her. Als Bezugsstoff hat das Kunstleder das Naturleder aus der Möbel- und Automobilindustrie, aus dem Waggonbau, aus dem Flugzeug- und Schiffsbau praktisch verdrängt. Der Anteil des Kunstleders am Gesamtmaterialverbrauch in der Produktion von Lederkurzwaren (Taschen, Aktentaschen usw.) und Sattlerwaren erreicht 85 Prozent. Zur Herstellung verschiedener Erzeugnisse werden folgende Kunstledermengen eingesetzt: für Lederkurzwaren 45 Prozent und für Schuhe 29 Prozent.

In der Bilanz der weichen Kunstleder, die ein Sortiment von 20 Bezeichnungen umfaßt, entfallen zwei Drittel der Gesamtmenge (flächenmäßig) auf PVC-Syntheseleder und Nitrocellulose-Syntheseleder, die hauptsächlich als Bezugsstoff genutzt werden. Unter den Schuhkunstledern haben die Materialien für den Schuhoberbau (Sovinol, Vlakolim, Faserkunstleder, Lackleder u. a.), für den Schuhinnenbau (Futterleder, Textovinit *), für Stiefelröhren und Arbeitsschuhe (Druckfilz, Juftin) eine grundlegende Bedeutung erlangt.

* Kunstleder durch Auftragen von PVC auf Gewebe (Anm. d. Bearb.).

Die Kunstlederfabrikation ist ein Großverbraucher an Polyvinylchlorid (im Jahre 1969 ca. 35000 t). Von dieser Menge wurde fast die Hälfte zur Herstellung von Galanteriewaren-, Bezugs- und einfachem PVC-Syntheseleder und ein Fünftel für Tafelwachstuch verbraucht.

Daneben entspricht die Qualität der erzeugten Kunstleder nicht immer den gestiegenen Anforderungen der Verbraucher, und ihre äußere Form und das Sortiment stehen den Weltspitzenerzeugnissen manchmal nach. Ein Grund, der die Produktion hochwertiger Erzeugnisse hemmt, ist das unzureichende Sortiment und die Qualität des Polymerrohstoffes und der Hilfsstoffe.[33]

Die hauptsächlichen Folienarten werden auf der Grundlage von Polyvinylchlorid und Polyäthylen hergestellt (1970: 48500 t bzw. 42100 t, 1975 (Schätzung): 95700 bzw. 60000 t). Folien aus Polyvinylchlorid sind zur Herstellung von Kurzwaren, Umhängen, Futterstoff, Tischdecken, Leuchten, Buchumschlägen, Überzügen usw. bestimmt; Folien aus Polyäthylen zur Herstellung von Tischdecken, Wirtschafts- und Dekorationswaren, Verpackungsmitteln für Konfektions- und Strickwaren und dergleichen mehr. Auf Polyvinylchlorid- und Polyäthylenfolien entfallen drei Viertel der gesamten Folienproduktion in der Leichtindustrie. Von den Gesamtmengen an Polyvinylchloridfolie werden 45 Prozent in der Lederkurzwarenindustrie, 18 Prozent zur Herstellung von Umhängen, 14 Prozent für Dekorations- und wirtschaftliche Zwecke und der Rest für die Lichttechnik, für Spielzeug, Bezugsstoff für Sitze und für andere Belange verwendet.

Synthetische Materialien finden auch in der Erzeugung von Tafelfolie auf gewebter Unterlage und von Buchbindereibedarf breite Anwendung. Das Verhältnis in der Produktion der einzelnen Wachstucharten ist folgendes (in Prozent):

	1965	1970	1975 (Schätzung)
Ölwachstuch	—	56	34
Polyvinylchlorid-Wachstuch	100	29	46
Latex-Wachstuch	—	15	20

Wie man sieht, erhöht sich die Produktion von Wachstuch auf synthetischer Grundlage stark. Dies schafft günstige Möglichkeiten für die Substitution von Nahrungsrohstoffen durch chemischen Rohstoff. So werden

[33] Primenenie plenočnych materialov v narodnom chozjajstve, Vortragsthesen, hrsg. vom Unionsrat der wissenschaftlich-technischen Gesellschaft („VSNTO"), Moskau 1970, S. 48–57; V. Alekseenko, Schuhwerk und Chemie, in: Pravda, vom 1. März 1972.

für die Produktion von Tafelfolien, von Material für Umhänge, von Buchbindereibedarf und Nitrokunstleder jährlich mehr als 10000 t Pflanzenöl verbraucht. Durch die Forschungen, die angestellt wurden, sind Latex SKS-50 GPS (synthetischer Butadien-Styrol-Kautschuk) und Polyvinylchlorid entwickelt und an Stelle von Pflanzenöl zur Einführung in die Wachstuchproduktion empfohlen worden. Das Syntheseöl P-3 ersetzt bei der Herstellung von Nitrokunstleder und SVCh-Latex das Pflanzenöl und bei der Herstellung von Buchbindereibedarf die Stärke. Der Einsatz der erwähnten synthetischen Stoffe, die in ihren Eigenschaften den Naturstoffen nicht nachstehen, erlaubt es, eine wesentliche Einsparung an Mitteln (1970 2 Millionen Rubel) und Lebensmittelrohstoffen zu erzielen.

In den industriell entwickelten kapitalistischen Ländern entfielen im Jahre 1966 auf die Leichtindustrie durchschnittlich 14 bis 18 Prozent des Gesamtverbrauchs an Plast und Kunstharz (in 1000 t):

	USA	BRD	Japan	Groß-britannien	Italien	Frankreich
Insgesamt	820	220	250	143	132	137
davon						
Polyvinylchlorid	208	69	35	36	42	49
Polyäthylen	223	30	41	45	40	42
Polypropylen	15	4	32	13		1
Polystyrol	178	35	70	20	15	18
Phenolharz	30	5	4	3	2	4
Aminoplast	23	6	16	6	16	6
Polyurethan (PUR)	26	15	28	8	10	6

In den USA erreichte der Verbrauch an den Hauptplastarten für diese Zwecke im Jahre 1970 folgenden Umfang (in 1000 t): Polyvinylchlorid – 245, Polyäthylen – 264, Polystyrol und Mischpolymerisate – 107, Polypropylen – 46 und Polyurethan – 45.

Der Plastverbrauch der Hauptobjekte entwickelte sich folgendermaßen (in 1000 t):[34] (Siehe S. 296, oben)

Eine vordringliche volkswirtschaftliche Aufgabe der Leichtindustrie ist die Versorgung der Bevölkerung mit verschiedenen Schuharten. Die Jahresdurchschnittszuwachsrate für die Produktion von Lederschuhen von 1951 bis 1970 betrug in der UdSSR 6,2 Prozent (in den USA 0,3 Prozent) und der absolute Zuwachs im Jahresdurchschnitt 23,6 Millionen Paar (in den USA 1,8 Millionen Paar).[35]

[34] Chimičeskaja promyšlennost' za rubežom, 8/1971, S. 16–17.

[35] Narodnoe chozjajstvo SSSR v 1970 godu, Moskau 1971, S. 93.

	1960	1965	1969	1970	1975 (Prognose)	1980 (Prognose)
Leichtindustrie	338	590	980	1090	2000	3200
davon						
Haushaltsartikel	141	222	406	439	860	1360
Spielzeug	95	143	244	261	540	1000
Bekleidung*	18	42	52	66	.	.
Schuhe**	4	20	56	60	.	.
Taschen und Koffer	2	24	40	54	110	230

* Nur Polyvinylchlorid und Polyurethanschaum
** Nur Polyvinylchlorid und ABS-Mischpolymerisate

Die Produktion von Lederschuhen in der UdSSR und in einigen kapitalistischen Ländern entwickelte sich folgendermaßen:[36]

	1950	1960	1965	1970
UdSSR	203 / 1,1	419 / 2,0	486 / 2,1	676 / 2,8
USA	522 / 3,4	600 / 3,3	629 / 3,2	559 / 2,7
Großbritannien	159 / 3,1	175 / 3,3	190 / 3,5	181 / 3,3
Frankreich	—	165 / 3,4	170 / 3,5	178 / 3,5
BRD	81 / 1,7	152 / 2,9	166 / 2,9	152 / 2,7
Italien	—	79,5 / 1,6	148 / 2,9	237* / 4,4

Zähler: Gesamtproduktion, in Millionen Paar;
Nenner: Gesamtproduktion pro Kopf der Bevölkerung, in Paar
* 1968

Im laufenden Planjahrfünft sind die Produktion und der Verbrauch an Lederschuhen in der UdSSR (bei einer rationellen Pro-Kopf-Verbrauchsnorm von 3,6 Paar) durch folgende Angaben gekennzeichnet:[37]
(Siehe S. 297, oben)

Ungefähr drei Viertel des Produktionszuwachses an Schuhen kommt auf der Grundlage von synthetischen Werkstoffen zustande. Daher ist eine

36 Ebenda, S. 96–97.

37 A. N. Kossygin, Direktiven zum Fünfjahrplan für die Entwicklung der Volkswirtschaft in der UdSSR in den Jahren 1971–1975, Moskau-Berlin 1971, S. 38; A. N. Kossygin, O gosudarstvennom plane razvitija narodnogo chozjajstva SSSR na 1971–1975 gody, Moskau 1972, S. 14, 25.

	1970	1975 (Plan)
Produktion, insgesamt in Millionen Paar	676	800—830
Verbrauch pro Kopf, in Paar	3,0	3,6

gründliche Lösung des Problems der Versorgung der Bevölkerung mit Schuhen unmittelbar mit der Verstärkung der Plastproduktion und mit der Weiterentwicklung des synthetischen Kautschuks verbunden.

Neben einer Vergrößerung der Produktionsmaßstäbe steht die Verbesserung der Produktionsstruktur für Lederschuhe bevor: Erhöhung des Anteils von Schuhen mit einem Oberbau aus Kunstleder, von Stiefeln mit einem Innenbau und einem Schaft aus Kunstleder sowie von Schuhen mit synthetischen Sohlen (in Prozent):

	1960	1965	1970	1975 (Schätzung)
I. Lederschuhe mit Oberbau aus				
Naturleder	80,6	77,0	75,1	73,1
Kunstleder	2,4	5,0	8,7	12,7
Webwaren und Verbundstoffen	17,0	18,0	16,2	14,2
II. Lederschuhe davon				
unter Verwendung von weichen Kunstledern	—	—	42,3	55,7
mit Oberbau aus Kunstleder	2,4	5,0	8,7	12,7
mit Innenbau aus Kunstmaterial	—	—	26,2	35,3
mit Stiefelröhren aus festem, mehrschichtigem Baumwollgewebe	—	—	7,4	7,7
III. Lederschuhe davon				
mit Ledersohle	41	37	30	—
mit synthetischer Sohle	59	63	70	—
mit Porokreppsohle	22,8	32,7	37,1	—
mit leichter Porokreppsohle	6,4	27,8	33,2	—
mit lederähnlicher Gummisohle	—	7,9	13,8	—

In der Schuh- und Lederwarenindustrie werden mehr als neun Zehntel der Ressourcen an Naturleder verbraucht. Die Mobilisierung von Reserven zur Freisetzung von leichten Chrom- und Juchtenledern ist mit der Entwicklung von Kunstleder verbunden, das den gestellten Anforderungen entspricht.

In der UdSSR ist für Schuhe, die in allen Jahreszeiten getragen werden, das Syntheseleder SML-S 4 mit guten hygienischen Eigenschaften entwickelt worden und für die Produktion vorgesehen. Für Brandsohlen läuft die Produktion von Brandsohlen-Zellulosematerial an. Die Tragzeiten von festem, mehrschichtigem Baumwollgewebe wird durch einen Überzug aus Polyurethankautschuk auf das Doppelte erhöht. Es sollen leichte (mit einer Dichte von 0,5–0,7 g/cm^3), porige und verschleißfeste Profilunterteile für Schuhe (Sohlen, Absätze, Absatzblätter) in gepreßter Form aus Polyesterurethan- und Butadienkautschuk hergestellt werden. Es ist vorgesehen, im laufenden Planjahrfünft eine fortschrittliche Technologie zur Veredelung des Schuhoberleders durch Wasserdispersionen der Polymeren an Stelle des eingesetzten Nitrofarblacks einzuführen.

Die Produktion von Syntheseleder auf der Grundlage von Polyesterurethanen für den Schuhoberbau übersteigt 9 Millionen m^2. Sein Anteil an der Gesamtproduktion weicher Kunstleder wird von 0,5 im Jahre 1970 auf 5 Prozent im Jahre 1975 ansteigen.

Eine aktuelle Aufgabe der Schuhindustrie ist die Vergrößerung des Anteils der Schuhe, die unter Einsatz chemischer Befestigungsverfahren hergestellt werden. Die Schuhproduktion, bei der zur Befestigung die Klebetechnik sowie die Guß- und Heißvulkanisation eingesetzt werden, beträgt 64 Prozent (1975 – 75 Prozent). Der Arbeitsaufwand für die Befestigung durch Kleben ist um 60 Prozent geringer als bei der Befestigung durch Rahmennähen. Der Anteil der nach dem Klebeverfahren hergestellten Schuhe (an der gesamten Schuhproduktion bei Anwendung chemischer Befestigungsverfahren) soll sich von 9 Prozent im Jahre 1970 auf 35 Prozent im Jahre 1975 erhöhen. Im laufenden Planjahrfünft wird die Schuhproduktion durch das Spritzgußverfahren auf das 2,5fache steigen.

Die ökonomischen Vorteile der synthetischen gegenüber den natürlichen Schuhwerkstoffen kann man nach folgenden Daten beurteilen: Der Arbeitsaufwand für die Herstellung weicher Kunstleder ist im Durchschnitt um 60 Prozent niedriger als für chromgegerbtes Schweinsleder und Sattlerjuchten, und für das Zuschneiden und Bearbeiten der Teile für den Schuhunterbau aus künstlichen Materialien ist er um die Hälfte bis 60 Prozent niedriger als bei denen aus Naturleder. Die Selbstkosten der meisten Kunstlederarten sind im Durchschnitt um die Hälfte bis 60 Prozent niedriger als die von Chrom- und Juchtenledern, die Selbstkosten von Papphinterkappen und Gummiabsätzen um 80 Prozent und die von Pappbrandsohlen um etwa 90 Prozent niedriger im Vergleich zu denen aus Leder. Die spezifischen Investitionen (in der Hauptproduktion) für künstliche Werkstoffe sind niedriger als für natürliche: bei Sohlengummi an

Stelle von Hartleder 1,5mal niedriger, bei Kunstleder in Bahnen im Vergleich zu Chrom- und Juchtenleder um die Hälfte, bei weichem Kunstleder an Stelle von Chromleder um etwa 86 und an Stelle von Juchten um 90 Prozent niedriger. Zur Ermittlung der Rolle synthetischer Werkstoffe in der Schuhindustrie sind für alle Rohstoffarten drei experimentelle Verbrauchsbilanzen aufgestellt worden: für den Schuhunterbau (Sohle, Brandsohle, Absatz), für den Schuhoberbau und die Innenteile der Schuhe (Hinterkappen, Vorderkappen, Innenschaftteile u. a.).[38]

Im Zusammenhang mit den begrenzten Ressourcen an Rohleder erscheint es zweckmäßig, die Bedürfnisse der Technik vollständig zu Lasten künstlicher Werkstoffe zu befriedigen, den Einsatz hochwertiger synthetischer Materialien auf bestimmte Teile der Lederschuhe zu erweitern (Brandsohle, Rahmen, Hinterkappe), um die Ressourcen an Naturleder der Produktionserweiterung leichter Lederwaren zuzuleiten; ferner, die Verschleißfestigkeit von Sohlenleder und Kunstsohlen auf der Grundlage des Einsatzes chemischer Bearbeitungsverfahren und qualitativ besserer chemischer Werkstoffe maximal zu erhöhen; schließlich, eine maximal mögliche Verarbeitung des Rohstoffanteils an Mittel- und Schwerspinnleder (vorläufig als Sohlen verwendet) als Schuhoberleder mit einer entsprechenden chemischen Oberflächenbearbeitung zu erreichen.

In den industriell entwickelten kapitalistischen Ländern hat die Produktion von Lederschuhen mit einem Kunstlederoberbau 20 Prozent und von Schuhen mit Kunstsohlen 75 bis 80 Prozent des Gesamtumfanges der Schuhproduktion erreicht.

Im Ausland ist eine Tendenz zur allmählichen Verminderung der Produktion von Hartleder zu beobachten: in den USA von 1940 bis 1960 um die Hälfte, in Frankreich von 1938 bis 1961 um 3,6mal und in Großbritannien von 1950 bis 1959 um 2,3mal. Die Produktion von Grobleder stieg in den letzten Jahren unbedeutend oder blieb stabil (in 1000 t):

	1961	1969
USA	639	890
BRD	100	115
Frankreich	97	95
Großbritannien	88	89
Italien	72	87

Infolge der erhöhten Zunahme des Einsatzes synthetischer Sohlenmaterialien vermindert sich im Ausland systematisch der Umfang der Verwendung von Sohlenleder (1956 bis 1966 in den industriell entwickelten

38 I. V. Rachlin, Plaste, in: Naučno-techničeskij progress i ėffektivnost' obščestvennogo proizvodstva, Moskau 1972, S. 262–263.

kapitalistischen Ländern um 30 Prozent, darunter in den Ländern Westeuropas um die Hälfte). Ein Teil des Sohlenleders wurde durch Spaltung in mehrere Schichten zu leichten Lederwaren verarbeitet.

Der Anteil der Schuhe mit Ledersohle an der Gesamtproduktion von Lederschuhen im Ausland hat sich im Jahre 1966 gegenüber 1960 verringert: in den USA von 27 auf 24 Prozent, in Großbritannien von 16 auf 10 Prozent, in Kanada von 30 auf 27 Prozent und in Schweden von 47 auf 11 Prozent.

In den letzten Jahren ist im Ausland die großtechnische Versuchsproduktion neuer chemischer Werkstoffe für den Schaft und für andere Schuhelemente angelaufen: Corfam (Firma „Dupon“, 1964) und Astran (USA), Clarino (Japan), Optico (Großbritannien) u. a. Eine spezifische Besonderheit dieser Plastmaterialien besteht darin, daß sie wie Leder eine porige Struktur besitzen, für Ausschwitzungen durchlässig sind und diese nicht aufsaugen, sich leicht reinigen und waschen lassen und über eine „sandwich“artige Mehrschichtenstruktur mit dünnschichtigem Polyurethanüberzug und andere Eigenschaften verfügen.

Die zusätzlichen Aufwendungen zur Gewinnung poromerer Materialien werden durch Einsparungen infolge Abfallverminderung beim Zuschneiden übertroffen (bei Naturleder 40, bei Corfam 10 Prozent). Die Kosten für die Herstellung von Schuhen aus neuen Werkstoffen sind infolgedessen um 15 bis 30 Prozent niedriger als bei der Herstellung aus traditionellen Materialien. Die Erzeugung von Corfam und Clarino stieg in den USA und in Japan von 1,9 Millionen m^2 im Jahre 1965 auf 9,5 Millionen m^2 im Jahre 1968, und die Produktion von Schuhen mit einem Oberbau aus diesem Leder nahm in den gleichen Jahren in den USA von 5 Millionen auf 6 Millionen Paar zu, in Japan von 3,7 Millionen auf 13 Millionen Paar. Der Anteil der genannten Schuhe an der Gesamtproduktion erreichte in den USA 4 und in Japan 20 Prozent.

Die zunehmende Bedeutung des neuen synthetischen Leders Corfam für den Gesamtverbrauch an Schuhoberleder in den USA ist aus folgenden Angaben ersichtlich (in Prozent):

	1965	1970	1975 (Schätzung)
Naturleder	93,5	84,0	73,4
Kunstleder auf der Basis von Polyvinylchlorid	6,0	7,4	8,7
Syntheseleder Corfam	0,5	8,6	17,9

Schätzungen zufolge wird der Anteil synthetischer Materialien für den Schuhoberbau am Gesamtlederverbrauch in der Welt von 18 Prozent im

Jahre 1975 auf 35 Prozent im Jahre 1985 und auf 90 Prozent im Jahre 2000 steigen, das heißt, sie werden das Naturleder aus diesem Bereich nahezu verdrängen.

Die Perspektiven der Entwicklung der Leichtindustrie und der Produktion von verschiedenartigen Waren des kulturellen Bedarfs und von langlebigen Konsumgütern zur Befriedigung der Bedürfnisse der Bevölkerung in der UdSSR und im Ausland sind somit untrennbar mit der Vergrößerung des Umfangs, der Sortimentserweiterung und der Qualitätsverbesserung der neuen synthetischen Werkstoffe verbunden.

6. Baustoffe

Die wichtigste Voraussetzung für den umfassenden Einsatz der neuen Polymerstoffe im Bauwesen ist die Erhöhung ihres Industrialisierungsgrades; ferner ein hoher Komplettierungsgrad der Erzeugnisse, die Möglichkeit, die Disproportionen zwischen dem Tempo der Gebäudeerrichtung und dem der Ausführung der Ausbau- und Nachfolgearbeiten zu beseitigen; die Qualitätsverbesserung der Konstruktionen; die Senkung ihres Gewichts und des Fertigungs- und Nutzungsaufwandes sowie eine rasche Steigerung des Umfanges der Bauarbeiten und schließlich ein relativer Mangel an vielen traditionellen Werkstoffen. Es ist errechnet worden, daß die Erd-, Montage-, Be- und Entladearbeiten im inländischen Bauwesen im Jahre 1970 praktisch vollständig – zu 98 bis 99 Prozent – mechanisiert waren, die Putzarbeiten zu 67 Prozent (1975 werden es 75 Prozent sein) und die Malerarbeiten zu 72 Prozent (1975 – 79 Prozent).

Die Hauptrichtungen des Einsatzes von Plast im Bauwesen sind folgende: teilweiser Ersatz von Dielenfußböden und Parkett durch Bahnen- und Plattenmaterial auf der Grundlage von Polyvinylchlorid; Wandputz mit Hilfe von feuchtigkeitsbeständigen Tapeten, Papierschichtpreßstoffen und Polystyrolplatten an Stelle von Ölfarben, Keramikplatten und Papiertapeten; Einsatz von Materialien mit Phenolbindemitteln (an Stelle von Mineralwatteerzeugnissen auf Bitumenbindern) und neuer Wärmeschutzstoffe auf der Grundlage von Polystyrolschaum zur Wärmedämmung; Ersatz der mehrschichtigen Dachbeläge aus Teerpappe und Ruberoid durch Polyäthylenfolie; verstärkter Einsatz von Einbaumöbeln, Schranktrennwänden, Türelementen aus Holzspanplatten sowie von Gebäudeelementen aus lichtdurchlässigem glasfaserverstärktem Plast; umfassende Substitution von Bunt- und Schwarzmetallen bei der Herstellung von Armaturen, Geruchsverschlüssen und Spülbecken; allmähliche Verdrängung der sanitären Erzeugnisse mit großen Abmessungen (Badewannen, Ausgußbecken, Klosettbecken u. a.) aus Metall und Porzellan, die breite Einführung von Plastrohren für die Kanalisation und der teilweise Ersatz von Wasser- und Gasleitungsrohren.

Auf der internationalen Ausstellung „Chemie-70" (Moskau, 10.–24. September 1970) stellte die UdSSR zum Beispiel eine Dreizimmerwohnung aus Raumzellen unter breitem Einsatz von Ausstattungen und Einrichtungen aus Polymerstoffen aus: Fußboden mit Polyvinylchloridbelägen auf wärme- und schalldämmendem Untergrund, mit Platten aus Polyvinylchlorid, mit synthetischen Läufern auf Schaumlatexuntergrund und mit Polyvinylacetatemulsion aus Mastixkomponenten; Zimmerwände mit feuchtigkeitsbeständigen Papiertapeten; Küchenwände mit Papierschichtpreßstoff und Polystyrolplatten; Badewanne, Waschbecken und Abwaschtisch aus schlagfestem Polystyrol; rahmenlose Fensterelemente aus glasfaserverstärktem Plast, Schaumstoff, Polyäthylen- und Capronunterlagen u. a.

In der UdSSR ist die industrielle Produktion verschiedener Arten von Belägen, Profil- und Destillationsprodukten, Verkleidungsplatten aus Polystyrol und Asbestharz, gewisse sanitäre Erzeugnisse, Rohre, Wärmedämmstoffe und andere Erzeugnisarten aus Plast und Kunstharz angelaufen.[39]

	1965	1970
Polyvinylchloridfußbodenbelag und -platten, insgesamt, in Millionen m²	12,5	32,2
Fußbodenteppichbeläge, in Millionen m²	—	0,3
Glyptal- (Alkyd-) Fußbodenbelag, in Millionen m²	9,4	10,7
Relin, in Millionen m²	4,25	6,2
Kumaronplatten, in Millionen m²	0,74	0,86
Profil- und Destillationsprodukte aus Polyvinylchlorid, in Millionen lfd. Meter	1,5	7,0
Dekorationspapierschichtpreßstoffe, in Millionen m²	0,5	1,0
Verkleidungsplatten aus Polystyrol, in Millionen m²	—	0,87
Polystyrolschaum, in 1000 t	0,48	0,73

Entsprechend den Direktiven des XXIV. Parteitages der KPdSU steht im laufenden Planjahrfünft eine wesentliche Veränderung in der Produk-

39 Die Produktion von Fußbodenbahnenmaterial wurde 1958 begonnen. Nach dem Großen Vaterländischen Krieg wurden solche Kombinate für polymere Baustoffe geschaffen wie das Kolpin-Werk (Leningrad), das Werk in Mytiščinsk, das Werk in Vilnjus, das Werk in Vinogradov u. a. 1967 arbeiteten bereits ca. 40 Betriebe, die Fußbodenmaterialien auf der Grundlage von Polymeren herstellen, 15 Herstellerbetriebe für synthetische Wärmedämmstoffe und 3 Produktionsabteilungen für glasfaserverstärkte Plaste. (Stroitel'stvo v SSSR, 1917–1967, Moskau 1967, S. 550.

tionsstruktur der Baustoffe bevor, die Erhöhung der Produktion und die Sortimentserweiterung der Ausbau- und anderen chemischen Stoffe, der Erzeugnisse mit hohem Komplettierungsgrad, der Wärmedämmstoffe, der sanitären Ausrüstungen höherer Qualität, der leichten Füllstoffe usw. Der Anteil der polymeren Baumaterialien an der gesamten Baustoffproduktion wird jedoch unbedeutend steigen (von 2 Prozent im Jahre 1970 auf 2,5 Prozent 1975).

Der Umfang des Plastverbrauchs im Bauwesen stieg in folgender Weise an: 1960 – 20000 t, 1965 – 80000 t, 1970 – 181000 t und im Jahre 1975 (Schätzung) soll dieser Umfang 580000 t betragen. Im vergangenen Planjahrfünft (1966 bis 1970) nahm der Einsatz von Fußbodenbelag und -platten aus synthetischen Materialien um 2,4mal zu, von Polystyrolplatten zur Wandverkleidung um 1,6mal und von Polyäthylenrohren um 6,5mal. Im Jahre 1970 wurden im inländischen Bauwesen 72000 t Polyvinylchlorid verbraucht, 21000 t Polyäthylen, 15000 t Polystyrol, 35000 t Phenolharze und 20000 t Karbamidharze. Trotz der beträchtlichen Mengensteigerung ist der Verbrauch an Plast im inländischen Bauwesen einstweilen noch gering.

Eine der wesentlichen technisch-ökonomischen Voraussetzungen für einen breiten Einsatz von Polymerstoffen ist der hohe Nutzeffekt der Chemisierung des Bauwesens. Außerdem wird der Einsatz dieser Materialien, zum Beispiel bei der Fugenabdichtung im Großplattenbau, beim Korrosionsschutz von Baukonstruktionen, beim Wärmeschutz von Belägen mit profilierter Stahlauflage usw. vor allem von der technischen Notwendigkeit diktiert, denn ohne sie ist ein technischer Fortschritt im Bauwesen unmöglich.

Die Höhe des Nutzeffektes der polymeren Baustoffe wird durch das Aufwandsverhältnis im Herstellungs- und Nutzungsprozeß bestimmt. In einer Reihe von Objekten wird bei der Herstellung von Polymerstoffen und Erzeugnissen daraus bei gleicher oder sogar besserer Qualität letzterer eine Einsparung an laufenden und einmaligen Aufwendungen erzielt. In anderen Objekten wird ein gewisser Mehrverbrauch an laufenden oder einmaligen Aufwendungen im Anwendungsbereich der Baukonstruktionen aus Polymerstoffen durch Kosteneinsparungen, die durch ihre längere Lebensdauer entstehen, ausgeglichen (Destillationsprodukte, Rohrleitungen, lichtdurchlässige Konstruktionen u. a.). Ist die Nutzungsdauer einiger Erzeugnisse aus Polymerstoffen jedoch geringer als bei denen aus traditionellen Werkstoffen (Linoleumbelag, nahtlose Fußböden, Teppiche, Verkleidungsplatten aus Polystyrol u. a.), so wird der volkswirtschaftliche Nutzeffekt der Chemisierung durch das Verhältnis der Ausgaben für die Erneuerung (letztere hängen von der Nutzungsdauer der Konstruktionen unter den verschiedenen Betriebsbedingungen ab) und für den Unterhalt entsprechend den gestellten Anforderungen (zum Beispiel periodisches Streichen der Dielenfußböden usw.) bestimmt.

Teilt man die Nutzungsbedingungen der Gebäudefußböden in leichte, mittlere und schwere ein, so wird die Höhe der Einsparungen bei der Substitution von Fußböden aus traditionellen Materialien durch solche aus Polymerstoffen mit der Erschwernis dieser Bedingungen sinken (vgl. Tabelle 80).

Im inländischen Bauwesen wird dem Fußbodenbelag große Aufmerksamkeit geschenkt. Jährlich werden für diese Zwecke die Arbeit von 300000 Arbeitern, Investitionen von 2 Milliarden Rubel und 8 Millionen Kubikmeter Holz (umgerechnet auf Rundholz) aufgewandt.

Die technisch-ökonomischen Vorteile bei der Herstellung und dem Auslegen eines Quadratmeters Fußbodenbelag sind wie folgt (in Rubel):

	Selbstkosten	Investitionen
Polyvinylchloridfußbodenbelag ohne Gewebeunterlage, mehrschichtig	3,97	3,30
Polyvinylchloridfußbodenbelag mit Unterlage	3,63	2,55
Dielenfußböden der Stärke 29 mm	4,75	4,45

Im Zeitraum von 1958 bis 1965 erlaubte der Einsatz von 96 Millionen m^2 Fußbodenbelag aus Polymerstoffen (davon 67 Millionen m^2 an Stelle von Dielenfußböden und 29 Millionen m^2 an Stelle von Parkettfußböden), die Herstellungskosten für Fußböden um 20 Millionen Rubel und den Arbeitsaufwand um 18 Millionen Akh zu senken sowie 5 Millionen m^3 Schnittholz freizusetzen. Ebenfalls durch eine hohe Effektivität ist die Anwendung von Polymerstoffen an Stelle von Bunt- und Schwarzmetallen gekennzeichnet.

Es ist errechnet worden, daß das Gewicht der Wasserleitungs- und Kanalisationseinrichtung einer Wohnung (Rohre, Ausgußbecken, Abwaschtische u. a.) aus Metall 351 kg erreicht und aus Plast nur 27 kg. Die Selbstkosten von Plastrohren für die Kanalisation und Abflüsse in Wohnhäusern sind gegenüber den traditionellen Rohren um 30 bis 35 Prozent niedriger. Die Kosten für die Verlegung und Montage von Plastrohrleitungen für die Kanalisation in Wohnhäusern sind 1,5- bis 2mal niedriger als bei Rohrleitungen aus Gußeisen usw.[40]

[40] I. A. Gorjačeva, Plastmassy v sanitarnoj technike pri kapital'nom remonte žilych domov, Leningrad 1971, S. 125–130.

Tabelle 80

Effektivität der Substitution von Fußböden aus traditionellen Materialien durch Polymerstoffe in Abhängigkeit von den Nutzungsbedingungen (in Rubel)

Substitutionsfähige Materialien für den Bau von Fußböden	Nutzungsdauer der Fußböden, Anzahl der Jahre						Gesamte Einsparung an reduziertem Aufwand, bezogen auf 1 t Polymerstoff, in Rubel		
	I		II		III				
	Traditionelle Materialien	Polymerstoffe	Traditionelle Materialien	Polymerstoffe	Traditionelle Materialien	Polymerstoffe	I	II	III
Dielen-Polyvinylchloridfußbodenbelag mit Unterlage	50	20	30	15	20	10	2710	2470	1900
Parkett-Polyvinylchloridfußbodenbelag mit Unterlage	50	20	30	15	—	—	5428	4490	—
Dielen-Polyvinylchloridfußbodenbelag ohne Gewebeunterlage, mehrschichtig	50	20	30	15	20	10	2041	1811	1133
Parkett-Polyvinylchloridfußbodenbelag ohne Gewebeunterlage, mehrschichtig	50	20	30	15	—	—	4636	3654	—

Quelle: N. A. Sidorova, Issledovanie ėkonomičeskoj ėffektivnosti i perspektiv primenenija polimernych materialov v stroitel'stve, Autorreferat der Dissertation, hrsg. vom Forschungsinstitut für Ökonomik des Bauwesens „NIIĖS", Moskau 1968, S. 19–24. Nutzungsbedingungen der Fußböden: I – leichte, II – mittlere, III – schwere

Die technisch-ökonomischen Kennziffern der hauptsächlichen sanitären Ausrüstungsarten aus verschiedenen Materialien sind folgende (in Rubel Stück):

		Großhandelspreis	Selbstkosten	Investitionen
Abwaschtisch aus	Gußeisen	13,3	11,6	13,8
	Stahl	11,7	10,2	10,2
	Polypropylen	10,0	9,1	8,4
Waschbecken aus	Steingut	8,3	7,2	10,0
	Polypropylen	8,4	7,6	7,7
Spülbecken aus	Gußeisen	4,3	3,7	5,3
	Steingut	6,4	5,6	6,1
	Polyäthylen	4,1	3,5	4,9
Geruchsverschluß für Waschbecken aus				
	Gußeisen	1,8	1,6	1,1
	Polyäthylen	1,1	0,95	1,4
Wasserentnahmeventil aus				
	Messing	1,1	0,95	0,9
	Polyäthylen	0,7	0,6	0,3

In Tabelle 81 sind Angaben des Forschungsinstituts für Ökonomik des Bauwesens über die mittlere Einsparung beim Einsatz von polymeren Baustoffen an Stelle von traditionellen für den Zeitraum bis 1975 (in geltenden Großhandelspreisen) angeführt. Die Analyse zeigt, daß der Einsatz von Fußbodenbelag (besonders an Stelle von Parkett), Destillationsprodukten, Rohren und anderen Polymerstoffen die Erzielung eines hohen Nutzeffektes garantiert.

Die mittlere Einsparung, bezogen auf eine Tonne Polymerstoff, ist in Abhängigkeit von den Varianten des Einsatzes synthetischer an Stelle traditioneller Materialien im Bauwesen folgende:

	Arbeitsaufwand, in Akh	Selbstkosten, in 1000 Rubel	reduzierter Aufwand in 1000 Rubel
Fußbodenbeläge	100— 490	0,9— 6	0,7—4,5
Wandputz	150—1250	1 —15	0,3—7
Wärmedämmung	—	0,5— 0,9	0,3—2,2
Rohrleitungen	60	0,5— 1	0,6—1,2

Der hohe ökonomische Nutzeffekt der Chemisierung des Bauwesens ist auch durch folgende Angaben gekennzeichnet: Die vollen Investitionen, bezogen auf die Steigerung des Umfanges der Bauarbeiten im Jahre 1975, waren gegenüber 1970 bei Polymerstoffen um 673 Millionen Rubel niedriger als bei den traditionellen Materialien, davon beim Fußbodenbau um 619 Mil-

Tabelle 81

Durchschnittliche Einsparung durch den Einsatz einer Tonne Polymerstoff an Stelle traditioneller Baustoffe im Jahre 1975 (in 1000 Rubeln)*

Polymerstoff	Traditioneller Baustoff	Arbeitsaufwand (in Akh)	Ist-Selbstkosten	Investitionsaufwand	Jährliche Betriebskosten	gesamte reduzierte Aufwendungen
PVC-Fußbodenbelag ohne Unterlage	Dielenfußböden	108	0,9	1,55	+0,4	0,8
	Parkett	431	5,5	1,2	+1,5	4,4
PVC-Fußbodenbelag auf wärmedämmendem Untergrund	Dielenfußböden	154	1,3	2,4	+0,36	1,2
	Parkett	492	6,0	2,0	+1,4	4,5
Fugenlose Fußböden aus Polyvinylacetatemulsion	Dielenfußböden	80	1,0	0,8	+0,3	0,8
Synthetische Teppiche	Parkett	400	5,1	0,4	+3,25	1,9
Polystyrolplatten	Keramikfliesen	.	0,43	1,22	+1,1	.
Destillationsprodukte aus PVC	Holz	.	1,0	+1,5	1,25	2,1
Wärmedämmende Platten aus Schaumstoff	Mineralwatteerzeugnisse auf Bitumenbindemitteln	.	0,01	0,02	0,31	0,32
Plastrohre	Gußrohre	60	0,45	0,05	0,09	0,55
	Stahlrohre	60	1,0	0,15	0,22	1,24
Sanitärerzeugnisse aus Plast	Sanitärerzeugnisse aus Schwarz- und Buntmetallen	.	1,1	.	+0,1	1,0
Erzeugnisse aus Polymethylmethacrylat	Lichtdurchlässige Glaskonstruktionen	640	0,31	.	0,2	0,49
Folien für den Feuchtigkeitsschutz	Bitumenbahnenbelag	.	0,33	.	0,17	0,5
Dekorationspapierschichtpreßstoffe	Ölfarbe	.	1,08	0,83	+1,50	.

Das Zeichen „+“ bedeutet Mehrausgaben

lionen, beim Wandputz um 25 Millionen, bei der Herstellung von Wärmeisolierung um 23 Millionen und bei Rohrleitungen um 6 Millionen Rubel.

Zu den äußerst effektiven Einsatzrichtungen der Polymerstoffe im Bauwesen kann man auch die folgenden zählen:

Für Fußbodenbeläge – Ersatz der Dielen, insbesondere der Parkettfußböden durch Bahnen- und Plattenmaterial aus Polyvinylchlorid bei normalen Nutzungsbedingungen; Einsatz monolithischer (nahtloser) Beläge an Stelle von Dielen und Keramik bei mittleren Nutzungsbedingungen;

für Wandputz – Ersatz der keramischen Verkleidungsplatten durch synthetische Ausbaumaterialien, Verwendung von Folien und feuchtigkeitsbeständigen Tapeten statt Ölfarben;

Wärmedämmung – Einsatz von Schaumstoffen (auf der Grundlage von Polystyrol, Polyurethan, Phenolharz) für den Wärmeschutz leichter Decken (Asbozementbeläge, Beläge mit profilierter Stahlauflage u. a.) und Vorhangwände aus Aluminium und Asbozement;

für Rohrleitungen – Einsatz von Polyäthylen- und Polyvinylchloridrohren in Kanalisations- und Wasserleitungssystemen der Wohnhäuser; in Wasserversorgungssystemen der Einsatz dieser Rohre mit einem Durchmesser von 40 bis 150 mm an Stelle von Gußeisenrohren, mit einem Durchmesser von 40 bis 50 mm an Stelle von Stahlrohren und mit einem Durchmesser von 80 mm an Stelle von Asbozementrohren; in Gasversorgungssystemen; an Stelle von Stahlrohren Polyäthylenrohre mit einem Durchmesser von 40 bis 250 mm und Polyvinylchloridrohre mit einem Durchmesser von 40 bis 125 mm;

in sanitären Ausrüstungen – Ersatz der Geruchsverschlüsse, Wasserentnahmearmaturen (Ventile, Mischbatterien u. dgl. m.) aus Schwarz- und insbesondere aus Buntmetallen durch solche aus Plaste (aus Polyamid, Polyäthylen und Polypropylen).

Der voraussichtliche Bedarf des inländischen Bauwesens an wichtigsten Arten polymerer Werkstoffe und Erzeugnisse im Jahre 1975 gegenüber dem Verbrauch im Jahre 1970 ist (nach Angaben des Forschungsinstituts für Ökonomie des Bauwesens) wie folgt: (Siehe S. 309)

Im ökonomisch begründeten Gesamtbedarf des Bauwesens an Polymerstoffen für das Jahr 1975 (vgl. Tabelle 82) wird (nach Plastarten) die führende Rolle den Phenol- und Karbamidharzen, dem Polyvinylchlorid, Polystyrol, Polyäthylen und der Polyvinylacetatemulsion zukommen und nach Einsatzrichtungen der Wärmedämmung, dem Fußbodenbau, dem Wandputz und der Sanitärtechnik.

Als Ergebniskennziffern, deren Dynamik es letzten Endes erlaubt, über die Maßstäbe und den Stand der Chemisierung des Bauwesens zu ur-

	1970	1975
Wärmedämmende Schaumstoffe, insgesamt, in Millionen m^3	0,26	3,2
davon: Polystyrolschaumstoff	0,23	1,85
Phenolschaumstoff	0,03	0,8
Polyurethanschaum u. a.	—	0,3
Fußbodenbelag in Bahnen und Platten, insgesamt, in Millionen m^3	48	115
davon: Polyvinylchloridfußbodenbelag	24	90
davon auf wärmedämmendem Untergrund	4,3	42
Synthetische Fußbodenteppichbeläge, in Millionen m^2	0,3	30
Dekorationspapierschichtpreßstoffe, in Millionen m^2	—	20
Polystyrolplatten, in Millionen m^2	0,87	5
Glasfaserverstärkter Plast für Bauzwecke, in 1000 t	9,5	20
Abdichtungsmaterialien, in 1000 t	16,5	62
Profil- und Destillationsprodukte, in Millionen lfd. m	7	60
Anstrichstoffe für Bauzwecke, insgesamt, in 1000 t	420	1050
davon auf Kunstharz	25	520
Dachbedeckungs- und Feuchtigkeitsschutzmaterialien, in Millionen m^2	—	46,3
Leime und Mastixarten, in 1000 t	16	44
Sanitäre Erzeugnisse, in 1000 t	3	19

teilen, können folgende dienen: Die Verbrauchsstruktur der hauptsächlichen traditionellen und polymeren Materialarten (in natura) in den führenden Objekten des Bauwesens insgesamt; das Verhältnis von traditionellen und polymeren Werkstoffen (ohne Untergliederung nach Arten) bei den einzelnen Konstruktionen und Arbeitsarten insgesamt; der Absolutverbrauch an traditionellen und polymeren Werkstoffen, bezogen auf Bau- und Montagearbeiten im Werte von einer Million Rubel.

In der Struktur des Materialverbrauchs für den Fußbodenbau herrschen im inländischen Bauwesen Beton, Zement, Schnittholz und Polymerstoffe in Bahnen vor. Im laufenden Planjahrfünft wird eine wesentliche Erhöhung des Anteils der Polyvinylchloridfußböden (besonders im Wohnungs-, Kultur- und Sozialbau), der synthetischen Teppiche, Monolith auf der Grundlage von Polyvinylacetatemulsion bei einer bedeutenden Reduzierung des Anteils der Dielenfußböden erwartet (in natura, in Prozent zu insgesamt):[41] (Siehe S. 311, oben)

Das nächste große Objekt für den Verbrauch von Polymerstoffen ist der Innenausbau der Gebäude. Nach Schätzungen des Forschungsinstituts für Ökonomik des Bauwesens wird der Anteil der chemischen Werkstoffe und

[41] I. A. Larin, N. A. Sidorova, Ökonomik des Plasteinsatzes im Bauwesen, in: Plastičeskie massy, 9/1969, S. 21–24.

Tabelle 82

Ökonomisch begründeter Bedarf des Bauwesens an Polymerstoffen im Jahre 1975
(in 1000 t, umgerechnet auf 100 Prozent des Grundstoffes)

Polymere Stoffe	Fußbodenbelag	Wandputz	Wärmeisolation	Feuchtigkeitsschutz u. Dachbedekkung	Konstruktionen und Teile*	Einbaumöbel	Rohre und sanitäre Ausrüstungen	sonstige	insgesamt
Polyvinylchlorid	134	12,2	—	—	15,2	—	25,8	—	187,2
Polystyrol	—	8	65	—		—	—	3	76
Polyäthylen	—	—	—	30	3	—	23	0,4	56,4
Polypropylen	3	—	—	—	—	—	13,7	—	16,7
Phenolharze	—	25	192,7	—	—	—	—	15,0	231,7
Karbamidharze	—	4,8	40,7	—	—	56,5	—	0,5	102,5
Polyesterharze	5,4	—	—	—	33	—	—	—	38,4
Polyvinylacetat-Emulsion	30	2	20	—	—	—	—	15,7	67,7
Sonstige	2,8	—	7,6	—	9,0	—	1,0	—	20,4
Plast und Kunstharz, insgesamt	175,2	51	326,0	30	60,2	56,5	63,5	34,6	797,0
Harze für Lacke und Farben	—	181	—	—	—	—	—	—	181
Synthetische Kautschuk- und Latexsorten	15,3	—	—	9	—	—	—	35,9	60,2
Polymerstoffe insgesamt	190,5	232	326,0	39	60,2	56,5	63,5	70,5	1038,2

* Profil- und Destillationsprodukte, Fenster, Türen, architektonische Teile u. a.

	Bauwesen, insgesamt			davon Wohnungs-, Kultur- und Sozialbau		
	1967	1970	1975 (Schätzung)	1967	1970	1975 (Schätzung)
Beton- und Zementfußböden	—	26,5	28,0	—	1,2	1,8
Asphaltbeton-Fußböden	—	7,6	8,3	—	—	.
Monolithische Fußböden aus Polymerstoffen	—	0,5	1,4	—	0,6	1,2
Dielenfußböden	60,1	33,1	24,8	63,8	48,0	29,5
Stabparkettfußböden	5,5	3,4	3,3	6,8	6,4	7,2
Parkettbrettchenfußböden	1,1	0,4	1,9	1,0	0,9	4,0
Fußböden mit polymeren Bahnenmaterialien	11,9	16,6	19,2	13,0	33,0	42,0
davon mit Polyvinylchloridbahnen	—	9,6	15,2	—	18,7	33,5
Fußböden mit synthetischen Teppichen	—	0,1	1,1	—	0,2	2,6
Fußböden aus Keramikfliesen	7,4	6,6	6,6	6,9	6,9	8,3
Fußböden aus Sitallschlacke	—	0,2	1,3	—	0,2	0,7
Sonstige Fußböden	—	5,0	4,1	—	2,6	2,7

Erzeugnisse am Gesamtmaterialverbrauch für diese Zwecke (insbesondere im Wohnungs-, Kultur- und Sozialbau) im laufenden Planjahrfünft ansteigen (in natura, in Prozent zu insgesamt): (Siehe S. 312 ,oben)

Der Anteil der Polymerstoffe am Gesamtverbrauch der Wärmedämmstoffe wird im laufenden Planjahrfünft auf das 3fache steigen (in natura, in Prozent zu insgesamt):

	1970	1975 (Schätzung)
Mineralwatteerzeugnisse	40,0	39,2
Glasfasererzeugnisse	9,5	10,7
Schaumstoffe	3,6	11,5
Sonstige	46,9	38,6

In Berechnungen des Forschungsinstituts für Ökonomik des Bauwesens ist das folgende annähernde Verhältnis von traditionellen und polymeren Werkstoffen für die einzelnen Konstruktionen und Arbeitsarten in den nächsten 3 bis 5 Jahren nachgewiesen worden (in Prozent): (Siehe S.312, Mitte)

Die zu erwartende Veränderung des Chemisierungsniveaus im Bauwesen auf der Grundlage des Verbrauchs von Polymerstoffen auf je eine Million Rubel Bau- und Montagearbeiten ist im laufenden Planjahrfünft durch folgende Daten charakterisiert: (Siehe S. 313)

	Bauwesen insgesamt		davon Wohnungs-, Kultur- und Sozialbau	
	1970	1975 (Schätzung)	1970	1975 (Schätzung)
Anstrichstoffe	27	25	31	35
Keramikfliesen	2,6	3,7	3,4	5,3
Papiertapeten	27,6	25,3	40	40
Feuchtigkeitsbeständige Tapeten	3,3	0,1	5	5
Holzfaserplatten	0,08	1,8	1,1	2,1
Dekorationspapierschichtpreßstoffe	0,7	1,5	1	2
Dekofolien und Folientapeten	0,04	1,2	0,07	2
Polystyrolplatten	—	0,6	0,03	0,2
Zierputz	0,33	0,6	0,5	0,5
Sonstige Ausbaustoffe	1,45	21	17,9	7,9
Insgesamt	63,1	80,8	100,0	100,0

	Traditionelle Werkstoffe	Polymere Werkstoffe
Feuchtigkeitsschutz für Fundamente	50	50
Wärmedämmung für Dachbodengeschoßdecken	40	60
Wärmedämmung für Außenwände	70	30
Schalldämmung für Innenwände	90	10
Verkleidung für Innentüren	70	30
Fußbodenbeläge für Zimmer und Küchen	20	80
Fußbodenbeläge für Sanitärzellen	—	100
Einsatz von Sockelleisten	50	50
Ausrüstungen für Sanitärräume	70	30
Lüftungsroste	—	100
Rohre und Fittings	60	40
Wasserversorgungsleitungen	60	40

Die wichtigsten Baustoffe werden in der überschaubaren Perspektive jedoch Schwarzmetallwalzgut, Holz und Zement bleiben. Für Bau- und Montagearbeiten im Werte von je eine Million Rubel erreichte der Verbrauch dieser Baustoffe in den Jahren des letzten Fünfjahrplans folgende Höhe:

	1965	1968
Schwarzmetallwalzgut, in t	483	493
Holzwerkstoffe, in m^3	1970	1830
Zement, in t	2160	2210

	1970	1975	Steigerungsrate
Polymerstoffe, insgesamt, in t	3,17	15,13	4,8
davon			
Plast und Kunstharz	2,82	11,6	4,1
Harze für Lacke und Farben	0,28	2,65	9,5
Synthetischer Kautschuk und Latex	0,075	0,88	11,7
Polymere Baustoffe (in natura)			
Fußbodenbelag und Platten aus PVC, in m²	620	1320	21
Synthetische Teppiche, in m²	6,1	440	72
Papierschichtpreßstoff, in m²	—	293	—
PVC-Folien und Folientapeten, in m²	—	895	—
Synthetische Farben, Lacke und Emaille, in t	0,5	7,7	15
Wärmedämmende Schaumstoffe, in m³	5,5	46,7	8,4
Plastrohre, in t	0,33	0,65	2
Konstruktionsplasttafeln, in m²	—	292	—
Glasfaserverstärkter Polyesterplast, in m²	105	144	1,4
Dachdeckungs- und Feuchtigkeitsschutzmaterialien, in m²	—	675	—
Sanitäre Erzeugnisse, in t	0,06	0,23	3,8

Eine weitere Erhöhung des Chemisierungsniveaus des inländischen Bauwesens ist mit der verstärkten Bereitstellung von Polymerstoffen und deren Erzeugnissen, mit ihrer Qualitätsverbesserung und mit der Verstärkung der wissenschaftlich-technischen Basis zur Vorbereitung des Bauwesens auf einen breiten und effektiven Einsatz von Plast und anderen fortschrittlichen Materialien verbunden.

In allen industriell entwickelten kapitalistischen Ländern ist das Bauwesen auch ein Großverbraucher von Konstruktionswerkstoffen. So entfallen in den letzten Jahren in den USA auf das Bauwesen die Hauptmenge an Schnittholz, Furnieren und Holzplatten, 30 bis 35 Prozent der Schwarzmetalle, 30 bis 32 Prozent des Aluminiums, 18 bis 20 Prozent der Plaste usw.

Die Erfahrung des Auslandes zeugt von den gewaltigen Möglichkeiten, die der Einsatz von Plast dem Bauwesen eröffnet. Im Zeitraum von 1937 bis 1965 hat sich die Anzahl der Neubauten in den USA auf das 3,3fache erhöht, der Verbrauch an traditionellen Materialien auf das 2- bis 3fache, der Aluminiumverbrauch auf das 50fache und der Verbrauch von Plast auf das 60fache. Der Umfang des Plast- und Kunstharzverbrauchs (einschließlich Lacke, Farben und Leime) im Bauwesen der USA stieg von

635000 t im Jahre 1960 auf 1315000 t im Jahre 1965, auf 1986000 t im Jahre 1969, auf 2155000 t im Jahre 1970 (Schätzung) und kann im Jahre 1975 (Prognose) 3570000 t erreichen.

In Tabelle 83 sind systematisierte Angaben über den Plastverbrauch im Bauwesen der industriell entwickelten kapitalistischen Länder im Jahre 1966 aufgeführt. Wie man erkennt, entfällt der überwiegende Anteil des Verbrauchs (nach Arten) auf Thermoplast (Polyvinylchlorid, Polyäthylen, Polystyrolmaterialien) und den Einsatzrichtungen nach auf Fußbodenbeläge, auf Rohre und Fittings, auf Wärme- und Schalldämmung sowie Paneele. In der BRD stieg der Plastverbrauch im Bauwesen im Jahre 1968 gegenüber 1963 von 1,1 Milliarden auf 2 Milliarden DM, davon ein Drittel auf Fußbodenmaterialien. Der Anteil der Bauteile am Gesamtumschlag der Plastverarbeitungsindustrie betrug 30 bis 32 Prozent. In allen Ländern werden für die nächsten Jahre hohe Zuwachsraten für den Plastverbrauch in der Bauindustrie vorausgesagt.

Ziehen wir einige Schlußfolgerungen. Der umfassende Einsatz neuer und modifizierter Werkstoffe stellt eine der Gesetzmäßigkeiten für die Entwicklung der neuen Technik dar. Dies gibt jedoch keine Veranlassung, die Werkstoffarten als Periodisierungsmerkmale der technischen Entwicklung zu betrachten.

Die ökonomischen Probleme der Produktion und des Verbrauchs neuer Werkstoffe können nur in organischem Zusammenhang mit den Entwicklungsgesetzmäßigkeiten der gesellschaftlichen Produktion, auf der Grundlage des Wachstums ihrer organischen Zusammensetzung und der Strukturveränderung des Gesamtaufwandes an Arbeit zugunsten der vergangenen Arbeit aufgedeckt werden.

Die Senkung der Materialintensität der Produktion, die sich in der Verringerung des spezifischen Rohstoff- und Materialverbrauchs, in der Erhöhung ihres Ausnutzungsgrades bei der Bearbeitung, in der Qualitätsverbesserung der Werkstoffe, in der Substitution eines Teils der traditionellen Werkstoffe durch neue usw. zeigt, tritt als eine natürliche Folge des wissenschaftlich-technischen Fortschritts auf.

Einsparungen durch Einführung neuer Werkstoffe stellen einen Bestandteil der Gesamtkennziffer des Nutzeffektes (Effektivität) der gesellschaftlichen Produktion dar. Als Kriterium für die Auswahl von Varianten zur Einführung neuer Werkstoffe wird das Minimum der reduzierten Gesamtaufwendungen auf der Grundlage eines einheitlichen Effektivitätsnormativs angesetzt, mit dem das Normativ zur Reduktion der zeitlich unterschiedlichen Aufwendungen sich quantitativ deckt.

Tabelle 83

Verbrauch von Kunstharz und Plast (ohne Lacke, Farben und Leime) im Bauwesen industriell entwickelter kapitalistischer Länder im Jahre 1966 (in 1000 t)

	USA	BRD	Großbritannien	Italien	Frankreich	Japan
	nach Plastarten					
Verbrauch, insgesamt	1043	470	124	113	148	280
davon:						
Polyvinylchlorid	386	185	68	76	104	175
Polyäthylen	212	17	7	1	14	4
Polystyrol	113	6	5	3	7	12
Nichtpolystyrol	31	15	7	1	4	—
Polystyrolschaum	36	7	11	8	10	13
Acrylharze	61	7	4	1	2	11
Phenolharze	58	3	5	5	2	30
sonstige	146	230	17	18	5	35
	nach Einsatzrichtungen					
Verbrauch, insgesamt	1043	470	124	113	148	280
davon:						
Fußbodenbeläge	248	240	30	3	37	14
Rohre und Fittings	127	59	39	60	44	107
Dachbedeckungsmaterialien	22	22	14	13	15	52
Wärme- und Schallisolation	100	15	7	2	5	6
Feuchtigkeitsisolation	25	30	6	25	6	7
Wandkacheln	27	5	4	1	2	12
Sanitärtechnik	20	8	8	9	3	6
Beleuchtungsarmaturen	22	10	5	4	4	4
Paneele	65	63	—	10	—	26

Die Ermittlung der Einsparung erfolgt auf der Grundlage der Erfassung der laufenden und einmaligen Aufwendungen in allen Stadien der Materialbewegung bis zum Einsatz der Fertigerzeugnisse in der Nutzungssphäre. Die methodischen Besonderheiten der Effektivitätsermittlung beim Einsatz neuer Werkstoffe sind durch die Veränderlichkeit der Gebrauchseigenschaften der Erzeugnisse, durch ihre ökonomische Rolle im Produktionsprozeß und durch das Vorhandensein von Analoga für den Vergleich auch mit anderen Faktoren bedingt.

Zur Erfassung der Äquivalenz der Werkstoffe sind Koeffizienten für die Veränderung der Nutzungsdauer der Erzeugnisse und für die Substitution der traditionellen Werkstoffe durch neue erarbeitet worden. Die Bewertung der Effektivität letzterer wird nach speziellen Formeln auf der Grundlage eines Systems von Normativen durchgeführt.

Zahlreiche Varianten für die Substitution traditioneller Werkstoffe durch neue sind aus der Sicht der erreichbaren Einsparungen nicht gleichwertig. Dies bedingt die Notwendigkeit, die Einführung neuer Werkstoffe in jedem konkreten Falle unabhängig von dem etwaigen günstigen Verhältnis der Durchschnittskennziffern sorgfältig zu begründen. Die Grenzen für die Substitution traditioneller Werkstoffe durch neue hängen nicht nur von technischen und ökonomischen, sondern auch von sozialen Faktoren ab, beispielsweise von den Erweiterungsmöglichkeiten der Produktion und der Qualitätsverbesserung verschiedener Massenbedarfsgüter.

Die Zuwachsraten für die Erzeugung und den Verbrauch von Plast und Aluminium sind bedeutend höher als von Schwarz- und Buntmetallen. Die Proportionen zwischen den traditionellen und neuen Werkstoffen verändern sich wesentlich zugunsten letzterer, was sich auch in der Entwicklung der Großhandelspreise und in den technisch-ökonomischen Produktionskennziffern zeigt.

Die Konkurrenzfähigkeit von Plast und Aluminium bezüglich der traditionellen Werkstoffe ist infolgedessen bereits gegenwärtig recht hoch. Die Materialverbrauchsraten bleiben insgesamt wesentlich hinter den Wachstumsraten der industriellen Produktion zurück. In allen Zweigen der Volkswirtschaft entstehen für die Substitution eines Teils der Ressourcen von Metall, Holz und anderen traditionellen Werkstoffen günstige Möglichkeiten.

Die Gestaltung einer effektiven Produktions- und Einsatzstruktur der Werkstoffe muß sich auf eine Weiterentwicklung der Bilanzmethoden der Planung stützen, deren Instrument u. a. die Rohstoffbilanz bildet. In der Materialverbrauchsstruktur vollziehen sich in allen Zweigen und Objekten progressive Verschiebungen zugunsten der neuen Werkstoffe.

Der Bedarf an Plasten wird jedoch nicht vollständig befriedigt. Um die Spezifik der Verbraucherzweige berücksichtigen zu können, muß für die wichtigsten Bereiche des Materialverbrauchs ein gegliedertes Rohstoffbilanzsystem für die Plan- und Berichtsperiode (in Natural- und Wertform) aufgebaut werden.

Zu einem akuten Problem der Wirtschaftswissenschaft wird die Optimierung der Rohstoffbilanzen in den Materialverbraucherzweigen für einen Perspektivzeitraum. Die ökonomischen Untersuchungen auf dem Gebiet der neuen Werkstoffe und Materialien müssen organisch mit der Lösung der technischen und organisatorischen Probleme verbunden werden, die zur Schaffung einer stabilen wissenschaftlich-technischen Basis für eine umfassendere Einführung dieser neuen Werkstoffe und Materialien in die Volkswirtschaft führen.

Personenregister

Sachregister

Kolibri 360 GmbH
Ferdinand-Jühlke-Straße 7
99095 Erfurt, Deutschland
produktsicherheit@kolibri360.de